U0156092

让数据变活

用Tableau快速简单做可视化分析

〔美〕丹尼尔·默里（**Daniel G. Murray**）◎著

郝国舜◎译

Tableau Your Data!
Fast and Easy Visual Analysis with Tableau Software
Second Edition

机械工业出版社
CHINA MACHINE PRESS

Tableau是一款定位于数据可视化敏捷开发和实战的商业智能（Business Intelligence，简称BI）展现工具，可以用来实现交互的、可视化的分析和仪表板应用。Tableau桌面版能让人直观地用拖曳的方式创建自己的交互性图表、仪表板和做可视化工作，不需要额外的训练。Tableau服务器版提供了一个完整的基于网络的分布、共享和协作的BI解决方案。

本书不是简单的界面介绍和官方用户手册，而是为特定的BI目标创造有效的可视化方案提供最佳实践。本书全面涵盖了数据分析的核心功能集，并提供了明确的最佳实践的步骤指导，以及用户手册之外的鲜为人知的功能和技术，以便读者尽可能多地从软件中获益，并配合及支持使用该产品的商业分析师、数据经理和IT经理的工作。

本书能教会您：通过真实的数据安全、缩放比例和语法等方面的案例进行自定义设置；为整个企业的用户部署可视化分析；理解Tableau的函数和计算；通过本书和与之相伴的网站资源学习实际的工作模型。

图书在版编目（CIP）数据

让数据变活：用 Tableau 快速简单做可视化分析 /（美）丹尼尔·默里（Daniel G.Murray）著；郝国舜译 . —北京：机械工业出版社，2020.6

书名原文：Tableau Your Data!: Fast and Easy Visual Analysis with Tableau Software（Second Edition）

ISBN 978-7-111-64891-8

Ⅰ . ①让… Ⅱ . ①丹… ②郝… Ⅲ . ①可视化软件 – 数据分析 Ⅳ . ① TP317.3

中国版本图书馆 CIP 数据核字（2020）第 035483 号

机械工业出版社（北京市百万庄大街 22 号　邮政编码 100037）
策划编辑：刘　洁　责任编辑：刘　洁　侯春鹏
责任校对：李　伟　责任印制：李　昂
北京联兴盛业印刷股份有限公司印刷
2022 年 6 月第 1 版第 1 次印刷
170mm×242mm ·34.5 印张 ·5 插页 ·558 千字
标准书号：ISBN 978-7-111-64891-8
定价：128.00 元

电话服务　　　　　　　　　　网络服务
客服电话：010-88361066　机 工 官 网：www.cmpbook.com
　　　　　010-88379833　机 工 官 博：weibo.com/cmp1952
　　　　　010-68326294　金 书 网：www.golden-book.com
封底无防伪标均为盗版　机工教育服务网：www.cmpedu.com

译者序
让数据可视化成为生产力

数据，正在变成一种生产资料，一种数字化社会的基础设施。

现在大数据技术所处的阶段，是把这些数据转化为供人阅读的信息，供管理层参考来指导下一步的决策。这就是数据的可视化过程，把数据变成有用的信息，并绘制出来。如今，这也成了企业的某种核心竞争力。

让数据可视化成为生产力，Tableau 就是这个过程中越来越流行的一个生产工具。本书对 Tableau 为何如此流行进行了分析，Tableau 可以兼容各种各样已有的数据源，它当初被设计时就把用户的易用性放在最重要的位置，让用户能够把思考的重点放在如何让可视化更直观，而不是如何使用软件工具上。

本书是一本很好的学习 Tableau 的入门书籍。按照本书的伴学网站给出的示例数据源，学会本书的示例的确是一件很容易的事情。你也可以按照自己的需要，有重点地阅读和练习相关章节。

作为数据分析和可视化的软件，Tableau 也有很多高级功能。Tableau 入门很容易，但要掌握高级功能也需要不断地摸索和学习，有些高级功能还需要你了解一些 SQL 语句的用法，甚至了解一点 R 语言的编程知识。不过，这些也都不是什么难事，而且你完全可以等到有需要的时候再针对具体的问题有针对性地学习。

要扎实地学习一个领域，一个捷径就是弄清楚其中的关键概念和术语。本书不可避免地涉及不少计算机和数据库方面的术语，比如"连接"一词，本书涉及的英文术语就有三个，分别是：Connect，本书中表示到数据源的连接；Join，本书中表示对两个数据库表的连接操作；Concatenate，本书表示把不同的字符串连接成一个新的字符串。但很不幸，在计算机领域里，这三个词都对应着"连接"这一个中文术语。在翻译的过程中，我们依然保留了计算机领域的这些中文术语习惯，但也在容易混淆的地方添加了提示，读者也需要在这些地方有所分辨。

　　Tableau 真正把数据分析和数据可视化过程变得非常容易上手，这是 Tableau 软件本身的成功之处。它解决了你在工具上的难点，但如果你要成为数据可视化的专家，你仍然需要丰富自己在数据可视化领域内的知识，比如计算机方面的基础知识和统计学方面的知识；比如对行业客户需求的了解；比如对可视化表达方式的认知和美感。

　　跟着本书的示例学习，Tableau 很快就会成为你手中的画笔，但你能画出什么样的画，还要多多摸索，多听用户的反馈。祝你好运！

郝国舜

作者简介

丹尼尔·默里（Daniel G. Murray）有 30 多年的专业经验。丹尼尔亲眼见证了数据方面的技术进步怎样导致 Tableau Software 的诞生。在 InterWorks 公司进行 Tableau/BI（商业智能）实践之前，丹尼尔在很多领域有过主导角色，包括金融、会计、销售领域，并曾为一家全球中型制造企业提供服务。在 20 世纪 90 年代后期，丹尼尔的雇主超过了 50 家公司。在 2006 年，丹尼尔成了首席财务官（首席信息官）的角色，他需要整合和创建一个全球性的报表环境。苦恼于使用传统供应商提供的复杂的产品，丹尼尔通过数据可视化专家斯蒂芬·菲尤（Stephen Few）发现了 Tableau Software。在下载了 Tableau Software 试用版后不到一个月，丹尼尔和他的团队就成功创建了一个报表平台，只花费了不到传统供应商 15% 的成本和 1/10 的时间。这时，很明显每个人都需要 Tableau，只是他们还不知道它。

丹尼尔在 Tableau 第一次消费者大会上发表了演讲。数月之后，他找到了朋友——InterWorks 公司的创始人贝法尔·贾汉沙希（Behfar Jahanshahi），并说服他允许自己打造一个精英顾问团队，集中提供关于使用 Tableau Software 及任何新的或流行的数据库进行数据可视化和报表生成的最佳实践方式。自从 *Tableau Your Data!* 第一版出版后，丹尼尔访问了北美和欧洲的 50 多个城市，在数据和数据可视化方面做了 70 多场演讲。

InterWorks 公司现在是 Tableau Software 首选的 Gold Professional Consulting Partner（金牌专业咨询合作伙伴），客户遍布全球各地，有超过 35 个 Tableau 的顾问，为杰出的公司提供数据可视化、数据库及硬件的专业知识，跨越了商业、教育、政府部门。

丹尼尔于 1982 年毕业于普渡大学的克兰纳特商业学院。他和他的家庭目前住在美国亚特兰大市区。

技术编辑简介

迪克·霍尔姆（Dick Holm）是一个成功的、资深的企业家，在数据分析、统计及产品定位和展示方面有着专业的知识。迪克从 4 岁开始就对用图画的方式展示信息感兴趣，那时他学会了在美国明尼苏达州的雪地里写下自己的名字。他创办了自己的公司，为计算机操作者展示进程的可视化信息，他的公司最终发展成了价值一千万美元的公司。现在他开始每天花费几个小时在屏幕前面对 Tableau Desktop（桌面版），脸上不时露出微笑。

感 谢 |

项目编辑： 阿达尔比·奥比·图尔顿（Adaobi Obi Tulton）

技术编辑： 迪克·霍尔姆（Dick Holm）

产品编辑： 丽贝卡·安德森（Rebecca Anderson）

版权编辑： 南希·拉波波特（Nancy Rapoport）

内容制作与组织经理： 玛丽·贝丝·韦克菲尔德（Mary Beth Wakefield）

市场总监： 截维·梅休（David Mayhew）

市场经理： 嘉莉·谢尔（Carrie Sherrill）

专业技术和策略总监： 巴里·普鲁特（Barry Pruett）

业务经理： 艾米·克尼斯（Amy Knies）

副社长： 吉姆·米纳特尔（Jim Minatel）

项目协调、封面： 帕特里克·雷德蒙（Patrick Redmond）

排版： 莫琳·福里斯（Maureen Forys）、Happenstance Type-O-Rama 公司

校对： 金·温普塞特（Kim Wimpsett）

索引制作： 约翰娜·范胡斯·丁泽（Johnna VanHoose Dinse）

封面设计： Wiley（威立公司）

封面图片： 感谢丹尼尔·默里

致　谢

当我最初开始这版书的撰写时，我误以为写新版书会比写第一版容易。然而，我发现写 Tableau 方面的指导图书永远都不容易。Tableau 的产品一直保持着很高的进化速度。最近两年，Tableau 向 Desktop 版本和 Server（服务器）版本中增加了大量的新功能。结果是，本书中几乎每个图片都是重新制作的，并添加了超过 200 页的全新内容。

在过去两年里，我收到了大量的第一版读者的反馈。反馈基本上是正面的。有人特意制作了改进意见的文档，并发送给我很多详细的反馈意见。迪克·霍尔姆的反馈如此好，我问他是否愿意担任本版的技术编辑。迪克同意了。他的反馈指导了本书第一部分的每一章内容。我更不能忘记提到 Tableau Software 的莫莉·蒙西（Molly Monsey）。莫莉对本书第一版的贡献是广泛且价值巨大的。

这个充满挑战性的项目的成功离不开 InterWorks 团队的支持和帮助。詹姆斯·赖特（James Wright）为第 9 章"针对移动设备的设计"提供了一个精彩的初稿。凯特·特雷德韦尔（Kate Treadwell）撰写了新的第 10 章关于故事点的内容。我们的常驻服务器向导布拉德·费尔（Brad Fair）更新了第 11 章"安装 Tableau Server"的内容。马特·休斯（Mat Hughes）更新了第 12 章"管理 Tableau Server"的内容。埃里克·谢勒（Eric Shairla）、贾瓦德·卡拉杰（Javod Khalaj）和格雷格·内尔姆斯（Greg Nelms）提供了第 13 章"自动化 Tableau"的初稿，其中包含新的代码示例，用于展示一些 Tableau 扩展的 API 工具集的新功能。

InterWorks 有很多优秀的客户，但我要特别感谢 Cigna 公司 Healthcare 部门的唐娜·科斯特洛（Donna Costello），她邀请我去 TUG（Tableau 用户组）会议上做了演讲，并提供了 Cigna 的内部工作组作为学习案例。作为 Tableau 首批成功的合作伙伴，我们学习到了很多关于有效部署 Tableau 的东西。InterWorks 的东海岸团队领导詹姆斯·赖特在他的案例研究中概括了关键的成功因素。

在写完本书第一版之后，我有幸在北美和欧洲超过 50 次的 Tableau 用户组会议上发表演讲，也遇到了成百上千的 Tableau 用户。他们的热情让我想起在 2007 年我第一次遇到 Tableau Software 时是怎样的感觉。关于 Tableau Software 最好的事情之一是使用这个产品的人们组成的社区。感谢在社区中共享了他们的洞见的所有人。

没有来自 InterWorks 的 CEO 贝法尔·贾汉沙希的信念和支持，这本书就不可能面世。贝法尔在 2007 年就相信伟大的想法缺少追随者。他的战略性和战术性领导一直引领着我们的成功。他的智慧、洞见及和善在持续激励着我。

引　言
关于本书与技术的概述

这本书的目的是在企业具体需求的背景下（有大的企业也有小的企业），对 Tableau 进行介绍。在每个 Tableau 的部署应用中都会涉及以下用户，包括负责执行分析和创建报表的报表设计者、负责管理 Tableau Server 和做好数据管辖的信息技术团队的成员，以及使用这些输出并可能会自己创建报表的信息阅读者。

本书的目标是让以上每组人都对 Tableau 的 Desktop 版和 Server 版环境有基本的认识。本书还会为使用这个软件的新手、中级用户及高级用户提供指导实践的最优方法的建议。

本书如何组织

本书由四部分组成。第一部分（第 1~10 章）覆盖了 Tableau Desktop（桌面版）的基础内容，之后进一步涉及更高级的主题，包括打造仪表板的最优方式，以确保它对最终阅读者的可理解性、加载的快速性，以及对读者的查询请求的响应性。在第 1~5 章中有很多新加入的内容和更新的内容。第 6 章包括扩展到 Tableau Server 上的数据发现和内容编辑的相关内容。第 7 章包括与 V9 版本相关的新技巧和技术。第 8 章通过编辑一个详细的仪表板示例，引入了额外的创建浮动和消失的图表的动作。平板计算机已经无处不在，Tableau 也在它们的 Web/ 移动平台上添加了更多的功能，所以本版新书包含的新的第 9 章内容，介绍了在移动环境下的更丰富的内容。第 10 章关于故事点的内容也是一个全新的章节。

第二部分（第 11~13 章）把注意力放在 Tableau Server 上，大部分都从技术管理者的视角来讲述，他们负责安装及维护 Tableau Server 服务器。Tableau Server V9 版本是对 Tableau Server 的巨大升级。不但用户界面进行了重新设计和改进，后台的进程也进行了增强，Tableau 的 API 工具集也进行了扩充。本书第二部分的每一章都包含重要的内容更新和扩充。

第三部分（第 14 章）包含一个新的研究案例，提供了确保 Tableau 部署成功的诸多技巧。案例源于 Cigna 的 Healthcare 部门，他们建立了一个内部用户组，目标是提升员工的技巧并激发他们对 Tableau 部署环境的热情。

第四部分（附录 A~ 附录 G）提供了关于 Tableau Software 当前产品生态系统的额外细节内容，包括所支持的数据连接，针对 Windows 或 Mac 系统的键盘快捷键、推荐的硬件配置、对函数语法的解释及代码示例的详细 Tableau 函数参考。因为这些材料本身就有动态变化的倾向，所以把它们剥离出来形成独立的附录内容是明智的，以便我们可以在出版时涵盖尽可能新的信息。

写一本关于 Tableau 产品线的书是充满挑战的。Tableau Software 的研究和开发支出也在去年达到了历年最高，Tableau 的管理团队仍然坚持着每 12~15 个月更新一个重要版本的周期。我们没有太多时间来更新一本超过 600 页的指导图书[⊖]。

谁该阅读本书

本书的目标是为新用户介绍 Tableau Desktop 提供的功能。我们站在这些新用户的视角，他们需要创建新的分析或报表。本书还适合管理人员，他们负责安装、部署、管理 Tableau Server 环境。

与 Tableau Server 相关的章节更加偏技术性，因为讨论有关主题时，假设你对服务器的术语和安全有一定的掌握。

你可以从开始到结束按照顺序阅读本书，或者跳过某些部分，选择阅读你感兴趣的主题。本书每章都是基于之前的材料的，但若已经掌握了数据连接和使用桌面版的基础知识，则可以跳过和 Tableau 桌面版相关的任意章节，直接阅读你感兴趣的主题。在需要交叉引用其他相关主题内容时，本书做了仔细的设计。所以，如果你希望直接跳到某个具体的主题，我们也提供了相关的线索让你可以快速找到相关的主题。

需要的工具

即便你不在计算机上安装 Tableau Software，也可以阅读本书，但若能跟踪书中的示例做练习，则会从中学习到更多的内容。Tableau 提供了软件的免费试用期。或者，你可以下载免费的 Tableau Public，它是无限期免费的。本书中所有与 Tableau Desktop 相关的示例应该都能够在 Tableau Public 上工作。

伴学网站上都有什么

Tableau 持续地更新着 Desktop 版和 Server 版产品，每 12~15 个月会有多个开发版和至少一个主要的产品版发布。本书的伴学网站有与这些版本相关的文章、与本书示例相关的示例文件，以及与添加到产品中的新功能有关的示例。InterWorks 团队会积极地测试 Tableau 的新产品，所以公司网站可能在新的可视化类型或技术被公开之前就有相关的展示。

Wiley 为本书提供了一个专门的网站，你可以在以下地址找到：

www.wiley.com/go/tableauyourdata2e

总结

Tableau 降低了从不同数据源访问数据的技术门槛。本书让你能够提升技术能力，通过在部署的初期就做出更好的方案，从而节省在企业中部署 Tableau 花费的时间。

⊖　英文原书的正文超过 600 页。——编者注

目　录

第 1 章
用 Tableau 桌面版
创建可视化数据分析

数据图表应该把观看者的注意力吸引到数据的感觉和本质上，而不是别的东西。

——爱德华·塔夫特（Edward Tufte）[1]

Tableau 的萌芽早在 1970 年 IBM 发布了结构化查询语言（Structured Query Language，简称 SQL）就开始了，到 1981 年，电子表格软件已然成了个人计算机上"杀手级"的软件。数据的创建和分析从此开始了根本性的发展，人们生成、存储数据的能力也呈指数级提升。

商业智能（Business Intelligence，简称 BI）产业就在这样的浪潮中诞生了，每个供应商都基于某个 SQL 的变形提供自己的产品"族"。跑在前列的公司发明了基础性的技术，发展了更完整的收集和存储数据的技术方法。最近，新一代的 NoSQL[2]（Not Only SQL，不只是 SQL）数据库让基于 Web 网页的应用（像 Facebook）也可以挖掘甚至 PB（1PB=1 024TB，1TB=1 024GB ——译者注）级别的海量数据[3]。

部署这样的系统可能要花费很多年的时间。现在的数据存在于很多不同的数据库中，也可能要从外部的数据源进行收集。BI 领域的传统领导企业创建的报表工具更集中于在它们自己的专有产品序列里处理数据。用这些工具执行分析和生成报表需要专业的技能和长时间学习。掌握了这样专业技能的人是软件产品方面的专家，却并不一定擅长对数据进行抽丝剥茧。

如今，数据的大规模、快速率、广范围都需要报表工具能快速部署，它们必须能让非专业人员快速掌握，应该能连接广泛的不同数据源，并且要能引导人们使用最佳的方式把数据转化为信息。

1.1　传统信息分析的缺点 / 不足

传统 BI 工具在企业里很难得到广泛应用。商业应用研究中心（Business Application Research Center, BARC 2009）最近研究发现，其被采纳的比例低得惊人[4]。

在任何采用商业智能的组织里，只有 8% 多一点的雇员真正使用 BI 工具。即便是关键的 BI 行业（比如批发、银行、零售），使用率也刚刚超过 11%。

——奈杰尔·彭齐（Nigel Pendse），BARC

换句话说，拥有传统 BI 工具的人里有 92% 根本不用它们。BARC 的调查指出了原因：

- 这些工具太难学习和使用。
- 创建报告太依赖技术专家。
- 产生报告需要的时间太长。

那些在 BI 系统上投资数百万美元的公司，还在用电子表格做数据分析和生成报表。当收到 BI 系统创建的报告时，传统工具常用不适合的可视化方法。斯蒂芬·菲尤写过几本书分析了这个问题，展示了应该采用的最佳可视化技术。斯蒂芬还展示了利用老旧软件提供的不合适的可视化示例[5]。我们应该注意到，设计和建立数据库系统的技巧与创建能高效沟通的图表的技巧是不同的。BARC 的研究明确指出，这种以 IT（信息技术）为中心的控制模式很难打造出吸引用户的、有竞争力的可视化成果。

你希望基于可信的信息做出合理的决策。你不得不连接广泛的数据源，也可能不知道如何可视化这些数据。理想的状态是，这些工具应该能根据实践经验自动从数据提取信息。Tableau 变成了当下的热门选择，就因为它有工业级强度的报表生成、分析及非技术人员就能掌握的深度挖掘能力。最近几年，信息技术行业开始把产品的受众着重瞄准终端用户，因为这会让信息的提供更高效，减少积压的需求，并且提供了一个工具让有限的技术型人力资源发挥出杠杆式的效果。

1.2 可视化分析的商业案例

不论你所在的组织是在追求利润，还是在从事非营利性活动，所有企业都在用数据来监控日常的运营并进行分析。大量报表和分析才能形成深度的洞察，以此来提升效率，寻求机遇，减少负面效应。能为经营提供支持的数据（从信息消费的视角看）包含下文介绍的三类。

1.2.1 存在于每个企业中的三类数据

报表、分析、非常规（ad hoc）分析是三大基础数据类型。

1. 已知的数据（第 1 类数据）

它体现在每日、每周、每月的报表中，用来监控日常活动，这些报表是一切讨论和问题的基础。第 1 类报表不是用来回答问题的，目的是对日常运营提供可视化视角。

2. 你知道这是你该知道的数据（第 2 类数据）

一旦某种暗示或者异常从第 1 类数据中浮现，接下来的问题自然就是：这为什么会发生？人们需要明白异常产生的原因以便采取措施。传统的报表工具也提供了不错的框架来回答这类问题，但前提是问题在设计报表时就已经被预计到了。

3. 你不知道这是你该知道的数据（第 3 类数据）

实时进行数据分析并采用恰当的可视化工具，我们可能会看到在第 1、2 类数据里看不到的暗示或者异常。与细粒度数据进行交互的过程可能发现不同的问题，也可能产生新的可操作的洞见。能进行快速迭代的数据分析和报表生成的软件正在成为有效的 BI 系统的必要元素。

及时分发第 1 类数据是基础。这需要能快速地设计和生成第 1 类报表。为了让第 2、3 类数据产生效用，报表工具要有能够针对不同数据源进行异构查询的适应能力和直观表达数据的能力。

1.2.2　可视化分析如何优化决策过程

用 Tableau 能轻松把数据精确地绘制出来，你对数据的理解和经验对于信息显示的直观性也很重要。图 1-1~ 图 1-3 展示了选择不同类型的图表，观众发现数据背后重要信息的难易程度是不同的。这些例子的目的是根据不同地域、不同产品品类、不同产品子类来分析销量的分布。

图 1-1 用一组二维数字（文本表格）和饼图来表示数据。文本表格在查找特定数字时比较好用。饼图用于展示部分—整体之间的对比关系，这个饼图对比了不同区域、不同产品品类的销量。

文本表格不是做部分—整体对比或发现异常的最有效的工具。饼图是一个常用的图表类型，但在做精确比较时就基本失效了。尤其当很多扇形切片的占比都很相似或者都很小的时候，更是如此。

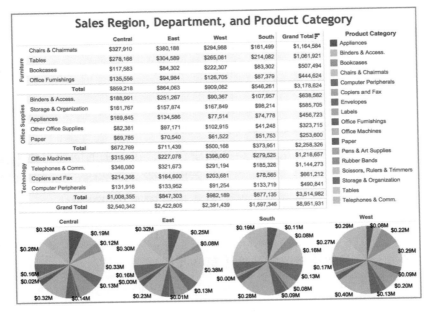

图 1-1 用文本表格和饼图表示的销量与分析

图 1-2 采用条形图和热度图来表达同样的信息。做精确比较时，条形图是一个更好的方式，对不同线条的长度比较一目了然。右侧的热度图提供了每个品类的总销量，背景的灰度突出显示了销量最高和最低的产品。底部的蓝—橙色线条代表不同的利润率。更重要的是，这个颜色方案对色盲人群也是可辨识的。

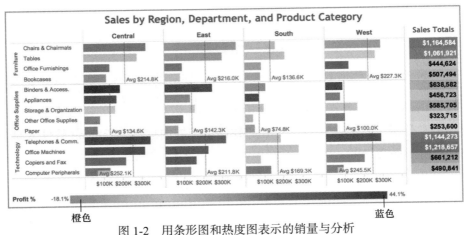

图 1-2 用条形图和热度图表示的销量与分析

条形图和热度图更快地表达出了销量对比关系，也通过颜色表达了利润率信息。参考线还给出了每个区域和部门的平均销量参照。有人可能会说，这样的条形图没有传递出文本表格里的细节（具体数值）。在图 1-3 里，当你用鼠标指向感兴趣的部分时，具体细节就会以工具提示栏的方式展示出来。

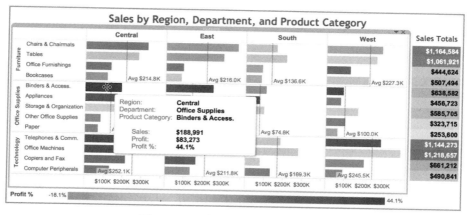

图 1-3　工具提示栏会按需提供细节

把重要的异常突出显示出来，人们才更容易把握，所以使用恰当的可视化分析方法才能优化决策。交互式的分析让这些细节栩栩如生，让你的读者能进一步发掘自己感兴趣的要点。

1.2.3　用可视化分析把数据转换成信息

对数据做过度的抽象就会丢失细节信息，但如果保留太多细节，就会失去对数据的整体把握。如何对数据进行可视化的同时保留必要的细节信息？可视化分析就在这两个分歧之间搭建了桥梁。理想的分析和报表工具应该具有以下属性。

- 简单性：容易让非技术用户掌握。
- 连接性：无缝连接众多不同的数据源。
- 可视化的能力：提供恰当的图形化工具（默认）。
- 规模化：能处理大规模数据集。

传统的商业智能报表方案对现今的大量异构数据源缺乏足够的适应能力。它们的报表和分析工具只能在自己专有的软件系统族内运行。Tableau 软件就是为了解决这些限制而设计的。

1.2.4　分析要成为创造性过程

Tableau 鼓励交互式的数据分析，因为信息的阅读者能立刻得到反馈。Tableau 的 CEO 克里斯蒂安·沙博（Christian Chabot）在西雅图举办的 2014 年 Tableau 消费者大会（Tableau Customer Conference 2014）上的演讲中谈到了这个问题[6]。他把数据分析比喻成艺术表现，而 Tableau 的设计就参考了艺术家的创作过程，允许用户一遍遍试验、试错和改进。

- 鼓励试验。
- 给出快速反馈。
- 提供有丰富表达能力的环境。
- 给用户控制权。

Tableau 的分析中最具影响力的是对故事的探索。有时探索能给 Tableau 用户直接转化出上百万的利润改善。在第 6 章，你会学习到那些被验证过的探索技巧，还提供了一些例子指导你应用、改善和建立自己的探索方法。

每个新版的 Tableau 桌面版都在改进它的报表、分析和探索能力。下一节我们会对 Tableau 的产品线做简要介绍。

1.3 Tableau 的桌面版工具

Tableau Desktop（桌面版）是创建可视化分析和仪表板的设计工具。它有两个版本：Personal（个人）版和 Professional（专业）版。专业版更流行，因为它比个人版能连接更多不同类型的数据源。如果针对某个特定类型的数据没有相应的连接器，你可以通过标准的 ODBC 方法来连接。

Tableau 还提供一个免费的阅读工具 Tableau Reader。

1.3.1 Tableau Desktop 个人版

Tableau Desktop 个人版是一个入门级设计工具，能连接个人计算机上的数据文件。它支持对 Excel、Access、.csv 文本文件、OData、Microsoft Windows Azure、Marketplace DataMarket 和 Tableau Data Extract（.tde）文件的数据连接。你还能从其他 Tableau 工作簿导入工作簿文件。

1.3.2 专业版

Tableau Desktop 专业版和个人版类似，但它提供更多数据连接。除了连接文件内的数据外，还能连接各种不同类型的数据库。专业版能连接关系型数据库、列式数据库、数据一体机、NoSQL 数据源、web-service API 及其他遵循 ODBC 3 标准的数据源。附录 B 提供了 Windows 和 Mac OS X 版本的完整连接列表。

1.3.3 Tableau 文件类型

在 Tableau 中可以存储和共享各种不同类型的文件。文件类型的不同，关系到存储在文件中的信息的不同数量和不同类型。表 1-1 对这些文件做了总结。

表 1-1　Tableau 文件类型

文件类型（扩展名）	大小	适用情景	包含内容
Tableau 工作簿（.twb）	一般较小	Tableau 缺省的存储方式。通常用来存储对本地文件或数据库的数据连接	可视化数据信息。Tableau 元数据。不包含原始数据
Tableau 数据源（.tds）	一般较小	你可能会频繁访问的导出式数据源。通过对它的访问来操作存储的、频繁访问的数据源	元数据，包括数据源的类型、连接信息、组、集、计算字段、数据块大小和默认的字段类型
Tableau 数据提取（.tde）	一般较小	改善性能，允许更多功能，允许更多离线访问	数据源和工作簿的元数据，它们在提取数据时可能会被筛选和聚合
Tableau 书签（.tbm）	一般较小	在不同工作簿间共享数据集	用来复制可视化视图和用到的数据源的信息
Tableau 打包工作簿（.twbx）	取决于数据源的大小，可能会较小，也可能会非常大	与 Tableau Readers 或不能访问数据源的人共享分析内容和结果	用来可视化的数据提取和工作簿信息
Tableau 打包数据源（.tdsx）	可能很大	与不能访问数据源的人共享分析内容和结果，通常是通过发布到 Tableau Server 的方式来实现的	除了包含 .tds 文件的所有信息之外，还包含本地所有的数据源文件，以便无访问权限的人使用

当你在 Tableau 桌面版中存储你的工作时，默认的存储方法会创建一个工作簿（.twb）文件。如果你需要把工作共享给没有 Tableau 或者不能访问数据源的人，你可以在存储文件时通过 Save As（另存为）菜单项存储为一个打包工作簿文件（.twbx）。

当你要频繁连接一个特定数据源，或者你编辑了这个数据源的元数据时（比如对字段重命名或者分组），Tableau 数据源（.tds）文件就非常有用。使用已存储的数据源就减少了访问原始数据源要花费的时间。

Tableau 数据提取（.tde）充分发挥了 Tableau 自有数据引擎的作用。当你创建一个数据提取时，数据会被压缩。在 V8.2 版以前，如果你的数据源来自文件（Excel、Access、文本文件），对数据进行提取时会增加一些源文件中并不存在的公式，包括 Count、Distinct 和 Median。从 V8.2 版开始，数据提取不再需要这些功能，因为采用了新的更加优化的连接方式，会自动创建一个本地的临时文件。

如果你在通过 Tableau Server 发布工作簿，数据提取文件就能非常有效地把数据分析的负载从你的源数据库上剥离出来。

Tableau 打包数据源（Tableau Packaged Data Source，.tdsx）文件提供了把数据提取（.tde）文件或任何基于文件的数据发布到 Tableau Server 的方式。Data Server（数据服务器）就可以定期以给定的周期自动更新这些文件。

1.3.4　Tableau Reader

Tableau Reader 是一个供用户查看 Tableau Desktop 报表的免费版本，不必付费购买授权。把工作簿存储为 Tableau 打包工作簿（.twbx）文件就可以用 Tableau Reader 查看了。

1.3.5　Tableau Online Help

在阅读本书时，我希望你手头就有 Tableau Desktop 并且能尝试一些例子，探索其他的选项，并且阅读 Tableau 的在线帮助（Tableau Online Help，TOH）文档。Tableau 的在线帮助文档是很棒的知识库，由经验丰富的业内人士随时更新。如果本书有什么地方没有为你解释清楚，你可以试着去 Tableau 在线帮助搜索相关主题的另一种角度的解释。

1.4　Tableau 桌面版的工作区

本书意在成为 Tableau 在线手册的补充读物（而不是替代之）。如果你在阅读本书时在运行 Tableau，可以随时按 Windows 系统的 <F1> 键或者 Mac 系统的 <Shift+Command+？> 键来调取在线手册。在 Tableau 的 Help（帮助）菜单选择观看培训视频，会把你带到 Tableau 的训练指导网站。观看介绍视频和大量按主题归类的训练视频，它们大部分的长度都在 3~20 分钟。把视频和本书结合起来，能极大地加速你学习 Tableau 的进度，也能让你对更高级的技巧有深入的理解。

在本章后续部分，你会学习到 Tableau 的工作流程和用户界面的基础知识。

1.4.1　新的工作区设计

Tableau 桌面版 V8.2 和更早的版本起始页面包含的工作区有连接到数据源、存储数据源、存储常用的工作区。这个起始页面还有指向教学视频和工作簿示例的链接。

V9 版本的起始页面做了改善，增加了更多指向训练和创意资源的链接。随着可访问的数据源越来越多并且还在快速增加，Tableau 让你对这些数据源的搜索

更加容易。本书所有的例子都基于 V9 版本，不经特别说明，书中的图片都基于
iMac 或 MacBook 系统生成。

对于使用 Windows 系统的读者，它的菜单、功能及控件的位置基本都是一
样的。Windows 和 OS X 版本的区别只是右键菜单和键盘快捷键。关于这两个操
作系统的不同超出了本书要讨论的范围，我们要了解的是两个版本拥有的数据源
连接器是不一样的，Windows 版本有更多连接器。参见附录 B 获取数据源连接
的完全列表。

附录 C 列出了 Windows 和 Mac 系统的所有键盘快捷键。你也可以搜索 Tab-
leau 的在线手册来查看最新的快捷键列表。

1.4.2　有效使用起始页面的控件

如果你习惯使用电子表格或其他分析工具，学习 Tableau 桌面环境是轻而易举
的。即便你不熟悉数据库或者电子表格，也可以在几个小时内开始使用 Tableau。

V9 版本的 Tableau 对起始页面进行了重新设计，提供更方便的方式让新手快
速访问数据、工作簿和学习资源。对有经验的用户来说，这个起始页面也很方便，
因为它提供了便捷通道可以连接到 Tableau 的 Web 内容和有趣的公共资源，比如
每周最佳作品（Tableau Public Viz of the Week）。

1.4.3　起始页面

打开 Tableau，如图 1-4 所示的起始页面就会展现在你面前。

单击显示在左上角的 Tableau 小图标，你能在起始页面和 Tableau 工作表的工
作区之间切换。你可以把起始页面看作控制中心，把工作表的工作区看作你的工
作环境。起始页面从左向右分成以下三个区域：

- Connect（连接）面板。
- Open（打开）面板。
- Discover（探索）面板。

在 Connect（连接）面板，你可以连接到不同的数据源。中间的 Open（打开）
面板显示你最近打开的 9 个工作簿。它也提供选择连接到你的工作文件或者 Tab-
leau 提供的工作簿示例文件。Discover（探索）面板提供培训视频、Tableau 公共
作品和其他链接，比如 Tableau 的 Blog、公司新闻、流行的 Tableau 论坛等。

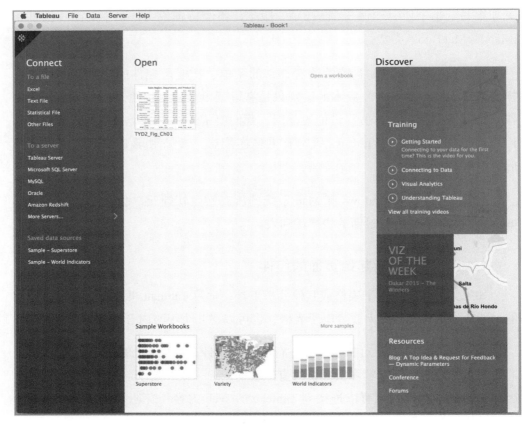

图 1-4　Tableau 的起始页面

如果你想跟随 Tableau 的示例进行练习，可以选择和打开它提供的数据源。或者，你可以到与本书关联的网站（附录 F 提供了网址）下载第 1 章的示例文件，用起始页面的 File（文件）菜单就能打开示例工作簿，这样你就能看到本章实际生成的图片的工作表了。

1. Connect（连接）面板

对存储在本地的文件数据、数据库数据、Tableau 提供的示例数据，以及你已经存储的会频繁访问的数据，连接面板都提供了便捷的访问途径。

（1）To a file（文件中的数据）

在起始页面的左上角连接标题的下面，你能找到连接到 Excel、Access（只针对微软）、统计文件及文本文件的选项。

（2）To a server（服务器端数据）

要连接服务器端数据，你必须使用 Tableau Desktop 的专业版，个人版的起始页面没有连接服务器端数据这个区域。在专业版中，你能看到 5 个连接方式，第一个是连接到 Tableau Server。在这 5 个连接方式的下面，还有一个 More Servers（更多服务器）选项。单击 More Servers 选项能够连接到更多类型的数据库或 Web 服务。

这个区域连接不同数据源的顺序会根据你连接不同类型数据源的频率做出变化。在图 1-4 中，Google Big Query 紧跟在 Tableau Server 后面，因为我最近刚使用过这个数据源[⊖]。你机器上连接方式的顺序可能会和这里有所不同。

（3）Saved data sources（存储的数据源）

在 Connect（连接）面板的后面是 Saved data sources（存储的数据源）区域。Tableau 允许你把频繁使用的数据源连接（data source connections）存储在这里。这会非常节省时间，因为这样你就不必每次都要输入访问特定数据库数据的连接信息和安全信息。当然你也可以把经常访问的本地文件连接存储起来。

Tableau 在此区域提供了示例数据源供学习使用。显示的连接都存储在一个 My Tableau Repository 文件夹里。这个文件夹是在安装 Tableau 时就创建好的。你不必担心它是怎样确保正确工作的，它能保证你存储的文件或连接显示在这里。在第 2 章我们会学习怎样连接到数据源和怎样存储数据源。

2. Open（打开）面板

如果你是刚刚安装了 Tableau，Connect（连接）面板右侧的白色区域应该是空空如也的。这个区域用来显示你最近打开的工作簿。图 1-4 中这里是有工作簿的，它存储在我的个人计算机上，包含为写作本章内容使用的数据表。如果你使用了工作簿，它也会显示在这里。你建立的工作簿会以 9 个一组的方式循环显示，当然你也可以把常用的工作簿锚定（pin）下来。

（1）Pin（锚定）或 Delete（删除）工作簿

在图 1-5 中，你能在这个区域里看到锚定或删除工作簿的选项。像图 1-5 左边的工作簿那样，把你的鼠标移到蓝色图钉上面后，单击这个工作簿就会固定显示在这个位置，再次单击蓝色图钉会取消锚定，更新的工作簿就可能会替代这个位置。

⊖ 图 1-14 中并没有 Google Big Query，此处遵照原书翻译。——编者注

图 1-5 中间部分展示了如何从这个区域删除工作簿。把鼠标移到  按钮上，单击即可删除。这不会从你的硬盘里物理删除这个工作簿，只是不再在 Open（打开）面板里显示了。

图 1-5　Pin（锚定）起始页面的工作簿

（2）Sample Workbooks（工作簿示例）

在图 1-4 的 Open（打开）面板的底部是示例工作簿区域，当你安装 Tableau 时就会创建几个示例，供你学习使用。

（3）More samples（更多示例）

单击图 1-4 起始页面中间下方的 More samples 链接，将打开 Tableau 的网页，这里有更多仪表板和工作簿示例供你下载和探索。从中你会得到很好的启发来完成自己的工作。

3. Discover（探索）面板

起始页面的右侧是 Tableau 软件提供的一些在线学习资源。这个面板分成了 3 个区域：Training（培训）、Viz of the Week（本周最佳作品）和 Resources（资源）。

（1）Training（培训）

最流行的训练视频都显示在这里。单击 View all training videos（显示所有培训视频）选项会带你到 Tableau 的培训和向导网页，你能找到 Tableau 所有的培训资源。这里有大量的定制培训视频、一系列免费的实时网页培训集，还有一套收费的 Tableau 公开培训课。此外，还有快速入门指导、新手教程、知识库文章，以及到其他学习资源的链接。这些内容会随时扩充和更新。

（2）Viz of the Week（本周最佳作品）

Tableau 还提供免费的主机服务器，让数据分析爱好者能够分享自己的可视化分析作品。这个服务叫作 Tableau Public。Viz of the Week（本周最佳作品）是从用户社区里选出来的本周最佳的范例，单击它能把你带到 Tableau Public 网页并且展示这些作品。通常情况下，Tableau 提供展示作品的网址或 Blog 链接。你也可以把这个工作簿下载到本地。这也是一个很好的学习方法。

（3）Resources（资源）

在 Discover（探索）面板的最底部有各种链接，能带领你到 Tableau 社区最近的回帖、Tableau 新闻、Tableau 大会网址及优秀的 Tableau 交流论坛。Tableau 软件中最好的地方就是提供了用户分享各种技巧的网络社区。随着 Tableau 网页内容的增长，找到你需要的内容也成了挑战。这个资源区域就是从桌面直接指向这些资源的捷径。但记住这需要你的机器保持网络连接。

既然你了解了 Tableau 的起始页面，现在该进一步了解数据了。下面将学习 Tableau 基础的连接和分析环境——数据表工作区。

1.4.4　Tableau 桌面版工作区

图 1-6 展示了一个数据表的视图，这个数据表来自 Tableau 桌面版的示例文件：Sample-Superstore Sales-Excel 数据集文件。Tableau 会更新自己的示例文件。再重复一次，本书的伴学网站（见附录 F）包含本书需要的示例文件。如果你想学习这个示例，可以下载第 1 章的文件。

数据表工作区就是你创建视图的地方。Tableau 桌面版还有特殊工作区，比如专为搭建仪表板设立的工作区，相关内容在第 8 章会讨论，专为创建故事的工作区会在第 10 章讨论。图 1-6 展示了一个包含散点图的数据表，这个数据表是超市的零售数据。

单击起始页面的图标会打开连接页面，你可以在 Tableau 中打开任意多个连接。还有其他建立数据连接的方法，可以在第 2 章学到。下面继续介绍图 1-6 工作区的其他几部分内容。

数据表顶部的工具栏区域包含菜单栏、图标栏及智能显示（Show Me）按钮。

1. Show Sheet Sorter（显示工作表排序器）

图 1-6 中的工作区右下角有三个图标。最左边的图标是 9 个小方块的样式，它是 Show Sheet Sorter（显示工作表排序器）图标，会显示工作簿的所有内容。图 1-7 显示了工作表排序器视图。

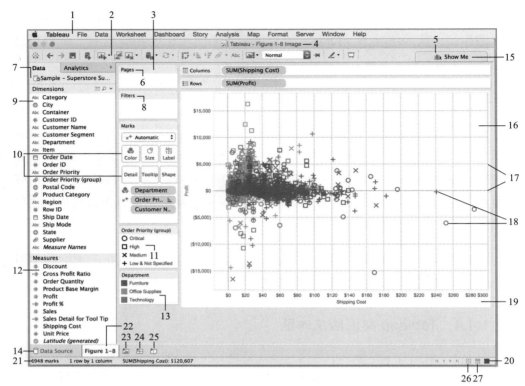

图 1-6　Tableau 桌面版数据表工作区

1—Menu bar（菜单栏）　2—Icon bar（图标栏）　3—View cards and Shelves（视图选项卡和区域）　4—Workbook name（工作表名称）　5—Workspace controls（工作区控制）　6—Pages card（页面选项卡）　7—Data window（数据窗口）　8—Filter card（筛选器选项卡）　9—Dimensions Pane（维度区域）　10—Marks card（标记选项卡）　11—Shape legend（形状图例）　12—Measures Pane（度量区域）　13—Color legend（颜色图例）　14—Go to data source（转到数据源）　15—Show Me card（智能显示选项卡）　16—View（视图）　17—Gridlines（网格线）　18—Marks（标记点）　19—Axis and Axis Labels（坐标轴和坐标轴标签）　20—Show tab（显示选项卡）　21—Status bar（状态栏）　22—Sheet tab（工作表标签）　23—New sheet（新建工作表）　24—New dashboard（新建仪表板）　25—New story point（新建故事点）　26—Show Sheet Sorter（显示工作表排序器）　27—Show Filmstrip（显示缩略图）

工作表排序器有着像 PowerPoint 幻灯片那样的布局样式，在这里你把对应图片拖曳到相关位置就可以重新排列工作表、仪表板和故事。双击任意图片就可以打开这个视图。

你也可以通过工作表排序器把工作簿的内容预加载到内存中，在你用 Tableau 做实时演示时尤其有用。预加载到内存后，在工作表、仪表板、故事之间的转换都会非常迅速。把鼠标放置于排序器上的任意点并右击，选择 Refresh All Thumbnails（刷新所有缩略图），就会把工作簿的所有内容预加载到内存中。

2. Show Filmstrip（显示缩略图）和 Show Tabs（显示选项卡）图标

Tableau 通常会在工作区的底部显示选项卡，但你可以改变这种显示。紧接

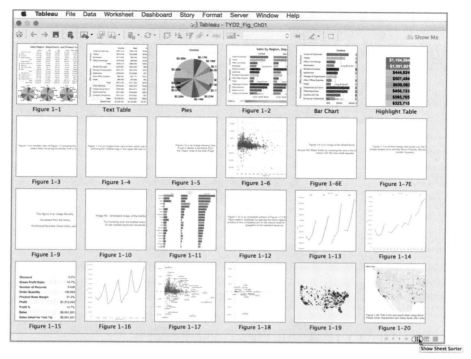

图 1-7　工作表排序器

着排序器图标右边的是另外两个图标——显示缩略图和显示选项卡。通过这两个图标可以切换不同的显示模式。图 1-8 展示了缩略图和选项卡的不同显示模式。

图 1-8 的上半部分是选项卡模式，下半部分是缩略图模式。你可以尝试着切换它们，看看有什么不同。在选项卡模式，鼠标停在选项卡上时也会显示出工作表的图形。

单击图 1-8 工作区左上角 Tableau 的 LOGO 可以回到起始页面。注意，在缩略图和选项卡模式中，你可以通过刷新缩略图来预加载所有内容。

在缩略图模式中，右击一个缩略图弹出和此缩略图相关的右键菜单，这个菜单让你可以给缩略图赋予不同的颜色、复制工作表、导出工作表以创新一个新的工作簿。试试其他的菜单项，你会发现右击 Tableau 的任何对象都会弹出相应的右键菜单。

3. 关于工具栏菜单你该知道这些

图 1-6 所示的工作区的顶部就是菜单栏。当然，Windows 版和 Mac 版的菜单栏样式是有所不同的，但只要是桌面版，菜单项的内容都是一样的。

图 1-8　显示选项卡和显示缩略图

随着 Tableau 桌面版越来越成熟，以前只能从菜单栏才能访问的功能越来越多地集成到了工作区。下面讨论的内容是只能从主菜单才能访问的功能。至于从其他部分更容易访问的功能，或者很少用到的功能，我们就忽略了。通过 Tableau 的在线手册可以找到关于这部分的更多细节内容。[7]

（1）File（文件）菜单

像所有 Windows 下的程序一样，File（文件）菜单负责新建、打开、存储、另存为等功能。Export Packaged Workbook（导出打包工作簿）菜单项让你能快速创建一个新的打包工作簿（.twbx）文件。相比更常用的 File（文件）/Save As（另存为）方法，这种方法更快捷。

这个菜单下最常用的一个功能是 Print to PDF（打印到 PDF 文件）（在 Mac 版本中是 Print 菜单下的一个选项），让你能把工作表或者仪表板存储为 PDF 文件。如果你忘记 Tableau 文件存储在哪里或者想改变默认的文件存储位置，那么可以使用 Repository Location（存储库位置）选项来查阅或改变它。

（2）Data（数据）菜单

Paste Data（粘贴数据）有几个方便的功能。如果你在网络上发现了有趣的 Tableau 数据，并且希望能用 Tableau 分析它，从网页复制这些数据后，使用这个功能就可以把它复制到 Tableau 中。一旦粘贴后，Tableau 就会在数据窗口中增加一个新的数据源。

Tableau 的 Tableau Data Server（数据服务器）菜单允许你向发布在 Tableau Server 上的应用刷新和附加数据源。这方面的详细内容将在第 12 章介绍。

Edit Relationships（编辑关系）菜单用来进行数据聚合。当两个不同的数据源对同样的属性使用了不同的字段名时，这个功能就非常有用了。它允许你重新定义相关的字段。第 2 章将会详细介绍数据聚合的内容。

Replace Data Source（替换数据源）的典型应用场景：使用电子表格作为数据源（它的名字还被改动过），你需要告诉 Tableau 重新定位新版本的数据文件。当然这个功能不只限于电子表格，对数据库源也是适用的。

（3）Worksheet（工作表）菜单

这个菜单包含几个常用的功能。利用 Export（导出）功能可以把你的工作表导出为图像、Excel 表、Access 数据库文件等。Action（动作）和 Tooltip（工具提示栏）菜单项的内容会在第 8 章介绍。图 1-9 展示了 Describe Sheet（描述工作表）菜单项的输出示例。

使用 Describe Sheet（描述工作表）菜单项可以创建数据表的元数据的概要信息，对表的内容和源数据信息做概括性总结。注意，你可以把这些信息复制、粘贴到其他程序里。

（4）Dashboard（仪表板）菜单

Action（动作）菜单非常有用，Dashboard（仪表板）菜单和 Worksheet（工作表）菜单中都包含这个菜单项。第 8 章将详细介绍软件中三种类型的操作。

（5）Story（故事）菜单

Story（故事）菜单是我们可以开始一个故事点视图的地方，这部分会在第 10 章介绍。

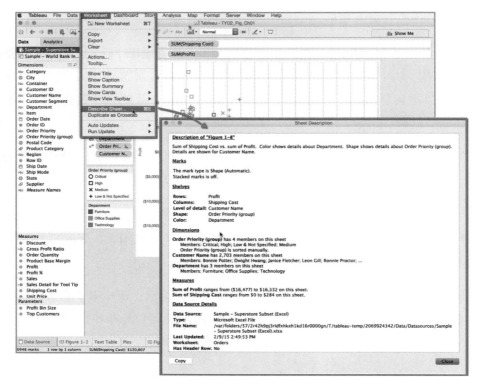

图 1-9　描述工作表的输出

（6）Analysis（分析）菜单

随着技巧的提高，你会慢慢使用这个菜单中的 Aggregate Measures（聚合度量）和 Stack Marks（堆叠标记）功能。这些能让你调整 Tableau 的默认动作，让你创建非 Tableau 标准的图表类型。在第 7 章，你将用这些功能创建一个例子。Create Calculated Field（创建计算字段）和 Edit Calculated Field（编辑计算字段）供你用来建立数据源里没有的新的标尺或度量。

Tableau 桌面版 V9 提供了很多新的关于值计算和表计算的功能。本书第 4 章做了很大的修改来展示这些新功能。

（7）Map（地图）菜单

Map（地图）菜单可以用来创建背景地图、背景图片、地理编码、编辑位置、地图图例、图层和地图选项。

Background Map（背景地图）功能是用来改变你的数据表视图的基础地图的。选择 None 就会移除背景地图的图像，但仍保留相关数据地点的经纬度信息。如果你没有网络访问但仍想看到地图，就选择 Offline（离线）。离线地图在细节上比 Tableau 的在线地图稍差。如果你想通过带颜色的多边形表示统计数据，就选择 Tableau Classic 选项。

Geocoding（地理编码）用来向 Tableau 导入特定的地点。比如，你可能想把你公司的位置定位到地图上。Edit Locations（编辑位置）用来纠正你的数据中的位置信息，因为 Tableau 可能没有正确地自动识别。比如，你可能拼错了城市名称。选择 Map Options（地图选项），从弹出的窗口可以定义用户是否可以平移或缩放地图、是否显示搜索、是否显示查看工具栏。

这些功能都将在第 5 章介绍。

（8）Format（设置格式）菜单

你可能不会频繁使用这个菜单项，因为通过工作簿的右键菜单能更快实现这些功能。偶尔，你可能会改变一个文本表格的单元格大小，通过菜单中的 Cell Size（单元格大小）可以实现。或者，如果你不喜欢默认的工作簿主题，使用 Workbook Theme（工作簿主题）菜单项可以选择另外两个主题。关于格式，在第 7 章和第 8 章你会学到很多技巧。

（9）Server（服务器）菜单

如果你需要登录到 Tableau 服务器发布自己的作品，就要用到这个菜单。Sign In（登录）自然是你输入服务器地址、安全认证信息的地方。Switch User（切换用户）和 Switch to Self（切换到自己）用来模拟其他用户登录时他们能看到的仪表板和工作簿界面。Create New User Filter（创建新的用户过滤器）用来创建新的过滤器，隐藏一些数据源信息。第 11 章将会详细讨论这些内容。

第 11 章中讨论的报表安全性部分将描述怎样创建用户过滤器。这可以通过对视图中的数据进行过滤来提供数据行级别的安全机制。

如果你用 Tableau 桌面版打造仪表板是为了好玩或者为了上传到博客，那么可以使用 Tableau Public 菜单。当然你事先要注册一个免费的账户，之后就可以把你的工作簿存储到你的账户中并进行管理了。

（10）Window（窗口）菜单

Presentation Mode（演示模式）菜单把所有设计的内容都移除了，只重点显示工作表和仪表板。如果你要把一个单独的数据表共享给别人，使用 Bookmark（书签）/Create Bookmark（创建书签）菜单项存储一个 .tbm 文件，就可以共享给其他 Tableau 用户了。我从没有使用过这个菜单里的其他菜单项，因为有更快捷的方式来实现，本书会随时讨论相关内容。

（11）Help（帮助）菜单

这个菜单栏中的菜单项分别用来访问 Tableau 的在线手册、训练视频、示例工作簿等。这些内容从之前提过的起始页面也能访问。通过 Choose Language（选择语言）能改变默认的 Tableau 语言，菜单、窗口、卡片、内容都会变化到相应语言。当然，这也会改变 Tableau 如何表达地图里的地理信息及地图查询。选择新的语言后，Tableau 会提示你重新启动桌面版让新语言生效。

Help（帮助）菜单里最重要的功能是 Setting and Performance（设置和性能）。Start Performance Recording（启动性能记录）菜单项让 Tableau 开始收集关于你的工作簿的关键性能指标。停止性能记录后，Tableau 会创建一个关于你的工作簿性能的仪表板。这是一个很关键的功能，具体会在第 8 章和第 12 章介绍。

如果要查看你的产品密钥，Manage Product Key（管理产品密钥）会显示它。最后，About Tableau（关于 Tableau）菜单项（只 Windows 版有）会显示 Tableau 的版本信息。如果你使用 Mac 版本，这个信息在 Tableau 菜单项下。如果你的公司使用的是不同的 Tableau 版本，这个信息就非常重要。你可以在计算机上安装几个不同版本的 Tableau 软件，但不同版本是不能向后兼容的，在开始新的工作之前要确保你使用了合适的版本。

4. 理解工具栏图标

图 1-10 显示的工具栏可以非常方便地访问常用的基本功能。下文的每个小标题和鼠标停留在图标上弹出的提示文字是一致的。

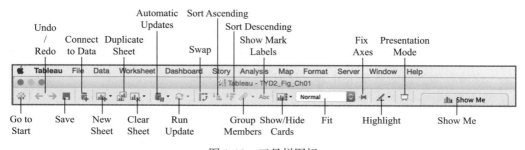

图 1-10　工具栏图标

（1）Go to Start（起始页）

单击工具栏最左侧的图标，就会在起始页面和工作区之间切换。

（2）Undo/Redo（撤销 / 重做）

Undo（撤销）就是把对工作簿最近的动作撤回。Redo（重做）是恢复最近的撤销。及时使用撤销可以返回到一系列工作的开始。重做是在一系列步骤中向前恢复。如果你不喜欢屏幕上现在的状态，那么可以及时使用撤销恢复到之前的状态。

（3）Save（存储）

单击 Save（存储）按钮保存你对工作簿的更改。

（4）Add New Datasource（添加新的数据源）

这个工具打开连接页面，让你创建新的连接或者从存储库里打开已存储的连接。

（5）New sheet（新建工作表）、New Dashboard（新建仪表板）或 Story（新建故事）

这个工具可以新建这些内容。你也可以在工作区的底部右击缩略图或选项卡来添加这些内容。另外，你还可以在工作区底部缩略图或选项卡的右侧找到 3 个图标来添加它们，参见图 1-6。

（6）Duplicate Sheet（复制工作表）

这个工具能复制当前的工作表。如果你想尝试一个不同的方法，但又不想对当前的数据表视图做出任何改变，这个功能就非常好用。

（7）Clear Sheet（清除工作表）

这个工具能清除当前工作表的内容。使用下拉菜单可选择清除格式、清除手动大小调节范围、清除轴范围、清除筛选器、清除排序及清除上下文等。

（8）Automatic Updates（自动更新）

使用这个工具取消自动更新视图的设定。使用下拉菜单来停止对整个工作表的更新或者对快速筛选器的更新。当你连接到比较慢的数据源时，停止自动更新就非常有用，这样你就可以几乎无延迟地把多个字段加入工作区。之后当你准备查看结果时再通过运行更新，强制刷新视图。

（9）Run Update（运行更新）

当你暂停了自动更新时，单击此按钮就可以看到视图的更新结果。

（10）Swap（交换）

这个图标用来交换行和列的字段。这会导致视图的水平或垂直旋转。

（11）Sort Ascending（升序排序）和 Sort Descending（降序排序）

这两个工具让你对数据根据视图里的度量进行排序。升序自然是从小到大，降序自然是从大到小。这种排序只对当前的工作有效，不会覆盖视图里的默认排序。

（12）Group Members（组成员）

用此功能把所选择的值组合成组。当多个维度被选择时，使用下拉菜单指定是根据某个特定维度来组合，还是基于所有维度来组合。

（13）Show Mark Labels（显示标记标签）

此功能切换是否显示标签。当你对 Tableau 桌面版越来越熟练后，你会发现通过 Marks Card Label（标记选项卡的标签）可以更便捷地显示标签。

（14）Show/Hide Cards（显示 / 隐藏选项卡）

你可以重新设定显示在工作表视图中的选项卡都包含哪些内容，比如 Title（标题）、Caption（说明）、Summary（摘要）、Legends（图例）、Quick Filters（快速筛选器）、Parameters（参数）、Map Legend（地图图例）、Columns Shelf（列区域）、Rows Shelf（行区域）、Pages Shelf（页面区域）、Measure Values Shelf（度量值区域）、Current Page（当前页）、Marks（标记选项卡）。

（15）Fit（适合）

在这里你可以设定在当前视图区域显示视图的大小。默认视图选项是 Normal（普通），采用最少的屏幕面积来显示出所有的标记。这可能导致出现水平或垂直的滚动条。Fit Width（适合宽度）、Fit Height（适合高度）、Fit Entire View（适合整个视图）让 Tableau 在特定的方向上显示出整个视图而不会出现滚动条。

（16）Fix Axes（固定轴）

这个按钮在锁定轴和动态轴之间切换，锁定轴显示一个指定的范围，动态轴基于最大值和最小值调整显示范围。Tableau 默认使用动态轴，当你处理的数据会发生变化时这是最佳选择。对固定轴的使用要谨慎，它更适合静态数据并且值是已知的情况。

（17）Highlight（突出显示）

Highlight（突出显示）按钮能打开所在工作表要突出显示的内容。用下拉菜单定义如何突出显示。比如，你希望突出显示几个字段的组合，选择这些字段然后突出显示它们。当你用散点图显示数据时，如果你希望基于某些维度的组合做突出显示，这就非常有用。

（18）Presentation Mode（演示模式）

这个选项允许你在演示模式和普通工作模式切换。前面说过，演示模式在视图中除去了所有的设计工具，以便你的观众更容易把精力集中到所演示的信息上。

（19）Show Me（智能显示）

它提供给你查看和显示数据的各种不同方式。可用的图表类型取决于视图中已有的字段和你在数据窗口中选择的数据。第 3 章将详细介绍这部分内容。

5. 数据窗口、数据类型和聚合

当 Tableau 连接一个数据源时，它就会显示在数据窗口。在一个工作簿中，你可以连接你想连接的无数个不同数据源。与数据连接相关联的小图标提供了关于此连接的附加信息。图 1-11 展示了具有三个不同数据连接的工作簿。

小图标其实有着微小的区别，以暗示每个连接的确切状态。Coffee Chain（Access）数据连接左侧的蓝色对勾标记意味着该连接是这个工作表的主要活动连接。还有显示带有箭头和蓝色对勾的两个柱体图标，这表示这个连接用于数据提取。不带箭头的单个柱体图标表明这是到数据源的直接连接。

注意蓝色突出显示的 Sample-Coffee Chain（Access）数据源，当工作簿有多个数据连接时，突出显示的数据源的相关字段信息就会显示在 Dimensions（维度）和 Measures（度量）区域。

比如，单击 Sample-Superstore Subset（Excel）数据源，这个连接就会用蓝色突出显示，相关维度的字段和度量就会显示在后面两个区域。如果两个数据源有公共字段，Dimensions（维度）和 Measures（度量）区域就会有橙色的突出显示，并在相关字段显示小的链接图标。这用来提示可能的数据聚合，具体将在第 2 章讨论。

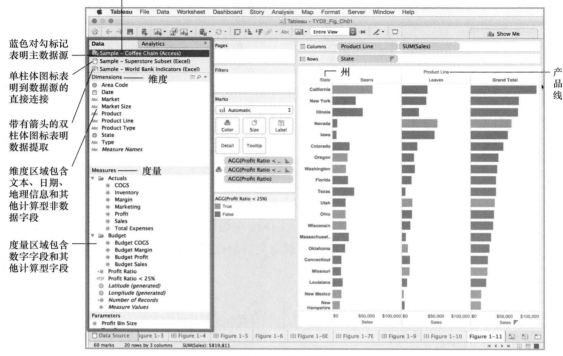

图 1-11　数据窗口

Superstore Subset（Excel）数据连接是一个直接连接，因为它使用了单柱体的图标。底部的 World Bank Indicators（Excel）数据源用于数据提取，因为它使用了加箭头的两个柱体图标。数据提取文件从任意数据源复制和压缩数据到 Tableau 专用的数据引擎。有时，对数据的压缩和对性能的提升是本质性的。

当你创建数据连接时，Tableau 会自动评估字段，并把它们放到维度和度量中。一般来说，Tableau 都会得到正确的结果。如果一个字段所在位置并不是你所希望的，通过简单的拖曳就可以把它们改变到你所希望的位置上。

比如，如果你连接到一个包含客户 ID 号的电子表格，这个字段可能会被放到 Measures（度量）区域里，但你可能希望它在工作簿里充当维度而非度量。把客户 ID 号从度量区域拖曳到工作簿里，就会对这个字段值进行求和计算。如果是从 Dimensions（维度）区域拖曳到工作簿里，客户 ID 号就充当一个维度，就像图 1-11 里的产品线（Product line）和不同州（State）那样。

（1）数据类型

Tableau 会自动表示字段和设定它们的数据类型。如果数据类型在数据源里有设定，Tableau 会使用这些类型设定。如果数据源里并没有标明数据类型，Tableau 会做出一种设定。Tableau 支持下列数据类型：

- 字符值。
- 日期型值。
- 日期和时间型值。
- 数字型值。
- 地理位置型值（用在地图中的经度和纬度）。
- 布尔型值（真 / 假）。

注意看图 1-11 Dimensions（维度）和 Measures（度量）区域里字段旁边的小图标，它们就表明了字段的数据类型。小地球表示地理位置型，日历表示日期型，带有时钟的日历表示日期时间型，"#"表示数字型，"Abc"表示字符型字段，"T/F"表示布尔型字段。"="（等号）说明这个字段是计算值。更多例子可参阅 Tableau 手册。

（2）聚合

我们常用不同的聚合方法来处理数字。Tableau 支持很多种不同的聚合方式，包括：

- Sum（求和）。
- Average（平均值）。
- Median（中值）。
- Count（行数）。
- Count Distinct（不同值行数）。
- Minimum（最小值）。
- Maximum（最大值）。
- Percentile（百分位）。
- Standard Deviation（标准差）。
- Standard Deviation of a Population（总体标准差）。
- Variance（方差）。
- Variance of a Population（总体方差）。
- Attribute（ATTR，属性）。
- Dimension（维度）。

如果你不是统计或数据库方面的专家，那么可以查阅 Tableau 手册获取这些聚合类型的详细定义。向可视化视图添加相关字段会采用默认的聚合方法。Tableau 也允许你通过改变特定视图的聚合类型来改变聚合方式。

要改变默认的聚合方式，右击任意数字型字段，选择菜单项（默认属性 / 聚合）来改变它的默认行为。你还可以改变工作表里字段聚合的指定用法。注意，本书里所有提到的"块"，都特指放置于视图选项卡、行区域、列区域里的字段，换句话说就是在数据表里被激活的字段。

图 1-12 提供了一个示例。右击列区域里的 SUM（Sales）字段，选择 Measure（Sum）菜单项，你就可以选择任意的聚合方式。

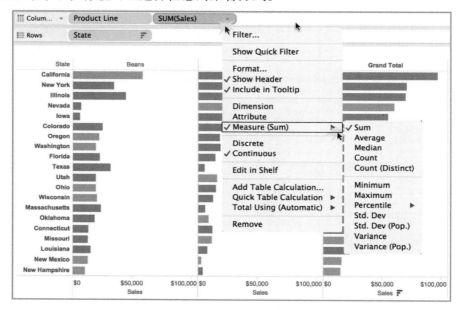

图 1-12　改变聚合

图 1-12 里的数据连接是对一个叫作 Coffee Chain 的 Access 数据库的数据提取。在 Desktop 桌面版 V9 之前的版本，如果使用 Excel、Access 或者文本文件，那么你看不到所有的数据聚合选项，但你利用数据提取后，这些额外的数据聚合选项就可以使用了。在 V9 版本，通过数据提取以获得更多数据聚合的方式并非是必需的。在第 4 章将学习数据聚合。

（3）关于维度和属性的补充

大多数据聚合所需的数学概念都是比较容易理解的。即便你不专修统计学专业，即便你不知道 Standard Deviation（标准差）具体指什么，你也能领会到它肯定和一系列的数字及它们的差别有关。

理解属性聚合类型最好的方式就是查看具体的使用实例。参见第 7 章和附录 E 的具体实例。

（4）基于行区域和列区域打造可视化视图

行区域和列区域用来表示视图中垂直和水平轴方向的数据。维度和度量可以用在任何一个区域，并采用不同顺序显示。图 1-13 是一个基本的时间序列图表，显示了销量随年度和季度变化的趋势。

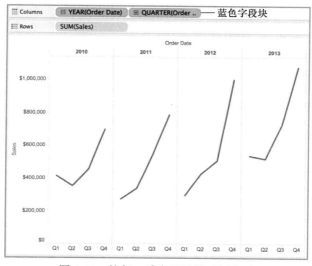

图 1-13　按年、季度显示的时间序列

因为年度或者季度是离散和打断的，所以时间序列也是分段的。图 1-14 显示了同样的数据，但它是先按季度后按年度来组织数据的，使人们更容易看清不同季度的同比销量变化。

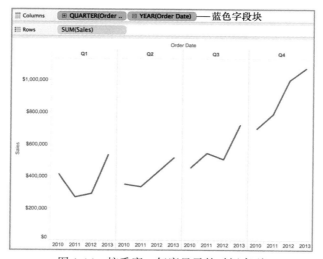

图 1-14　按季度、年度显示的时间序列

在列区域里，把年字段块拖曳到季度块的右侧，就变换成视图先按季度后按年度的方式来显示了。

（5）记录个数、度量值和度量名称

Tableau 为每个数据表自动添加三个字段：

- Number of Records（记录个数）。
- Measure Names（度量名称）。
- Measure Values（度量值）。

Number of Records（记录个数）是对数据源里所有记录行的数量统计。像之前介绍的，字段图标前会有一个等号表示它是一个计算值。Measure Names（度量名称）和 Measure Values（度量值）也是特殊字段，让你能在一个轴上显示多个度量。图 1-15 是双击 Measure Names 字段后，单击工具栏上的 Swap（交换）图标改换图表方向后生成的。

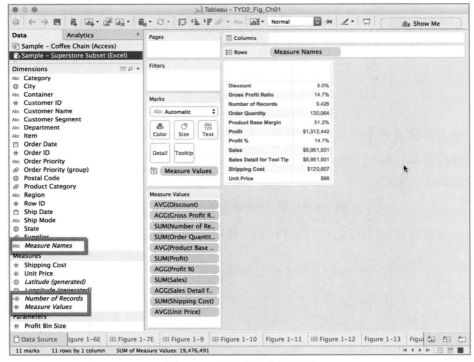

图 1-15　度量名称和度量值

当 Measure Values（度量值）字段用在视图中时，会生成一个新的区域来放置数据表的每个度量。选择 Measure Names（度量名称）和 Measure Values（度量值）会自动显示数据源里所有的度量和它们的相关描述。通过度量名称字段块，你可以筛选特定的度量，这可以通过右击度量字段块并取消你不想显示在轴上的度量来实现。

6. 理解图标的颜色和块

你注意到放在区域里的块的颜色分为绿色和蓝色了吗？再看看图 1-13 和图 1-14 ⊖。你能猜出它们的不同含义吗？大部分人猜测蓝色块是维度，绿色块是度量。这个猜测很接近，但和正确答案还有些细微的差距。图 1-16 显示了没有中断的时间序列，注意到这个列区域里只有一个字段块并且是绿色的 ⊖。

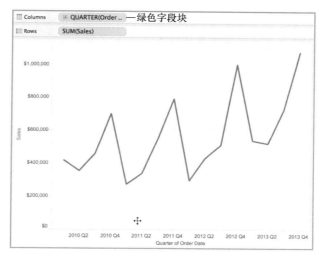

图 1-16　连续的时间序列

绿色代表连续，蓝色代表离散。当一个时间维度块是绿色时，数据就用一个无断点的、连续的线表达。在图 1-13 和图 1-14 里，时间维度块是蓝色的，时间就被年度和季度离散化了。度量也不总是连续的。柱状图通常就根据某种度量把连续的数据转换到离散的维度。你将在第 3 章看到柱状图的例子。

7. 使用视图选项卡筛选器和突出显示数据

图 1-8 里数据窗口的右侧就是 View Card（视图选项卡）区域，用来筛选你的数据表，并且定义可视化图形的颜色、形状和其他视觉效果。放在页面框里的字段会产生一个自动滚动的筛选器。放置在筛选器区域里的字段会产生手动筛选器。让我们先关注 Marks Card（标记选项卡）区域。

⊖　图 1-13、图 1-14 中 Columns（列区域）的字段为蓝色，Rows（行区域）的字段为绿色。——编者注
⊖　图 1-16 中 Columns（列区域）和 Rows（行区域）的字段都为绿色。——编者注

（1）Marks Card（标记选项卡）

Marks（标记）区域顶部的下拉菜单用来选择要显示标记的类型。它默认定义为 Automatic（自动），这时 Tableau 会自己选择使用的标记类型。你可以手动选择 Tableau 支持的任一选项。

你可以把字段放在需要的标记按钮上，以便使用不同的可视化工具传达出特定的含义。注意，当你把鼠标停留在按钮上时，提示信息会显示：

■ Automatic（自动）：默认的，Tableau 会选择最适合的标记类型，但你也可以通过下拉菜单来改变它。

■ Color（颜色）：表达离散或连续的值。

■ Size（大小）：表达离散或连续的值。

■ Label（标签）：一个或多个字段可以表达为标记点的标签。

■ Detail（详细信息）：当使用维度并且让字段用作工具提示时，这会更加细化地表示每个标记点的信息。

■ Tooltip（工具提示）：这使得字段可以提供工具提示栏内容，而不用实际细化数据。

■ Shape（形状）：这可以表达离散或连续的值。

■ Path（路径）：当线性或多边形标记类型被选中，并且你的数据支持序列化时，这个类型可用。你可以采用维度或度量数据，并让它们成为路径编码。

多个字段可以被放置到 Color、Label、Detail 和 Tooltip 按钮上。图 1-17 显示了一个带有颜色、形状和大小信息的散点图，对利润和运输成本做可视化视图的对比。

图 1-17 中，列区域里包含 Shipping Cost 字段，它的度量点水平分布在页面里。Profit 位于行区域中，被垂直显示。颜色用来显示不同部门，形状用来表示订单优先级（成组的形式），标记点大小表示销量信息。客户姓名用 Label（标签）显示，平均单价放在工具提示栏里。

图 1-17 的散点图显示了 4 个度量（一个在工具提示栏里）和三个维度，并且会让异常数据突出显示出来。注意，当客户的姓名不会重叠时才会被显示出来。这些视觉效果都是通过把每个字段拖曳到需要的标记按钮上实现的。

查看图 1-17 并且注意 Marks（标记）区域里的字段块。注意每个字段块左侧的小图标，它们表明了每个字段的可视化效果（也就是它们被拖曳到哪个标记按钮上）。带颜色的三个圆表明它们在视图里是通过不同的颜色来表示的。

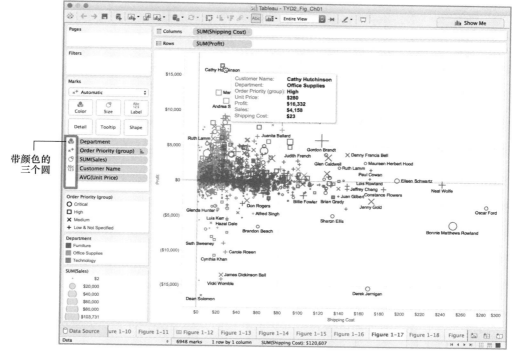

带颜色的
三个圆

图 1-17　散点图

改变标记区域里对字段的使用方式的一种方法是，单击字段块左边的小图标，然后选择弹出的其他选项。

（2）Pages Card（页面选项卡）

上面提到，任意放置在页面区域里的字段都会产生一个筛选器，让数据集里的每个成员被手动或自动地滚动显示。

在 Tableau 桌面版中，通过扫描所有离散数据，页面区域能创建动画的可视效果（Tableau Server 版没有这个功能）。比如，把一个日期字段放在页面区域里并且按照月—年方式显示，页面筛选器就能按照月—年的递增来显示出动画效果。

在图 1-18 里，你看到当一个字段放置在页面区域时，紧接着它的下面就有一个可以直接访问的区域，包含一个人工字段选择器。自动滚动控件提供了前进、暂停和停止的控制，还有滚动速度和显示历史的选择框。

此外，任意被放置到页面区域里的字段都被转化为离散的字段类型，因为每个页面都是这个字段的一个成员。

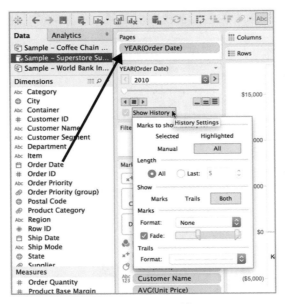

图 1-18　页面区域

选择 Show History（显示历史），弹出的对话框让你可以控制历史显示的方式，控制当字段被放置到页面区域并且筛选器向前步进时有多少标记点会被显示。

Trails（路径）是随着页面滚动把标记顺序连接起来的线。对话框允许你控制在筛选器步进滚动时是显示路径、显示标记，还是路径和标记两者同时显示。自动滚动在 Tableau 服务器版是不支持的，但用 Tableau Reader 或者 Tableau Desktop 都可以查看。

（3）Filter Card（筛选器选项卡）

要想针对任意字段做筛选（维度或度量），把字段拖曳到筛选器区域即可。可用的筛选类型取决于数据本身是连续的还是离散的。在筛选器菜单里会看到，还可以基于分层次的选择来筛选。右击字段块，选择 Show Quick Filter（显示快速筛选器），就能把筛选器摆在页面旁边。这部分内容在第 7 和第 8 章会详细讨论。

8. 通过状态栏理解可视化视图

状态栏（Status bar）出现在工作表的最下面。它提供了你的可视化视图中标记点数量的基本统计信息。图 1-19 显示的地图可视化下面的状态栏就展示了相关数值。

图 1-19 的地图后隐藏着一个饼图，按照不同邮政区域和不同部门显示各自的销售额。注意，底部状态栏的左侧说明视图里有 3 356 个标记点。这些标记点的销

售总额是 8 341 246 美元。饼图的每个切片代表了一个标记。如果工作表的一个标记或一个组被选中，状态栏就会变化为当前选择标记点的相关值。

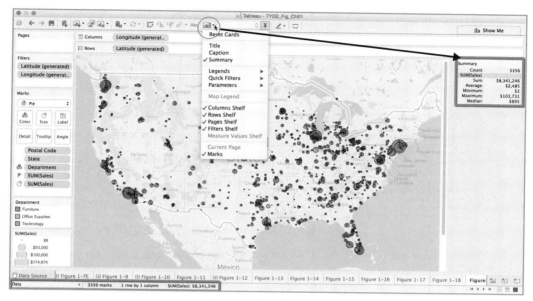

图 1-19 状态栏和摘要

在右上侧更大的 Summary（摘要）选项卡是可选的。单击图 1-19 圈出的 Show/Hide Cards（显示 / 隐藏选项卡）按钮并选择 Summary（摘要）就可以激活它。

9. 通过 Show Me（智能显示）按钮节省时间

通过 Show Me（智能显示）按钮，你可以非常快速地建立自己的可视化视图。如果你能决定要分析的维度和度量，Show Me（智能显示）会为你打造可视化内容。它会自动把字段块添加到行、列区域里。看看图 1-20 怎样通过 Show Me 创建一个类似图 1-19 的地图图表。

使用 Sample-Superstore Subset（Excel）数据源，选中 State、Postal Code、Department、Sales 四个字段。一直按住 < Ctrl > 键（Windows 用户）并且单击要选择的每个字段，之后单击地图图标。要在 Mac 机器上多选字段，使用 < Command > 键，你的屏幕应该显示如图 1-20 所示的样子。

可以拖曳 Show Me（智能显示）对话框到任意位置，对话框底部的文本用于提示如果对选择的图表类型要做可视化，还需要在维度和度量上做什么补充。根据已经选择的维度和度量，对话框里高亮显示的图表都是目前可用的。灰度隐藏的图表类型对当前选择的字段暂时不可用。注意，当前基于时间的图表都是灰色的，因为时间维度并没有被选择。

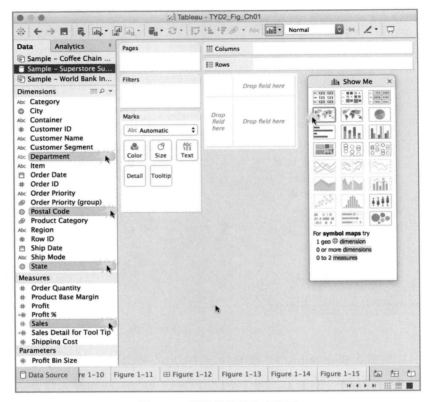

图 1-20　用智能显示生成地图

图 1-19 就是通过 Show Me 里的地图图标生成的。标记点通过颜色选项卡去掉颜色并加上黑色圆框。保持 Show Me 对话框为打开状态，你可以随时快速选择不同的图表类型并快速浏览生成的结果。当你想尝试用不同的字段块影响可视化效果时，这的确是一个既省时又管用的方法。

1.5　总结

现在，你对 Tableau 桌面版的工作区有了基本的认识，在下一章，你将会学习 Tableau 桌面版连接到数据的各种不同方法，以及你可以使用 Tableau 桌面版连接到的各种不同数据源。

1.6　注释

1. EdwardR.Tufte, The Visual Display of Quantitative Information (Cheshire, CT: Graphics, 2001), 91。

2. MargaretRouse, NoSQL (Not Only SQL Database), "Essential Guide, Big Data Applications: Real-World Strategies for Managing Big Data," SearchDataManagement, October 5, 2011, 详见网址：http://searchdatamanagement.techtarget.com/definition/NoSQL-Not-Only-SQL。

3. AndrewRyan, "Under the Hood: Hadoop Distributed Filesystem Reliability with Namenode and Avatarnote," 详见网址：https://www.facebook.com/notes/facebook-engineering/under-the-hood-hadoop-distributed-filesystem-reliability-with-namenode-and-avata/10150888759153920。

4. Stephen Swoyer, "Report Debunks Business Intelligence Usage Myth," 详见网址：http://tdwi.org/Articles/2009/05/20/Report-Debunks-BI-Usage-Myth.aspx?Page=1。

5. Stephen Few, Information Dashboard Design: The Effective Visual Communication of Data, Berkeley, California, (O'Reilly Media, Inc, 2006), 4。

6. "The Art of Analytics," 克里斯蒂安·沙博在西雅图举办的 "2014 年 Tableau 消费者大会" 上的演讲，September 9, 2014. 详见网址：https://tc14.tableau-software.com/keynote。

7. "The Tableau Workspace, Toolbar," 2014 年 12 月 2 日访问，详见网址：onlinehelp.tableausofwared.com/v9.0/pro/online/windows/en-us/help.htm#environ_workspace_toolbar.html。

第 2 章
连接你的数据

"我想一个管理者的世界绝不是非黑即白。它是充满了不确定性和左右为难的世界。它会让所有新手抱怨'这是什么鬼地方'。"

——戈登·麦肯齐（Gordon Mackenzie）[1]

如果你需要访问的数据都存在于一个地方，那当然是很好的事情，可现实往往并非如此。你的数据散落在不同的数据库、文本文件、电子表格、公共服务里。Tableau 具有能够直接连接各种不同类型数据源的能力，这让它很容易对这些来自不同地点的数据做分析。截至本书写作之时，Windows 版的 Tableau 提供了 50 种连接器（Mac 版提供了 22 种连接器）。你可以分析电子表格、公共数据工具、分析式数据库、Hadoop 及很多不同的通用目的数据库和数据立方体（Data Cubes）。

2.1 从本章你将学到什么

Tableau Software 团队让用户能够很容易交互式地连接数据源，对数据表进行连接操作和数据融合。一个新的连接页面保持在工作表视图中，提供对所有数据连接的轻松管理。表的连接变得更加直观化，对于不具有良好格式的电子表格和文本文件数据源，新的 Data Interpreter（数据解释器）提供了更容易的管理方式。Data Interpreter（数据解释器）也提供了更好的方式来处理电子表格的典型问题。本书第一版的读者会发现本章更新了很多新内容。

我们从介绍 Connect Page（连接页面）中的连接本地文件开始。之后你会学习连接到数据库和云数据源。然后，我们讨论连接到任意数据源时 Tableau 会生成的值。你会学到直接连接数据源和使用 Tableau 的数据提取引擎之间的区别，以及每种连接方式的优点。

如果你在数据方面很有经验，你会知道数据的准备比真正的数据分析要花费更多时间。所以，我们会用一些从美国人口调查局下载的电子表格来介绍 Tableau

V9.0 版本新的 Data Interpreter（数据解释器）。之后，你会学习怎样把数据库里的不同表格或者一个电子表格里的不同表单连接起来。然后，你会学习怎样把不同数据库的数据聚合在同一个可视化视图里。

2.2　怎样连接你的数据

Tableau 里的基础技巧就是连接你的数据。你能连接你计算机里的本地文件、服务器上的数据库文件、云端公共数据源。本节，你会学习连接不同类型数据源的细节。在开始进入连接示例文件之前，让我们先回到第 1 章起始页里我们没有打开的部分。在连接页面的 To a Server（到服务器）部分单击 More Servers（更多服务器），能连接的数据库会显示在打开的扩展面板中。图 2-1 显示了 Tableau 桌面版的 Windows 版和 Mac 版的界面。

图 2-1　更多服务器面板

可用的连接列表包含数据库、数据立方体、云端服务等。要访问一个类型的数据库，你必须安装它所需要的驱动程序。安装它通常需要花费几分钟的时间。你可以通过 www.tableausoftware.com/support/drivers 获取驱动。

频繁访问的数据库会出现在主连接面板 To a Server（到服务器）下面的列表里。连接列表的排列是根据使用的频率动态变化的。图 2-1 的右侧，Google Analytics 连接出现在连接面板的服务器连接（To a Server）的第 2 个，它的下面是 Google Big-Query。这是因为我的 Mac 机器上的 Tableau 桌面版昨天连接了 Google Analytics

数据库来分析网页活动。我也用 Google BigQuery 做了一些其他分析。

如果 Tableau 没有为你希望分析的数据库提供专用的连接器，可以尝试 Other Database(ODBC) 选项，它采用标准的 ODBC 方式建立连接。

在连接面板的左下角，你能看到 Saved data sources（已保存的数据源）区域，显示的这些数据源都可以很方便地访问。Tableau 还在这个区域默认提供一些培训用示例数据源。具体的数量和类型根据 Tableau 桌面版的版本不同而有所区别（Windows 版或 Mac 版）。

本章后面你会学到如何保存数据源。保存的数据源文件（.tds）存储在你机器硬盘的 My Tableau Repository 目录下的 data sources 文件夹。如果你登录到 Tableau Server（Tableau 服务器），那么可能还会在你的服务器存储库里看到你存储的数据源文件。下面将学习怎样与你计算机上的本地文件建立连接。

2.3　连接到桌面资源

现在，你将连接到一个 Excel 电子表格数据源。本例使用的文件及本章示例使用的文件都能在本书相关的网站上找到。参考附录 F 伴学网站找到具体地址。下载第 2 章的文件，放到你机器上的一个文件夹中。打开 Tableau 桌面版，单击 Excel 选项。这会弹出一个 Windows 的打开窗口，让你浏览你机器上的目录，就像图 2-2 那样。

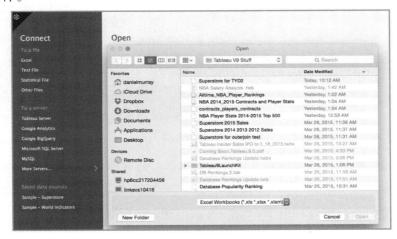

图 2-2　打开文件的窗口

定位到你下载的 Superstore for TYD2 数据表文件并选中它，单击图 2-2 右下角的 Open 按钮，把电子表格连接到 Tableau。这就建立起了连接。你会看到图 2-3 那样的 Connect Page（连接页面）。

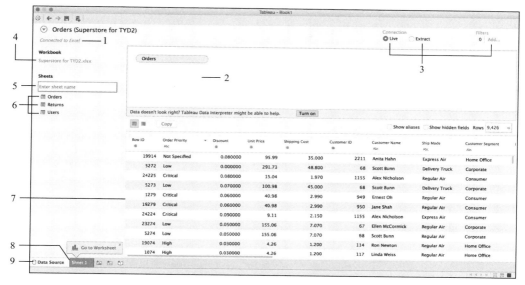

图 2-3　连接页面

1—左侧数据面板　2—连接区域　3—连接选项　4—数据源　5—表格录入筛选器　6—可用表格　7—预览区域
8—工作表选项卡 9—数据源选项卡

　　注意左侧面板，在表格区域的最下方显示了电子表格里所有可用的工作表选项卡。双击 Orders 表格会让它出现在连接区域。你也可以通过拖曳的方式来实现。这样就在你的工作簿里建立了一个指向这个表格的实时连接。存储你的工作，稍后我们将查看连接页面的内容的更多细节。

2.4　理解连接页面

　　直到 2014 年的 V8.2 版之前，Tableau 一直采用 Connect to Data（连接到数据）的界面和连接窗口，从这个版本开始采用 Connect Page（连接页面）取代了老的界面。不论在连接数据还是在建立表的连接方面，它都更加直观。它还把对数据内容的分析、数据提取、数据的重构等工具放在了重要位置。你将在本章后面的"数据解释器"部分学到怎样使用新的数据清理功能。

1. 左侧面板区域

　　在页面的左侧可以重命名数据连接，查看包含在数据源里的相关数据表。在图 2-3 的左上角，你能看到当前视图使用的连接，连接被命名为 Orders(Superstore for TYD2)。你可以对它重命名。

就在它的下面，你可以在工作簿区域看到数据源的文件名。工作表区域包含电子表格文件的每个表格。如果数据源是数据库，这里会列出数据库包含的所有数据表。表格包含的内容可以在图 2-4 查看。

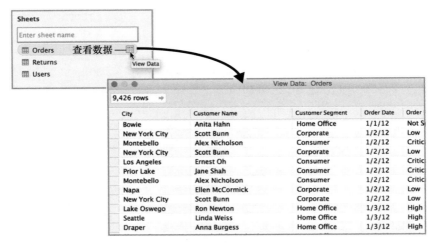

图 2-4　查看表格内容

把你的鼠标移到感兴趣的表格之上，它的右侧就会出现 View Data（查看数据）的图标。单击该图标就会弹出表格查看窗口。这和 Preview（预览）区域很像，但它允许你将它放到连接区域之前先预览一下数据。

2. 连接选项

在图 2-3 右上角可以看到连接选项。Tableau 默认使用对数据源的实时连接。单击 Extract（数据提取）单选按钮，你可以把数据提取到 Tableau 专用的数据引擎中，所以数据提取可以极大地改善性能。它还能让你查看远程的数据库文件，即便你没有可用的网络。数据提取会对数据进行压缩，也允许你把提取的数据存储到你的计算机。本章后面会学习数据提取的详细内容。

Connection（连接）区域的右侧就是 Filters（筛选器）选项。通过 Add（添加）选项你可以加入对数据源的筛选。应用的筛选器个数在旁边有显示。通过对一个直接连接进行筛选，你可以把不需要的数据从你的分析中第一时间剔除掉从而提高性能。

图 2-3 中包含 Orders 表的空白区域其实是对表进行连接操作的区域。从 V8.2 版开始，Tableau 提供了可视化的方式来定义表的连接。这种方法让新手很容易理解表之间连接的实际含义。表格连接的细节会在本章后面学习到。

Preview（预览）区域占了页面的下半部分，它显示了放在连接区域中的表格的行和列数据。区域左上角有两个小图标，让你在预览数据源（见图 2-3）和管理元数据（见图 2-5）之间切换。Show aliases（显示别名）和 Show hidden fields（显示隐藏字段）两个复选框，让你决定是否显示重命名的或隐藏的项。

Data Interpreter（数据解释器）帮你处理遇到问题的元数据。如图 2-3 所示，预览区域的上面有一个 Turn On 按钮，单击就可以打开。右上角的 Rows（行）预览框给出了包含数据源中行的个数。如果你连接了一个非常大的数据集，Tableau 一开始会把行数限制在 10 000 行。你可以在这个文本框中定义你要设定的最大行数限制。

图 2-5　管理元数据视图

3. 存储数据源和工作簿

一个数据源被存储后，它就会被添加到起始页连接面板的底部。存储一个工作簿，就把数据源连接的元数据和你做的所有工作都存储到一个文件中，这就是工作簿文件。你存储工作簿的频率会远高于存储数据源。对你要频繁访问的数据源，一旦你存储了常用的数据源连接，基本就不会再去编辑它们了。

（1）存储一个数据源

存储一个数据源只需要几个步骤。图 2-6 显示了需要的菜单项。

在 Data Source（数据源）页面单击左下角的 Sheet1 选项卡，会带你进入工作表视图。在这里，单击数据区域会显示数据源。比如图 2-6 中，文件名就是 "Dans Superstore TYD2"。下面是存储这个数据源需要的步骤：

1）指向数据连接，右击弹出菜单。

2）选择 Add to Saved Data Sources...（添加到已保存的数据源）。

3）在弹出的 Add to Saved Data Sources...（添加到已保存的数据源）窗口，单击 Save（存储）按钮。

注意在图 2-6 中，数据源存储时使用的名字就是之前的名字。它作为一个 Tableau 数据源文件（.tds）被存储到了计算机的数据源目录里。现在，不论你何时打开 Tableau 桌面版，起始页就会包含这个数据源，如图 2-7 所示。

图 2-6　存储一个数据源

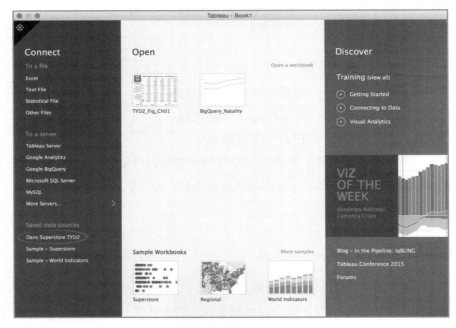

图 2-7　存储数据源

起始页包含"Dans Superstore TYD2"这个数据连接，但我们的工作簿（Tableau-Book 1）还没有保存。

（2）保存一个 Tableau

在存储工作簿前，从维度区域里拖曳 Product Category 字段到行区域，再从度量区域里拖曳 Sales 字段到列区域。现在你就能在视图区域看到一个条形图。图 2-8 展示了存储工作簿的一种方法。

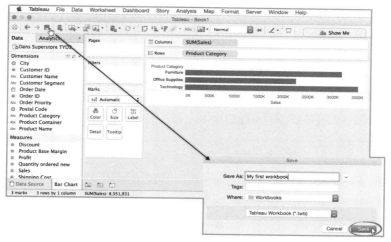

图 2-8　存储工作簿

你可以从主菜单选择 File（文件），再选择 Save（保存），也可以直接单击保存图标。如图 2-8 所示为把文件命名为"My first workbook"，再单击 Save 按钮。你已经把你的工作保存成 Tableau 工作簿文件（.twb）了。在这个场景里，你不但保存了关于连接的元数据，还保存了你在工作簿里所做的工作。接下来，我们来看看如何连接到服务器端的数据库。

（3）连接到数据库

数据库具有额外的安全机制，需要你输入服务器的名称及用户信息才能访问数据。用户名和密码是在数据库里设定的，这就意味着安全授权和访问数量都是由数据库本身控制的，而不是 Tableau。图 2-9 显示了连接到一个 MySQL 数据库的窗口。

如果你需要访问一个数据库却不知道服务器的地址、用户名、密码，你必须从数据库管理员那里取得这些信息。你取得了访问服务器必需的信息

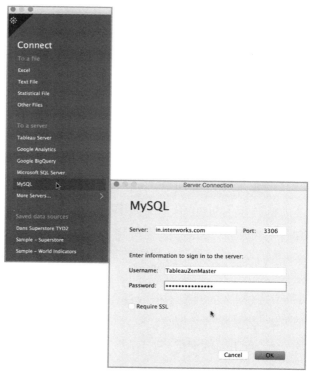

图 2-9　连接到 MySQL 数据库

后,就可以在之前使用过的图 2-9 的连接页面建立连接,不过你可能会获取到更多表格,并显示在工作表区域。找到你分析所需的表格,这可以通过搜索筛选器来实现。

对所有可以连接的不同类型数据源,Tableau 的在线手册提供了具体的细节和屏幕截图。图 2-10 就是在线手册的截图。

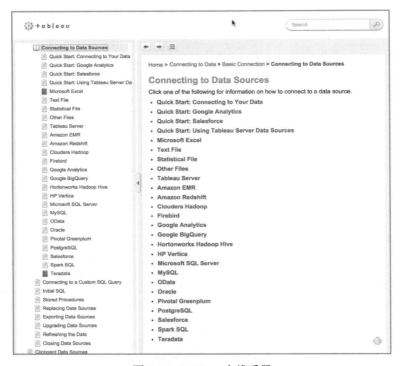

图 2-10　Tableau 在线手册

因为 Tableau 会不断添加新的连接,在线手册是学习数据连接的最佳途径。通过 Help(帮助)→ Open Help(打开帮助)→ Supported Data Sources(支持的数据源)就能在 Tableau 在线手册中找到连接到不同数据源的具体细节。单击 Technical Specifications(技术说明)链接来查找不同数据库的最新驱动程序。

(4)连接到云端服务

互联网上的数据不但数量在迅速增加,类型也越来越多,它们主要分为三类:

- 公共域的数据集。
- 商用的数据集。
- 云数据库平台。

美国人口调查局提供了免费的人口和商业数据。世界银行提供了各种不同的国家 / 地区数据，很多其他公共数据仓库也在过去 10 年间快速出现。这些数据都可以作为你自己私有数据的补充。

还有在不断增长的商业数据源。Tableau 目前提供下面这些数据库的连接：

- Google Analytics
- Google Big Query
- Amazon Redshift
- Salesforce.com
- Open Data Protocol(ODATA)
- Microsoft Windows Azure Marketplace

Google Analytics 连接器可以用来创建定制的点击量数据，用于分析网络上的流量。Google Big Query 和 Amazon Redshift 连接器能让你充分利用 Google 和 Amazon 提供的数据存储和数据处理服务。两者都让你可以拥有 PB（拍字节）级别的数据分析能力。还有一个针对流行的云端 CRM 工具（Salesforce.com）及相关的数据产品（Force.com 和 Database.com）的连接器。Microsoft 通过 Azure Marketplace DataMarket 在网络上提供数据，它是 ODATA（Open Data Protocol，开放数据协议）的创始开发者，让创建和使用 REST 接口更加便利。

（5）连接到 BigQuery

让我们看一个云数据库平台的实例——Google BigQuery。连接界面显示在图 2-11 中。你可以在帮助手册里查到所有连接 BigQuery 需要的细节，但实际设置只需要两步。首先登录你的 Google 账户；然后授权 Tableau 访问你的账户。

我曾经用 BigQuery 创建过超过 1 亿行记录的仪表板，在普通网络连接支持下的延时只有 2 秒。大多数商业应用都在使用云端数据服务，因为它们安全、可靠而且运转良好。Tableau 软件提供免费的云端服务——Tableau Public，你可以在这里发布工作簿和仪表板。

4. Tableau Public

Tableau Public 是世界上已部署的最大的 Tableau 服务器。成千上万的人在使用它把仪表板和可视化分析共享给他人。图 2-12 是一个把发布在 Tableau Public 服务器上的仪表板共享到博客上的实际例子。

图 2-11　连接 BigQuery

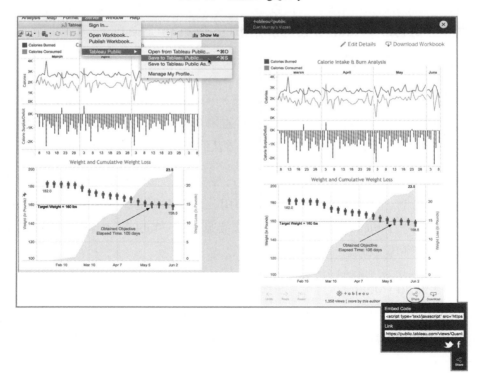

图 2-12　Tableau Public

你注册了免费的账号后，只需两步就可以把 Tableau Public 中的仪表板共享出去：建立一个包含仪表板和可视化视图的工作簿，之后把你想要共享的内容发布到你的 Tableau public 账户上去。

图 2-12 的左侧显示了一个 Tableau 桌面版的仪表板，以及发布到 Tableau Public 的菜单项。要发布一个工作簿，单击 Server（服务器）菜单，选择 Tableau Public，再单击 Save to Tableau Public...（保存到 Tableau Public）。如果你没有登录服务，就会弹出登录的提示；之后你就可以定义你的工作簿的哪些内容要被发布。图 2-12 的右侧显示了 Tableau Public 环境下的仪表板。注意右下角的 Share（共享）按钮，单击它会弹出嵌入式代码和连接。如果你想把这个仪表板嵌入一个网页中，把这些代码复制到你提交的语句中就可以了。你也可以把已经发布的内容的链接共享到 Twitter 或 Facebook（脸书）中。

Tableau 在不断扩充用户可发布的数据数量。如果你没有付费授权的 Tableau 桌面版，可以下载免费的 Tableau Public 桌面版。它几乎可以像付费桌面版那样工作，唯一的区别在于，你的工作的唯一存储位置是 Tableau Public 服务器。注意不要发布私有数据，因为它们会不加限制地被任何人看到。

2.5 什么是生成值

当你连接到一个数据源，Tableau 可以通过创建新的字段让一些困难的任务变得容易。连接到数据源时，你会在数据面板看到这些字段。

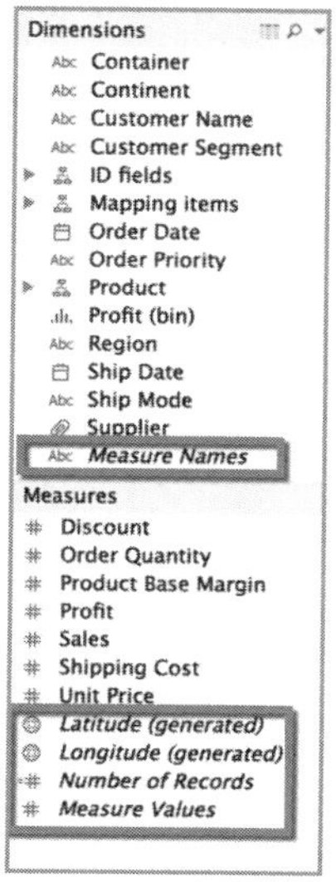

图 2-13 放大显示了数据面板区域。如果你想跟进练习这个示例，本书的"伴学网站"中有生成本节图片所需的对应工作簿文件。打开这个工作簿，或者连接到你所存储的数据源的一个示例数据表。

Measure Names（度量名称）、Measure Values（度量值）、Number of Records（记录个数）都是新创建的字段。如果你的维度部分包含地理位置名，Tableau 还会创建中心点的地理编码坐标。

1. Measure Names 和 Measure Values

Measure Names 和 Measure Values 可以被用作查看数据集所有度量或者在单个轴上表示多个度量的快捷方式。

图 2-13 Tableau
创建的字段

在图 2-14 中，你可以看到两个度量被显示，即 SUM(Profit) 和 SUM(Sales)。它们在同一个柱状图中表示为不同的竖条。生成值 Measure Names 用在 Columns（列）区域里来区分两个竖条。Measure Names 还用在 Marks（标记）区域里来赋予不同的颜色，用在 Filters（筛选器）区域里来筛选显示在视图中的度量数量。Measure Values 包含具体数据，你能猜出在这种条状图中它会显示为行。

图 2-14　一个轴上多个度量

图 2-14 中的并排条图形是通过重复选择一个维度和两个度量实现的。通过 Show Me（智能显示），并排条被选择用来创建视图。Tableau 自动把 Measure Names 放置到 Columns（列）区域，并且把两个度量都在水平轴方向进行定位。右击 Filters（筛选器）区域的 Measure Names，选择 Show Quick Filter（显示筛选器）菜单项，就可以设定筛选方式。通过对 Measure Names 的快速筛选器，你可以向轴上添加或去除度量。这个图表类型只有在采用的度量具有类似的值范围时才能有效工作。

还有很多方式能把多个度量组合在一根轴上。这些细节将在第 3 章学习。

2. Tableau 地理编码

如果你的数据包含标准的地理字段，比如 Country/Region（国家 / 地区）、State（州）、Province（省）、City（城市）或者 Postal Codes（邮编）（它们的字段前面会显示一个小的地球图标），Tableau 会为每个地理值自动生成一个中心点的经纬度值并且显示在可视化视图中。如果 Tableau 不能识别它是地理维度，你可以右击这个字段并选择需要的地理单位。图 2-15 是基于 Country/Region、State 和 City，用 Show Me（智能显示）生成的地图图表。这个地图经过了对 Region 字段的筛选，只显示美国的数据。

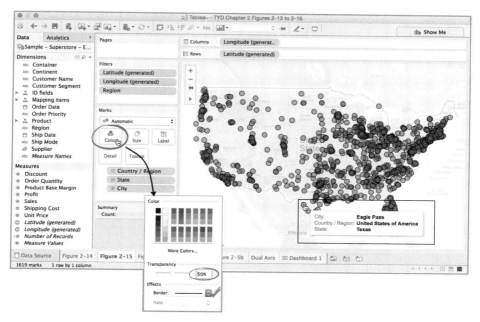

图 2-15　自动生成地理编码

在 Marks（标记）区域单击 Color（颜色）按钮，然后选择需要的颜色，你就可以为标记点赋予特定颜色。图 2-15 显示了 Color（颜色）对话框，其中的透明度设置为 50%，边界设置为黑色。地图中的标记点就随之更新了显示模式。这使得相互重叠的标记点更容易阅读。鼠标停留在一个标记点上会弹出一个小的对话框（工具提示栏），它包含这个标记点的附加信息。工具提示栏的具体内容可以通过单击 Marks（标记）区域的工具提示栏按钮来编辑。

图 2-15 里 Eagle Pass（伊格尔帕斯）点的工具提示栏显示了这个标记点的附加信息。注意，底部状态栏最左侧的统计信息显示，这个地图总共描绘了 1619 个标记点。这就是放在地图里的城市的总数量，因为城市是放置在 Marks（标记）区域里最细化的地理单位了。

如果 Tableau 没能识别出某个位置，一个小的灰色字段块就会出现在地图的右下角。单击这个字段块会弹出菜单帮你识别或纠正地理编码。第 5 章会学习 Tableau 地图功能的细节内容。

3. 记录个数

最后介绍一个由 Tableau 自动生成的度量，是一个靠近度量区域底部的计算字段，叫作 Number of Records（记录个数）。包含等号的任意字段图标都意味着它是一个计算字段。Number of Records 字段的计算公式是典型的数字型。Tableau 常生成一个统计公式来计算所包含记录行的数量。在聚合了数据提取的特殊情况下，它计算聚合到行的记录个数。图 2-16 的条状图显示不同客户类型的记录个数及总共的记录个数。

图 2-16　记录个数

Number of Records 是一个计算值，帮你把握数据源的属性。当你要对不同表格进行连接时，这尤其重要。它能监控记录条数发生了怎样的变化，让你在做数据的可视化时能理解数据量的问题或者需要面对的设计挑战。

2.6　知道何时使用直接连接、何时使用数据提取

如果是直接连接，那么你处理的是实时数据。采用数据提取，你把一些或所有数据导入 Tableau 的数据引擎之中，对 Tableau 桌面版和服务器版都是如此。哪个方法更好呢？这要取决于你的场景、需求和网络状况。

1. 直接连接的适应性

直接连接到数据源意味着你总是在可视化最新的数据。如果数据库内容发生了更改，你只需要按 <F5> 功能键（Mac 系统是 <Command+R> 快捷键）来刷新 Tableau 的可视化视图，或者在数据窗口右击数据源，然后选择刷新。

如果你连接到大规模数据，可视化的内容就会非常密集。当然，如果你的数据来自高性能的企业级数据库，采用直接连接也可能保持比较快速的响应速度。选择直接连接并不意味着你就完全排除了以后使用数据可视化的可能性。你也可

以从数据提取切换到实时连接，这可以通过右击数据源，然后选择 Use Extract（使用数据提取）选项来实现。

2. 数据提取的优势

数据提取不会自动刷新数据。直接连接从连接建立开始就一直提供最新的数据，但使用 Tableau 的数据提取具有下面几点优势：

- 性能改善。
- 附加功能。
- 数据可移植性。

（1）性能改善

可能你的主数据库已经在吃力地应对各种请求。使用 Tableau 的数据引擎，你就可以把负载从主数据库服务器剥离到 Tableau 服务器上。Tableau 提取的数据可以在非负载高峰时段，人工或自动地按照每天、每周、每月的规划来更新。Tableau 的服务器也可以在一个时间周期内渐进式地更新所提取的数据，这个周期甚至可能会长至 15 分钟。很多情况下，花费在对数据提取的更新上的时间相比换来的性能的大幅提升要值得多。

建立数据提取时有几个选项。首先，你可以对提取进行聚合，它大大缩短了行数，只有聚合的和用到的字段被提取到了可视维度和度量中。对可视维度进行聚合会减少 Tableau 导入的数据量，选择这个选项会让 Tableau 对基础数据的细节做封装。控制好适度的数据保真度，提取的文件尺寸又有缩小，这让提取的文件更适合移植，也通过隐藏你不愿共享的数据细节提升了数据安全性。

渐进式提取还会提高刷新速度，因为 Tableau 不再更新整个文件。只有新增加的记录被更新。要实现渐进式提取，你必须指定一个字段作为索引，Tableau 会只针对索引字段发生变化的记录行进行刷新。所以你要清楚，对一条记录里的数据的改变并不会改变索引字段，它就被排除在渐进式刷新之外了。

另一个加速数据提取的方式是在提取时就用筛选器对数据进行筛选。如果你的分析不需要整个数据集，你可以只筛选你需要的数据记录。如果你有一个非常大的数据集，那么你很少需要对整个数据集进行提取。比如，你的数据库可能包含近 10 年来的历史事件，但你可能只需要最近 1 年内的数据记录。

你创建了数据提取文件之后，还可以把另外的文件内容附加至其中。这非常像

SQL 语句里对数据库表的 UNION 操作（只对 V8.2 之前的版本可用）的替代。当你需要把存储在不同数据表里的不同月份的数据融合在一起时，就可以采用这个方式。

（2）附加功能

如果你正在用桌面版 V8.1 或更早的版本，并且数据源来自文件（Excel、Access、text），提取数据时会增加两个数据源不支持的计算函数（median 和 count distinct）。在 V8.2 和更晚的版本中，这已经不再需要了。

（3）数据可移植性

提取的数据可以存储到本地，当直接连接到数据源的方式不可用时，就可以使用存储的数据提取文件。当你不能通过本地网络或互联网访问数据源时，对数据源的直接连接就不能工作。比如你需要向总经理提供一个分析图表，但他马上要飞往一个没有网络的地点。使用提取的数据文件（.tde），用户可以对存储到本地的数据做全功能、高性能的使用。提取的数据也会被压缩，通常比直接存储在数据库系统中要小很多。

在企业环境中，数据的管理是一个重要的考量。如果你把提取的数据分发给很多职员，你要时刻清楚这些文件的安全性问题。在你把文件分发给出差中或者在外地的职员前，要先做好恰当的防护措施（如保密协议），也要考虑通过筛选器和数据聚合限制提取数据文件里所包含的数据内容。

2.7 有效利用 Tableau 的文件类型

Tableau 对数据和设计元数据的共享有很强的适应能力。这是通过一系列文件类型实现的：

- Tableau 工作簿文件 (.twb)。
- Tableau 打包工作簿文件 (.twbx)。
- Tableau 数据源文件 (.tds)。
- Tableau 书签文件（.tbm）。
- Tableau 数据提取文件 (.tde)。

这些文件默认存储在 My Documents（我的文档）的 My Tableau Repository 文件夹内。

1. Tableau 工作簿文件

在你存储工作簿时，Tableau 默认创建的文件类型就是 Tableau 工作簿文件

（.twb）。它通常是比较小的文件，因为它只包含涉及数据连接的元数据，以及渲染图表用到的字段块和相关的元数据，包括字段别名、字段重命名及计算公式。

工作簿文件不包含任何实际的数据。所以，工作簿文件一般都很小。每次你打开一个工作簿文件，如果它具有对实时数据源的直接连接，你就能看到最新更新的数据。

2. Tableau 打包工作簿

要把工作簿共享给不能访问数据源的人，通常我们使用打包工作簿文件（.twbx）。

打包工作簿文件（.twbx）把数据和元数据都绑定在文件中。如果你以后需要访问打包工作簿所包含内容的原始数据源，在浏览器中右击 .twbx 文件，选择 Unpackage（取消打包）菜单项即可。

没有授权使用 Tableau 服务器或桌面版的用户，可以通过免费的软件 Tableau Reader 来查看打包工作簿。如果你在分发敏感的或私有的数据，切记打包工作簿是 ZIP 压缩文件，通过解压缩后，这些敏感信息是可以被直接查看到的。当然，你可以在之前先筛选和聚合数据以实现多层级的安全，但这并不能替代 Tableau Server 服务器。服务器环境提供了全面的数据安全机制和数据管控功能。本书的第二部分关于 Tableau Server 部分的内容会详细介绍数据的安全和管理。

3. Tableau 数据源文件

在数据区域（桌面工作区的左侧）做出的改动会改变数据连接的元数据。组、集、别名、字段类型变化及工作簿中任何其他的变化都是元数据的一部分。你能否只把元数据共享给别人？答案是可以。这就是通过创建 Tableau 数据源文件（.tds）来实现的。

一个 Tableau 数据源文件定义了元数据的位置、怎样连接、哪些字段名发生了变化及应用到维度和度量上的其他任何变化。如果你在大公司工作，这是特别重要的。可能只有少数几个数据库专家会对数据库的模式有深入的理解。他们能创建连接、定义数据表的连接、成组或者对字段重命名，之后把数据源文件发布给其他员工，让他们直接开始分析工作。

要创建数据源文件，在数据窗口右击文件名，之后选择 Add to Saved Data Source（添加到已保存的数据源）菜单项。数据源文件就被存储到本地 Tableau 文件存储位置的 Datasource 文件夹中。当然，放在这个文件夹的文件会自动显示在 Tableau 起始页的已保存数据源里。

你也可以把数据源文件发布到 Tableau 服务器上与其他员工共享。当你的工作簿包含非常复杂的数据库，并且需要共享给其他技术员工以便一起完成工作时，这是一个非常好的选择。通过这种方式，富有数据库经验和知识的专业职员实际上是把他们的知识共享给了众多数据分析人员。对分析人员来说，数据源文件就可以作为他们工作的起点，因为他们更擅长商业领域的内容。

如果你有访问 Tableau 服务器上已保存数据源文件（.tdsx）的权限，就可以对它做更改。一旦这些发布的连接被改变，所有具有访问权限的人都会更新到最新的文件版本。

4. Tableau 书签文件

如果你的工作簿非常大（包含非常多的工作表），但你只想把其中一个工作表共享给一个同事，该怎么办？这就该用到书签文件（.tbm）了。书签文件保存你工作簿里相关工作簿的数据和元数据（包含连接和计算字段）。

要创建书签文件，单击 Windows（窗口）菜单下的 Bookmark（书签）项，选择 Create Bookmark（创建书签）。当一个新的 Tableau 实例开始后，这个书签就可用了，它会出现在窗口菜单项里。打开这个书签文件，连接就会被初始化并加入当前工作簿。Tableau 书签文件存储在本地 Tableau 存储库（Tableau Repository）目录的 Bookmark 文件夹中。

5. 复制内容

这是一个新的功能，允许你把工作簿中一个工作表的内容复制到另一个工作簿中。选择你要复制的表，右击，选择 Copy Sheet（复制）菜单项。之后，打开一个新的工作簿，粘贴内容，所有数据源连接和元数据都复制到了新的工作簿中。

在本章的后面，你将学到建立数据连接相关的更有挑战性的内容，你还将学会如何处理数据质量和数据结构的问题，以及数据表之间的连接操作和从不同数据源融合数据。

2.8 关于数据整理和数据质量

不准确的数据会导致错误的决策。如果你的数据不清晰，其中的错误和有误导性的信息对用户来说可能是很难发现的。如果你创建的报表和分析是其他人所依赖的，你就应该在共享工作簿之前，尽最大可能找到和纠正错误或补上丢失的数据。如果你选择把未经审核的数据共享了出去，你就把数据质量可能会引发的潜在问题暴露给了使用这些信息的人。

Tableau 提供了帮你处理这些问题的工具，而不需要你干预数据库的底层内容。当你的时间有限或者没有关键的数据库技术人员可用时，这非常管用。

当你发现错误时，你最该做的就是把它们报告给负责此数据库的 IT 部门员工。如果你把很多不同数据源的数据引入一个数据表格，那么最好在工作簿中做好注释，以记录你创建分析的整个过程。这会给你的工作提供可信性。

2.8.1 在 Tableau 中快速整理和编辑数据

在你建立分析视图、故事或仪表板时，有几种不同的方式可以让你整理数据。当你连接到企业级数据库或电子表格时，Tableau 让你能重定义文件名、对数据成组、创建用户友好的字段名、修正未定义的地理位置名称及处理未匹配好的空值。

1. 重命名（Renaming）

右击 Tableau 中的一个字段，你就可以对它进行重命名。你也可以给字段的成员建立别名。这些变化不会影响原始数据。Tableau 会"记住"你的重命名而不会改变数据源。

2. 成组（Grouping）

假设一个公司名被输入了几种不同的形式：A&M、A & M、A and M、A + M，在 Tableau 中，你可以多选这些名称（Windows 里用 < Ctrl + Select >，Mac 中用 < Command + Select >），给它们成组并为这个组赋予一个别名。这样，所有不同版本的公司名都会被看作一条记录——A&M。成组和别名会被存储到 Tableau 的元数据中。

3. 使用别名提供更好的描述

数据库设计者常常根据某些值的不同范围或某些属性取值的不同把记录区分成不同的类别，这对生成更细化的报表非常有用。但有时，这些代码对访问这些数据的人来说并不直观。比如，数据库设计者可能创建了代号（P1、P2、G1、G2）来代表不同的年销量范围。

在 Tableau 里，你可以赋予这些代号更具可读性的别名。P2 可能代表 2 级白金，说明这个客户的年销售额处于 1~500 万美元之间。右击 P2 字段名，选择 Edit Alias（编辑别名），你可以输入更具可读性的名字：（P2-Annual Rev $2M to $5M）。现在的别名就是 P2 在 Tableau 中的描述。

4. 地理错误

虽然 Tableau 内置的地图功能运转得非常好，但仍有地理位置不能被识别出来的情况。这时，Tableau 会在地图的右下角区域显示一个灰色字段块作为提醒。单击这个字段块，编辑出问题的地点或者把它们筛选掉。这也可以通过地图菜单实现。

5. 空值

当你在视图里看到"null"这个词，就意味着 Tableau 不能匹配这条记录。你可以筛选掉这些空值，或者把它们与非空记录形成组，或者纠正导致空值的数据。导致空值的原因多种多样，如果你不确认怎样纠正控制，可以从有经验的技术人员那里寻找帮助。

2.8.2 数据质量的挑战

Tableau 使得连接大量的不同类型数据库变得非常容易。如今，速度就是生产力。对重要的有价值的东西，第一个发现的人就掌握了先机。"真理总是唯一"的精神在数据库领域是占有压倒性地位的，从而要非常注重数据的质量，但这必定是以速度为代价的。这就是为什么即便人们能够使用数据库，他们也常使用时间敏感性更强的电子表格。他们承担不起等待。或者，你也像世界上的大多数人那样，绝大部分的分析都是使用电子表格来完成的。

电子表格数据是很容易获取的，但也带来了更高的数据质量风险。差的数据质量主要体现在以下三个方面：

- 错误的数据。
- 数据丢失。
- 不好的数据结构。

使用电子表格作为数据源，你就要承担保证电子表格中数据准确与完整的责任。如果不是这样，你就要评估这些数据是否能够完成任务。Tableau 不能在这个问题上直接帮助你。电子表格的最大问题是数据分析层和数据表示层在同一个地方。电子表格里使用的格式并不总是符合数据存储的最佳策略。行和列的结构可能不支持你要做的分析。另外，数据可能没有经过彻底的审核。作为设计者，你首先应该假定数据中存在错误或有丢失的数据。

多年来，Tableau 都提供了一个针对 Excel 的额外工具——Data Reshaper（数据整理器）。它缩短了需要处理数据结构问题的时间。很多 Excel 的附加功能都可以直接引入 Tableau 的数据源页面。在 2.9 节，你会学到怎样使用 Tableau 的 Data Interpreter（数据解释器）来清理电子表格的数据和格式。

2.9　数据解释器

Tableau 的 Data Interpreter（数据解释器）是从 V9.0 版本开始引入的，目的是帮你处理格式和结构都比较差的电子表格数据。它包含一系列工具来帮助修复数据源的各种问题。

- 列旋转（Pivoting columns）。
- 重整数据格式（Reformatting data）。
- 重命名列头部（Renaming headings）。
- 拆分单元格（Splitting cells）。
- 改变数据类型（Changing data types）。
- 隐藏不需要的数据（Hiding unneeded data）。

使用如图 2-3 所示连接页面的预览区域可以判断数据的状态，决定是否有必要对它们进行重新整理。如果数据看起来不太好，尝试打开数据解释器的开关看看是否有改善。

后面的示例几乎会用到数据解释器的所有工具。得到的清理后的数据集将用在本章最后的数据融合之中。

2.9.1　为 Tableau 准备一个电子表格

这个示例采用美国人口调查局的人口数据的电子表格。[2]

源电子表格（NST-EST2014-0.xlsx）可以在本书相关网址下载。图 2-17 是对原始数据的预览。

这个电子表格包含人口调查数据和人口发展状况，覆盖了从 2010 年 4 月到 2014 年 7 月的数据，包括整个国家地区、州，（包括波多黎各）。它的格式是为了在电子表格中存储和展示的，作为数据源并不具有理想的结构。

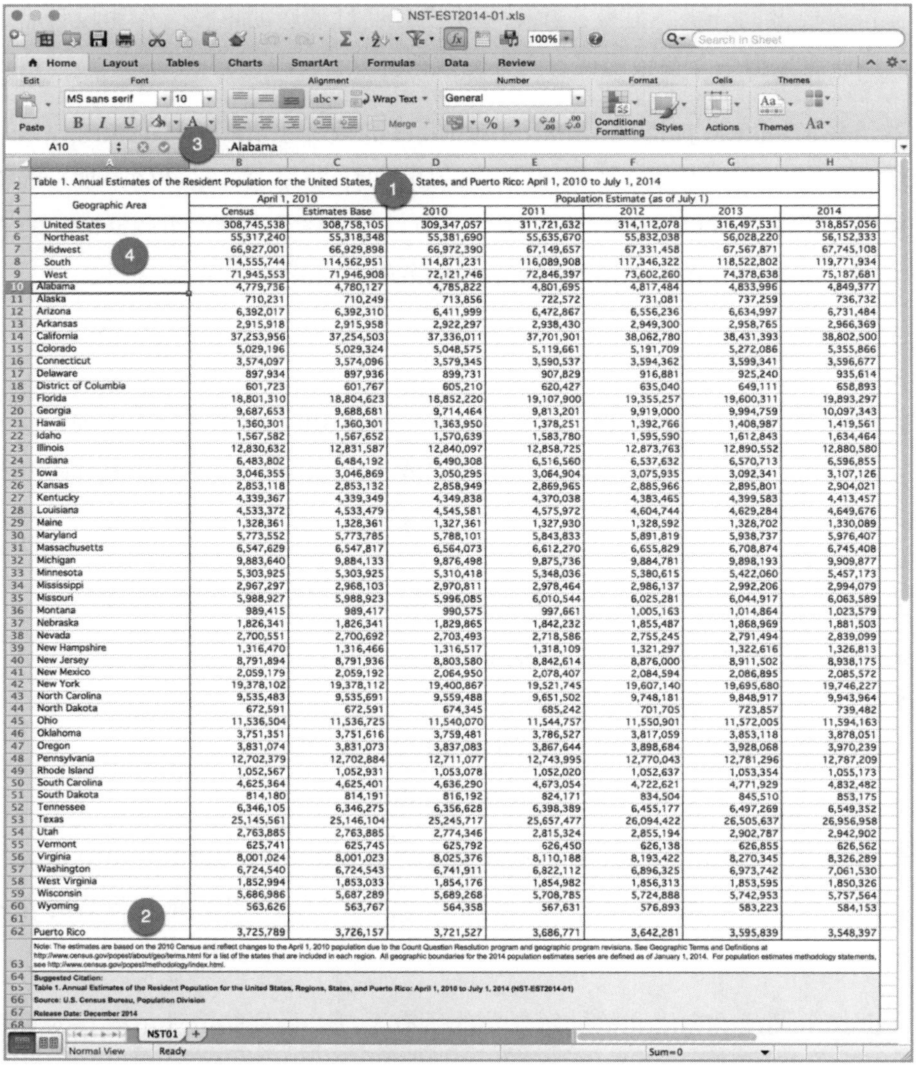

图 2-17　人口调查局的电子表格

这些数据应该是有一个单独的头部的行的连续记录列表的集合。这些数据应该是一致的，记录更多是以行为单位的。理想状态下，显示人口数量和发展状况的多个列应该只在一个单独的列中，然后增加一个新的参照列来定义数据列中所表示数据的类型。

图 2-17 中区域 1 和区域 2 都存在问题。先看区域 1，你可以看到有应用在多个列上的头部包含类似的度量 [population estimate（预估的人口数量）]。在区域 2，两个行之间存在一个空行。把每年数据放在单独的列是电子表格常见的做法，但 Tableau 会把每年解释成不同的度量。这不一定是坏事，但和我们的需求不符。当

每列代表一个不同的时间段时，收集到的信息包括实际的人口数量及基于人口数据计算出来的人口发展状况。

它还存在一些不太明显的问题。比如在 A 列，有些句号被插入州名称之前，在图 2-17 的列中是看不出来的，但在显示字段值时就看出来了（区域 3）。A 列的地理单位也不是统一的（区域 4），国家、地区、州同时存在。我们看看数据解释器怎样帮你解决这些问题。

2.9.2 用数据解释器准备需要在 Tableau 中分析的数据

你将使用 Data Interpreter（数据解释器）修复数据结构的问题。数据质量和一致性等其他问题将借助 Tableau 的一个功能和筛选器来解决。这个练习包括下面这些步骤：

1）打开 Tableau，连接到文件 NST-EST2014-01.xlsx。

2）用数据表预览来查看数据源。

3）打开数据解释器。

4）重命名头部。

5）从 Geographic Area 字段的头部拆分时期。

6）重命名拆分的字段为 "state"。

7）翻转 year 列为行。

8）重命名翻转后的字段（state 和 year）。

9）定义 state 字段的数据类型为地理型。

10）创建示例以验证以上清理过程。

在你连接人口调查电子表格之前，打开它并浏览它的内容和布局，熟悉表单 NST01 的内容。现在打开 Tableau，在起始页通过选择 Excel 项连接到数据源，从你本地的文件夹选择 NST-EST2014-01.xlsx 文件。或者，你可以把这个文件拖曳到起始页，这也会在 Tableau 中打开这个文件。

你连接到文件后，注意在 Tableau 中会显示两个表单。绿色图标说明这个表单包含命名的值范围。图 2-18 圈内的第二个表单就是原始的数据，双击 NST01 下面的第二个版本。

双击会把这个表添加到连接区域中，并且在预览区域显示数据内容，就像图 2-18 显示的那样。

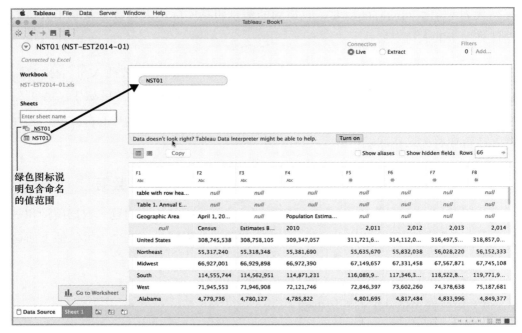

图 2-18　数据源连接

1. 预览数据表内容

注意在图 2-19 的预览区域，你可以看到前 4 行的头部存在问题，有大量的 null（空值）和丢失的头部名。

把 NST01 从连接区域中移除，这可以通过单击连接区域中的 NST01 灰色块，再单击红色的 × 来实现。或者，简单地把它从连接区域拖曳到屏幕外也可以移除。现在，把第一个版本的 NST01 表拖曳到连接区域。注意到这个带有命名值范围的版本的连接看起来稍好了一些。电子表格里的范围名称是人口调查局里某个创建这个电子表格的人定义的。我们还是使用更丑陋的第二个版本吧，这样会给数据解释器带来更多的挑战性。

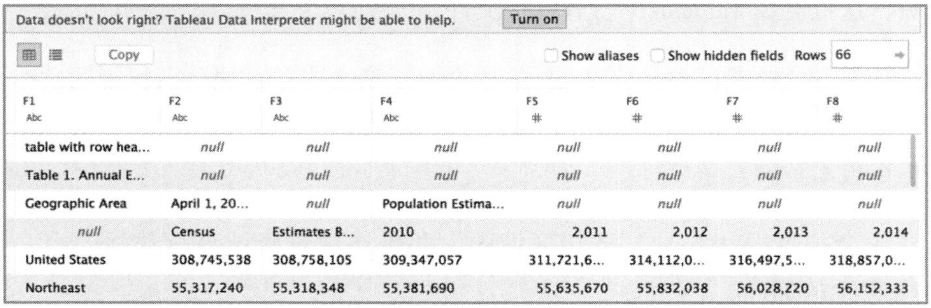

图 2-19　打开数据解释器

通过把第二个版本的 NST01 表格拖曳到视图的 NST01 表格（有命名值范围的版本）上面，用第二个版本来替换第一个版本。

2. 打开数据解释器

单击图 2-19 Preview（预览）区域上部的 Turn on（开启）按钮，打开数据解释器。数据解释器开始对数据集进行整理，从图 2-20 可以看到 Preview（预览）区域的数据格式得到了很好的整理。

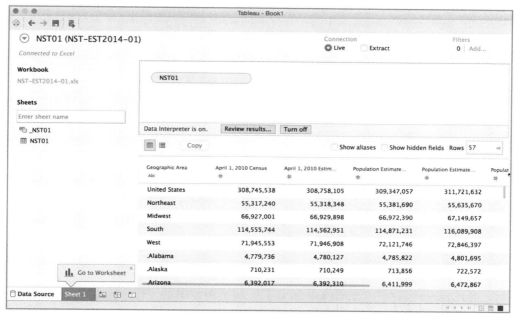

图 2-20　启动数据解释器

你能看到数据已经变得更加整齐。单击 Preview（预览）区域上部的 Review results（预览结果）按钮，会弹出一个对话框，显示 Tableau 整理后的电子表格数据。图 2-21 显示了预览结果的截图。

在图 2-21 的左侧显示了图 2-21 右侧的视图中采用的相关颜色编码部分的关键处理步骤。基于改善的 Preview（预览）区域视图和 Tableau 提供的附加确认机制，你可以把握数据解释器对数据质量的改变。如果改变后的数据或格式看起来不正确，你可以关掉解释器，先直接处理电子表格里的数据问题。

接下来，将利用 Preview（预览）区域隐藏不必要的字段，并且重命名一些字段，让以后的分析更直观。

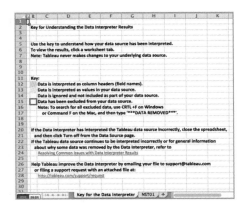

图 2-21　解释器做出改变的 Excel 视图

3. 隐藏和重命名列

隐藏和重命名列在 Preview（预览）区域是很简单的工作。这个电子表格包含下面一些字段：

- Geographic Area。
- Aril 1, 2010 Census。
- Aril 1, 2010 Estimate Base。
- Population Estimate（as of July1）2010。
- Population Estimate（as of July1）2011。
- Population Estimate（as of July1）2012。
- Population Estimate（as of July1）2013。
- Population Estimate（as of July1）2014。

首先，用数据解释器隐藏 Census 和 Estimates Base 两个列，如图 2-22 所示。鼠标停在列顶端，会出现一个之前隐藏的下三角按钮，单击下三角按钮弹出菜单，里面就有 Hide（隐藏）菜单项。

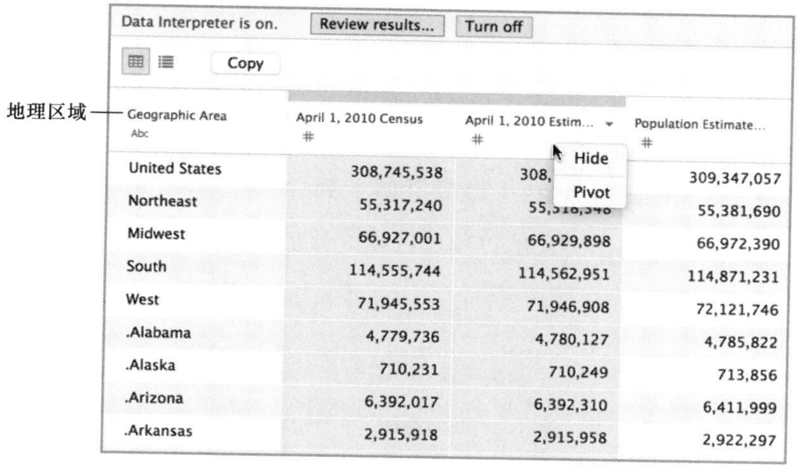

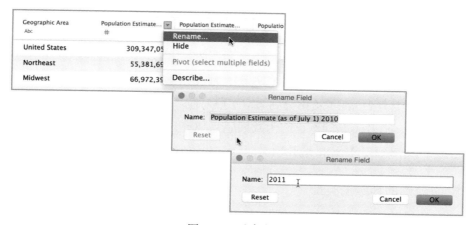

图 2-22　隐藏不需要的列

既然现在不需要的列已经从视线里消失了，把这些列按下面的方式重命名：

- Population Estimate（as of July1）2010：重命名为 2011。
- Population Estimate（as of July1）2011：重命名为 2012。
- Population Estimate（as of July1）2012：重命名为 2013。
- Population Estimate（as of July1）2013：重命名为 2014。
- Population Estimate（as of July1）2014：重命名为 2015。

图 2-23 显示怎样对列重命名。注意年份有 1 的偏差，因为我的数据一直持续到 2015 年。做数据融合的人是我，这是我自己的需求。既然最近的数据是 2014 年 7 月，我将把它与 2015 年的数据区配在一起，这就是数据融合的好处。当然，你也可以有自己的设计考虑。

图 2-23　重命名列

单击列旁边的下三角按钮，在弹出的快捷菜单中单击 Rename（重命名）菜单项，弹出 Rename Filed（重命名字段）对话框，原来的列名称会显示出来，如图 2-23 所示。输入新的名称并单击 OK 按钮，对其他几个列完成对应的重命名。

4. 拆分 Geographic Area（地理区域）列

在隐藏和重命名工作完成后，预览区域应该如图 2-24 所示。

Geographic Area Abc	2011 #	2012 #	2013 #	2014 #	2015 #
United States	309,347,057	311,721,632	314,112,078	316,497,531	318,857,056
Northeast	55,381,690	55,635,670	55,832,038	56,028,220	56,152,333
Midwest	66,972,390	67,149,657	67,331,458	67,567,871	67,745,108
South	114,871,231	116,089,908	117,346,322	118,522,802	119,771,934
West	72,121,746	72,846,397	73,602,260	74,378,638	75,187,681
.Alabama	4,785,822	4,801,695	4,817,484	4,833,996	4,849,377
.Alaska	713,856	722,572	731,081	737,259	736,732
.Arizona	6,411,999	6,472,867	6,556,236	6,634,997	6,731,484
.Arkansas	2,922,297	2,938,430	2,949,300	2,958,765	2,966,369

图 2-24　重命名后的列

注意 Geographic Area（地理区域）列的各个行的细节。有些行包含的地理区域不是州（State），有些表示州的行在州名称前还有一个句号。这些都要进行修正。先使用 Split（拆分）菜单项把句号和州名称拆分到不同列。图 2-25 显示了如何拆分。

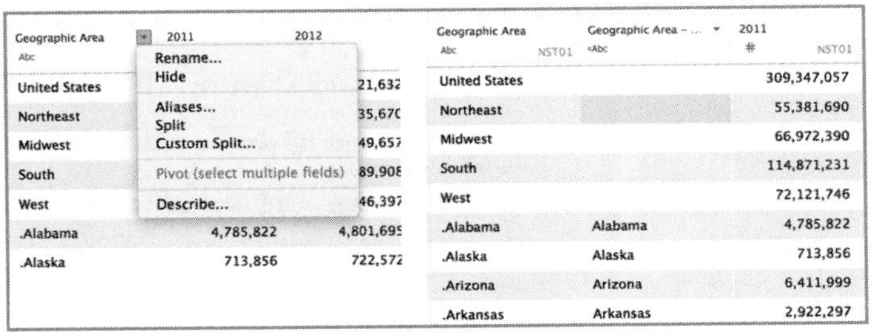

图 2-25　字段拆分菜单

图 2-25 左侧显示了单击列头部的下三角按钮弹出的菜单。选择 Split（拆分）菜单项后就会生成图 2-25 中右侧那样的视图。现在州（state）变成了单独一列，国家（country）和地区（region）被拆分到与空字段对应。底部的 Puerto Rico（波多黎各）也有一个空列，这并不是问题，因为我们感兴趣的只是下面的 48 个州加上 Alaska、Hawaii 及 District of Columbia 这几项。

5. 更改州的列数据类型

现在的视图应该如图 2-26 所示。经过拆分，数据解释器把拆分出的新列命名为 Geographic Area-Split 1。

图 2-26　更改数据类型

重命名这个列为 State。之后，把它的数据类型改变为 Geographic Role 里的 State/Province，如图 2-26 所示。对这个列的命名和格式的处理就完成了。下面把数据进一步整理成一个数据库应有的存储结构（而非电子表格那样）。

6. 翻转 year 列

你对数据的整理可以到此为止，但这里还有一个问题。你要给这些数据创建时间序列也是可能的，但你需要把度量名称和度量值放在同一根轴上来显示不同的度量。为什么呢？因为 Tableau 会把每个年度列都解释为一个不同的度量，但重命名后每个年度列里的数据其实是对不同年份的相同度量。在正确的结构化设计的数据库里，数据表应该包含 3 列：一列是地理区域；一列是年份；一列是人口数据。

数据解释器允许你在预览区域里快速翻转数据。首先，如图 2-27 所示，多选所有的人口数据列，这时年度列会被突出显示。从 2011 列选择 Pivot（翻转）菜单项。

Geographic Area Abc　NST01	State ⊕	2011 #　　NST01	2012 #　　NST01	2013 #　　NST01	2014 #　　NST01	2015 #　　NST01
United States		309,347,057	311,721,632	314,112,078	316,497,531	318,857,056
Northeast		55,381,690	55,635,670	55,832,038	56,028,220	56,152,333
Midwest		66,972,390	67,149,657	67,331,458	67,567,871	67,745,108
South		114,871,231	116,089,908	117,346,322	118,522,802	119,771,934
West		72,121,746	72,846,397	73,602,260	74,378,638	75,187,681
.Alabama	Alabama	4,785,822	4,801,695	4,817,484	4,833,996	4,849,377
.Alaska	Alaska	713,856	722,572	731,081	737,259	736,732
.Arizona	Arizona	6,411,999	6,472,867	6,556,236	6,634,997	6,731,484
.Arkansas	Arkansas	2,922,297	2,938,430	2,949,300	2,958,765	2,966,369

图 2-27　翻转 year 列

单击 Pivot（翻转）菜单项后，数据解释器会创建一个新的 3 列的数据视图，就像图 2-28 左上角所示那样。

图 2-28　整理后的数据

将第 2 列重命名为 Year，将第 3 列重命名为 Population，如图 2-28 右下角所示。现在，数据表结构被整理好，列名称也更新完，整理后的数据如图 2-29 所示。

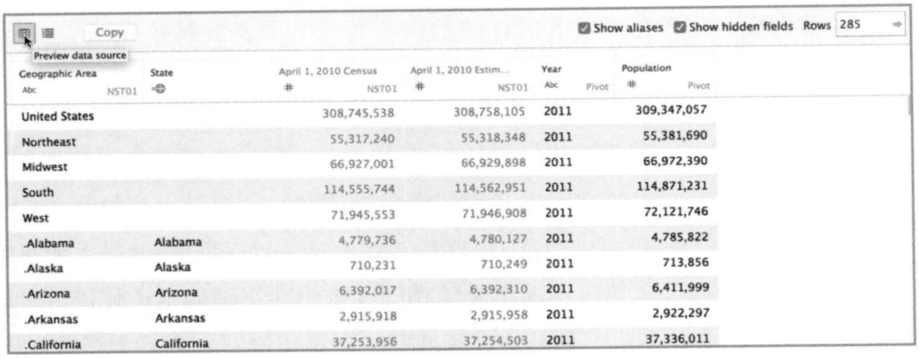

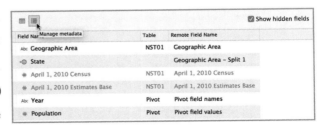

图 2-29　预览数据源视图

注意图 2-29 的右上角有 Show aliases（显示别名）和 Show hidden fields（显示隐藏字段）复选框。全部选择，显示隐藏的两个列。本例中没有为行成员（州名）赋予别名。如果使用了别名，那么选择 / 不选择 Show alias 复选框会在原始字段名和别名之间切换。

预览区域的左上角有两个小图标，你可以选择数据的不同视图。图 2-29 默认显示 Preview data source（预览数据源）视图。图 2-30 显示 Manage metadata（管理元数据）视图。

图 2-30　管理元数据视图

Manage metadata（管理元数据）视图显示了隐藏的字段。它显示了数据表中特定列的来源（原始表格或者来自数据解释器的翻转）及字段名。

所有这些动作也可以在 Excel 里完成，但用数据解释器来操作更快、更简单。用最新的数据生成一个地图可以测试你的数据。

7. 使用整理后的数据生成地图

为了确认对数据的整理工作正确完成，可以创建一个如图 2-31 所示的地图视图。

图 2-31　显示人口数据的地图

如果你不能创建这个地图，那么不用担心。在第 3 章和第 5 章，你将会学习创建地图的细节和其他内容。

Tableau 的数据解释器能帮你更快速、更简单地分析电子表格数据源。你必须使用 Tableau 桌面版的 V9.0 或更新的版本才能使用这个功能。

2.9.3　在 Tableau 中对不同数据库表进行 Join（连接）操作

你需要的数据很少能全部存在于单个数据表中。即便你只是普通地连接到 Excel 文件，你可能也要使用它里面的多个表单的数据。只要存在于电子表格或数据库中的每个表都包含唯一标识（键记录），这个标识能把不同表格连接到一起，你在 Tableau 中就可以连接这些表。

数据库的连接要更复杂一些。基本的原则是在视图里把相关信息收集到一起。

如果你要连接到企业级数据库，里面有很多的表格，你更该咨询公司里数据库方面的专业人员，帮助你对多个数据库进行正确的连接，这是在数据源连接里定义的。⊖

从 V8.2 版开始，Join（连接）的界面变得更直观。软件里借助 Venn（维恩）图来定义表的连接。大部分 Tableau 用户都不是数据库方面的专业人员，用这种可视化的方式定义连接让任务更简单。

1. 默认采用 Inner Join（内连接）

在你最初建立对数据源的连接（Connect）时就可以定义对表的连接（Join），当然也可以之后再补充。本示例将使用 Superstore for TYD2 电子表格里的 Orders 和 Returns 表单。图 2-32 显示了这两个表单的部分数据内容。Orders 表单包含所有的订单信息，Returns 是一个数量较小的退货订单列表。

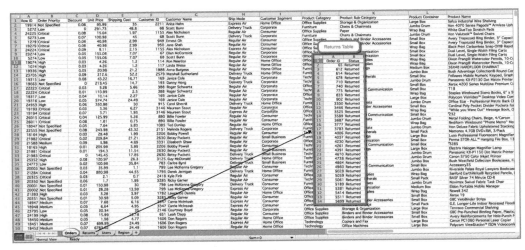

图 2-32　Orders 和 Returns 表单

首先连接到 Orders 表单，然后把 Returns 表单拖曳到连接区域，如图 2-33 所示。

单击连接区域的 Venn（维恩）图标会弹出连接对话框。对话框里灰度显示的选项说明对现在的数据源是不可用的。因为现在采用 Excel 文件作为数据源，Right（右侧）和 Full Outer（完全外部）选项就不可用。这取决于数据源，大部分数据库支持所有连接类型。

⊖　在数据库领域，Join 一般翻译为连接，而本文中 Connect 也表示对数据源的连接，两者中文都用连接表示，请根据上下文区分两者，容易混淆的地方本文会做出必要的注释。——译者注

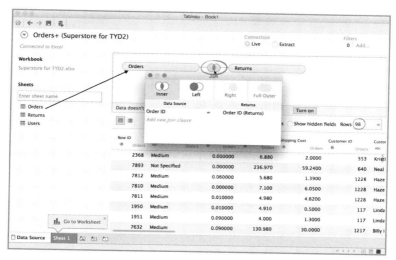

图 2-33　定义连接（Join）

注意 Inner（内部）被选中时，形成的记录行数量是 98。这意味着在 Orders 和 Returns 表单里总共有 98 条匹配的记录。下面我们看看左侧连接会发生什么情况。

2. 左侧连接

单击 Venn（维恩）图标并在弹出的窗口中选择 Left（左侧连接）选项，能切换到左侧连接，它会从 Orders 表单里取出所有记录（共 9 426 行），再从 Returns 表单里取出可以匹配的记录，以形成新的记录。图 2-34 在 Preview data source（预览数据源）区域显示了结果。

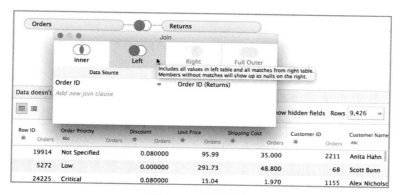

图 2-34　左侧连接

在连接之后，那些在 Returns 表单里找不到匹配记录的字段就会显示为 NULL。你可以尝试一下，选择左侧连接类型时会发现，预览数据源区域显示的记录数量会发生变化。

你可以向连接区域添加需要的任意多个表格。试着自己把 Users 表格也添加进来并改变连接类型。

3. 定制 Tableau 的连接脚本

在 V9.0 版本以前，使用 Excel、Access 或文本文件作为数据源时也可以编辑数据连接脚本，但现在这个功能不可用了。这是我第一次发现 Tableau 会在新版本里去掉一些原有的功能。对大多数用户来说，Data Interpreter（数据解释器）提供了很好的改进。如果获得数据解释器的便利性是以牺牲对 Excel、Access 和文本文件的完全外部连接为代价，我想这是值得的。但我仍期待 Tableau 能找到办法在未来某个版本恢复这个功能。

同时，如果你需要分析的数据行超过了百万级，那么的确该考虑安装一个真正的数据库。有很多低成本的商业数据库或者开源的数据库可供选择，Tableau 就可以对它们实施所有的连接选项。

接下来将学习怎样利用数据融合把来自不同数据源的数据融合在一起。

2.9.4　融合不同的数据源

需要分析的数据都来自一个数据库的确是很棒的，但现实很难这么理想。如果你需要来自多于一个数据库的数据，Tableau 提供了一个解决方案，让你不需要再去建立一个中间层的数据仓库。如果分布的数据源拥有至少一个公共字段，Tableau 就可以通过数据融合把它们融合在一起。

1. 什么时候用数据融合，什么时候用表连接

如果你的数据来自同一数据源，通常更倾向于使用数据表的连接而非数据融合。前面学到了 Tableau 提供的丰富的数据表连接（Join）选项的使用。一般来说，表的连接是最佳选择，因为它更加可靠，在你工作簿的任意位置都是持续存在的，相比数据融合有更丰富、更具适应性的连接方式。然而，如果你的数据不来自单一地点，数据融合（Data Blending）就提供了一种可用的方式来快速为主数据源和辅助数据源建立一个类似左侧连接（Left Join）的联系。

数据融合只存在于创建它们的工作簿页面之内。这意味着数据融合是对异构数据源进行分析的理想工具。不论是什么数据源，只要它是被首先用来建立视图的，它就成为这个工作簿的主数据源，后被创建的就是辅助数据源。这样，任意类型的数据源都可以充当主数据源。

接下来，你会学习如何把美国人口调查局的人口数据和 Superstore 数据集的销售数据融合。

2. 怎样进行数据融合

创建数据融合需要一些计划。如果你要使用的数据并不存在于主数据库中，就要考虑用来融合的字段，以得到你需要的结果。如果不同数据源里的数据记录有着一模一样的字段，融合就很容易。融合时要求字段名称和字段成员完全匹配，比如在 Cities 字段里的成员 Saint Cloud 和 St. Cloud 就不匹配，会被识别为不同的城市。如果你不能对它们进行重命名，你的融合过程就需要多一些的工作。

如果融合的字段有一致的名称，Tableau 会识别这些字段，自动创建融合。如果字段名不完全一致（比如一个是 City，另一个是 Cities），你就必须通过 Edit Relationship（编辑关系）菜单手动定义融合方式。

3. 自动定义关系

Superstore 数据源包含地理位置数据。如果你想知道 2014 年每个州的人均销量，你该怎么办？Superstore 数据集里不包含人口数量信息，这个信息在美国人口调查局的网页上有。

图 2-35 所示的数据是从调查局网站下载的，并且针对本示例做了调整。在本书的"伴学网站"中能下载这些文件。这个示例使用 Superstore for TYD2 数据库表和 Population 2014 电子表格文件。

以上表格只包含两列，我们要注意州这个字段的描述。要实现自动融合，这个字段名必须和 Superstore for TYD2 里代表州的字段名称相同。如果它们不相同，你就要编辑电子表格的列名称，或者编辑数据库表的字段，让它们一致。

要开始自动融合，你必须定义一个主数据源，这可以通过把数据源中的一个字段拖曳到工作表里实现。第一个使用在视图中的数据源就会成为这个特定视图的主数据源。图 2-36 显示了不同州销量的条形图。

Superstore for TYD2 现在就成了这个工作表的主数据源，把这个工作表重命名为 Blending Example。Population 2014 电

	State	Population
1	State	Population
2	Alabama	4,849,377
3	Alaska	736,732
4	Arizona	6,731,484
5	Arkansas	2,966,369
6	California	38,802,500
7	Colorado	5,355,866
8	Connecticut	3,596,677
9	Delaware	935,614
10	District of Columbia	658,893
11	Florida	19,893,297
12	Georgia	10,097,343
13	Hawaii	1,419,561
14	Idaho	1,634,464
15	Illinois	12,880,580
16	Indiana	6,596,855
17	Iowa	3,107,126
18	Kansas	2,904,021
19	Kentucky	4,413,457
20	Louisiana	4,649,676
21	Maine	1,330,089
22	Maryland	5,976,407
23	Massachusetts	6,745,408
24	Michigan	9,909,877
25	Minnesota	5,457,173
26	Mississippi	2,994,079
27	Missouri	6,063,589
28	Montana	1,023,579
29	Nebraska	1,881,503
30	Nevada	2,839,099
31	New Hampshire	1,326,813
32	New Jersey	8,938,175
33	New Mexico	2,085,572
34	New York	19,746,227
35	North Carolina	9,943,964
36	North Dakota	739,482
37	Ohio	11,594,163
38	Oklahoma	3,878,051
39	Oregon	3,970,239
40	Pennsylvania	12,787,209
41	Rhode Island	1,055,173
42	South Carolina	4,832,482
43	South Dakota	853,175
44	Tennessee	6,549,352
45	Texas	26,956,958
46	Utah	2,942,902
47	Vermont	626,562
48	Virginia	8,326,289
49	Washington	7,061,530
50	West Virginia	1,850,326
51	Wisconsin	5,757,564
52	Wyoming	584,153

图 2-35　Population 2014 的数据

子表格将要和它融合，它也包含 State 字段名，但 Superstore for TYD2 里表示州的字段名称是 State/Province。我们需要首先把它重命名为 State，现在两个数据集就有了用来融合的相同的字段名。

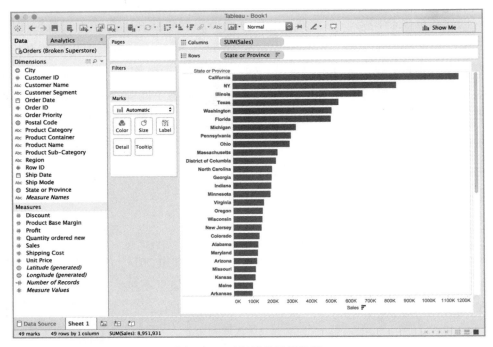

图 2-36　不同州的销量数据

接下来，把 Population 2014 里的度量 Population 拖曳到 Column（列）区域里。这样，电子表格里的数据在当前工作表就可用了。它变成了 Column（列）区域的第二个数据源，并且锁定了融合的方式。放置到 Column（列）区域的 Population 字段块旁边会出现一个橙色对勾标记，供你对融合进行确认。图 2-37 分别显示了针对每个州的来自超市的销量数据和来自调查局的人口数据。

维度和度量区域左侧的橙色边界线说明在这个工作表视图里，Population 2014 是作为辅助数据源的。

一个警告：在进行数据融合时，你必须确保需要融合的所有记录都进入了当前视图。在图 2-37 中，就不是这样的。New York 人口信息记录就没有进行融合，因为在主数据源和辅助数据源中，州的字段名称并不匹配（所以 NY 那行的第二列是空的）。你可以这样纠正，单击州的缩写名称（NY），选择 Edit Alias（编辑别名）菜单项，把它重命名为 New York。这样两个名称就会匹配，空值就会被消除掉。图 2-38 显示了融合后的视图，条形图中还在标记点标签中加入了额外的标记信息。

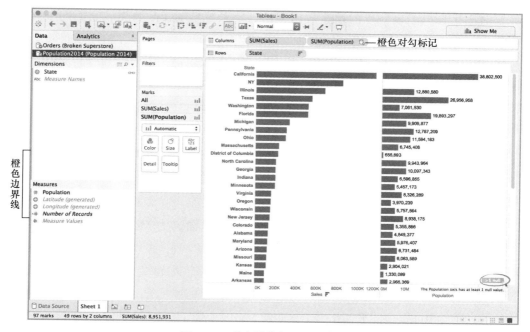

图 2-37　融合销售额和人口数据

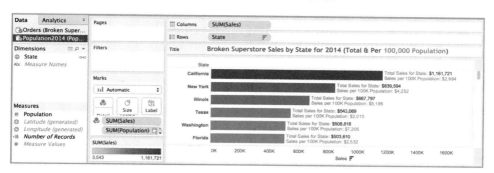

图 2-38　用融合后的数据生成的条形图

为了节省空间，图 2-38 只显示了销量最大的前 6 个州的信息。右侧的标签显示了总销量，还显示了每个州的人均销量。横条颜色的深浅代表了每个州总销量的多少。看看你能否自己创建公式生成这些值。完整的示例文件可以从关联网站下载，第 4 章将会详细学习如何创建计算。

记住，即使字段名称不一样，你也可以通过"Data（数据）"→"Edit Relationships（编辑关系）"对数据源进行融合。下面的示例就来展示如何实现。

4. 手动融合

如果你的需求更加复杂怎么办？假设一个需要两个或更多维度相融合的场景，

你要对比来自电子表格里的预算数据和你订单系统里的实际数据。它们的字段名称都不一样，但可能代表同一件事情。在本例中，Superstore for TYD2 文件将会与 Budget Sales 2015 文件融合。预算文件在关联网站里可以下载。它包含每月针对字段 Product Category 和 Product Sub-Category 的销量预算。要建立如图 2-39 所示的 Bullet Graph（标靶图）需要下面几个步骤：

1）连接数据源 Superstore for TYD2。

2）针对每个产品类别，筛选 2015 年的数据并创建 2015 年的每月实际销量的条形图。

3）连接 Budget Sales 2015 文件。

4）旋转 12 个日期字段，旋转后的字段名称重命名为 Month，把字段值修改为 Budget Sales。

5）使用"Data（数据）"→"Edit Relationships（编辑关系）"菜单定义针对产品类别和月份的数据融合。

6）拖曳 Budget Sales 2015 的字段到 Marks（标记）区域里的 Detail（细节）按钮上，利用这个字段创建参考线。

横条颜色是通过为 Marks（标记）区域里的 Color（颜色）按钮增加计算值来实现的，参见图 2-39 底部的 Caption（说明）区域。

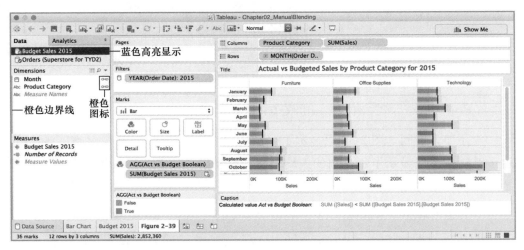

图 2-39　融合数据后的标靶图

实际的销售额数据来自主数据源，Orders（Superstore for TYD2）用条形图显示。来自辅助数据源（Budget Sales 2015）的预算数据表示为每月的垂直黑色参考线。在图 2-39 中，针对两个字段的融合就表示为 Dimensions（维度）区域里的两个橙色连接图标。这种多字段融合是通过"Data（数据）"→"Edit Relationships（编辑关系）"菜单实现的，如图 2-40 所示。

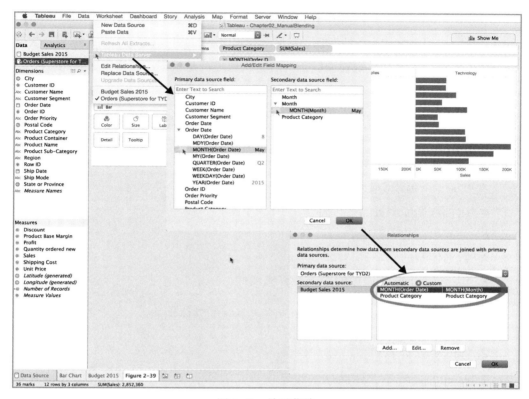

图 2-40　关系菜单

单击"Data（数据）"菜单，选择"Edit Relationships"，会弹出 Relationships（关系）对话框。Product Category 会自动出现，因为两个数据源都存在这个字段名，Tableau 会自动识别这个融合。

单点"Add（添加）"按钮，弹出 Add/Edit Field Mapping（添加 / 编辑字段映射）对话框，在这里你可以定义从每个数据源进行特定的数据融合方式。选择需要融合的日期字段后，单击 OK 按钮来锁定这个日期。在 Relationships（关系）对话框里就显示了两个用来控制融合的字段，再单击 OK 按钮关闭对话框。

回忆一下图 2-39 里用来创建图表的字段块的放置。要清楚，你可以在数据窗口单击希望显示的数据源，就会显示不同数据源的字段。图 2-39 中，Budget Sales 2015 数据源以蓝色高亮显示，说明它的字段被显示在 Dimensions（维度）和 Measures（度量）区域里。

每个月份横条的黑色参考线都是由辅助数据源 Budget Sales 2015 融合过来的数据字段生成的 [数据区域里的橙色连接图标和 Dimensions(维度) 与 Measures(度量) 区域左侧的橙色边界线都说明它是辅助数据源]。

计算字段用来生成横条的颜色，它显示在图表下面并且被存储到主数据源。灰色横条代表它超出了计划。销售额横条背后的灰色过渡是根据预计销售的 60%、80%、100%、120% 给出的参考。你将在第 7 章学习如何生成带有颜色编码信息的标靶图。

下面让我们关注影响数据连接的加载速度的几个因素。

1. 影响性能的硬件因素

有以下 4 个因素会影响 Tableau 的速度：

- 运行数据库服务器的硬件。
- 存放数据的数据库。
- 数据传输的网络。
- 运行 Tableau 桌面版的个人计算机硬件。

就像任何链条一样，最薄弱的环节决定了它的整体性能。

2. 你的个人计算机

Tableau 的运转不需要高端的设备支撑。但你会发现，更多内存、新的处理器、更快的硬盘都会提升整体性能，尤其是当你在处理非常大的数据集时。显卡和显示器的解析度会影响 Tableau 展示可视化效果的质量。

3. 随机访问存储器（RAM）

Tableau V9 版本在 Windows 和 Mac 机器上都有 32 位和 64 位的版本，这意味着它可以分别访问 4GB（32 位版本）和 8GB 的内存。把 RAM 扩展到操作系统支持的最大容量会提供最佳性能。

4. 处理器

更快的处理器会提升 Tableau 的性能，但你只有在更换计算机的时候才有机会更换处理器。到时就买你能负担的最好的处理器吧。

5. 硬盘访问时间

Tableau 并不是硬盘访问密集型的程序，但有一个更快的硬盘或者固态硬盘

（SSD）会让 Tableau 更快地加载。如果你处理的数据集非常大以至于超出了个人计算机的内存容量，它就会借助硬盘交换页面来处理而降低速度。在这种情况下，更快的硬盘对性能提升会有帮助。

6. 屏幕尺寸

你的屏幕尺寸会影响你能察觉到的细节。在一个大的高分辨率屏幕上的可视化显示自然比在一个低分辨率监视器上的显示能形成更好的洞察。如果你有一个非常好的显示器，那么要考虑到其他人可能会在一个没那么好的显示器上查看可视化结果。如果他们显卡的分辨率较低，你的可视化结果在他们计算机上的显示可能会不大相同。第 8 章包含一些仪表板设计的技巧，使它们既能在高分辨率硬件上很好地显示，在较老、较差的显示器上也不会遗漏信息。

最后，注意你需要 Tableau 处理的工作数量。即便它能够在单个图表中处理百万级的标记点，你也要问问自己这些标记点是否对理解数据真有帮助。如果你遇到了性能方面的问题，就去查看你处理数据的详细级别（Level of detail）。在视图里使用更少的标记甚至可能会提高内容的价值并提高渲染速度。

7. 你的服务器硬件

当你考虑服务器硬件的指标时，最关键的考虑因素就是你预期需要的容量和活跃程度。你的数据库是否部署到了一个三年前的老旧服务器上，并且还有数千名并发访问用户？你的服务器上是否还有其他高要求的应用从而会引发资源的竞争和独占？

Tableau 可以在云端或服务器端和其他应用一起运行，但随着你部署的应用越来越多，最好还是给 Tableau 分配一个专用的服务器。对大规模部署的情况，Tableau 的核心许可证可以分配到几个服务器上。

对服务器硬件的需求不可能存在适合所有场合的建议。Tableau 的主页上提供了相关的指导，但还是要根据具体情况给出细节的计划。总体来说，让硬件性能稍有冗余是一个好的方式。Tableau 经常会在部署之后受到欢迎，所以要考虑潜在的需求增加，如果你不确定购买哪种服务器硬件，不妨咨询专业人士。第 11 章对此有更具体的讨论。

8. 网络

就像其他的基础设施（如交通、电力、水）一样，数据网络对系统性能的作用虽然平凡，却又关键。网络通常是你所在公司的专业人员所负责的，他们应该能帮助你检查公司网络是否存在影响 Tableau 运行性能的速度瓶颈。但除了很少的极大的公司或组织外，网络性能很少会成为性能瓶颈。

9. 数据库

如果你在使用对数据库的实时连接，而非数据提取，数据库的性能就是影响 Tableau 速度的最关键因素。

随着你的公司里越来越多的人开始使用 Tableau，对服务器、网络、数据库的负载进行监控是非常重要的。优化数据库性能是数据库管理员的责任。如果有 IT 人员在企业扩张的初期就介入进来会很有帮助，尤其是最初就能考虑到 Tableau 可能会对数据库产生很大的和各种不同的需求。

如果数据库管理员理解 Tableau 可能产生的查询的类型、数量、时间，就可以采取正确的规划，不会因为未充分建立索引的数据库表或数据库服务器过载而引起系统性能的降低。

2.10　注释

1. Gordon Mackenzie, Orbiting the Giant Hairball: A Corporate Fool's Guide to Surviving with Grace (New York: Viking, 1998), p. 88。

2. United States Census Bureau, "Annual Estimates of the Resident Population for the United States, Regions, States, and Puerto Rico: April 1, 2010 to July 1, 2014 (NST-EST2014-01," 2015 年 4 月 4 日下载，详见网址：http://www.census.gov/popest/data/state/totals/2014/index.html。

第 3 章
打造你的第一个可视化

"只要我们决心去完成一件事，最理想的步骤就是尝试和犯错——大胆猜测，小心求证：大胆提出理论，尽力发现其中的错误，并且当我们诸多努力不成功时能够坦然接受。"

——卡尔·波普尔（Karl Popper）[1]

你已经学习了怎样把 Tableau 连接到各种不同的数据源，现在可以开始创建可视化视图了。在本章，你会学到 Show Me（智能显示）按钮提供的所有图表类型。你会探索怎样向图表中加入趋势线和参考线，怎样控制数据的排序和筛选。你会看到怎样创建异构的组、集、层次，以及它们怎样帮助挖掘数据源中隐藏的信息。本章还涉及 Tableau 的离散和连续的数据层次，以及怎样通过创建自己定制的日期来取得 Tableau 默认的日期层次。

3.1 通过 Show Me 进行快速简便的分析

Tableau 的使命就是通过自助式可视化分析，帮你观察和理解你的数据。这个软件就是针对非技术背景的用户设计的，并方便他们分析数据。这就是 Tableau 的 Show Me 按钮背后的逻辑。你可以把 Show Me 视为你的专家级帮手。Show Me 告诉你该使用哪种图表，以及为什么。它还能帮你更快速、更轻松地创建复杂的可视化分析。比如，高级的地图可视化图表可以从 Show Me（智能显示）按钮开始最好地形成，只要轻松的一个单击，Tableau 就会恰当地把相应的多个维度和度量的字段块放入合适的行和列区域中。如果你知道想要看到什么，Show Me 也可以让你更快地获得结果。

3.1.1 新的功能

自从本书第一版出版以来，又有两个附加图表类型被加入 Show Me 之中：Box Plot（盒须图）和 Dual Axis Combination（双组合图）。之前你可以在 Tableau 中创建这样的图表，但需要花费不少时间，它们被加入 Show Me 面板中，让新手用户可以快速使用它们。一个新的 Analytics（分析）选项卡也加入了 Dimensions 区域，给新用户提供了更直观的方式向可视化视图里增加趋势线、参考线或者预测线。

3.1.2　Show Me 怎样工作

Show Me 会查看你所选择的维度和度量组合，判断什么样的图表类型可能会最有效地展现这些数据。本章大部分例子采用的是 Superstore Sales 数据文件，和 Tableau 自己提供的示例文件版本并不完全相同。你可以从本书"伴学网站"中下载创建了本章所有图片的工作簿文件（参考附录 F 查看相关指引）。或者，你也可以采用 Tableau Desktop 版本自身提供的 Superstore 数据集，但要意识到你的结果会和本书的图片有所区别。

无论你采用哪个版本，从 Dimensions（维度）区域选择 Order Date 字段，从 Measures（度量）区域选择 Sales 字段，之后单击 Show Me 按钮，就会弹出如图 3-1 所示的针对所选字段组合的可选图表选项。

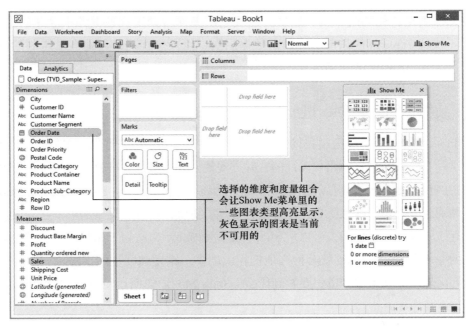

图 3-1　Show Me 提供的图表选项

Tableau 在 Show Me 菜单里推荐了一个 lines (discrete) [线（离散）] 图表类型。在 Show Me 区域的底部，你还能看到附加的关于每个图表类型所需的细节信息。线（离散）图表需要一个日期、一个度量、零个或多个维度。选择高亮的图表、旋转坐标轴，就形成了如图 3-2 所示的时间序列图表。

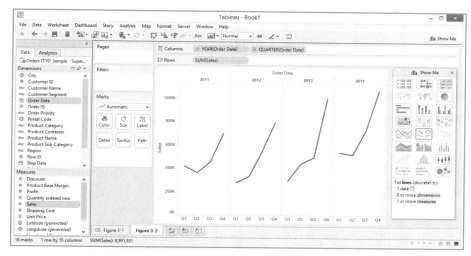

图 3-2　离散时间线序列图表

在 Show Me 菜单中，把鼠标停留在其他图表类型上，底部的提示文字就会有相应的变化，指导你选择对应的数据元素组合。单击 Show Me 菜单中任一高亮显示的图表类型，就会改变工作表中的可视化图表类型。

1. Show Me 按钮提供的图表类型

Show Me 现在包含 24 种图表类型。最近添加进来的是双组合时间系列（Dual Axis Combination Time Series）图表和盒须图（Box-and-Whisker Plot）。在图 3-3 中，你可以看到 Symbol Map（符号地图）图标被蓝色框线包围。

在 Show Me 菜单的底部给出了被选中的符号地图图表所需的数据元素的相关提示。把鼠标停留在其他图表类型上，这些提示会随之变化。下面将会学习 Show Me 提供的这些图表类型的细节。

接下来按照 Show Me 提供的每个图表类型的顺序，你将看到详细的示例。

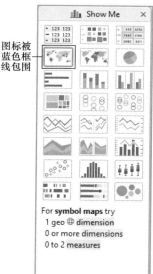

图 3-3　Show Me 菜单

2. Text Table（文本表）、Heat Map（压力图）和 Highlight Table（突出显示表）

Text Table（文本表）看上去就像一个电子表格。它的用法也像电子表格，在你要查找特定具体的数值时很有用。图 3-4 的左上角显示了一个标准的文本表。

图 3-4 左下角的文本表得到了增强，通过加入一个布尔型的计算来突出显示利润率低于 5% 的项目。利润率低于 5% 的个别项目为橙色字。你会在第 4 章学习怎样创建计算值。

图 3-4 右上角是一个 Highlight Table（突出显示表），它和普通文本表基本类似，只不过通过不同的背景颜色帮助区分值的范围。比较大的值的背景是蓝色的，比较小的值的背景是橙色的。突出显示表下方的彩色图例显示了所有范围的值对应的颜色，从最低 $75 000 到最高 $396 000。这样，突出显示表相比普通文本表能更清楚地看出异常数据。

图 3-4 右下角是一个 Heat Map（压力图）。它能把颜色和尺寸组合起来显示不同的度量。在本例中，销售额通过正方形的尺寸表示，利润率通过颜色显示。它并没有像普通文本表那样显示出具体的数值，但它能在比较小的空间里显示更多的信息。

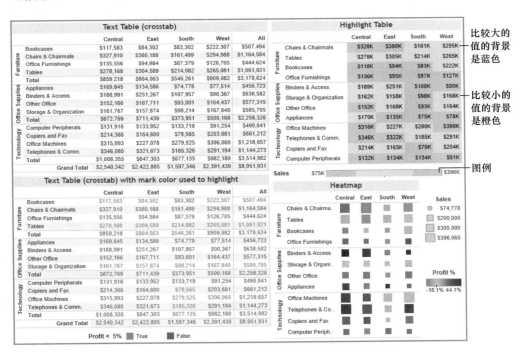

图 3-4　文本表、突出显示表和压力图

3. Symbol Map（符号地图）、Fill Map（填充地图）和 Pie Chart（饼图）

选择一个前面带有小地球图标的字段，Show Me 区域里地图类型的图表就可以使用了。图 3-5 显示了 Show Me 提供的两种地图图表。

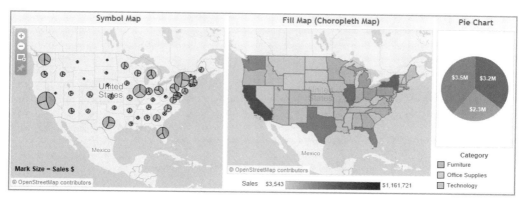

图 3-5　符号地图、填充地图和饼图

Symbol Map（符号地图）在显示非常细粒度的细节时非常有效，或者你需要显示小维度集里的多个成员。图 3-5 左侧的符号地图使用小饼图显示产品类别。在符号地图中，把标记符号设置得更加透明并设置一个黑色边界通常会比较直观，因为那些热点区域里的标记经常会挤在一起。使用 Marks（标记）区域里的 Color（颜色）按钮设置这些标记点格式。

Fill Map（填充地图，也叫地区分布图——参考本书词汇表查看详细信息）利用颜色在不同区域里显示单个度量。如果你把填充地图限制在更小的地理区域（比如州、省），它们能有效显示更细节的区域，比如郡县或邮编区域。

图 3-5 右侧的 Pie Chart（饼图）显示了包含在数据表中三个产品类别的相对销售额占比。Pie Chart 通常用来显示数据对比，但如果你想有精确的对比信息，这不是最好的选择。如果你想有精确的对比，一个更好的数据表示方法是接下来将介绍的 Bar Chart（条形图）图表。

4. Bar Chart（条形图）、Stacked Bar（堆叠条）和 Side-by-Side Bar（并排条）

条形图更方便对不同值进行对比。图 3-6 展示了三个不同的例子。

条形图是对值进行对比的最有效表达方式，其线性的本质是让精确的比较更加容易。图 3-6 左侧的水平条就非常直观地表达了三个不同值的大小区别。你一眼就能看出 Technology 有着最大销售额，而 Office Supplies 有着最小销售额。即便 Furniture 的销售额和 Technology 相差无几，你也能看出它们并不是一样大。

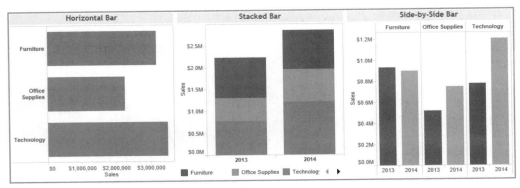

图 3-6　条形图、堆叠条和并排条

当我们选定了很多不同维度时，就不该使用图 3-6 中间的 Stacked Bar（堆叠条）图表，因为在每个矩形条里都会有太多的颜色而失去显示的意义。图 3-6 右边的 Side-by-Side Bar（并排条）提供了更精确的对不同量级进行比较的图表形式。你可以看到并排条比堆叠条更容易看清不同值的相对大小。

5. Treemap（树状图）、Circle Views（圆视图）和 Side-by-Side Circles（并排圆）

这三种类型的图表在比较小的空间对比更细粒度的维度和度量组合时更加有效。Heat Map（压力图）使用颜色和尺寸来对比最多两个维度的信息。图 3-7 左侧是一个 Treemap（树状图）。

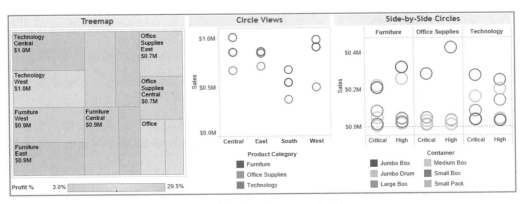

图 3-7　树状图、圆视图和并排圆

Treemap（树状图）用颜色和尺寸能有效地在相对小的空间显示更大的维度的数据集。这个示例通过尺寸显示产品类别和销售额，通过颜色显示利润率的百分比，通过标签显示产品类别。当区块的尺寸太小时，标签就不再显示。组成区块的度量和维度信息可以通过 Tooltips（工具提示栏）来显示，当阅读者把鼠标停留在某个标记上时它就会显示出来。这是 Tableau 对任意类型图表的默认动作。

Circle Views（圆视图）可以在小空间显示信息。图 3-7 中间的例子显示了不同产品类别、不同区域的销售额。Side-by-Side Circles（并排圆）可以添加额外的对比维度。这几个例子都只显示了比较小的数据标记（为了节省空间），这些图表也可以用来显示细粒度的大量的值。

在下面两个部分你会看到怎样使用 Show Me 显示基于时间序列的数据。

6. 针对时间序列做分析的 Line Chart（线图）

Line Chart（线图）是最有效的显示时间序列数据的图表类型。在表示时间序列时，需要考虑的变化是把时间看作连续（无断点）变量还是离散（断开式）变量。离散线图会根据时间单位（年、季度、月）设置断点。

大部分人都熟悉连续式的时间序列图表。图 3-8 左侧的 Lines Continuous（连续线）图表展示了针对年和月的连续时间序列的单一度量（销售额）。

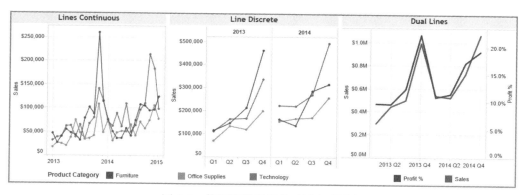

图 3-8　使用连续时间的时间序列图表

这个图表包含从 2013 年 1 月到 2014 年 12 月的 24 个月的历史数据。图 3-8 中间的 Line Discrete（离散线）图表显示了同样的数据，但采用了离散化的时间。注意中间细细的灰色垂直线把两个年度切割开，同时线条也分成了两部分。本章后面你会学习怎样加入趋势线和参考线，以发挥这种把时间离散化并生成分割式窗口的优点。

图 3-8 右侧是 Dual Lines（双线）图表，它用两侧的不同轴范围展示了两个度量（销售额和利润率）。Show Me 假设双轴图表会用来表示不那么相似的数据，所以会用两个值范围不同的轴来定位不同的时间。示例中，左侧的轴表示销售额，右侧的轴代表用百分比表示的利润率。接下来，你会看到可以用来显示时间序列

数据的其他三个选择。

7. 针对时间序列分析的 Area Chart（面积图）和 Dual Combination Chart（双组合图）

Area Chart（面积图）能为时间序列数据提供非常吸引人的可视化方案，然而你必须谨慎处理它对数据的解释。图 3-9 左侧的 Area Chart（Continuous）（连续式面积图）显示了 3 个产品类别针对时间的变化。

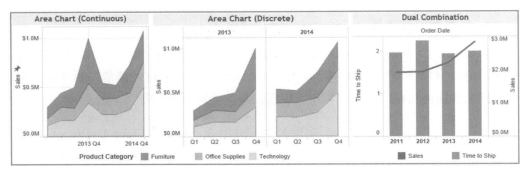

图 3-9　面积图和双组合图

Area Chart（面积图）把每个维度的数据（Furniture、Office Supplies 和 Technology）叠加在一起。它用有颜色填充的区域来表达相对值的大小。正因如此，我们要小心地解释颜色区域的高度是三种品类销售额的总和，而不只是最上层蓝色区域代表的 Furniture 的销售额。如果要精确比较每个类别销量的大小，图 3-8 中的线图才是更好的选择。

图 3-9 中间的 Area Chart（Discrete）（离散式面积图）使用离散的时间显示了同样的数据。图表里被填充的区域很有效地生成了 Sparkline（星波图，参见附录 G 词汇表）。建立星波图的方法会在第 7 章介绍。

图 3-9 右侧的 Dual Combination Chart（双组合图）与图 3-8 中的 Dual Lines（双线图）类似，只是它采用竖条来表达其中一个度量，用线条表达另一个度量。这种方式强调所表达的数据是不同的度量。

8. Scatter Plot（散点图）、Histogram（直方图）和 Box-and-Whisker Plot（盒须图）⊖

要分析跨越多个维度的非常细粒度的数据，Scatter Plot（散点图）是一个非常

_____

⊖　原书中标题为 Scatter Plot, Circle View and Side-by-Side Circle Plots，但标题下内容与标题不符，译文直接修改为正确的标题。——编者注

好的工具。图 3-10 展示了散点图的例子。

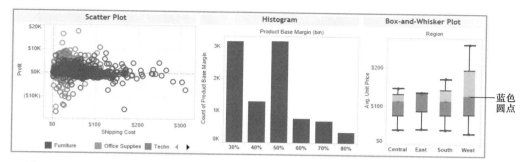

图 3-10　Scatter plot（散点图）、Histogram（直方图）以及 Box-and-Whisker Plot（盒须图）

Scatter Plot（散点图）采用两根轴来比较 Profit（利润）和 Shipping Cost（运输成本）。两个维度通过颜色和形状来区别。这个例子里并没有加入尺寸，但它可以用来表示第三个度量。每个标记代表一个客户，这个例子中几乎放置了 5 000 个标记。在一个相对小的空间，你可以设置两个度量和通过颜色、形状、尺寸区别的最多三个维度。这就是为什么 Scatter Plot（散点图）是为你的数据寻找线索的重要工具。

Histogram（直方图）常用来表示单个度量在值的不同分段区域内的分布状况。图 3-10 中间的示例表示了 Product Base Margin 在每隔 10% 区域的情况。比如 50%~60% 区域包含最大数量的交易（超过 3 000）。直方图让你可以观察值在特定范围的分布情况。Tableau 让你很容易设置这些值的范围，以便你来调整范围的大小。第 4 章你会学习到如何设置。

Box-and-Whisker Plot（盒须图）是 Show Me（智能显示）新增的图表类型。图 3-10 右侧的示例显示了不同区域平均销售价格的范围。最上和最下的值用参考线来表示，代表最高和最低值。灰色阴影区域显示了四分位距（Quartile Ranges），中央值（Median Value）是通过一个蓝色圆点表示的。Box-and-Whisker Plot（盒须图）在表示值的分散状态时非常有用。在展示的例子中，你可以看到 West Region 的平均售价比其他区域有更大的分布，这里没有极端值。

9. Bullet Graph（标靶图）、Packed Bubbles（填充气泡图）和 Gantt Chart（甘特图）

最后三个图表类型是三个完全不同的工具。图 3-11 把它们显示在一起，但它们的使用方法是非常不同的。

你可能在项目设计中用到过 Gantt Chart（甘特图）。尤其会用在要可视化事件的时间节点和持续时间的场合。在图 3-11 左侧的例子中，横条的长度是完成运输要花费的时间长度，横条左侧的位置就是收到订单的日期。

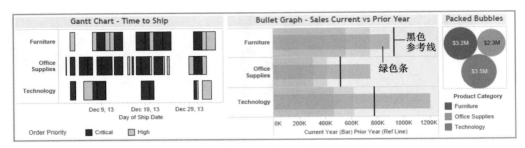

图 3-11　甘特图、标靶图和填充气泡图

Bullet Graph（标靶图）也是横条形图表，其中每个横条还包括参考线和参考分布。比如，当年销售额（绿色条）和去年销售额（黑色参考线）就有明确的比较。横条背后的背景代表去年销量的 60% 和 80% 区域。Bullet Graph 把很多信息集成到了一个小空间里，使它们非常便于在仪表板中使用。

Packed Bubbles（填充气泡图）提供了另一种通过尺寸和颜色对比数值大小的方式。它们看起来很有趣，但在不同的气泡之间不可能做精确的比较。因此，它们只适合用在对气泡大小不做精确可视化比较的场合。

Show Me 是一个地地道道的时间节省器。如果你是 Tableau 的新手，即便对行列区域的用法还没有完全地掌握，Show Me 也能帮你创造有效表达的图表。同时，Show Me 还引导你理解背后的运作机制，加速你的学习过程。另外，你还可以让 Show Me 菜单项一直保持开启状态，也可以把它放在屏幕的任意位置，这样你就可以迅速尝试不同的图表类型，并立刻看到结果。

一旦你创建了某个图表，就可以向这个图表里添加额外的信息。两个常用方法是添加趋势线和添加参考线。计算趋势线和参考线的数据可以是来自 Tableau 自身视图中的数据，而不一定真实存在于底层的数据源中。下面学习新的带有趋势线和参考线的 Analytics（分析）区域。

3.1.3　Analytics 区域

Tableau V9.0 版本增加了一个新功能，使它更容易创建趋势线、参考线以及做出预测。图 3-12 所示的 Analytics（分析）区域让你不再需要单击菜单或必须知道在哪里右击才能添加趋势线、参考线和预测。

它提供了在视图中总结、建模以及预测数据的方法。通过双击分析区域里的 Trend Line（趋势线）选项，可以把线性回归线和置信线添加到分析图表中。如果你希望对加入的趋势线有更多的选项控制，把分析区域里的 Trend Line（趋势线）选项拖曳到 Polynomial（多项式）选项上，如图 3-13 所示。

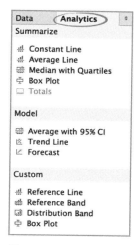

把 Trend Line（趋势线）拖曳到视图区域，趋势线的选项就会弹出来。图 3-14 显示了多项式趋势线的结果。

图 3-14 中的趋势线是一个二阶 Degree 2（拟合曲线）。更高阶的多项式曲线可以从 Trend Lines Options（趋势线选项）窗口中选择，如图 3-15 所示。

图 3-12　Analytics 区域

使用四阶趋势线的结果如图 3-16 所示。

图 3-13　添加一个多项式趋势线

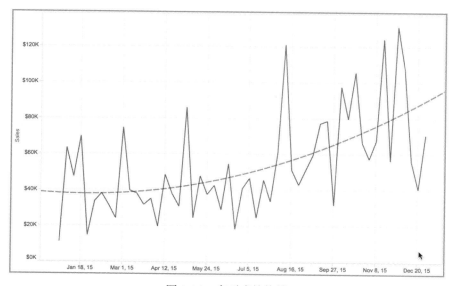

图 3-14　多项式趋势线

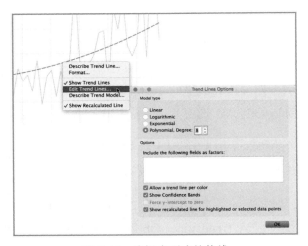

图 3-15　编辑多项式趋势线

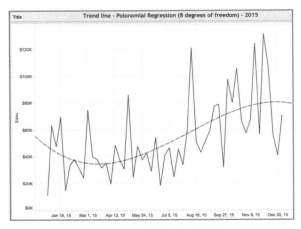

图 3-16　四阶多项式趋势线

如果你要向一个包含分块时间的视图中添加一个参考线,从 Analytics(分析)区域中的 Summarize(汇总)区域拖曳 Average Line(平均线)到视图中,就可以定义参考线的范围,如图 3-17 所示。

图 3-17　选择参考线的范围

平均线的结果显示在图 3-18 里，它表示了每个区块里所有月的平均销售额。

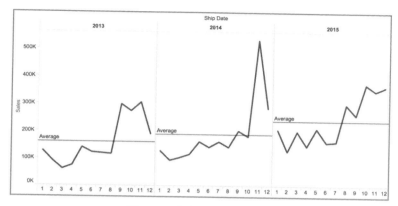

图 3-18　每年的平均参考线

如果你想添加另一条参考线，要对数据提供不同的范围和计算该怎么办？把分析区域 Custom（自定义）区域里的趋势线拖曳到视图中，会弹出 Add a Reference Line（添加趋势线）对话框。从 Custom（自定义）区域拖曳 Reference Line（趋势线）、Band（参考区间）或 Distribution（分布区间）图标到视图中，会显示如图 3-19 所示的更多选项。

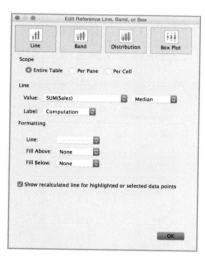

你能看到，当选中的范围是 Entire Table（表）时，计算的值是 Median（中位数），参考线的格式设置成了橙色点线，以区分视图中已有的平均线。图 3-20 显示了添加的中位数参考线。

图 3-19　定义第二个参考线

现在的视图中包含两条不同的参考线。注意，中位数线的范围是整个表，而平均数线的范围是每个区块。线条的颜色和线型不同，中位数线的标注在最右侧，而平均线在每个区块都有标注。你可以改变标注的位置，选中参考线并右击（Mac 按 <Control> 键单击），选择 Format（格式）菜单来编辑标注文本的对齐方式等设置。

也可以通过 Analytics（分析）区域向视图中添加预测，从 Model（模型）区域拖曳 Forecast（预测）图标到视图中就可以实现。图 3-21 的视图就添加了 2016 预测。

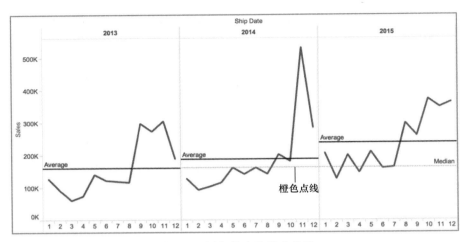

图 3-20　添加的中位数参考线

你还要编辑 Forecast Options（预测选项）来得到和图 3-21 相同的图表。要编辑预测选项，选择预测线上的点，右击弹出 Forecast（预测）菜单项，选择 Forecast Options（预测选项），如图 3-22 所示。

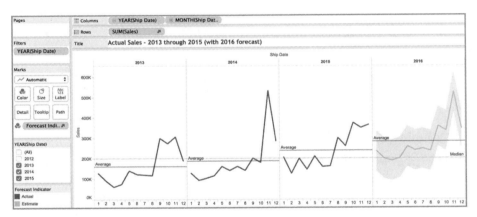

图 3-21　对 2016 年的预测图

Tableau 假设预测前最后一个月的数据并不完整。默认的预测会在计算时忽略 2015 年 12 月的数据。本例中这个月的数据集是完整的。编辑预测选项，选择忽略最后的 0 个月，如图 3-22 所示，你的视图就会和图 3-21 类似。

更复杂的视图包含多个度量，当你向其中拖曳更多的维度到视图中会弹出更多的选项。从 Help 菜单查看 Tableau 的在线手册以获取更多的示例。第 6 章提供关于预测的更加细节的内容。下面我们更深入地了解趋势线和参考线如何帮你理解数据。

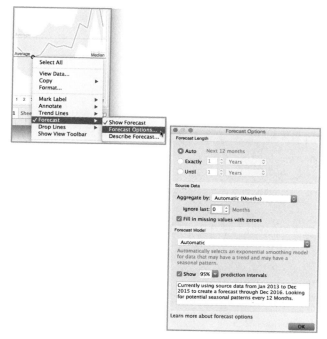

图 3-22　编辑"预测选项"

1. 趋势线和参考线

把细粒度的数据可视化之后，有时会得到看似杂乱无序的数据点。趋势线通过做出直线或曲线的拟合，以最大程度展示包含在这些数据点中的趋势，这会帮你理解这些数据。通过与参考的数字、常量或者计算值进行比较，参考线提供了与这些预期的或期望的值不符合的数据的可视化洞见。当你直接查看源数据时，你很难看出其中的趋势，趋势线通过画出一条最拟合这些值的线条，以帮你看出数据内在的趋势。

参考线允许你对实际数据点与假想目标点之间进行对比，或者创建数据点偏离目标的统计性分析，或者分析围绕某个固定点或者计算值的数据点取值范围。图 3-23 展示了趋势线和参考线的示例。

图 3-23 左侧的图表使用一个线性回归的线条表示 2015 年每周销售额的趋势。销售额的变化幅度非常大，这使得我们很难看出它总体的变化趋势。这个线性回归趋势线加入视图中，2015 年数据的整体趋势就浮现出来了。这个趋势线到底可靠程度有多大？通过单击趋势线，查看它的静态取值信息就能回答这个问题，或者可以右击趋势线，选择 Describe Trend Model（描述趋势线）。图 3-24 显示了更加详细的趋势线描述信息。

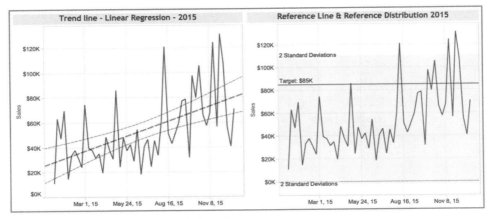

图 3-23　趋势线和参考线

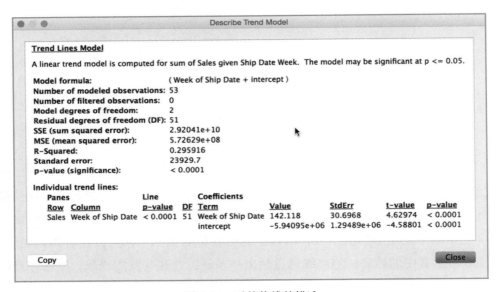

图 3-24　对趋势线的描述

　　对趋势模型的描述探索了给出的趋势线取值的统计值。如果你是统计人员，所有这些数字对你都是有意义的。如果你不是统计方面的专家，只需要关注 p-value（P 值）和 R-Squared（R^2）两组数据。它们帮你评估趋势线取点的可靠性和预测度。如果 p-value 大于 0.05，这个趋势线就没有什么预言价值。R-Squared 描述了这根线对各个散落点的拟合程度有多大。图 3-23 左侧的线性回归的趋势线基本上没有受到随机影响（p-value 小于 0.0001），这意味着它的偏差小于 99%。但这条线并没有很好地与标记点重合起来，因为每周销售额的振荡幅度非常大。R-Squared 的值（0.295916）比较低，意味着围绕回归线的变化只比围绕算术平均值的变化小 30%。

图 3-23 右侧的图表使用了同样的数据，但这次使用了一个目标为 85 000 美元的参考线。这里还有一个计算出来的参考分布，来显示相对于标记点算术平均值的两个标准偏差。假设数据是正态分布的，在这个范围之外的标记点意味着不正常的变化，需要进一步分析以找出偏差发生的原因。在标准偏移区域之外的点就出现在最近的几周。从之前的回归分析能够预料到，因为它出现了一个明显的上升坡度。

在使用趋势线和参考线方面，你并不需要变成统计学方面的专家。但理解一些基础知识会帮助你解释标记点。如果你想学习相关的统计学知识，在网络上搜索相关信息就可以获得详细的学习资料。

（1）趋势线

你可以右击视图里的空白区域，从弹出的菜单中选择 Trend Lines（趋势线），之后选择 Show Trend Lines（显示趋势线），向其中添加一条趋势线。这样添加的是一条线性回归趋势线。选择趋势线并右击，然后选择 Edit Trend Lines（编辑趋势线），可以选择更多的趋势线选项。图 3-25 显示了趋势线编辑窗口。

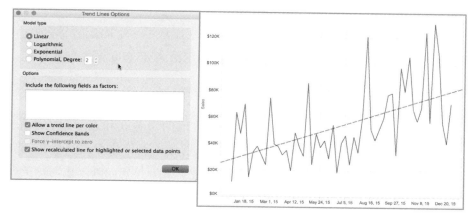

图 3-25　趋势线选项

趋势线选项菜单可以让你改变趋势线的类型。如果你的图标用不同颜色表示不同的维度，你还可以选择（也可以不选）为不同颜色的数据创建不同颜色的趋势线。选项 Show Confidence Bands（显示置信区间），基于数据的变化幅度增加上下边界。Tableau 默认选择这个选项，但要注意在图 3-25 中这个选项没有被选中，右侧的图表里也没有上下边界。

（2）参考线

参考线有很多不同的选项，你已经知道，可以为一个轴应用不止一条参考线。

除了使用 Analytics（分析）区域外，你也可以通过右击希望应用到视图中的轴来添加一条参考线。图 3-26 显示了参考线的选项窗口，它就是图 3-23 右侧图表中 Standard Deviations（标准差）参考分布的生成方法。

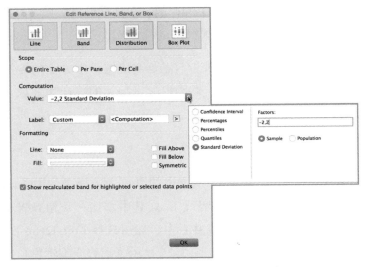

图 3-26　双标准差参考线的菜单设定

图 3-23 中右侧表中还包括另一条参考线，它显示了一个固定的目标值。它是通过选择"Line"类型的参考线并且手工设定固定值为 85 000 美元来生成的。

两个参考线示例以及相关的参考线菜单项设置显示在图 3-27 中。

图 3-27 左侧的示例组合了一个显示中位数值的参考线和表示最大、最小值的参考区间。图 3-27 右侧的图表通过参考区域划分了五分位点。注意 Symmetric Color（对称颜色）选项的使用。选中它，会从最宽五分位先向外采用对称的颜色；不选中它并且选中 Reverse（反向）时，颜色的设定会从上到下越来越浅。

对参考线上部或者下部进行颜色填充会把观众的吸引力集中到特定区域。但要适度使用参考线和趋势线。它们的确为你的可视化添加了指引，但太多参考线会让图表变得杂乱，更难以理解其中的意义。

2. 为何范围的概念很重要

理解趋势线和参考线计算的范围如何影响这些线条的结果，不但对于生成这些趋势线和参考线，而且对于理解 Tableau 中计算值和表计算的原理都是很重要的。我们将在第 4 章中详细介绍这些主题，这里要学习一下范围 [Cell（单元格）、Pane（区域）、Table（表）] 的概念，帮你运用更多高级的计算。

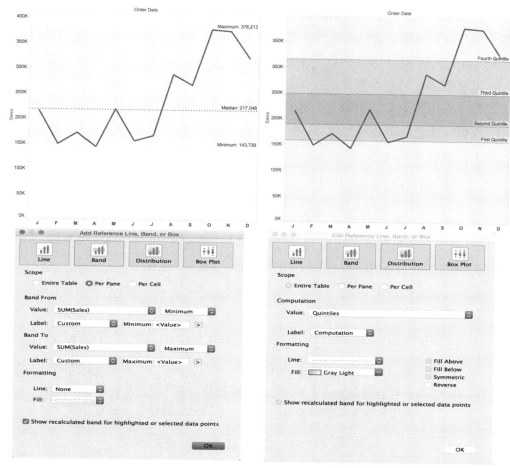

图 3-27　参考区域和参考分布

图 3-28 左侧包含一个时间序列的图表，其中有两条不同的参考线，右侧的标靶图为每个横条添加了一条单独的参考线。

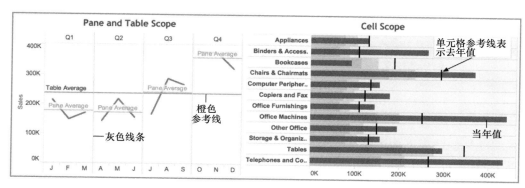

图 3-28　应用到表、区域和单元格的参考线

　　左侧的时间序列图表使用离散的日期创建了分季度的区域。Tableau 用灰色线条划分了不同区域。橙色参考线的计算范围是整个表，它显示了整个表的平均值。标记为 Pane Average 的蓝色线条的计算区域是 Pane（区）。巧合的是，表平均值和区域平均值在第三季度重叠在一起。在视图的其他季度，区域平均值与整年的平均值（表范围）并不相同。右侧的标靶图对比了不同类别的当年值（蓝色横条）和去年值（黑色粗参考竖线）。这些参考线的应用范围是单元格。灰色背景是以单元格为范围的参考分布，显示去年销售额的 60% 和 80%。

（1）改变趋势线的范围

　　改变范围会改变趋势线的形状，但改变它和改变参考线的方法并不相同。图 3-29 显示了应用到同一图表上不同趋势线范围的不同结果。每个图表都采用了同样的时间周期和数据，但趋势线的计算却采用了不同的细节。

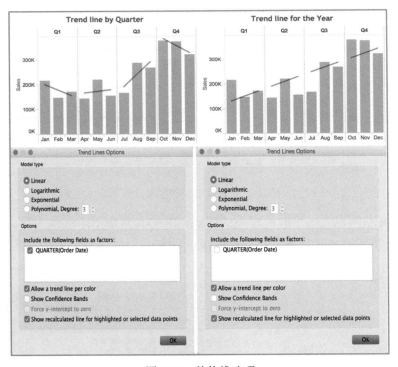

图 3-29　趋势线选项

　　在每个图表下面还给出了对应的趋势线选项设置。注意，左侧图表的范围选中了 QUARTER（Order Date）选项，而右侧没有选中。结果右侧图表的趋势线反映的是全年的大体趋势，而左侧图表为每个季度放置了一个趋势线。注意，两个图表都默认没有选中置信区域选项。在视图的空白区域或者趋势线上右击，从菜单中就可以找到 Edit Trend Line（标记趋势线）选项，以打开 Trend Line Option（趋势线选项）对话框。

Tableau 提供 4 种不同类型的趋势线 [Liner（线性）、Logarithmic（对数）、Exponential（指数）和 Polynomial（多项式）]。大多数人习惯在时间序列数据上使用线性回归线条。多项式回归类型的曲线会更加弯曲。提高多项式的阶数（正如你在"Analytics 区域"部分看到的）会让趋势线更紧密贴近每个数据点。

（2）指数和对数回归线

使用趋势线的一个理由是预测分析——帮你看到未来发展的可能性。对计算趋势线方法的选项，需要根据数据的类型做出一些专业的判断。人们常常在快速增长的领域使用"指数"。现实的例子就是用指数表示过去 40 年来计算能力的快速发展。把这些快速增长的数据绘制在图表中，并且让它们容易理解是很难的。图 3-30 显示了三种不同的方法来表示快速增长的数据集。

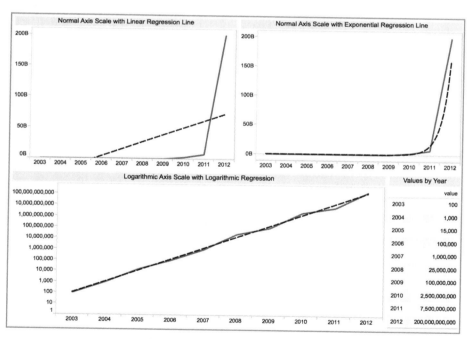

图 3-30　随时间快速增长的数据集

从上面两个基于时间序列的图表可以看出 10 年间的取值随时间变化而快速增长。这两个图表的轴都采用了线性坐标。在左上角的图表中，一个线性趋势线还用来平滑数据。在右上角的图表中，使用了一个指数回归线条。很明显，指数的趋势线对数据的拟合更精确。下部的图表采用了对数坐标轴，可以通过右击轴的空白区域之后，在弹出的选项框里的 Scale（比例）选项中选择对数。它的趋势线也是采用对数回归计算的。

Tableau 坐标轴的对数比例使它更容易在同一个图表中比较不同的值。对数回归线也更容易猜测未来一年的值大概是多少。如果你感觉对数或指数趋势线对你的数据分析有益，你应该学习一些相关的技术知识来解释这些线条的含义。所有的数据统计都离不开必要的判断。历史不一定会重复。

如果你认识统计学方面的专家，不妨请他们解释基础的原理和数学知识。或者，你可以到 Khan Academy 的网页 https://www.khanacademy.org/math/probability/regression 学习关于回归、统计和概率论的视频。除非你理解了指数和对数平滑相关的统计学知识，否则在你向听众解释时你应该只讲真正懂的内容。

3.1.4　在 Tableau 中对数据排序

Tableau 提供基本的和高级的排序方法，通过按钮或菜单都很容易使用。排序不限于图表中可见的字段——数据源里任何字段都可以用来排序。你可以临时给数据排序，也可以为你的视图定义默认的排序方式。

1. 通过图标按钮手工排序

最基本的排序方法就是通过工具栏里的排序按钮图标。通过工具栏图标按钮的排序，Tableau 会根据视图里的度量对数据进行排序。通过工具栏图标或视图里的图标定义的排序都是临时的排序。这种排序方式不会覆盖 Tableau 默认的排序方法。图 3-31 显示了条形图，其中，从工具栏图标按钮应用了手工排序。

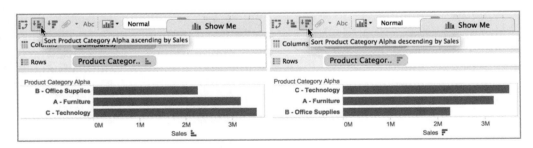

图 3-31　从工具栏图标按钮应用手工排序

使用工具栏图标来排序可以基于视图中的度量进行升序和降序的排序。Tableau 还在视图中度量标题附近提供排序图标。图 3-32 显示了三种采用维度标题对图表进行手工临时排序的不同方式。

在图 3-32 的示例中，我们通过在 Dimensions（维度）区域右击 Product Category 字段并选择 Duplicate（复制）复制这个字段。之后，把 Product Category 数据集中的三个成员重命名，前面添加 A、B、C 作为前缀，以便更容易看清如何应用排序。从维度列进行排序提供了额外的排序选项。

这里的三种手工临时排序都是基于这个被复制的字段的。在本示例中，我们把它重命名为 Product Category Alpha。图 3-32 中，第一个是数据源排序，第二个是基于字段成员按字母表升序排序（在这里与数据源排序相同），第三个是对字段成员进行字母表降序排序。视图中加入了多少级的层次无所谓，你可以基于任意级别进行排序。单击每个维度的排序图表试验效果，并注意不同的变化。注意 Rows（行）区域里字段块右侧的微小变化。当数据源排序被采用时，这个块的右侧不会显示排序图标，但当采用了升序或降序时，一个小的排序图标就会出现。

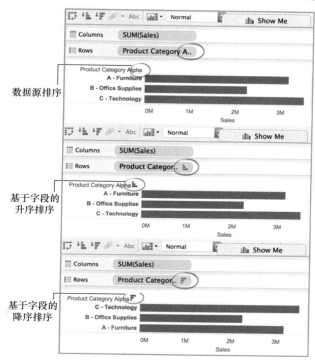

图 3-32　基于维度标题的手工排序

鼠标指针停留在视图的上部或下部都会弹出图标按钮让你可以进行手工临时排序。图 3-33 显示了通过维度图标手工排序的示例。

通过度量旁的图标排序可以在三种排序之间循环切换：根据视图中的取值（本例中是销售额）做升序或降序排序或者根据数据源中的维度排序（本例中是 Product Sub-Category 字段）。

2. 利用排序菜单计算排序

要用定制的排序替代 Tableau 的默认排序，你可以指向一个维度块，右击（或者单击右侧的下三角按钮）并选择 Sort（排序）。这会弹出如图 3-34 右侧所示的 Sort（排序）对话框。

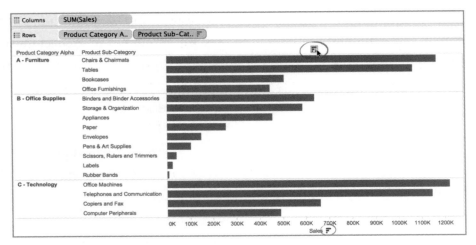

图 3-33　通过维度图标手工排序

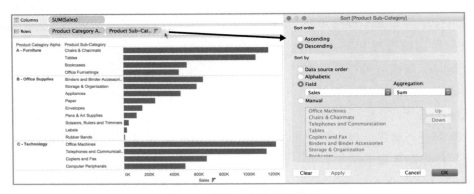

图 3-34　定义一个定制的排序

弹出的对话框允许你重新定义视图中的默认排序方式。在本例中，你可以看到视图是基于销量降序排列的。你并不仅限于根据视图内可见的字段排序，比如也可以根据 Average Profit 字段排序。

尝试保持 Sort（排序）对话框打开的状态，选择不同的字段进行排序，单击 Apply（应用）按钮查看相应的结果，单击 OK 按钮保存结果。

3.通过图例排序

另一个有用的排序功能是依靠图例排序。图 3-35 显示了同一个图表的两个版本。右侧的图表中，蓝色表示的 Delivery Truck 维度都放置在了底部。左侧的图表却是绿色表示的 Regular Air 在底部。在有颜色的图例中重新排列颜色，就会让竖条中的颜色进行相应的重新排序。单击图例中的一个颜色，拖曳到希望的位置就可以改变图例的颜色顺序。

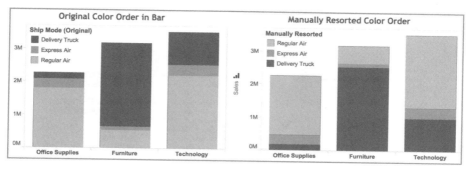

图 3-35　重新排列图表中的色块

对 Stacked Bar（堆叠条）图表中的颜色进行重新排列是一个重要功能，因为只有对底部的色块之间的大小比较是最容易的，它们都是从坐标的 0 点开始的，而其他的颜色就没那么容易比较了，因为它们的起点并不相同。

3.1.5　使用筛选器、集、组、层次来丰富视图

排序并不是组织数据的唯一工具。在 Tableau 中创建可以向下发掘的层次（Hierarchies）是一件容易的事。也许你的数据包含一个维度集合，其中有太多成员而很难观察。在一个特定的字段内可以对维度进行成组（Grouping）操作。与数据交互可能会暴露一些度量的异常值，你可能希望保持它们并且重新用在其他可视化中。这个就可以通过 Set（集）来实现。即便是集的组都可以动态生成。

1. 生成层次以提供向下的发掘

层次让你可以先宏观地查看高层级的数据，再向下深入发掘你自己想看的更低的细节层级。在图 3-33 中，可以看到包含两个层次的数据，即 Product Category 和 Sub Category。这样的表示可能包含一些你并不想看到的细节。一个组合了 Category 和 Sub-Category 的层次能满足高低层级两方面需求。图 3-36 利用层次先显示 Category，之后根据需要再显示 Sub-Category。

左侧的条形图视图显示了 Product Category（产品类别）的汇总信息。具有层次的块在字段名的后面有一个加 / 减符号控制框。指向 Category 区域，一个加号标志会出现。单击它就会展开 Sub-Category 层级的细节。要收起层次，单击 Category 区域的减号标志即可。你可以创建需要的任意多个层次。

层次的创建可以靠拖曳一个维度字段到另一个字段之上形成。展现的顺序也是通过拖曳来定义的，你可以把一个层级里的字段拖曳到希望它所在的位置。图 3-37 显示了包含 Category 和 Sub-Category 的层次图标。你可以直接单击层次图

标右侧的文本来改变层次的名称为 Product Hierarchy。

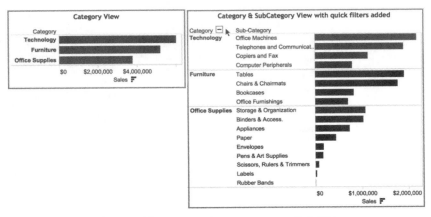

图 3-36　给 Category 和 Sub-Category 建立层次

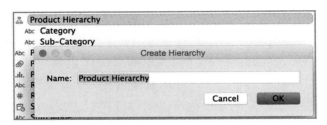

图 3-37　建立一个定制的层次

其他字段也可以加入这个层级中来，在 Dimensions 区域中拖曳相应字段到层次组中的相应位置就可以了。

2. 创建和使用筛选器

向你的可视化视图中加入筛选器有几种不同的方法。把任意维度或度量拖曳到 Filter（筛选器）区域中，就会为设计者生成筛选器。如果想要这个筛选器对更多人可用，就需要把它转换为快速筛选器。这会把它放到桌面上去，任何人都能使用它（即便是那些通过 Tableau Reader 或 Tableau Server 阅读报告的人）。你还可以创建有条件的筛选器，通过定义的规则来操作筛选器动作。

（1）利用 Filter 区域生成筛选器

在图 3-36 中，Category&SubCategory 视图包含 17 个数据行。假设你想隐藏其中的 5 行，把 Sub-Category 字段从 Dimensions 区域拖曳到 Filter 区域里，这时一个 Filter 对话框就会弹出来。图 3-38 显示了 Filter 对话框的 General（通用）选项卡中所筛选的数据，其中没有被选中的值就会被筛选掉，不会再显示在视图中。

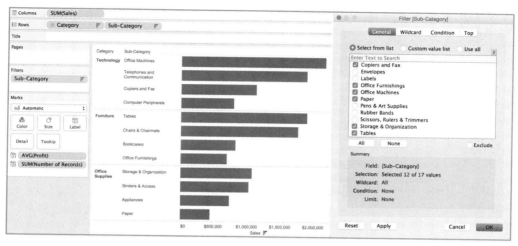

图 3-38　通过 Filter 区域创建一个筛选器

注意到在 Filter 对话框里还有其他三个选项卡。Wildcard（通配符）选项卡一般会用在对文本字符串进行匹配和筛选的场合。如果你想对不在视图中的字段进行筛选，你可以使用 Condition（条件）选项卡选择数据源中的任意字段，并且用它建立筛选。Top（顶部）选项卡用来对顶部和底部数据进行筛选，或者根据其他公式进行筛选。如果你要使用不止一个选项卡定义筛选条件，Tableau 就会同时运用这些筛选条件，并且以选项卡从左至右出现的顺序进行筛选。没错，先应用 General（通用）选项卡的条件，再应用 Wildcard（通配符）选项卡的条件，之后是 Condition（条件）选项卡的条件，再之后是 Top（顶部）选项卡的条件。

在 General（通用）选项卡中，None（无）按钮的右侧是 Exclude（排除）复选框。如果 Exclude（排除）被选中，上面被选中的项目将会被筛选掉。注意，排除式筛选会比包含式筛选花费更长的计算时间，特别是当数据集比较大的时候。

（2）快速筛选器

如果你希望筛选器对通过 Tableau Reader 或 Tableau Server 阅读报告的人也可用，那么需要把筛选器的控制功能放置到 Tableau 的桌面上。要创建快速筛选器，选中工作簿中使用的任意字段块并右击，之后选择 Show Quick Filter（显示快速筛选器）菜单项。图 3-39 包含使用 Category 和 Sales 字段的快速筛选器。

默认的快速筛选器样式是基于你在 Quick Filter（快速筛选器）控制选项里选择的字段类型决定的。在图 3-39 中，离散的 Category 字段生成离散的筛选选项（Furniture、Office Supplies 和 Technology）。离散筛选器是通过选择框或复选框表示的。第二个快速筛选器是针对 Sales 的（它是连续范围内的值），通过一个滑块表示。

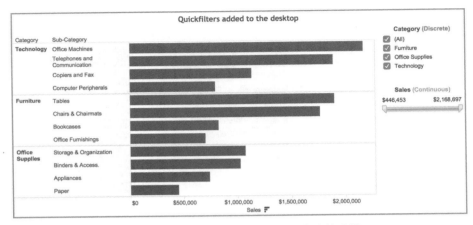

图 3-39　基于 Category 和 Sales 的快速筛选器

你可以通过控制器来编辑快速筛选器的类型。单击筛选器标题区域的下三角按钮会弹出可用菜单项。图 3-40 分别显示了对 Category 筛选器和对 Sales 筛选器会弹出的不同菜单项。

图 3-40 左侧的菜单是关于离散的 Category 筛选器的菜单项，右侧的菜单针对连续的筛选器。除了可以控制筛选器的样式外，你还可以调整其他属性。它们被设定

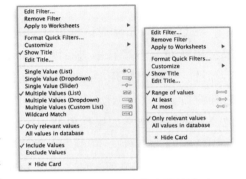

图 3-40　编辑快速筛选器的类型

为包含"Discrete（离散）"和"Continuous（连续）"文字，也被赋予了定制的颜色，每个筛选器标题都被居中放置。这些设定的最终结果如图 3-39 所示。

Quick Filter 菜单项有下面这些选项（离散和连续筛选器都有）。

- Edit Filter（编辑筛选器）：打开筛选器主对话框。

- Remove Filter（移除筛选器）：移除快速筛选器。

- Apply to Worksheets（应用于工作表）：把筛选器应用到所有或者选择的工作表。

- Customize（自定义）：打开或关闭不同的筛选器控制部件。

- Show Title（显示标题）：显示或关闭快速筛选器的标题。

- Edit Title（编辑标题）：编辑快速筛选器的标题文字。

- Only relevant Values（仅相关值）：减少显示在筛选器中的值，只有包含在筛选器中的值才被显示。

- Include Values（包括值）：被选中的项目出现在视图中。
- Exclude Values（排除值）：被选中的项目被排除在视图外。
- Hide Card（隐藏卡片）：把快速筛选器从视图中移除，但在筛选器区域依然保留。

下面这些 Quick Filter 菜单项只有当快速筛选器显示在仪表板中才会出现。
- Floating（浮动）：如果被激活，就允许筛选器浮动在其他工作表对象之上。
- Select Layout Container（选择布局容器）：激活仪表板中的布局容器。
- Deselect（取消选择）：移除仪表板中的布局容器选择。
- Remove from Dashboard（从仪表板移除）：从仪表板中把这个可选筛选器移除。

其余的部分就是控制筛选器外观样式的选项。对于离散筛选器，这里有 7 个选项；对于连续筛选器，这里有 3 个选项。从快速筛选器可以直接访问的另一个功能是能控制显示在软件界面上的相关值。

（3）上下文筛选器

很多有经验的 Tableau 用户都不知道的一个筛选器是上下文筛选器。它不但可以对数据进行筛选，还让 Tableau 创建一个临时表来存储筛选出来的数据。因此，它的运行比普通筛选器慢得多。上下文筛选器用一个灰色块来表示。在你希望对一个子数据集进行操作以得到特殊的结果时，上下文筛选器特别有用。但如果你可能会经常改动筛选器，就不要采用上下文筛选器。

Tableau 提供了强大的筛选功能。在第 8 章，你会学习怎样通过数据面板实现数据筛选的功能，以节省仪表板的空间。

（4）对维度成组

当你有一个维度，其中包含很多成员，并且你的数据源不包含层次的结构时，成组会对这些数据进行汇总。你可以在图表中选择字段或者多选标记点来手工建组。Tableau 还提供了一个能模糊搜索的菜单，帮你在大量数据中搜索特定字符串来建组。你甚至可以在一个视图中选择标记点来建组。如果你需要处理的数据并不是按照希望的结构组织的，那么通过建组可以在 Tableau 中建立相应的结构。

（5）使用字段名建组

图 3-41 包含一个条形图图表，它比较了每个产品类别内子类别的销量。Office Supplies 维度中包含太多只有很少销量的小成员。把其中 6 个最小的子类组

合为一个类，这样和其他子类才具有可比性。

有三种方式可以对字段名建组。最简单的方式是多选你需要建组的这些字段名，在弹出的菜单中选择回形针图标，如图 3-41 所示。

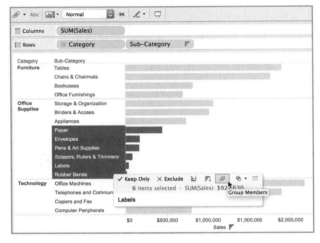

图 3-41　从字段名建组

创建组后，这 6 个成员就组合成为一个新的条形图。新组合的头部名称就是之前各个头部名称的组合，要重命名这个新组合，右击这个新组合的字段名，在弹出的菜单中选择 Edit Alias（编辑别名），然后输入新名字，示例中我们起名为 "Other office"。最终的显示如图 3-42 所示。

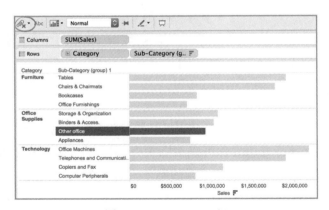

图 3-42　Other office 组

你还可以通过在工作表中选择标记来创建组。这种方法在你希望突出显示感兴趣的数据并对它们做特殊分析时非常有用。在图 3-43 中，你可以看到一个区域的标记点被选中了。

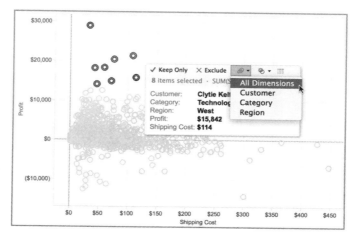

图 3-43 基于 All Dimensions（所有维度）对标记点建组

这些标记点被选中后，当指针停留在任何一个标记点之上时都会弹出一个工具提示栏，选择其中的回形针图标就可以对它们建组。选择 All Dimensions 创建新组，结果如图 3-44 所示。

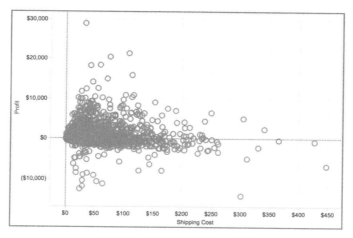

图 3-44 手工选择标记点建组

Tableau 的可视化成组使得被选中成组的标记点采用不同于其他标记点的颜色突出显示。这种方式能很好地工作的前提是，你选择对其中小部分成员成立新组，或者你可以很容易地选择需要突出显示的标记点。

如果你要对一个非常大的数据集建组，或者你要成组的数据必须基于部分字段名来选择，这种方法就太烦琐了。Tableau 提供了另一种更好的方法，就是使用模糊搜索。图 3-45 展示了另一个建组对话框，通过在 Dimensions 区域右击特定的维度字段就可以弹出这个对话框。

在这个示例中，字符串搜索是通过右击 Product Name（group）字段实现的，供应商名称包含在产品名称符串的前面。你可以通过供应商名称对它们建组。图 3-45 显示了搜索所有供应商名为"bevis"的产品。

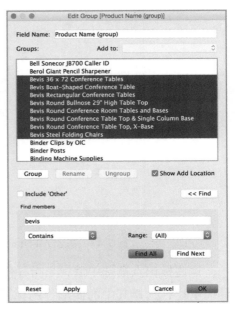

单击 Find（查找）按钮会展开 Find members（查找成员）面板。当我们输入 bevis 字符串，且查找动作为 Contains（包含）时，Tableau 就开始对所有产品名称进行字符串搜索，只要名称中包含这个字符串就会被选中。检查选中的条目是你需要的，单击 Group（分组）就会创建一个新的分组。你还可以在这个对话框内对新组重命名。当你对所有供应商名称完成分组之后，选择 Include 'Other'（包括"其他"）会对所有未成组的项建立一个分组。

图 3-45　采用字符串搜索建立分组

注意，在你通过这种方式分组之后再加入数据源的任意新的组成员都不会自动出现在组中。你必须手动把它们加入组中才行。

3. 使用集对特定规则筛选

你可以把集（set）看作特殊的筛选器，它可以把一个工作表中的数据共享给工作簿中的其他工作表。或者，你可能希望创建一个异常报告，只显示满足特定规则的记录。集可以通过下面几种方法创建：

- 多选标记点。
- 在 Dimensions（维度）区域右击一个字段。
- 在 set（集）区域里组合集。

常量集通过在视图中多选标记点来创建，它是静态的。计算集通过定义包含在集里的数据要满足的规则创建，所以它是通过公式创建的，是动态的，内容会随着数据的变化而变化。记住计算集可以只基于一个维度来定义。

（1）建立一个常量集来分析异常

常量集的一个用例就是当你在一个视图中定义异常时，它能像筛选器那样使用在其他视图中。在一个视图中选择标记点来创建集是快速而方便的。图 3-46 显示了一个散点图，用来比较利润和运输成本。按住鼠标选择下半部分的标记点，视图中的低利润标记点就会被选中并高亮显示。

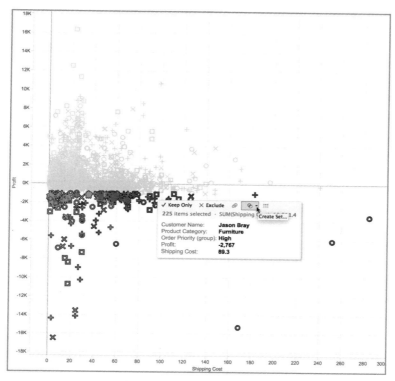

图 3-46　选择标记点来创建集

指针停留在任意一个高亮标记点上，包含 Create Set（创建集）图表的工具提示栏会弹出来，单击它打开如图 3-47 所示的对话框。

散点图包括 Customer Name、Order Priority（group）、Product Category 三个维度。如果你想从集里排除任意一个行或列，把鼠标指针停留在行或列的标题上时会弹出一个红色叉号，单击它就会把相应内容从集中排除出去。在本示例中，图 3-47 中所有的列都

图 3-47　编辑集要包含的字段

被包含进来了。注意这个集被重命名为 Low Profit Orders（低利润）。

单击 OK 按钮，Sets（集）区域会出现，其中包含 Low Profit Orders（低利润）集，如图 3-48 所示。

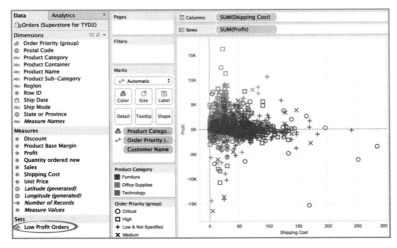

图 3-48　Low Profit Orders 集

这个集现在就对此工作簿中的所有工作表可用了。图 3-49 显示了三种方式来使用这个 Low Profit Orders 集。

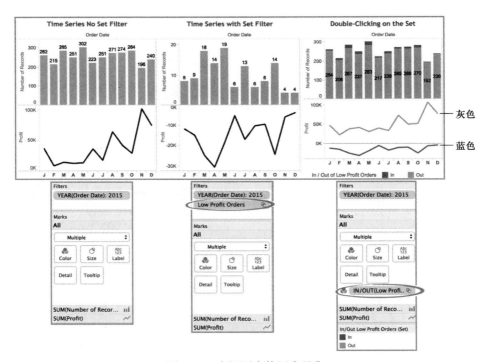

图 3-49　在视图中使用常量集

图 3-49 中左边的第一个时间序列显示了 2015 年每月的 Record Count 和 Profit Dollars 值，并没有让 Low Profit Orders 集发挥作用。把 Low Profit Orders 集拖曳到 Filters（筛选器）区域，就只会显示这个集里包含的数据。注意，图 3-49 中间

图表的数据要少得多，因为这个视图对应的 Filters（筛选器）区域包含 Low Profit Orders 集。图中下半部分的 Profit 趋势线只反映了 Low Profit Orders 集里的数据。

使用集的另一个方式显示在图 3-49 的右侧。这个视图通过双击 Set（集）区域里的 Low Profit Orders 集生成。这使得集里的数据使用 Marks（标记）区域的 Color（颜色）选项来显示。Low Profit Orders（低利润）集中的项目就显示为蓝色，其他非低利润的项目仍显示为灰色。

这些静态集对执行异常分析非常有用，因为你可以快速地把对一个视图的查找应用到其他视图中。但如果你想要创建跨越两个动态集的异常报告，该怎么办呢？这时就要使用计算集了。

（2）创建计算集

如果你想创建异常报告，并且每当数据更新时报告会随之更新，那么计算集（Computed Sets）就是一个非常有用的技术。通过集进行的筛选还能用来创建不同的图表，这些图表用其他方法创建会很难，甚至不可能实现。它们基于一个维度来创建。但你仍然可以通过连接不同的维度以创建一个组合集。

在接下来的示例中，你会学习创建计算集，并认识到确保工作正确的重要性。计算集很容易创建，但需要更多高级的技巧才能发挥作用。这个例子带领你创建、使用和检查结果的正确性。你将使用 World Indicators 这个 Tableau 提供的已保存数据源。

Tableau 会定期更新自己的例子，所以建议去本书伴学网站 http://tableauyour-data.com/downloads/ 下载 Chapter 3 文件夹下的文件。你能找到完整的工作簿文件和一个 Tableau 数据提取（*.tde）文件：Connect to the ComputedsetTYD2.tde，可以作为练习这个例子的起点。

运行这个例子的步骤如下：
1）建立一些基本的视图，对数据表形成基本的理解。
2）把 country 和 year 字段组合在一起形成一个新字段。
3）生成 child mortality ≤ 1.0% 的集。
4）生成 health expense per capita ≤ $1 000 的集。
5）使用上面两个集创建新的组合集。
6）在一个视图中测试结果。
7）检查结果是正确的。

和静态集不同，计算集需要稍微多一点的工作来创建和检查，需要的技巧也稍微复杂一些。所以如果你是 Tableau 的新手，对本例中的一些概念不是很明白，不要灰心丧气。学习 Tableau 最好的方法就是通过示例学习。如果你遇到障碍，我们提供的工作表文件能够提供帮助。另外，字符串计算的内容将在第 4 章详细介绍。参考附录 E 可以获得更多的示例和解释。

（3）认识本例的数据

首先建立与示例数据的连接，之后建立几个视图，熟悉你将要处理的这些数据。图 3-50 显示了一个散点图，比较数据表中每个国家 / 地区的人均健康支出与婴儿死亡率。

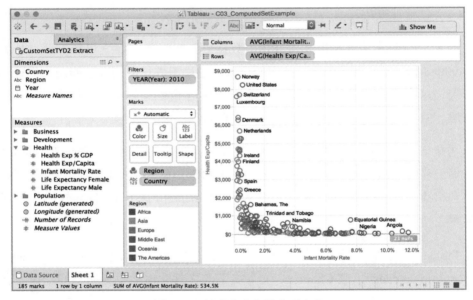

图 3-50　健康支出与婴儿死亡率

如果你的结果和图 3-50 中不太一样，注意行、列区域里的字段块要和图 3-50 保持一致，得到的结果就应该和图中类似。视图中一共应该有 185 个标记点，在视图的右下角可以看到一个灰色的提示块，显示有 23 个空值。这意味着在 2010 年的数据里，有 23 个国家 / 地区没有任何数据。对本示例来说，这没有关系。单击灰色块，选择 Filter Data（筛选器数据）菜单项，把没有数据的国家 / 地区从视图中筛选掉。

这个视图有趣的地方在哪里？注意到 Norway（挪威）和 United States（美国）的婴儿死亡率低，但有非常高的人均健康支出。我们能够发现在散点图的左下区域是标记点非常集中的区域，这里的国家 / 地区既有很低的健康支出，婴儿死亡率又低。

新建一个视图对这些同时具有低的人均健康支出和婴儿死亡率的国家 / 地区进行分析，会探索到更多的细节信息并可能提供另外的线索。图 3-51 就显示了一种可能。

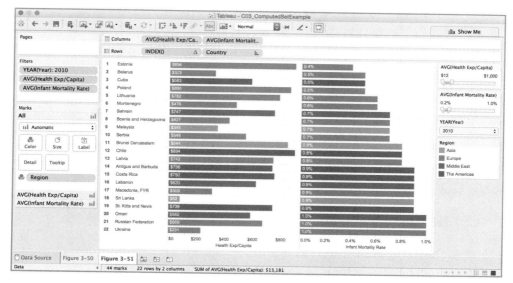

图 3-51　带有筛选器的条形图

条形图对这些同时有低的人均健康支出和婴儿死亡率的国家 / 地区提供了更加详细的比较。注意 2010 年的数据是这样筛选的，人均健康支出小于等于 1 000 美元，婴儿死亡率小于等于 1.0%。只有 22 个国家 / 地区符合这个标准。全球 6 个区域有 4 个入选。比较图 3-50 的散点图和图 3-51 的条形图你会发现，非洲和大洋洲没有国家 / 地区符合这个筛选标准。

对推进全球健康计划的人士来说，他们可以从这个图表获取提示，并且调查符合筛选标准的国家 / 地区是如何取得这种杰出效果的。下面采用计算集来监控组合的筛选规则。

（4）利用 Country 和 Year 建立一个字段

计算集只能应用到单一维度上。本例数据需要把 Year 和 Country 组合成一个新字段，因为源数据中包含跨越不同年份的多个度量。

你的目标是创建一个计算集，把 Country 和 Year 组合起来，以体现感兴趣的度量。在实际操作中，需要知道何时创建新的字段和怎样创建新的字段，需要积累一些经验，也需要一些尝试或试错的过程。这就是为什么了解你的数据非常重要。创建计算集通常说明你意识到数据中有些重要的东西，并希望找到合适的方法产生具体的报表，为以后持续的分析打下基础。

在第 4 章，你会学到如何使用计算。回到这个例子，你需要通过复制如图 3-52 所示的代码来创建一个名为 Country-Year 的计算值。到 Analysis（分析）菜单下选择 Create Calculated Field（创建计算字段），打开计算对话框。

图 3-52　Country-Year 计算对话框

这个字段是 Country 字段和 Year 字段的组合。在这个字段中，你需要两个字段的数据才能形成正确的答案。公式包含 Country 和 Year。Tableau 不会把数字和字符串连接起来，所以字符串函数 STR 把 Year 转换成一个字符串。数据集中的 Year 字段包含完整的日期，所以 DATEPART 函数把日期数据转换为年份数据。这就为你建立计算集提供了单一的维度。

（5）建立计算集

现在你有了包含组合字段的单一维度，就可以开始建立关于婴儿死亡率和人均健康支出的计算集了。

你需要把指针指向 Dimensions（维度）区域的 Country-Year 字段，右击后选择 "Create（创建）" → "Set...（集）"，如图 3-53 所示。

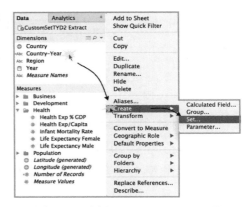

图 3-53　选择 "Create" → "Set..."

打开 Create Set（创建集）对话框后，你有几个选项来定义这个集。单击 Condition（条件）选项，你可以通过选择合适的字段和逻辑值来定义需要的两个集，如图 3-54 所示。

你将创建两个不同的集。图 3-54a 是为婴儿死亡率定义的集，图 3-54b 是为人均健康支出定义的集。要了解更多定义集的类型的知识，可以查阅 Tableau 的在线手册。

你的目标是创建一个既有低的婴儿死亡率又有低的人均健康支出的国家 / 地区的集。下面你将学习怎样定义这个组合的计算集。

4. 组合多个集来创建一个组合集

过去两年，Tableau 把创建组合集变得容易了很多。定义组合集的对话框里的逻辑更加直观，Tableau 也包含更多可以定义的选择项。图 3-55 显示了完整的定义。

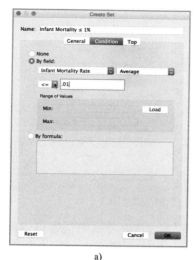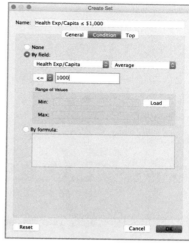

a)　　　　　　　　　　　　b)

图 3-54　定义集

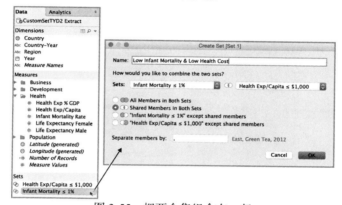

图 3-55　把两个集组合在一起

在 Data（数据）区域的 Sets（集）区域里，右击其中一个计算集，就可以选择 Create Set（创建集）选项，弹出相应的对话框。输入集的名字，之后利用下拉选择框选中你需要组合的两个集。

注意，我们选中的是 Shared Members in Both Sets 单选按钮。单击 OK 按钮创建这个计算集。它现在就应该出现在 Sets 区域里。你现在就能在视图中使用这个合并集了。

（1）使用合并集生成视图

使用合并集生成视图非常容易。复制之前为图 3-50 和图 3-51 创建的视图，去掉滑动筛选器，用合并集来代替它。图 3-56 中的散点图显示了对 2010 年数据筛选后的合并集。

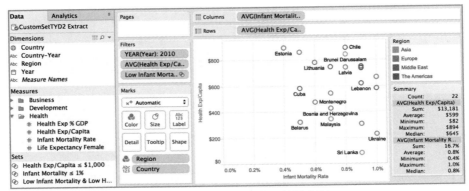

图 3-56　使用合并集产生的散点图

尝试右击 Filters 区域里的 Year 筛选器，通过选择显示筛选器可以向此视图中添加一个对 Year 字段的快速筛选器。你可以编辑这个筛选器，如图 3-57 所示。

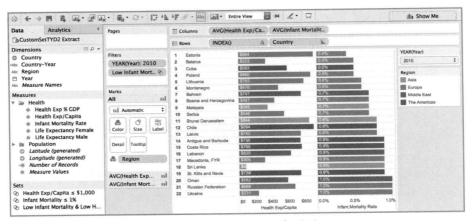

图 3-57　使用合并集的条形图

注意，在图 3-57 的视图右侧加入了一个下拉式快速筛选器。还有一个索引表计算被加入视图中，用来计算筛选后的视图中包括多少个国家 / 地区。不用担心这是如何生成的，在第 4 章你会学到表计算的功能。

如果你要创建这些视图，试着用合并集筛选器创建如图 3-58 所示的时间序列图表。

使用集筛选器使得创建如图 3-58 所示的图表更加容易。通过时间序列显示了每年被选中的国家 / 地区的相关数据。顶部区域显示了满足筛选条件的国家 / 地区总数量，下面两块区域显示了这些国家 / 地区每年的健康支出平均值和婴儿死亡率平均值。

更好的是，你可以把这些筛选后的数据视图与未被筛选的视图组合在一个仪表板中。图 3-59 显示了筛选后的合并集与显示所有国家 / 地区的数据的一种组合方式。

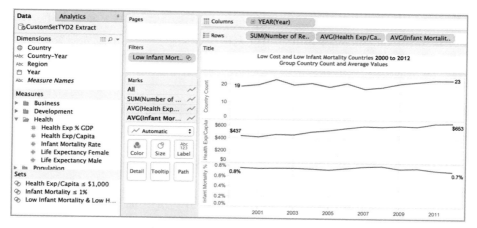

图 3-58　采用合并集的时间序列图

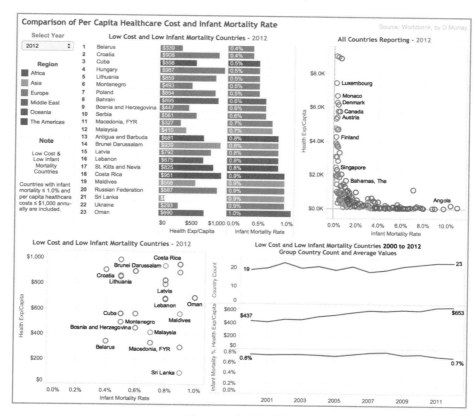

图 3-59　仪表板分析

在图 3-59 左上角的图表中，你可以选择在三个视图中要显示数据的年份，除了显示所有年份的时间序列视图外。右上角的散点图显示特定年份的所有国家 / 地区的数据，它没有采用合并集筛选数据。标题都是动态的，会根据所选年份而相应改变。你可以单击视图中某个标记，它所属区域内所有的标记都会高亮显示，除了右下角的时间序列图表外。你会在第 8 章学习怎样建立仪表板。你下载的示例文件 Computed Sets Example.twbx 包含这个仪表板，如果感兴趣，可以先研究研究。

（2）为早期报警开发的合并集

你可以有各种不同的方式来利用静态集或计算集进行数据发现、报表生成以及数据分析。现在我们探索几种可以在 Tableau 中使用维度的方式。

3.1.6　Tableau 怎样使用日期字段

Tableau 会自动识别数据源中的日期时间，并且允许你通过自动生成的层次改变显示的细节程度。你也可以通过改变 Rows（行）区域或 Columns（列）区域里的日期字段块的顺序来重新安排日期的级别。

1. 离散和连续的时间

到现在你可能注意到了，有些字段块是绿色的，有些字段块是蓝色的。类似的，图标也有蓝色和绿色之分。大部分初学者相信，蓝色的字段块和图标表示维度，而绿色的字段块用来表示度量。在大部分情况下，这的确没错，但真正的区别更加细微。蓝色的字段块或图标表示"离散"的字段，绿色的字段块或图表表示"连续"的字段。日期既可以是连续的又可以是离散的。图 3-60 显示了 Tableau 默认的显示时间的方式——作为一个离散的时间层次。

图 3-60　离散时间序列

你可以看到，在时间序列图表中时间按照年被离散分割成了不同的时间段。单击 QUARTER 字段的加号会让日期层次展开到 Month（月）并按每个季度分段。连续的时间不会产生离散的分段，但会展开到更低一个层次的细节。图 3-61 显示了类似的时间序列图表，但采用了连续的时间并且细化到了月的级别。

在图 3-61 中，Columns 区域的绿色字段块表明了时间的细化级别。注意，在视图里没有分割的区块，时间是连续的，显示的线条也没有被打断。

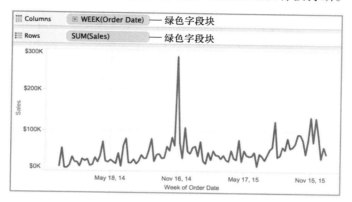

图 3-61　连续时间序列

2. Tableau 的日期层次

通过单击时间字段块的加号，时间可以被扩展到更加细粒度或粗粒度的层次。尝试一下，注意你可以通过改变时间字段块的顺序重新安排时间分隔。你也可以通过右击时间块来改变时间的细化级别。如果图 3-60 的离散 QUARTER 字段块被右击，就会弹出如图 3-62 所示的菜单。

这个菜单中包含两个不同的时间设置区域，它们都由 Year 开始。第一组提供的是离散时间的组。注意，菜单中离散组的 Quarter（季度）被选中，并且菜单接近底部区域的 Discrete（离散）也被选中。第二组时间选择是提供给连续时间的，图 3-63 就是通过改变图 3-60 的时间而来的——把 QUARTER 字段块改为 MONTH。

图 3-62　改变时间的
细化级别

在图 3-62 的菜单里，注意 More 菜单项出现了两次。第一次出现在离散时间组中，第二次出现在连续时间组中。尝试使用这两个 More 菜单项，它提供了更多的选项来控制时间如何显示在视图中。

（1）在 Tableau 中重新安排日期

你可以对日期和时间做很多种组合来显示。图 3-64 重新安排了日期，先显示一周中的 7 天，再显示年。每天都形成一个单独的区域。你还可以向每个区域添加参考线，显示 4 年内每个工作日的平均销售额。这是把时间离散化进行分析获取额外信息的一种方法。

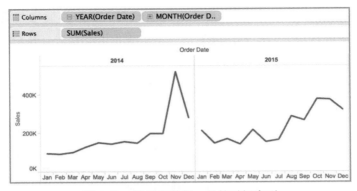

图 3-63　显示离散年—月的时间序列

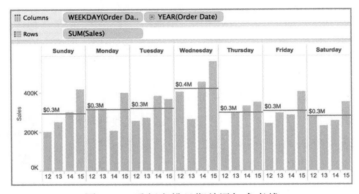

图 3-64　重新安排日期并添加参考线

如果你的数据支持非常细粒度的视图，Tableau 可以显示细化到秒的数据。这在你需要分析网页点击量数据时非常有用。

（2）创建自定义日期字段

Tableau 的日期层次总是可用的，即便只是通过 Tableau Reader 或者 Tableau Server 阅读报表。当把鼠标指针停留在一根轴上时，你会看到一个小的加号或减号。单击这个符号就会对显示的日期层次进行扩展或收回。

使用 Tableau Desktop 的设计者可以通过创建自定义的日期字段和生成独特的日期层次来改变 Tableau 默认的日期层次。创建自定义日期需要如下三个步骤：

1）创建一个自定义日期。

2）创建日期层次。

3）在你的视图中使用自定义日期。

要创建一个自定义日期，选中 Dimensions（维度）区域的一个日期字段并右击，并按照图 3-65 选中相关菜单项，打开创建自定义日期的对话框。

图 3-65 下面的两个对话框展示了如何为 Year 和 Month 分别创建自定义日期字段，它们将用在图 3-66 中。Date Part（日期部分）是离散的，Date Value（日期值）是连续的。

自定义的 Year 日期字段是这样创建的，命名这个字段为 Year，定义日期为离散的 Date Part，选中 Detail 为 Years。类似的，也为 Month 自定义离散字段。把自定义的 Month 字段拖曳到自定义的 Year 字段之上，就创建了一个新的日期层次。图 3-66 显示了日期层次的结果。

在图 3-66 的 Dimensions（维度）区域，你可以看到自定义的日期层次。Year

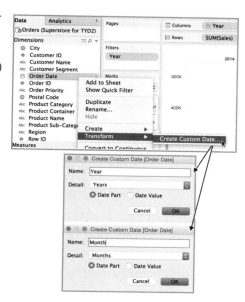

图 3-65　创建自定义日期

和 Month 两个自定义日期会在这个时间序列图表中显示。通过这种方式可以改变 Tableau 扩展和收起所使用的日期的方式。

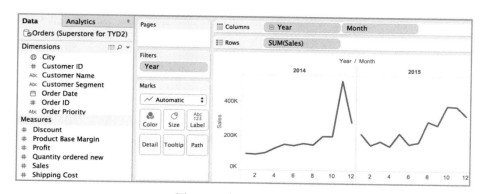

图 3-66　自定义日期层次

Tableau 对日期的处理鼓励人们对不同的时间分片做探索，因为它把这变成了非常简单的事，不需要什么技巧就能掌握。创建自定义日期层次能帮助你控制在一个视图中占用多少空间。在仪表板本身只有很少的发布空间时，这尤其有用。

3. 通过度量名称和度量值驯服数据

有时，你的数据并不具有很有序的格式，可能并不像你需要的那样有着很好的结构。你可能第一次看到一个数据集就希望尽快熟悉它。Tableau 的 Measure Names（度量名称）和 Measure Values（度量值）可以帮你应对这样的情况。

（1）度量名称和度量值都是什么

Measure Names（度量名称）和 Measure Values（度量值）并不真实存在于你的数据源中。这些字段是由 Tableau 产生的。Measure Names（度量名称）收集你数据集里所有度量的名称，Measure Values（度量值）收集你数据集里所有度量的值。

（2）什么时候使用度量名称和度量值

任何时候你想把多个度量组合在一根轴上，Measure Names（度量名称）和 Measure Values（度量值）就可以用来让你的分析工作更简化。图 3-67 汇总显示了 Superstore for TYD2 数据集中所有度量的信息。

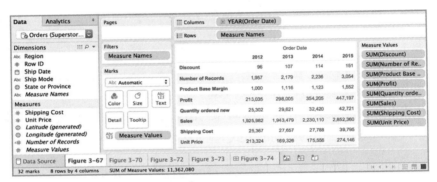

图 3-67　Measure Names 和 Measure Values

图 3-67 的图表是这样生成的，双击 Dimensions（维度）区域里的度量名，交换坐标轴，把 Order Date 添加到 Columns 区域里。这样提供了一个可以快速浏览数据的方法。底部状态的左侧显示这里有 32 个数据标记点，4 年的数据。注意，在 Measure Values（度量值）区域里列出了用来显示这些信息的汇总项目。你可以通过右击任意字段块来选择其他选项以改变它的内容。

使用度量名称和度量值还可以用来驯服结构化不理想的数据。图 3-68 的电子表格中包括一组销售额预估数据，但格式并不是采用 Tableau 做分析的理想格式。

	A	B	C	D	E	F	G	H	I	J	K	L	M	N
1	Product Code	Product Name	Jan-15	Feb-15	Mar-15	Apr-15	May-15	Jun-15	Jul-15	Aug-15	Sep-15	Oct-15	Nov-15	Dec-15
2	001	Widget 1	100	110	110	105	155	160	150	160	170	160	155	145
3	002	Wangle 2	45	45	50	48	49	55	55	60	70	65	55	50
4	003	Widget 3	25	30	40	50	55	60	60	60	70	70	65	60
5	004	Wangle 1	100	100	105	100	110	100	105	115	110	100	90	90
6	005	Waxel 1	30	30	35	35	35	40	45	45	50	48	45	40

图 3-68　在电子表格中的销售额预估

每个产品在一年的每个月份列中都有一个预估数据，Tableau 会把每个列解释为一个单独的度量。在数据库中，这些信息应该采用结构化信息，像图 3-69 这样存储。

通用目的的数据库一般会基于行的格式来存储数据。Tableau 对文件或者数据库类型的数据源都可以建立连接。如果你的数据更偏向于基于列，就像图 3-68 这样，度量名和度量值提供了一种创建视图的方法，在其他方法都不管用的情况下也可以解决问题。图 3-70 显示的时间序列图表就是基于图 3-68 所示的电子表格数据源建立的。

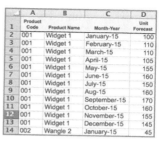

图 3-69　数据库格式的
销售额预估

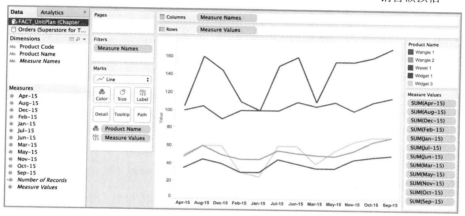

图 3-70　基于图 3-68 的时间序列图表

Tableau 把电子表格里的每个列都解释为一个单独的度量。一个时间序列图表就是用来标记一个单一度量随时间变化的情况的。请看图 3-70 中的 Measures（度量）区域。因为在图 3-68 所示的电子表格中，每个月都是在一个单独的列中表示的，所以 Tableau 把每个月看作单独的度量。电子表格的那些列其实是在表达 12 个月的同样的度量（measure）。Measure Names（度量名称）和 Measure Values（度量值），允许你把多个度量放置在同一个轴上。请看图 3-70 的 Rows（行）区域及出现在 Product Name 颜色设置下对应的 Measure Values（度量值）块。Tableau 利用 Measure Names（度量名称）把所有不同月的度量看作单个度量。即便电子表格中的实际数据并不像数据库中那样存储，使用度量名称和度量值也能让你迅速得到你想要的展现方式。

如果你的数据源被赋予了图 3-69 那样的格式（就像数据库存储信息的方式），那么不需要借助 Measure Names（度量名称）和 Measure Values（度量值）也能生成类似图 3-70 那样的图表。

图 3-69 所示的行和列的结构可以直接生成视图而不需要创建度量名称和度量

值，因为 Month-Year 被包含在一个单独的维度中，Unit Forecast 也被包含在一个单独的度量中。把 Product Name 字段拖曳到 Marks（标记）区域的 Color（颜色）按钮里，能给每个不同的产品赋予单独的颜色。把 Month-Year 字段拖曳到 Columns（列）区域，可以把每个月放在一个单独的列里。把 Unit Forecast 字段放置到 Columns（列）区域中，会生成一个类似图 3-70 那样的表格，而没有用到 Measure Names（度量名称）和 Measure Values（度量值）。但是现实工作中你可能还是要应对电子表格式的数据结构来建立视图，就需要借助 Measure Names（度量名称）和 Measure Values（度量值）来对付结构不那么合理的数据。

（3）度量名称和度量值的高级应用

Measure Names（度量名称）和 Measure Values（度量值）方便了更高级的图表类型生成。你的电子表格包含另一个包含单位价格和成本数据的表格，如图 3-71 所示。

你可以通过 Product Code 主键把这个表格和图 3-69 的预估表格进行连接。这让你可以创建计算值来表达销售额、成本以及毛利。之后，你可以创建这三个维度的时间序列视图，如图 3-72 所示。

	A	B	C
1	Product Code	Price	Cost
2	001	$99.00	$39.62
3	002	$50.00	$22.31
4	003	$60.00	$26.29
5	004	$25.00	$9.85
6	005	$125.00	$52.63

图 3-71　单位价格和成本数据

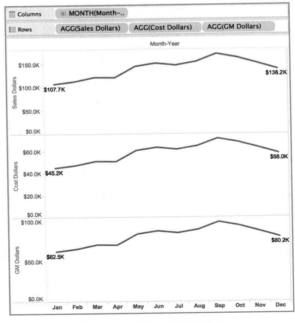

图 3-72　Tableau 默认的表达

　　Tableau 对这些信息的默认表达会用单独的轴来表示每个度量。使用 Measure Names（度量名）和 Measure Values（度量值）可以把这三个度量融合到一个单独的轴里表示，并且用不同的颜色区分。图 3-73 显示了组合后的时间序列图表。

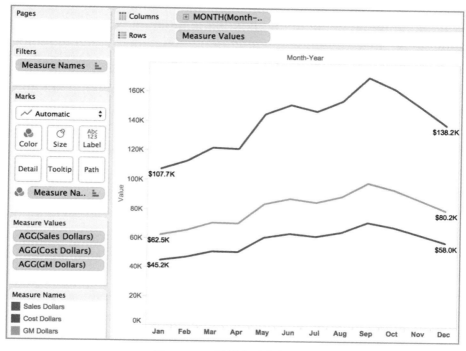

图 3-73　一根轴表示多个度量

　　图 3-73 的组合图表也可以用几种不同的方式创建。以图 3-72 的视图作为起点，把多个度量组合到一根轴上，就是把每个度量都拖曳到一根轴上。指针停留在 Cost Dollars 轴上，左上角就会显示一个绿色的折叠标记。单击绿色的折叠标记会显示一个十字交叉箭头，拖曳这个绿色的折叠标记，把 Cost Dollars 轴拖动到 Sales Dollars 轴上，就像图 3-74 显示的那样。

　　重复这个方法，你还可以拖曳 gross margin 轴⊖，这三个度量就一起显示到了同一根轴上。注意在图 3-73 中，Rows（行）区域里换成了 Measure Values（度量值）字段块。Measure Names（度量名称）出现在 Marks（标记）区域里来定义颜色。Measure Values（度量值）区域也出现了，显示所有的三个度量。当第二个度量移动到同一根轴上时，Tableau 会自动创建度量名称和度量值的字段块。如果你好奇每个线条头部和尾部的标注是如何形成的，那么可以打开 Marks（标记）区域的 Label（标签）选项进行查看。

　　⊖　原书为 gross margin 轴，但图 3-74 中显示的 GM Dollars 轴，此处遵照原书翻译。——编者注

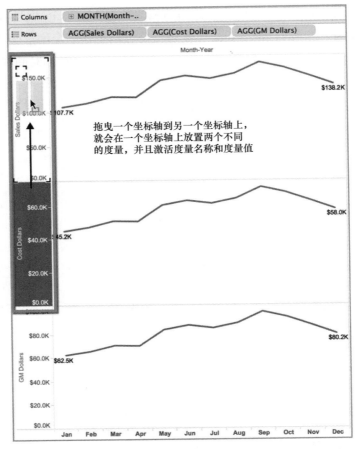

图 3-74　拖曳来组合轴

度量名称和度量值可以帮你应对格式不完美的数据，帮你创建更高级的图表类型。很多初级和中级用户都在回避这些特殊的字段，因为感觉它们很陌生。花点时间在这上面，你所收获的便利性绝对物超所值。

你已经看到 Tableau 内置所有图表类型、趋势线、参考线、组、集、排序和筛选的工作方式，它们都可以帮你通过 Tableau 把数据变得更有含义。在第 4 章将学习如何通过计算提供更加灵活的方式，为你的图表和仪表板添加信息。

3.2　注释

1. Karl R. Popper, Conjectures and Refutations: The Growth of Scientific Knowledge (London: Routledge, 1989), p. 51。

第4章
创建计算来丰富数据

每个新的图表都给我们新的机会来"洞察"以前不可见的现象，就像你在雾中根本看不到日落之美。

——本杰明（Benjamin）和罗萨蒙德·桑德尔（Rosamund Zander）[1]

Tableau 提供了通过不同的计算丰富数据的方法，它能创建数据源中本不存在的字段。你还可以利用参数控制的方式把单一目的的仪表板和视图转化为多目的的分析环境。参数是公式中的变量，可以用来提供类似筛选器式的控制，让用户可以改变仪表板或工作簿中的度量和维度。从 Tableau 的 V9.0 版本开始，一类全新的函数加入进来，让你对视图中的数据粒度的控制非常容易。Level of Detail（LOD，详细级别）表达式降低了实现预先效果的技术门槛，以前这都需要有比较高级的 SQL 脚本技巧。

本章将会学到如何使用 Calculated Fields（计算字段）和 Table Calculations（表计算）从你的数据源中提取并不物理存在的事实和维度。我们会解释 Tableau 的公式编辑对话框和快速表计算（Quick Table Calculation）菜单，以及怎么改变默认计算以满足你的特定需要。

你会学习到参数控制（基础的和高级的），可以利用基本的可视化设计创建能够满足不同需求的视图。

Tableau 已经让公式的创建尽可能容易，但在我们进入学习之前，理解聚合的概念和要用到的函数与操作符是有帮助的。对于想要深入了解 Tableau 的函数的读者，附录 E 对 Tableau 的函数和 LOD 表达式提供了深入的覆盖，还有基础、中级和高级示例。

4.1　什么是数据聚合

聚合定义了值是怎样表达的。大部分 Tableau 的函数都是在数据库的服务器端进行计算的，只是把结果发送到 Tableau。如果你熟悉 SQL，就会发现 Tableau 中的很多函数都是 SQL 的扩展。Tableau 默认利用求和聚合。如果默认的聚合不是你想要的，那么可以针对单个视图进行更改，也可以改变这个字段默认的聚合方式。要在视图中改变，选择 Measures（度量）区域中已经被放到视图中的字段块，右击，选择一个更适合的聚合。要改变默认设置，在 Measures（度量）区域右击这个字段，选择"Defaults Properties（默认属性）"→"Aggregation（聚合）"，之后选择一个新的默认格式。支持的聚合类型包括：

- Sum（总计）。
- Average（平均数）。
- Median（中位数）。
- Count（计数）。
- Count Distinct（不同计数）。
- Minimum（最小值）。
- Maximum（最大值）。
- Percentiles（百分位）。
- Standard Deviation（标准偏差）。
- Standard Deviation of a Population [标准偏差（群体）]。
- Variance（方差）。
- Variance of a Population [方差（群体）]。

它们在 Tableau 的在线手册中都有定义，搜索帮助菜单可以得到每个类型的详细信息。注意在 Tableau 桌面版的老版本中，当使用对 Excel、Access 或文本文件的直接连接时，并不支持 Count Distinct（不同计数）和 Median（中位数）的聚合类型，必须先把数据提取到 Tableau 自身数据引擎中来才行。从 Tableau 的 V9.0 版本开始，不再需要提取数据。

图 4-1 显示了本例的一个文本表格——Superstore Sales 数据集，显示这个数据集中针对 Sales 字段所有可能的聚合。

注意最下面 4 行表达了对不同维度的 Count Distinct（不同计数）值。把每个这样的维度字段右键拖曳（Mac 用 Option+ 拖曳）到文本表格，就可以产生针对每个维度的 Count Distinct（不同计数）聚合。你能看到，这个数据集包含 6 455 个不同订单、1 424 个城市、49 个州或省、4 个区域。这个视图是基于对一个 Excel 文件的直接连接创建的。

		Measure Values
Avg. Sales	949.71	AVG(Sales)
Median Sales	203.46	MEDIAN(Sales)
Count of Sales	9,426.00	CNT(Sales)
Distinct count of Sales	8,674.00	CNTD(Sales)
Min. Sales	1.32	MIN(Sales)
Max. Sales	100,119.16	MAX(Sales)
Percentile (5) of Sales	14.52	PCT5(Sales)
Percentile (10) of Sales	24.41	PCT10(Sales)
Percentile (25) of Sales	61.28	PCT25(Sales)
Percentile (50) of Sales	203.46	PCT50(Sales)
Percentile (75) of Sales	776.40	PCT75(Sales)
Percentile (90) of Sales	2,323.65	PCT90(Sales)
Percentile (95) of Sales	4,209.38	PCT95(Sales)
Std. dev. of Sales	2,598.02	STDEV(Sales)
Population std. dev. of Sales	2,597.88	STDEVP(Sales)
Variance of Sales	6,749,706.98	VAR(Sales)
Population variance of Sales	6,748,990.90	VARP(Sales)
Distinct count of Order ID	6,455	CNTD(Order ID)
Distinct count of City	1,424	CNTD(City)
Distinct count of State or Province	49	CNTD(State or Pro..
Distinct count of Region	4	CNTD(Region)

图 4-1　对 Sales 字段的不同聚合

维度与属性的对比

通过改变 Tableau 表达维度的默认方法，聚合动作也可以改变。图 4-2 展示了一个包含不同产品类别和子类销售额的文本表格，用来显示每行子类占相应类别的总销售额的比例。

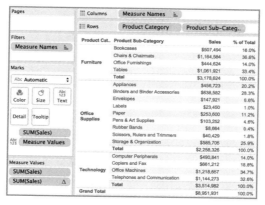

图 4-2　Product Category 作为一个维度

默认情况下，Tableau 对数据的分区是基于类别维度的。通过 Analysis（分析）主菜单选择 Totals（合计）之后，就可以添加分类别的总计，并显示分类别和列总计。销量总和和销量占比都是在每个类别内部计算的。但若 Product Category 维度被改变为属性，则 Product Category 维度将会变成只是一个标签，而不会再对数据进行分区。图 4-3 显示了同样的数据集，但 Product Category 字段就变成了一个属性。

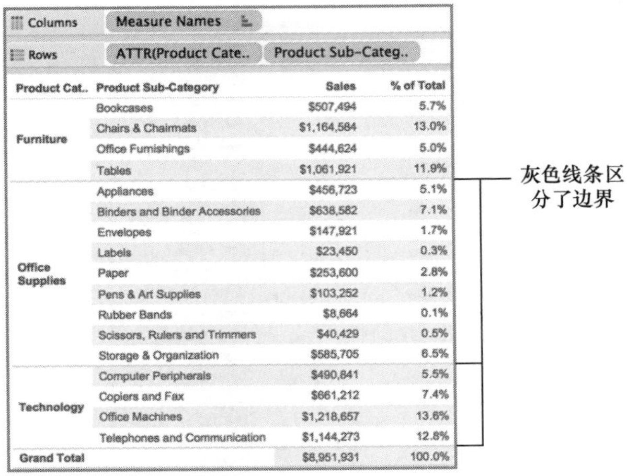

Product Cat..	Product Sub-Category	Sales	% of Total
Furniture	Bookcases	$507,494	5.7%
	Chairs & Chairmats	$1,164,584	13.0%
	Office Furnishings	$444,624	5.0%
	Tables	$1,061,921	11.9%
Office Supplies	Appliances	$456,723	5.1%
	Binders and Binder Accessories	$638,582	7.1%
	Envelopes	$147,921	1.7%
	Labels	$23,450	0.3%
	Paper	$253,600	2.8%
	Pens & Art Supplies	$103,252	1.2%
	Rubber Bands	$8,664	0.1%
	Scissors, Rulers and Trimmers	$40,429	0.5%
	Storage & Organization	$585,705	6.5%
Technology	Computer Peripherals	$490,841	5.5%
	Copiers and Fax	$661,212	7.4%
	Office Machines	$1,218,657	13.6%
	Telephones and Communication	$1,144,273	12.8%
Grand Total		$8,951,931	100.0%

图 4-3 Product Category 作为一个属性

这个视图通过灰色线条对每个类别边界进行了区分，但因为 Product Category 维度变成了属性，它不再对数据进行分区。总计销售额反映了表格内所有类别的总计，销售额比例是相对总销售额的，而不是相对每个产品类别的销售额。这可能看起来太过细微，但随着技巧的提升，你会开始运用更加复杂的 Table Calculations（表计算），你需要清楚属性会怎样改变 Tableau 的动作。

4.2 什么是计算字段和表计算

Calculated Fields（计算字段）和 Table Calculations（表计算）都能让你向 Tableau 工作表中添加新数据，但添加数据的方式和计算发生的场合对这两种方式是不同的。

Calculated Fields 是通过向 Tableau 的公式编辑对话框输入公式来定义的。比如，如果你的源数据里有净利润和销售额，你可能想通过创建一个计算值添加一个名为 Gross Margin Percent（净利润比例）的新字段。创建这个净利润比例的公式是：`sum([gross margin dollars])/sum([sales dollars])`。在每个字段名前的 sum 字样告诉源数据库应该向 Tableau 返回什么结果。

表计算是通过另一种方式创建的——使用你的可视化数据作为公式的输入。预先定义的 Quick Table Calculations（快速表计算）让你不再需要手工创建公式，但它们都是在本地处理的，因为它们依赖你视图内的数据来生成结果。

Calculated Fields（计算字段）可以包含 Table Calculations（表计算）函数，它们是你在计算字段里应用的函数，依然会像 Quick Table Calculations（快速表计算）那样在本地处理。

4.2.1 Calculated Fields（计算字段）怎样工作

Calculated Fields（计算字段）通常（但不全部）是在数据库层级执行的，繁重的计算出现在哪里取决于公式中使用函数的类型。Calculated Fields（计算字段）可以创建数量型、日期型、日期—时间型、字符串型或布尔（真 / 假）条件型值。公式需要下面这些元素：

■ Functions（函数）：包含聚合、数量、字符串、日期、类型转换、用户及表计算类型。

■ Fields（字段）：从数据源选择而来。

■ Operators（操作符）：进行数学运算，以及对值、日期、文本进行比较。

■ Optional elements（操作元素）：可以被加入公式对话框中，包括：

● Parameters（参数）：用来创建公式中的变量，信息的最终用户可以设置这些变量。

● Comments（评论）：在公式对话框内用来对公式语法建立文档和备注。

有两种方法可以创建一个计算字段：一种方法是通过初始化一个公式对话框；另一种方法是通过临时计算（ad hoc Calculation）。对写 SQL 脚本或者创建电子表格公式有丰富经验的人通常会毫不吃力地学会怎样在 Tableau 中撰写公式。那些没有太多经验的人可能需要多一点的帮助。Tableau 通过实时的 Calculation Editor（计算编辑器）提供了辅助，在公式编辑窗口还有一个帮助窗口。从公式编辑窗口你还可以获取在线手册。

4.2.2 通过 Calculation Editor（计算编辑器）创建计算字段

通过 Analysis（分析）主菜单下的 Create Calculated Field（创建计算字段）菜单项可以打开公式对话框。这也可以通过右击一个字段实现。在公式对话框中，你可以输入函数、操作符、参数来创建你的公式与计算逻辑。图 4-4 显示了所需的菜单项。

或者，在 Dimensions（维度）区域或 Measures（度量）区域里右击一个字段，可以像图 4-5 那样打开公式对话框。

图 4-4　Create Calculated Field 菜单项

这种方法会更节省时间，因为 Tableau 会自动把这个字段插入到对话框中去。

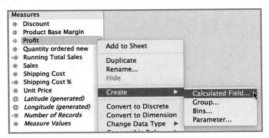

图 4-5　通过右击创建一个 Calculated Field（计算字段）

4.2.3　进行临时计算

如图 4-6 所示，双击区域里的一个字段并且输入你需要的内容，就可以开始临时计算（ad hoc Calculation）了。

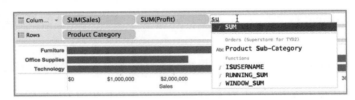

图 4-6　临时计算

通过这种方式输入公式并开始临时计算，与在电子表格中输入公式有些类似。Tableau V9.0 的这种新功能让你的分析工作流畅自如。

4.2.4　Table Calculation（表计算）如何工作

Table Calculation（表计算）是基于可视化使用的数据结构生成的，所以 Table Calculation（表计算）是基于你的工作簿所包含的源工作表视图的。这意味着这些计算一定是本地生成的，要通过你个人计算机的处理器进行计算来返回结果。

精确理解 Table Calculation（表计算）到底如何工作的确需要花一点时间，因为 Table Calculation（表计算）会随着你的可视化的变化而变化。就像任何新的概念，你创建了一些 Table Calculation（表计算）之后，就会对它们在不同环境下如何运行慢慢熟悉起来。Tableau 的在线收藏有很多示例，它们都提供了很好的基础性介绍，供你学习参考。

创建一个 Table Calculation（表计算）需要你有一个用来可视化的工作表。创建表计算的一个很好的方式就是通过右击视图中的一个 Measure（度量）字段块，以弹出 Quick Table Calculation（快速表计算）菜单。Quick Table Calculation（快速表计算）提供以下功能：

- Running total（汇总）。
- Difference（差异）。
- Percent difference（百分比差异）。
- Percent of total（总额百分比）。
- Rank（排序）。
- Percentile（百分位）。
- Moving average（移动平均）。
- YTD total（YTD 总计）。
- Compound growth rate（复合增长率）。
- Year over year growth（年同比增长）。
- YTD growth（YTD 增长）。

取决于你工作表视图中的数据，以上功能中的一些可能不可用，因为你的数据表视图可能不支持某些计算。不可用的计算在菜单中会用灰色表示为不可用状态。

4.2.5 关于计算和数据立方体的补充

Tableau 可以连接到关系数据库、电子表格、列分析式数据库、数据服务及数据立方体（Data Cube，多维度的数据源）。数据立方体与常规数据库文件并不相同，因为它们已经聚合了数据，并且通过特定的方式定义了维度的层次。

如果你需要访问预先聚合的存储在一个多维数据源的数据，那么依然可以执行计算，要么通过 Tableau 的公式，要么使用多维数据库的 SQL 语言 Multidimensional Expressions（MDX）。MDX 的语法稍微复杂一些，但它依然能用来创建复杂的公式。如果你想学习连接到数据立方体时创建计算的更多选项，那么可以参考 Tableau 软件快速入门指南的 *Creating Calculated Fields-Cubes*（创建计算字段立方体）。当你把 Tableau 连接到数据立方体时，它的动作是不同的，因为数据立方体控制数据的聚合。比如，日期字段的行为就会不同，因为数据立方体以特定的方式控制日期的聚合。

4.2.6 使用计算编辑器生成计算字段

Calculated Fields（计算字段）需要你输入字段、函数及操作符。Tableau 尽力使公式的创建更简单快速，所以创建公式只需要很少的输入。一旦你连接到数据源，就可以从主菜单的"Analysis（分析）"→"Create Calculated Field（创建计算字段）"创建计算字段。本例使用 Superstore for TYD2 电子表格，图 4-7 显示了 Calculation Editor（计算编辑器）对话框。

图 4-7　Calculation Editor（计算编辑器）对话框

　　图 4-7 显示了对 Profit Ratio（利润率）的计算公式，它使用数据源里的两个字段来生成结果。图 4-7 中的名称区域是你需要对 Calculated Field（计算字段）命名的地方，这个名字会出现在工作簿的数据面板区域里。公式区域用来输入公式。Calculated Field（计算字段）创建完成后，右击可以设置它的默认属性。本例中，希望它用百分比来显示，选择"Number Format（数字格式）"→"Percentage（百分比）"。

　　这个 Calculation Editor（计算编辑器）与之前的 Tableau 版本有很大的区别。在之前的版本中，它为字段、参数和函数都提供了单独的对话框，Tableau 新的自动填充功能让这些对话框没有设置的必要了。简单地输入需要的元素的名称，Tableau 的字段填充功能就会提供所有可用的选项。或者，可以从数据区域把字段拖曳到对话框来。这种创建计算字段的方法可以让你创建过程中的工作流程更加紧凑。

　　Tableau 用不同颜色表示公式中的不同元素，所以它们更容易在视觉上区分开来，字段是橙色，参数是紫色，函数是蓝色。在图 4-7 的示例中，顶部包含的注释是用绿色表示的。注释可以用来对复杂的公式生成文档，或者为公式形成基本的描述，以便其他分析人员能够在他们自己的工作中使用你的公式。你可以在 Calculation Editor（计算编辑器）中的任意地方添加注释，只需要在文字前输入两个斜杠（//）即可。

　　如果你的公式语法正确，你将在对话框底部看到灰色的文字，确认计算是可用的，如图 4-8 所示。如果其中有错误，Calculation Editor（计算编辑器）就会帮你找到其中的问题。

图 4-8　检测公式的错误

　　鼠标指针停留在公式的红色波浪线上，或者单击底部的下三角按钮，你就能看到错误原因的细节。忘记加入操作符是常见的错误。图 4-8 演示了 Tableau 如何帮你定位公式中的语法错误。

4.2.7　临时计算字段

　　通过 Tableau 的临时公式编辑器创建公式的过程类似于在电子表格中创建公式。双击 Rows（行）区域、Columns（列）区域或 Marks（标记）区域，就会弹出输入框。图 4-9 显示了计算利润率的临时公式。

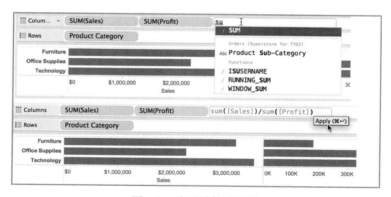

图 4-9　临时计算编辑器

　　随着你对 Tableau 函数越来越熟悉，你可能会喜欢上这种临时计算，因为这是创建公式最快的方法。如果你以后还会重用一个临时公式，那么可以把它的字段块拖曳到数据区域并为其命名，如图 4-10 所示。

　　把字段块拖入数据面板，就可以把它永久性存储为新的字段，并且编辑它默认的格式或数据类型。图 4-10 显示了 Rename Field（重命名字段）对话框，可以对数据类型或默认数据格式进行编辑，和编辑数据面板内的任意字段是一样的。

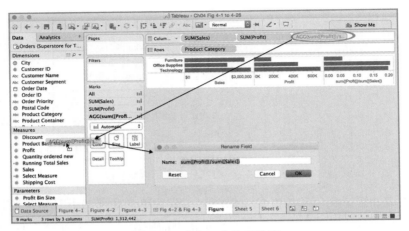

图 4-10　命名一个临时计算

通过临时计算添加新的计算字段时，能在保存之前看到实时结果。把鼠标指针停留在字段块之上，如图 4-11 所示的 Apply（应用）小窗口就会弹出来。

选择 Apply（应用），你就能在视图中预览这个 Calculated Field（计算字段）的结果，这无疑加速了创建和测试新公式的节奏。

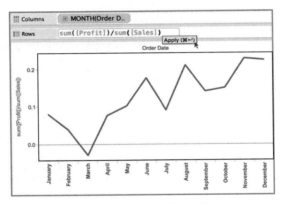

图 4-11　对临时计算的预览

4.2.8　用表计算创建公式

与 Calculated Fields（计算字段）不同，Table Calculations（表计算）使用可视化的本地数据创建公式。在你使用 Table Calculations（表计算）之前，必须先创建一个视图。使用 Superstore for TYD2 数据源，图 4-12 的上方显示了一个按月的销售额序列，下方采用一个快速 Table Calculation（表计算）获取每年至今的销售总额。注意，第二个 SUM（Sales）字段块包含一个小三角，这个图标说明这个字段块是一个 Table Calculation（表计算）。

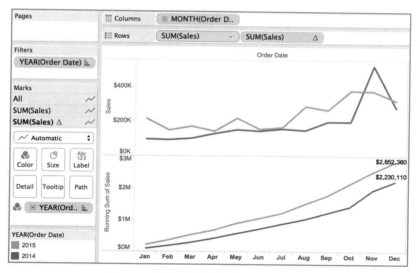

图 4-12　表示当前销售总和的时间序列

创建图 4-12 所示的图表需要下面几个步骤：

1）向 Columns（列）区域里添加 Order Date（离散月份）。

2）添加 Sales 到 Rows（行）区域。

3）筛选 Order Date 中年份为 2014 和 2015 的记录。

4）添加 Order Date 到 Color Marks（颜色标记）按钮。

5）设置底部轴的日期格式：缩写。

基于时间序列的图表数据将作为 Table Calculation（表计算）的数据源，创建图 4-12 下方的图表。这个图表显示每年到当前月份的所有月销量总和。下面是增加这部分内容的步骤：

1）复制 Rows（行）区域里的 Sales 字段块来创建一个复制的图表（Ctrl+拖曳）。

2）右击复制的字段块（或者选择它右侧的三角按钮）。

3）选择"Quick Table Calculation（快速表计算）"→"Running Total（汇总）"。

4）在 Marks（标记）区域，单击下面的 SUM（Sales）来改变具体图表。

5）打开 Line End（线尾）字段标签选项，取消线首标签选项。

图 4-13 显示了右击后，如何复制 Sales 字段块并弹出 Quick Table Calculation（快速表计算）菜单项。

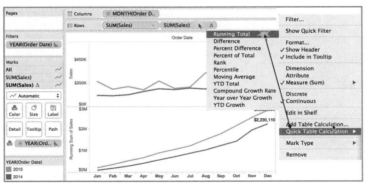

图 4-13　创建 Quick Table Calculation

选择 Running Total（汇总）生成图 4-13 下方的图表需要的表计算。标记标签的数据格式也进行了更改，因为结果要从之前的千数量级变为现在的百万数量级，而且两者小数点后的数据都设置为零。要设置数据格式，选择数据后右击，从出现的格式菜单中选择需要的数据格式即可。生成这个图表只需大概 30 秒。

1. 编辑表计算以符合你的目的

从图 4-13 中能够看到，Quick Table Calculation（快速表计算）有很多可选项。还有一个 Edit Table Calculation（编辑表计算）菜单项，通过这个菜单项可以自定义 Table Calculations（表计算）。

理解 Table Calculations（表计算）如何工作需要花一点时间，你需要尝试不同的选项，观察对应的结果。仔细查看图 4-14 显示的 Table Calculation（表计算）对话框。

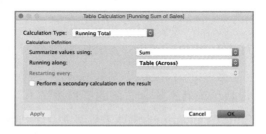

图 4-14　Table Calculation 对话框

Table Calculations（表计算）需要在下面几个项目中做选择：

■ Calculation Type（计算类型）：可以在图 4-13 中查看。

■ Summarize values using（汇总值通过）：Sum（总值）、Average（平均值）、Median（中位数）（根据数据源的内容，这些选择会有所不同）。

■ Running along（计算依据）：定义表计算的方向和范围 [Table（Across）（表

横穿）、Table（Down）（表向下）等]。

改变 Month（Order Date）字段为离散的月份和季度并且按季度分割，如
图 4-15 所示。

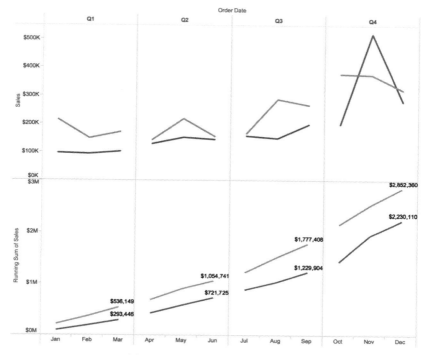

图 4-15　采用离散的月份和季度

底部显示销售额汇总的时间序列，采用 Table Across（表横穿）为依据计算汇
总值。注意每个季度后面的标注值反映了整个表的汇总销售额。右击表计算字段
块（右侧带有小三角的字段块），选择 Edit Table Calculation（编辑表计算）菜单项，
打开 Table Calculation（表计算）对话框。图 4-16 显示了弹出的表计算对话框的编
辑菜单，其中选择了 Pane（Across）（区横穿）为计算依据。增加以季度划分的分
区，视图下面的图表就改变了表计算的计算范围。

改变计算范围为 Pane（Across）（区
横穿），引起汇总计算重定义为每个季度内
（区内）。图 4-16 的下半部分反映了范围的
改变。你能看到，汇总计算在每个季度的
开始会重新计算。

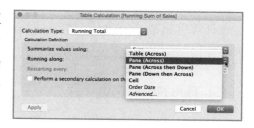

图 4-16　改变表计算的计算范围

2. 理解表计算的行为

精确理解表计算在不同的可视化视图中的行为需要花点时间。最好的方式仍然是实践，建立一个文本表格，然后开始尝试不同的表计算选项并查看相应结果。Tableau 的在线手册提供了很多不同示例。图 4-17 显示了采用不同方向和范围的总额百分比的表计算。

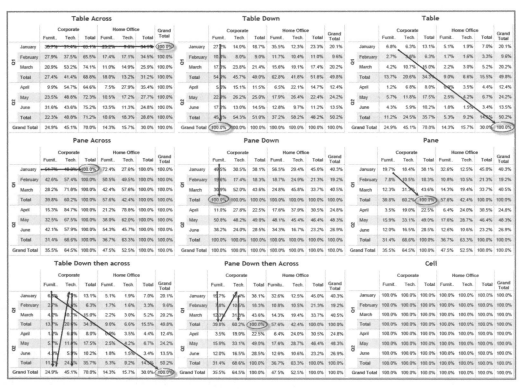

图 4-17　不同计算范围选项的比较

注意在示例中，范围取 Table（表）返回的结果和范围取 Table Down then across（表向下后横穿）返回的结果相同。而且，范围取 Cell（单元格）会计算自己的标记值，结果自然是每个单元格都是 100%。依据视图的结构，选择不同的计算范围选项返回同样的值也不奇怪。一般来说，向你的视图中增加更多维度会增加表计算可用选项的数量。在不同的可视化视图中多试验和测试结果，在实践中，你将慢慢能够预计它们的行为。

3. 重用和自定义表计算

Quick Table Calculations（快速表计算）并不会自动在数据面板中生成新字段。如果你想在另一个工作表中使用 Quick Table Calculations（快速表计算）返回的结果，该怎么办？这是可能的吗？是可能的，但方法有所改变。在 V9.0 版本之前，Table Calculation（表计算）的编辑对话框包含一个 Customize（自定义）按钮。单击它就会创建一个新字段，并生成包含 Table Calculation（表计算）函数的脚本。

从 V9.0 版本开始，表计算的编辑对话框不再包含这个按钮，因为新的临时计算方式让你可以把表计算从视图直接拖曳到数据面板中。这样做，Tableau 就会创建一个新的计算字段，你还可以对它进行重命名。

参考图 4-12，在那个视图中，使用了一个 Quick Table Calculations（快速表计算）生成底部的销售汇总图表。把表计算从行区域拖曳到 Data（数据）面板，如图 4-18 所示，你就能把这个字段添加到 Measures（度量）面板。注意这个字段现在被重命名为 Running Sum Table Calc。

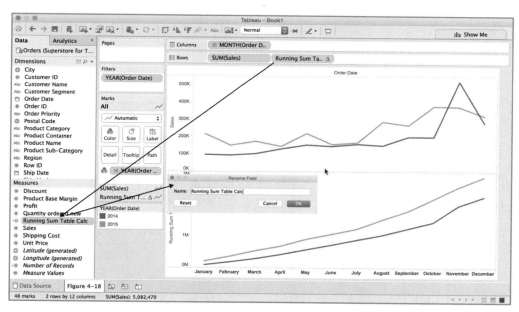

图 4-18　从表计算创建计算字段

当你创建了新的字段（Running Sum of Sales）之后，你就可以在其他的工作表中使用它。图 4-19 显示了一种使用它的方法。这个新视图包含年和月的日期粒度，注意这个视图中的表计算在每个年度的开始都重新计算。要生成这个视图，Running Sum of Sales 这个计算字段的计算范围需要从 Table（Across）（表横穿）改为 Pane（Across）（区横穿）。图 4-19 显示了如何变化。

要打造这个视图，把 Order Date 字段加入 Columns（列）区域中，之后单击 YEAR（Order Date）字段块的加号。之后，单击 Quarter（Order Date）字段块右

侧的下三角按钮，在下拉菜单中选择 Discrete（离散）的月选项。接下来，把 Sum
（Sales）和 Running Sum Table Calc 放置到 Row（行）区域中。单击后者字段块右
侧的三角按钮，把它的计算依据改为 Pane（Across）（区横穿），如图 4-19 所示。
右击底部的轴，选择 "Format（格式）" → "Header（头部）" → "Dates（日期）"，
设置为 First letter（首字母）。

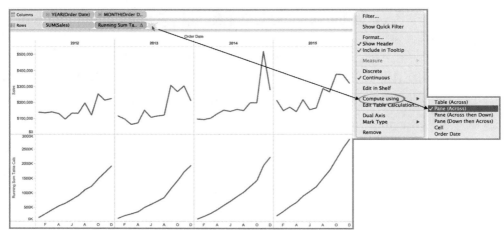

图 4-19　在其他工作表中使用自定义表计算

4. 辅助表计算

Secondary Table Calculations（辅助表计算）允许你把第一个表计算的结果传
递到第二个表计算中，以得到进一步的结果。在下面的示例中，使用 Tableau 桌面
版提供的 World Indicators 数据集作为源数据。这个文件提供了不同国家 / 地区的
国内生产总值（Gross Domestic Product，GDP）数据。你将看到怎样使用辅助表
计算，丰富对国家 / 地区 GDP 数据的分析。

在一个条形图中以降序排列显示了相应的 GDP 信息，你能在图 4-20 中看到
相关结果。

通过图 4-20，你可以快速了解 GDP 最高的几个国家 / 地区。注意这个视图筛
选了 2012 年的数据，这个数据集包含 185 条记录。所有国家 / 地区的 GDP 总额是
721 880.8 亿美元（约 72 万亿美元）。利用表计算怎样增强对这些数据的分析呢？

- 创建一个表计算，计算不同国家 / 地区的 GDP 总量，同时计算全球 GDP
的累计百分比（running cumulative percent）。
- 增加一个 INDEX 的表计算函数来显示行的排名。
- 生成一个快速筛选器，利用 INDEX 函数来筛选视图。
- 利用上述三个项目生成图 4-21。

图 4-20　不同国家 / 地区的 GDP 数据[⊖]

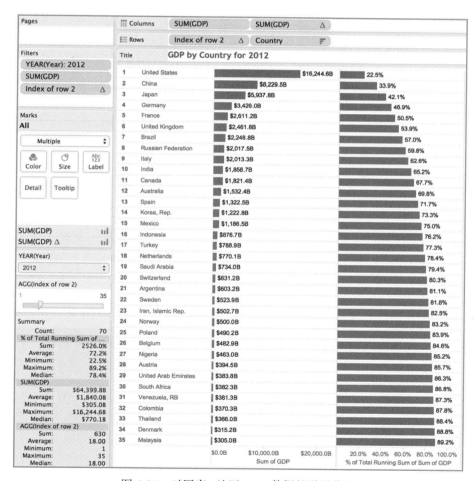

图 4-21　对国家 / 地区 GDP 数据的增强分析

⊖　英文原版书数据与我国官方发布的数据存在误差，此处仅为学习参考用，全书余同。——编者注

注意图 4-21 右侧的累计百分比数值。这个条形图是通过辅助表计算来实现的。左侧的排名数字是通过 LNDEX 表计算函数提供的，还有一个快速筛选器也使用了 INDEX 函数。

要创建这个累计百分比条形图，先把 GDP 从 Data（数据）面板的 Measures（度量）区域拖曳到 Columns（列）区域，之后单击这个字段块右侧的下三角按钮，把度量汇总选择为 SUM。之后编辑这个字段块为一个 Quick Table Calculation（快速表计算），以显示汇总的 GDP。下一步，单击下三角按钮选择 Edit Table Calculation（编辑表计算）菜单项，打开如图 4-22 所示的表计算对话框。

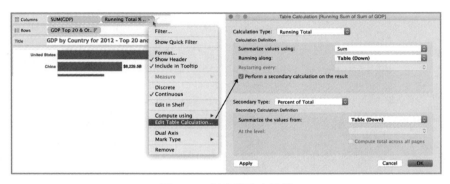

图 4-22　创建辅助表计算

选择 Perform a secondary calculation on the result（对结果执行一个辅助计算）复选框，会打开辅助表计算窗口。我们在这里定义计算总额百分比的辅助表计算。注意，两个表计算都采用 Table（down）（表向下）为计算依据。尝试其他计算依据，看有哪些可用选择。本例使用 Computer Using（计算采用）菜单项里的 Country 选项也能得到同样的结果。

如果你要创建包含多个维度的更加复杂的视图，就可以利用这个高级选项，不仅能定义计算的类型，还能定义它怎样重启动。从第 7 章你能看到一个这样的例子被用到一个 Pareto（帕累托图）图表中。

在定义了辅助表计算后，你的图表看起来应该像图 4-21 那样，但并不包含左侧的排名数字。这需要另一个表计算函数。

5. 使用表计算函数

用在图 4-21 中的 INDEX 函数是一个表计算函数，计算它在行或列中的位置。要向视图中添加这个度量，你可以在 Row（行）区域中输入这个公式，或者通过

Analysis（分析）主菜单建立这个公式。如果你熟悉 Tableau 的公式输入，这种临时（adhoc）计算的方法会更快。菜单的方法给你提供了更多的帮助，在 Analysis（分析）菜单中选择 Create Calculated Field（创建计算字段），就会弹出如图 4-23 所示的计算窗口。

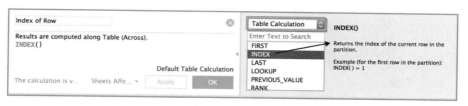

图 4-23　使用 INDEX 表计算函数

把这个字段命名为 Index of Row。你能看到这个公式的语法非常简单。在图 4-23 右侧的搜索对话框输入文本，你可以搜索某个特定的函数，或者筛选出一个特定类别的函数。这个列表是对表计算函数进行筛选的。选择 INDEX 后，就会显示这个函数的简单解释。如果你希望得到更详细的解释，那么可以参考 Tableau 的在线手册。此外，附录 E 也提供了各个函数的语法及一些代码示例。双击函数，就会把它插入公式对话框中。这个 INDEX 函数并不需要额外的参数。单击 OK 按钮，这个新创建的度量就会出现在 Data（数据）面板的 Measures（度量）区域中。

把这个度量添加到 Rows（行）区域里，这时视图会变化，不必感到奇怪。选择 Index of Row 字段块，单击右侧的下三角按钮，把度量类型从 Continuous（连续）变为 Discrete（离散），如图 4-24 所示。把这个字段块的位置从 Country 的右侧换到左侧。

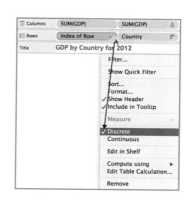

图 4-24　把 Index of Row 改变为离散度量

现在你的视图应该显示国家 / 地区排名了。图 4-21 还包含一个同样使用这个计算值数据的快速筛选器。要添加这个快速筛选器到视图中，在拖曳 Index of Row 字段的时候要同时按住 <Control> 键（对于 Mac 是 Command+ 拖曳）。这会把字段复制到 Filters（筛选器）区域，把它变回连续的度量。在 Filters（筛选器）区域里，这个字段块应该变成了绿色，如图 4-25 所示。

图 4-25　把 Index of Row 复制到 Filters 区域

在图 4-25 中，你可以看到在 Filters（筛选器）区域里，Index of Row 被转换为连续度量。要把它加入视图中，单击字段块右侧的下三角按钮并选择 Show Quick Filter（显示快速筛选器）选项。尝试使用这个筛选器来改变视图中显示的国家 / 地区数量。在图 4-21 中，2012 年排名前 35 的国家 / 地区都被显示了。

4.2.9　用参数增加计算的可变性

参数让信息阅读者能够改变出现在工作表和仪表板中的内容。设计者有两种不同的方式来体现参数的控制。基本参数可以用于创建可变的顶部或底部筛选器、添加动态参考线，或者在直方图中采用可变的区块条尺寸。高级的参数就要根据具体的用例提供更具可变性的功能，但创建它们需要进行更多的计划。

1. 什么是基本参数

基本参数是在特定环境中提供的变量，是为了减少创建参数控制的步骤数量而设置的。基本参数在直方图中可以用来设定每个区块条的大小，可以用来创建可变的顶部或底部筛选器，还是一种制作用户可选参考线的方式。图 4-26 显示了这三种不同的用例。

图 4-26 顶部的直方图通过订单项的尺寸表示订单量。Sales Bin Parameter 参数让终端用户可以改变每个区块条的大小。参数的取值范围是 $500~$10 000，目前的参数取值是 1 500。图 4-26 左下侧的标靶图对每个产品比较了当年的销售额（表示为水平条）和去年的销售额（表示为黑色参考线）。数据集里包含超过 1 000 个不同的产品，Top N Filter 参数使用户可以改变显示在图中的产品数量。图 4-26 中选择了显示前 15 名产品。图 4-26 右下侧的散点图包含一个叫作利润分界（Profit Threshold）的参考线，用户可以改变分界值来改变参考线的位置，参考线之下的阴影面积也会相应变化。显示目前的利润分界值为 −5 300。

这些都是基本参数，它们是与直方图和标靶图某个维度字段 [分别为 Sales Bin（销售额区块条）和 Product Name（产品名）] 相联系的，提供给用户可选菜单。散点图中的参考线参数是在向视图中加入参考线时定义的。

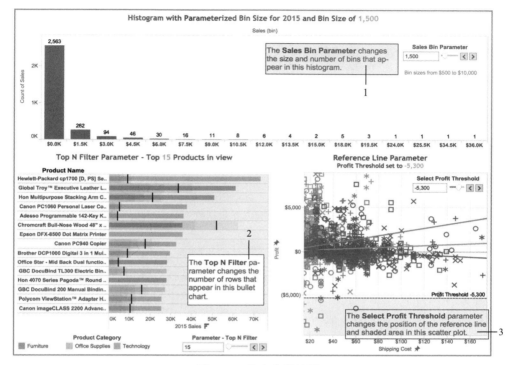

图 4-26　基本参数控制

1—Sales Bin Parameter 参数 更改此直方图中区块条的大小和数量　2—Top N Filter 参数 更改此标靶图中的行数
3—Select Profit Threshold 参数 更改此散点图中参考线的位置和阴影区域

　　要编辑现有的直方图，右击出现在 Dimensions（维度）区域里的区块条对应的字段名，或者单击 Sales Bin Parameter 右侧的下三角按钮，选择 Edit Parameter（编辑参数）来编辑参数。要设置标靶图中的可变筛选器，把 Product Name 放置于 Filters（筛选器）区域里，在弹出的筛选器编辑框里选择顶部（top）选项卡，选择 By Field（按字段），在下拉菜单中选择 Create a New Parameter（创建新参数）。

　　参考线参数是在添加参考线时生成的，在参考线对话框中单击 Value（值），在弹出的下拉选择框中选择 Create a Parameter（创建新参数）选项。图 4-27 显示了图 4-26 中生成三个参数时的设置对话框。

　　基本参数很容易创建，但它们受限于图 4-26 所示的特定用例：区块条尺寸、顶部或底部筛选器，或者可变参考线。如果你想创建更高级的参数，就需要做稍微多一点的工作。

通过右击 Dimensions（维度）区
域的 Sales(bin) 字段，之后选择
"Create（创建）"→"Parameter（参
数）"来定义直方图参数

在标靶图中定义 Top N Filter 参数，
右击 Dimensions（维度）区域里的
Product Name 字段，选择"Create（创
建）"→"Parameter（参数）"定义参数

要定义参考线的参数，右击你希
望添加参考线的坐标轴，选择
"Create（创建）"→"Parameter
（参数）"定义参数

图 4-27　参数定义对话框

2. 什么是高级参数

对高级参数控制的应用只会受到你的想象力的限制。你也可以创建多参数控制。参数控制可以连在一起形成链式参数。关于参数控制就可以写一本书，因为它可以提供类似程序式的功能以控制可视化。创建高级参数控制需要下面 3 或 4 个步骤：

1）创建参数控制。

2）把参数控制放置在 Tableau 的桌面上。

3）在 Calculated Field（计算字段）中使用参数（可选的）。

4）在视图中使用这个 Calculated Field（计算字段）。

如果这个参数被直接放置在可视化里，它可能不需要创建一个 Calculated Field（计算字段）。关键点是，无论这个参数用来改变什么（典型情况是作为公式的变量），它必须用在可视化的某个地方，让参数控制能够工作。

高级参数控制流行的用法是让用户改变一个单一视图中显示的度量或维度。不论控制什么，技术都是一样的。图 4-28 显示了时间序列图表，其中一个参数用来改变度量。

参数控制出现在图 4-28 每个时间序列图表的右下角。注意工作表的标题中包含这个参数，左侧坐标轴标题也根据度量的变化而变化。

通过右击视图中的标题栏，并且向其中加入使用的参数，你就可以把参数描述添加到标题中。要把参数名加入坐标轴，把参数从 Parameters（参数）区域拖曳

到坐标轴即可。要删除坐标轴标题，在左侧坐标轴的空白区域右击，之后删除标题编辑区域里的内容即可。这种方法只有当参数名为文本时才有效。

图 4-28　在单一视图中用参数控制度量

本示例还对参数标签做了旋转，以便它可以垂直显示。当你在参数控制那里做了新选择时，时间序列图表及标题和参考线都会做出相应变化以反映所选参数的值。

（1）创建参数控制

这可以直接通过公式编辑对话框实现，或者通过右击 Dimensions（维度）、Measures（度量）或 Parameters（参数）区域里的空白处，然后选择 "Create（创建）" → "Parameter（参数）"，弹出如图 4-29 所示的对话框供你定义参数。

图 4-29　定义一个参数控制

输入参数的名字，它将出现在 Tableau 的桌面上并显示为参数控制的名字，之后定义数据类型。参数可以是数字型 [Float（浮点型）或 Integer（整型）]、字符串型（String），布尔型（Boolean，真 / 假）、日期型及日期 — 时间型。

在 List of values（值列表）区域，你要定义参数控制里会出现的变量。图 4-29 显示了几个被定义的度量名称。虽然不是必需的，但建议在这里把度量字段的名称直接复制过来。这会使得下一步创建公式更加容易。然而，如果你觉得这样的参数值不便于使用，那么可以在参数定义中通过数字序列来区分它们。这会在下一步创建公式时稍微有些困难，但在参数定义中使用数字值通常会得到反应速度更快的参数控制。尤其在数据集很大的情况下，这更值得关注。

注意，这里还有一个 Display As（显示为）选项。这是用来创建别名的，它将替代实际的字段名。本示例中，这个选项及 List of values（值列表）右侧的区域都用不到，但它们在很多情况下是有用的，比如在使用其他参数控制中的值或者要从非常大的数据集中添加成员时。单击 OK 按钮完成公式的定义，这个参数就会出现在 Parameter（参数）面板区域中。

（2）在工作区里使用参数

为了让最终用户能够使用参数控制，它必须被放置到 Tableau 的桌面上。右击 Parameters（参数）区域里的参数名，选择 Show Parameter Control（显示参数控制）菜单项。

如果你现在选择不同参数，什么也不会发生，因为你还没有在可视化视图的任何一个公式或其他方式中使用这个参数。下一步就把它作为变量应用在一个公式中。

（3）创建使用了参数控制的公式

在图 4-28 中，参数控制用来改变时间序列图表中显示的度量。这需要一个公式，把参数中定义的字符串值和数据源中的度量字段名称联系起来。你可以参考图 4-30 中的公式定义。

图 4-30　在公式中使用参数

公式的逻辑就是把所选参数的字符串值与对应的字段名联系起来。这就是为什么要把参数取值的字符串定义为与对应的字段名称恰好一模一样。如果你还处于学习阶段，这个公式的撰写就更容易一些。记住，如果性能下降，在参数定义中使用顺序排列的数字会使系统有最好的性能表现。另外注意，在计算编辑器中，参数是用紫色表示的。单击 OK 按钮，这个计算字段就被添加到 Measures（度量）区域中了。

为你的参数赋予和对应计算同样的名字，在未来某天做回溯工作时会更加容易，到时候你可能需要添加或删除一些项目来改变这个参数控制。

（4）在视图中使用计算字段

把 Select Measures 计算值拖曳到 Rows（行）区域里就激活了这个参数控制。

它做出的每个参数选择都会引发 Select Measures 公式的运作，并且改变时间序列图表中显示的度量。图 4-28 显示了三种情况下的视图，每一个都显示了不同的度量。

你有很多种方法来使用高级参数。还是那句话，你可以尽可能地发挥想象力。更多的例子可以到 Tableau 软件主页搜索关键字 Parameters，你能找到很多与参数相关的论坛帖子、培训视频及示例工作簿。

4.2.10 为何要学习详细级别（LOD）表达式

通常情况下，度量聚合的粒度在 Tableau 中的表示是由创建的可视化的维度来控制的。把维度拖曳到 Rows（行）区域、Columns（列）区域或者 Marks（标记）区域来探索更多的细节。表计算和参考线提供了一种对视图信息进行汇总的方式，但它们需要把视图结构化来支持需要的计算。

仪表板提供了另一种探索不同详细级别（Level of Detail，LOD）的方式。但如果你只有有限的控件，或有非常具体和复杂的需求，该怎么办呢？有时，你可以在视图中表达一个级别的细节，但在计算中使用另一个不同级别的细节来添加更多信息。桌面版 V9.0 引入了一系列新的函数来控制计算的粒度。详细级别表达式需要一些实践来学习。它的语法比 SQL 脚本简单很多，之前往往要借助 SQL 来实现。

1. 详细级别（LOD）表达式的语法解释

详细级别（LOD）表达式并不难书写，但它们有特定的语法要求。要理解 Tableau 对详细级别表达式的动作，还需要对你的数据源有一定的理解。图 4-31 展示了一个详细级别表达式。

图 4-31　INCLUDE 详细级别表达式

图 4-31 中这个 INCLUDE 详细级别表达式对视图中的产品销量或高级别聚合的数据做求和操作。注意这个表达式是被花括号包围的，LOD 表达式一定要包围在花括号之内。

你可以在花括号的外面添加更多公式逻辑以实现额外的计算。在表达式里添加额外的维度也是可以的，但必须用逗号区分不同的字段名。对这些表达式上手的最好方法是参考每种 LOD 操作符类型（FIXED、EXCLUDE 和 INCLUDE）的示例。

（1）FIXED 表达式

应用了 FIXED 的 LOD 表达式，让你可以定义 LOD 表达式中公式的详细级别。它不会随视图中放置的维度而有任何变化。图 4-32 显示了一个示例。

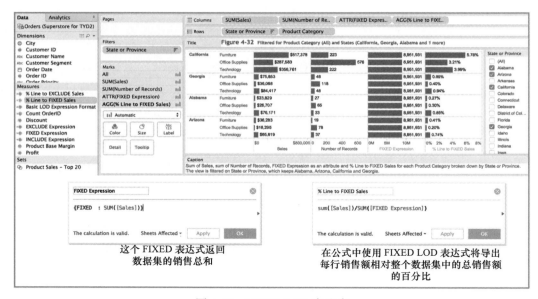

图 4-32　FIXED LOD 表达式

图 4-32 中的可视化显示了 4 列不同的值。左侧第一列的条形图描述了州或省针对不同产品类别的总销售额（注意行区域里的这些字段）。第二列是州和类别组合对应的记录数。第三列显示了 FIXED LOD 表达式的结果（8 951 931），它显示整个数据集的销售额数据。即便这个视图包含州和产品类别维度，但 FIXED 表达式总是返回数据集中每个记录的总销售额。只有当你把这个表达式应用到筛选数据后的数据提取，应用到一个指向数据源连接的文件，或者向视图中添加上下文筛选器时，这个结果才会变化。

图 4-32 最右侧一列的图表显示了这个 FIXED LOD 表达式应用到另一个计算值，以获取每行销售额相对总销售额的百分比。比如 California/Furniture 的销售额 $517 378 就占据总销量的 5.78%。注意这个视图被筛选为只包含 4 个州 [亚拉巴马州（Alabama）、亚利桑那州（Arizona）、加利福尼亚州（California）和佐治亚州（Georgia）]，但 FIXED LOD 表达式仍然包括所有州的销售额。这是因为维度筛选器、度量筛选器及表计算是在 FIXED LOD 表达式计算之后才应用，之后才返回结果的。

FIXED LOD 表达式在计算销售额比例细节时非常有用。当你要创建可视化视图和仪表板来表示这些细节时，LOD 表达式使得这非常容易在一个图表中实现。除了在视图中表达计算的值外，你还可以把它包含在工具提示栏中作为文字表述，这需要把 FIXED 表达式和 % Line to FIXED 表达式移动到 Marks 区域的工具栏按钮上。

（2）EXCLUDE 表达式

利用 EXCLUDE LOD 表达式，允许你定义要在计算中忽略什么。这个表达式可以用在使用细粒度细节、没有东西需要忽略的低级别计算中。它提供了一种方式来表达视图的级别，或者表达高于视图级别的任意详细级别。改变视图中的内容会改变被计算的值。图 4-33 提供了一个示例。

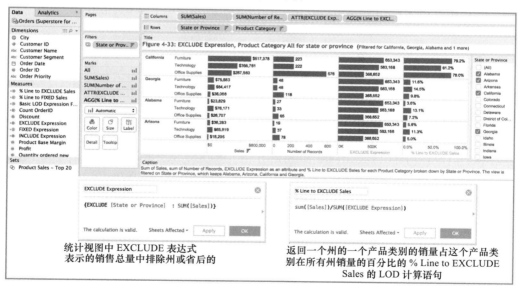

统计视图中 EXCLUDE 表达式
表示的销售总量中排除州或省后的

返回一个州的一个产品类别的销量占这个产品类别在所有州销量的百分比的 % Line to EXCLUDE Sales 的 LOD 计算语句

图 4-33　EXCLUDE LOD 表达式

这个可视化视图和图 4-32 相似，但因为采用了 EXCLUDE LOD 表达式，结果是不同的。左侧针对州和产品类别的图表显示的销售额合计没有变化，只是每个州内部的排序稍有不同。第三列的条形图显示的 EXCLUDE 表达式显示了每个产品类别在 4 个选出的州（Alabama、Arizona、California 和 Georgia）的销售总额。最右侧的 % Line to EXCLUDE Sales 计算每个州的相应产品类别销售额占据 4 个州对应产品类别总销售额的百分比。图 4-34 提供了汇总的对比数据。

Total Sales by Category				Total EXCLUDED Category Sales		
Product Category	Number of Records	Sales		Product Category	Number of Records	Sales
Technology	2,312	$3,514,982		Furniture	317	$653,343
Furniture	1,933	$3,178,624		Technology	340	$583,168
Office Supplies	5,181	$2,258,326		Office Supplies	837	$368,652
Grand Total	9,426	$8,951,931		Grand Total	1,494	$1,605,163

图 4-34　分类销售额汇总和 EXCLUDED 分类销售额汇总

图 4-34 左侧的文本表格按产品类别总计了 Superstore for TYD2 数据集中所有的销量记录。右侧的文本表格按产品类别显示了只显示在图 4-33 中的州（Alabama、Arizona、California 和 Georgia）的总销售额。我们可以对图 4-33 与图 4-34 里的数据进行比较。

图 4-33 第一列显示的是 California 的 Furniture 销售额。类似的，第二列记录数 223 表示 California 的 Furniture 销售的记录行数。包含 EXCLUDE 表达式 $653 343 的第三列是 4 个州（Alabama、Arizona、California 和 Georgia）的 Furniture 销售总额。最右侧第四列显示 % Line to EXCLUDE Sales 的列计算 California 销售额占 4 个州相关产品销售总额的百分比（$517 378/$653 343 = 79.2%）。

改变筛选器包含更多的州，就会改变第三列返回的总数量，从而改变第四列 LOD 表达式的值，这与图 4-32 采用 FIXED 表达式就不同了。你可以试着把 FIXED 表达式加入图 4-34 的视图中，来比较两个表达式的不同。

（3）INCLUDE 表达式

INCLUDE LOD 表达式让你能创建公式，考虑比可视化视图中具有更细粒度的维度。类似 EXCLUDE 表达式，用 INCLUDE 计算出的数量会随视图中出现的维度而变化。图 4-35 包含一个按照州和邮编统计的销售额条形图，以及州最大销售额。右侧用 INCLUDE 表达式的条形图视图显示了针对 Georgia 州按邮编统计的销售额。两个可视化都是只筛选了 2015 年的数据。

这个水平条的目的是显示州的总销售额及这个州中最大销售额对应的邮编。即便在条形图中细节的级别是区域 [West（西部）/South（南部）]，INCLUDE LOD 表达式提供了一种方式来显示具有最大销售额的州的邮政编码及其销售额。图中 Georgia 州被圈选突出显示，它在 2015 年年底的总销售额是 74 019 美元，这个州里按邮政编码划分的最大销售额是 17 483 美元。这从右侧的文本表格能够确认，这个州的邮政编码是 30318，它具有 2015 年本州最大销售额。

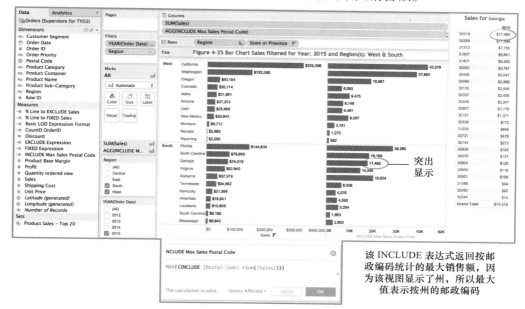

图 4-35　INCLUDE 计算的按邮政编码统计的最大销售额

你需要花些时间才能对 LOD 表达式的行为有所认识。它对你需要而不一定在视图中显示的细节内容提供了精确的控制。下面将学习不同的筛选器对 LOD 表达式有哪些不同的影响。

2. 筛选器会如何影响 LOD 表达式

对视图的筛选会影响 LOD 表达式计算返回的结果。精确的输出是 LOD 表达式和使用的筛选器类型共同作用的结果。Tableau 在数据源通过临时表格执行筛选，在本地基于可视化的内容执行筛选。表 4-1 显示了优先级顺序。

表 4-1　筛选器和 LOD 表达式的优先级顺序

Filter Type（筛选器类型）	Filter Applied At（筛选器应用在……）	LOD Expression（LOD 表达式）
Extract Filters（提取筛选器）	数据源	筛选器主管
Data Source Filters（数据源筛选器）	数据源	筛选器主管
Context Filters（上下文筛选器）	本地临时表	筛选器主管
Dimension Filters（维度筛选器）	本地	FIXED 占统治地位
Dimension Filters（维度筛选器）	本地	INCLUDE/EXCLUDE 占次要地位
Measure Filters（度量筛选器）	本地	所有 LOD 表达式占统治地位
Table Calc Filters（表计算筛选器）	本地	所有 LOD 表达式占统治地位

3. LOD 表达式的限制

LOD 表达式不是被每种 Tableau 能够连接的数据源支持。到 2015 年 5 月，下面这些数据源仍不支持 LOD 表达式：

- Cubes（数据立方体）。
- Google Big Query。
- DataStax。
- Informatica Data Services（Informatica 数据服务）。
- Microsoft Jet。
- Splunk。
- Actian Vectorwise。

其他数据源只被 Tableau 最近的版本支持。在 Tableau 软件的在线手册中搜索 *Data Source Constraints for Level of Detail Expressions*（LOD 表达式的数据源限制）可以获得最新的信息。

4. 关于 LOD 表达式的额外资源

关于 LOD 表达式额外的细节和示例参见本章末尾的注释。

5. 使用函数参考附录

Tableau 为函数提供了在线文档。Tableau 网站的用户论坛也非常好。然而，很多新手用户问及关于 Tableau 函数的更多细节参考及能够更加详细地解释公式语法的示例。在附录 E 你能发现这些资源。

在附录 E 中，我们根据函数类型按照字母顺序排列。每条函数参考介绍提供了关于函数的简单描述，典型的用例，基础、中级和高级示例。

在下一章，你要学习 Tableau 怎样创建用在地图中的地理空间数据。如果你的数据包含国家 / 地区、州或者其他标准的地理空间维度，你可以很容易地在地图中放置你的数据。

4.3　注释

1. Rosamund Stone Zander 和 Benjamin Zander.The Art of Possibility.New York:Penguin, 2002, 13。
2. Robin Cottiss. Understanding Level of Detail Expressions. Tableau Whitepaper,

2015. 详 见 网 址：http://www.dmgfederal.com/wp-content/uploads/2015/04/Tableau-Level-of-Detail-Expressions-Whitepaper.pdf。

3. Bora Beran. What's New in Tableau 9.0? Part 2—Level of Detail Expressions. 2015. 详 见 网 址：https://boraberan.wordpress.com/2015/01/30/whats-new-in-tableau-9-0-part-2-level-of-detail-expressions/。

4. Bethany Lyons.Top 15 LOD Expressions. 2015. 详见网址：http://www.tableau.com/LOD-expressions。

5. Michelle Wallace. Tableau 9 Beta-ers: Show Us How You're Bringing Data to a #WholeNewLevel!. 2015. 详见网址：http://www.tableau.com/pt-br/about/blog/2015/1/tableau-9-beta-show-us-how-bringing-data-wholenewlevel-36178。

第5章
使用地图提升洞察力

地图展示的远不止地形，它已经存在几个世纪了。记住这句名言："任意"能在空间中想象的，都可被绘成地图。新技术扩展了"任意"这个词在想象层面的含义，赋予地图绘制者以能力来唤醒任何方式的信息，包括人、地点、环境及任何可以放入地图的东西，并把它们用各种不同的方式迅速展现出来。

——约翰·威尔福德（John Wilford）[1]

人们习惯使用地图来查找地点、预测天气、查看世界各地发生的大事。把你的数据展现在地图上会给人们提供新的洞察力。在 Tableau 中把地理空间的数据可视化，为数据穿上了新的外衣，也带来新的理解。基于某些理由，人们总是把数据绘制在地图上。Tableau 的标准地图很好用，绘制速度也很快。你可以使用网络上的地图服务提供的定制版本的地图替代标准地图。或者，如果你的空间数据非常小，很难放置在地图上，你可以用图片来代替地图。

Tableau 提供了两种不同的地图类型：Symbol Maps（符号地图）和 Filled Maps（填充地图）。符号地图把标记点放置在标准地理单元的中心。填充地图对标准的地理轮廓采用度量或维度进行颜色编码并填充相关颜色。有三种标准的地图背景图像类型可以使用：

- 普通：陆地为白色，水域为蓝色。
- 灰度：陆地为灰色，水域为白色。
- 黑色：陆地为深灰，水域为浅灰。

如果你不需要对陆地和水域有清晰的区分，灰度地图会让人把注意力更多地集中到你的数据上。如果你不得不使用老旧的投影仪来演示地图，黑色地图类型就尤其有用。到 Map（地图）主菜单选择 Map Options（地图选项），可以尝试不同的外观选项。在这里，你可以改变地图的样式，切换地图背景颜色的深浅，或者应用不同的地图涂层。增加地图涂层提供了不同的上下文，可以包含基本层、陆地覆盖物、街道、高速路及美国人口调查数据。如果你要存储地图选项供以后使用，那么可以单击 Map Options（地图选项）对话框底部的 Make Default（设置为默认值）按钮。当你有互联网连接时，Tableau 的标准地图能够提供细粒度的地理细节。如果你没有互联网连接，Tableau 中有不太详细的脱机地图可供使用。

使用 Show Me（智能显示）按钮，你可以在 5 秒内创建一个地图可视化视图：双击任意一个地理维度（用地球图标表示），然后双击任意度量。Show Me（智能显示）总是在后台运作，它会放置 3 个字段块在合适的区域，之后给你提供一个表示了数据的地图，度量被放置在地图相关地理维度的中心点上。

5.1 新的地图功能

Tableau V9 版本增加了更多的地理细节。地名会本地化为与计算机操作系统相同的语言。现在的地图功能有更多的选择和筛选工具可用。你现在可以通过输入一个地名进行搜索。两个额外的选择工具被添加进来：Radial Search（径向选区搜索）和 Lasso Search（套索选择搜索）。地图渲染速度加快了，工具提示栏也可以实时渲染。从 V9.1 版本开始，径向选区搜索工具能评估和显示大概的距离（以本地化的度量单位），并且允许你关闭地图中的平移和缩放控制控件。

5.2 创建一个标准地图视图

注意观察，如果你向使用 Show Me（智能显示）生成的地图上放置更复杂的数据，会发生什么呢？使用 Superstore for TYD2 数据集，利用 Dimensions（维度）区域里的 State or Province 字段和 Measures（度量）区域里的 Product Category 字段创建一个地图。选择这些字段之后，使用 Show Me（智能显示）菜单中的 Symbol Map（符号地图）图标生成的地图如图 5-1 所示。

你能看到 Tableau 放置了 6 个字段块在不同的位置以创建这个符号地图。实际上，双击任意一个地理字段都会创建一个地图，其中的标记点会显示在每个实体的中心。这就是为什么你应该利用 Show Me（智能显示）来创建地图——它比手动拖曳字段到 Rows（行）和 Columns（列）区域中要快很多。

再次打开 Show Me（智能显示），选择填充地图。当你做出这个变化后，Tableau 会自动把 Product Category 字段移动到 Rows（行）区域中。这导致三个地图出现在视图中。每个地图显示一个特定产品类别的销售额。把 Product Category 从 Rows（行）区域拖曳到 Filters（筛选器）区域里，视图折叠回一个地图。我们还添加了一个针对 Product Category 的快速筛选器，改变了 Color Legend（颜色图例）

中使用的颜色，打开了每个州的标签（label）以显示销售额。图 5-2 显示了筛选产品类别为 Office Supplies 和 Technology 的结果视图。

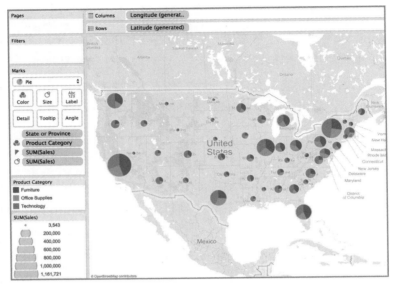

图 5-1　利用 Show Me 创建符号地图

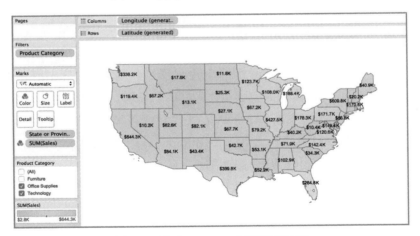

图 5-2　通过 Show Me 创建填充地图

通过单击 Marks（标记）区域的 Label（标签）按钮，打开 Show Mark Labels（显示标记标签）选项以显示销售额数据。数字的格式经过了修改，选择标签并右击，然后通过格式菜单把数字格式变为货币型，小数点后的数字为 1 位，单位为 K。要编辑地图样式，从 Map（地图）主菜单里选择 Map Layers（地图层）菜单项。图 5-3 的左侧显示了 Map Layers（地图层）菜单的内容。

从 Tableau 的 V9.2 版本开始，你可以从 Map（地图）菜单中选择 Map Options

（地图选项），打开如图 5-3 右侧所示的浮动控件。通过这个浮动控件，你可以控制是否允许地图平移和缩放（Allow Pan and Zoom）、是否显示地图搜索（Show Map Search）、是否显示视图工具栏（Show View Toolbar）。

对图 5-2 的填充地图，Washout（冲蚀）选项被改成了 100% 以隐藏地图不必要的部分。美国边界表示为黑色线条。如果有州缺乏销售额数据，它就会保留空白。在 Map Layers（地图层）的 Background 区域，地图类型选择为 Light（浅色）。还有其他两个地图类型可选：Normal（普通色）和 Dark（黑色）。图 5-4 显示了三种不同类型的区别。

图 5-3 中的 Map Options（地图选项）菜单让你可以选择更多地图层，向地图中加入更多额外细节。这些选项让你可以通过颜色编码（color encode）对不同的州、镇、邮政编码或人口调查区域显示不同级别以体现数据细节。

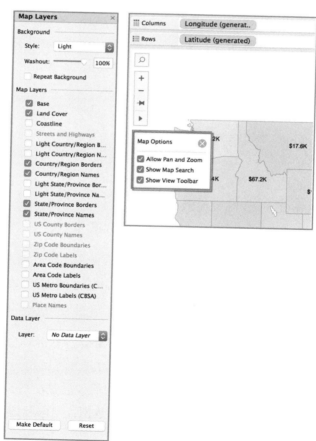

图 5-3　Map Options 菜单

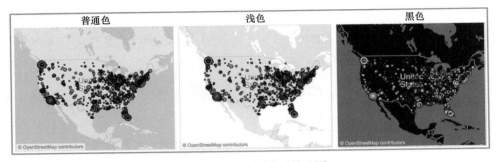

图 5-4　三种不同类型的地图

5.2.1　Tableau 怎样对数据进行地理编码

Tableau 把标记点放置到你的地图中，把它们自动定位到每个地理单元的中心点，能够识别大量标准的地理实体。Tableau 上有美国详细的地图，对国际上其他区域的地理信息也较为详细，并且随着版本的更新，信息量在不断增长。地理单元包括：

- Area Code（区域代码）。
- CBSA/MSA (USA Census Blocks)（美国人口调查区域）。
- City（城市）。
- Congressional District (USA only)（选举区，只限美国）。
- Country/Region（国家 / 地区）。
- County（镇）。
- State/Province（州 / 省）。
- ZIP Code/Post Code（邮政编码）。
- Latitude/Longitude（经纬度，添加自己的数据）。

本地存储的地理数据用来把你的信息放置在地图上。默认情况下，Tableau 中有细节化的在线地图[2]。如果你没有连接网络，Tableau 的离线地图会给你提供不那么详细的地图图像。图 5-5 显示了 San Francisco 和 New York City 的在线地图。

使用浅色的地图样式显示街道和高速公路地图层。图 5-5 还根据邮政编码的细节级别提供了预估的人口增长率。邮政编码的边界和标题也显示了出来。黑色标记（圆圈）显示这个邮政区域的销售额数据，它们被放置在图 5-5 每个邮政区域的地理中心。现在，Tableau 不包含国际人口调查数据，但国际地图包括大量的道路细节。图 5-6 采用普通地图样式显示了 4 个城市。

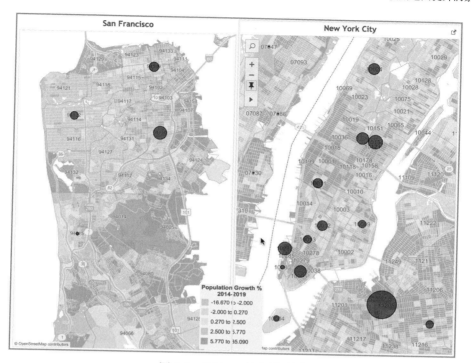

图 5-5　Tableau 的在线地图

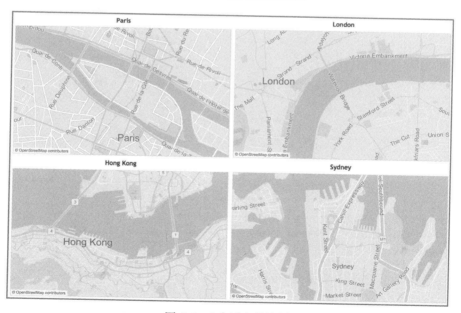

图 5-6　4 个城市的地图

　　Tableau 需要平衡地图的渲染速度和细节程度，以便你能快速找到相关的参考点。这是通过控制地图数据的粒度实现的，当你放大地图至更细节的区域时，地图的细节也越来越多。Tableau 地图包含全球超过 300 000 个城市，全球大部分地点的详细地图都是可用的。

5.2.2　在地图中搜索项目

为你的数据创建地图后，一般来说你会希望把注意力放到地图的特定区域。Tableau 的地图本身就提供了缩放、选择和筛选工具。图 5-7 突出显示了这些工具。

图 5-7 左上角的加号（＋）和减号（－）是基本的地图缩放工具。当你做出缩放动作后，下面的图钉符号会显示为按下状态。单击最下面的右三角按钮会弹出更多工具，包括一个放大工具、一个矩形选择工具、一个圆形选择工具及一个套索工具。图 5-7 显示了用套索选择工具选择后地图上高亮显示的标记点。试着在地图上使用这些工具以熟悉它们的操作方法。

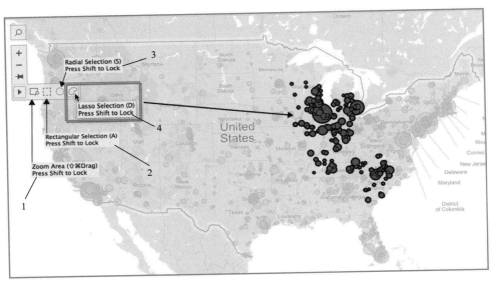

图 5-7　地图缩放和筛选工具

1—Zoom Area（缩放区域）按住 \<Shift\> 键以锁定　2—Rectangular Selection（矩形选择，快捷键 A）按住 \<Shift\> 键以锁定　3—Radial Selection（圆形选择，快捷键 S）按住 \<Shift\> 键以锁定　4—Lasso Selection（套索选择，快捷键 D）按住 \<Shift\> 键以锁定

圆形和套索选择工具都是在 V9.0 版本新加入的。Tableau 还提供了地点文本筛选工具，如图 5-8 所示。

你能看到，图 5-8 的地图被输入的关键字 "Manhattan, New York" 筛选过。你可以用这个筛选器选择任意 Tableau 能识别的地理单元。

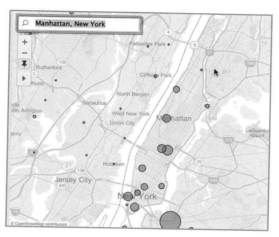

图 5-8　文本筛选工具

5.2.3　典型的地图错误及如何应对

　　数据丢失或产生错误的现象并不少见，尤其是当你初次接触某些数据的时候。幸运的是，Tableau 可以帮助你辨别不一致的细节，并且在不直接编辑数据源的情况下做出快速修正。图 5-9 显示了一个填充地图，它的颜色编码显示了每个州的相应销售额。你能看到这里出现了一些错误，因为 Missouri 州为空。这可能是因为Missouri 州的名称使用了简写 MO，而其他州名都没有使用简写。在本例中，错误是因为数据源里 Missouri 州的名称出现了拼写错误。

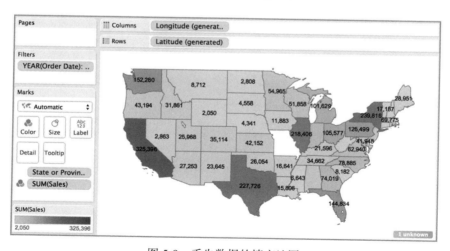

图 5-9　丢失数据的填充地图

　　在图 5-9 的右下角区域有一个灰色块，显示了错误提示文字（1 unknown）。这提示数据集里有一个地理记录发生了丢失或未能识别。单击这个文字块，打开Special Values（特殊值）菜单，这里提供了处理未知记录的三种选择：

- Edit Locations（编辑地点以纠正这条记录的错误）。
- Filter Data（筛选数据以排除这条记录）。
- Show Data at Default Position（在默认位置显示数据，这个位置是零位置）。

选择 Edit Locations 选项，弹出如图 5-10 右侧所示的对话框。Tableau 识别州名 Missouri 有拼写错误。这就是为什么地图上 Missouri 州没有颜色填充。你可以在 Matching Location（匹配位置）区域输入正确的拼写来修正这个错误。只需输入几个字母，Tableau 就会自动缩小候选列表至 Mississippi 或 Missouri。选择 Missouri 作为这个州在 Tableau 中正确拼写的别名，就修正了这个错误。数据源仍然是错误的，但 Tableau 的别名会在地图中纠正这个错误。单击 OK 按钮会锁定这个修改。Tableau 能识别地名的不同形式（比如简写），也能编辑其他地理实体（比如城市、镇、省等）。这种快速识别和纠正非正确记录的能力可以大大节省你的时间，也为你提供了详细的反馈，让你能很容易纠正数据源里的错误。

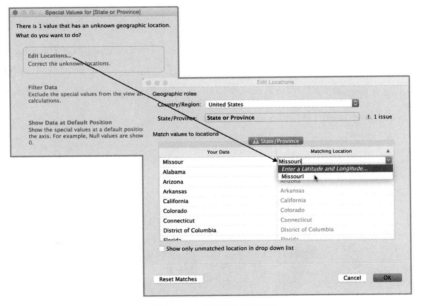

图 5-10　纠正地名错误

5.2.4　在地图上定位自己的地点

让 Tableau 收集和存储世界上所有的地点是不现实的。如果你希望把 Tableau 不能自动识别的特定地点定位在地图中，有两种不同的办法。你可以增加特定地点的经度和纬度到你的源数据里，或者把这些地理编码的列表导入 Tableau 中。

1. 把自定义地理编码添加到数据源

要把自定义地理编码添加到你的数据源，必须获取以经度和纬度表示的地理坐标。有不少基于网络的免费地理编码服务能提供这些信息。图 5-11 显示了 New York 大都会区域的一个爵士俱乐部列表，包括必要的经度／纬度数据。

	ID	Venue Name	Address	City	Phone	State	Type	latitude	longitude
2	1	Paramount Center for the Arts	1008 Brown Street	Peekskill	877-840-0457	NY	Jazz Played	41.2899838	-73.9197845
3	2	Metropolitan Museum of Art	1000 Fifth Avenue	New York	212-535-7710	NY	Jazz Played	40.7791544	-73.962697
4	3	Buckingham Hotel	101 W. 57th St.	New York	212-999-5585	NY	Jazz Played	40.7645904	-73.9773501
5	4	Vox Pop Brooklyn	1022 Cortelyou Road	Brooklyn	718 940 2084	NY	Jazz Played	40.63932	-73.967996
6	5	Oceana Hall	1029 Brighton Beach Ave	Brooklyn	718-513-6616	NY	Jazz Played	40.5783085	-73.9584269
7	6	Oceana Ballroom	1029 Brighton Beach Ave.	Brooklyn	347-462-2810	NY	Jazz Played	40.5783085	-73.9584269
8	7	North Square Lounge	103 Waverly Place	New York	212-254-1200	NY	Jazz Played	40.7325	-73.998692
9	8	Jazz Museum in Harlem	104 E. 126th Street	New York	212-348-8300	NY	Jazz Played	40.80528	-73.938056
10	9	Lansky Lounge & Grill	104 Norfolk Street	New York	212-677-9489	NY	Jazz Played	40.7143528	-74.0059731
11	10	Cafe Sabarsky	1048 5th Avenue	New York	212-628-6200	NY	Jazz Played	40.781219	-73.960228
12	11	Havana - New Hope	105 South Main Street	New Hope	215-862-1933	PA	Jazz Played	40.3616309	-74.9504278
13	12	The Village Quill	106 Franklin Street, Second Floor	New York	212-226-0442	NY	Jazz Played	40.7143528	-74.0059731
14	13	Arturo's Restaurant	106 West Houston Street	New York	212-677-3820	NY	Jazz Played	40.727459	-74.000351
15	14	Village Ma	107 Macdougal Street	New York	212-529-3808	NY	Jazz Played	40.729911	-74.000945
16	15	Clemente Soto Velez Cultural Center	107 Suffolk Street	New York	212.260.4080	NY	Jazz Played	40.7190801	-73.9861613

图 5-11　自定义地点列表

图 5-11 显示的示例数据只是超过 500 条记录的部分。你可以在最右侧的两列看到它们的坐标。使用自定义的经度、纬度数据可以精确定位每个地点。图 5-12 显示了定位这些地点列表的地图，其中的工具提示栏能够显示每个地点的额外细节。

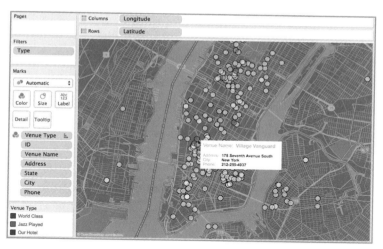

图 5-12　自定义地理编码

行和列区域放置了自定义的经度和纬度坐标，以便在地图上定位标记点。工具提示栏也经过自定义来显示街道地址、电话号码及场所信息。黑色（Dark）地图样式经过了轻微的修改，通过 Map Lagers（地图层）菜单项改成了 25% 的冲蚀（Washout）。

2. 把自定义地理编码导入 Tableau

如果你不怕麻烦去添加自定义的地理坐标，让这些信息可供公司其他人使用，不是一个很好的主意吗？这通过把地点坐标直接引入 Tableau 桌面版中就可以实现。它们被引入之后，自定义的地点就像 Tableau 内部默认的地理单元一样。被导入的文件必须包括这些特征：

- 赋予每个地点记录一个唯一的标识符（主键）。
- 用逗号分界的 CSV 格式存储这个位置文件。
- 注明坐标字段的经度和纬度（这些关键数据一定要提供）。

最好不要在这样的文件中包含太多的额外维度数据。当你要进行导入时，确保只有一个 Tableau 实例处于打开状态。如果你想把这些自定义数据共享给其他人来创建 Tableau 报表，可以把这个列表保存在一个共享的网络位置，以便其他人也可以导入同样的列表。图 5-13 是具有正确导入格式的自定义地理编码表格示例。

	Whse	Latitude	Longitude
2	1	40.157319	-75.403442
3	2	41.816565	-87.735664
4	3	33.409758	-84.727439
5	4	32.622213	-97.305182
6	5	33.975119	-118.42637

图 5-13　自定义地理编码表格

把这个自定义列表存储为以逗号分隔的 CSV 格式文件后，这个自定义地理数据就可以被导入 Tableau 中。通过主菜单激活导入过程 ["Map（地图）"→"Geocoding（地理编码）"→"Import Custom Geocoding（导入自定义地理编码）"]。导入一个小文件只需要几秒，大文件可能会需要几分钟。实施导入会在你的计算机上（目录为 My Tableau Repository/Local Data）创建一个新的数据文件。自定义数据存储为一个 Tableau 数据源文件（.tds），文件名与被导入的源 CSV 文件相同。

3. 在地图中使用自定义地理单元

把自定义地理编码引入 Tableau 桌面版之后，你就可以利用它们和其他数据文件来创建地图，但前提是这些数据包含的地点也包含在你导入的地理编码中。本示例使用的自定义数据文件如图 5-14 所示。

	A	B	C	D	E	F
1	Whse	Street	City	State	Zip	Headcount
2	1	3123 Ridge Pike	Eagleville	PA	19403	100
3	2	4500 West 42nd Place	Chicago	IL	60632	150
4	3	365 Walt Sanders Drive	Newnan	GA	30265	50
5	4	1425 Forum Way South	Fort Worth	TX	76140	105
6	5	13031 West Jefferson Blvd.	Los Angeles	CA	90066	225
7						

图 5-14　仓库位置表格

注意，在如图 5-14 所示的表格里没有任何经度或纬度数据。Whse 字段是用来和导入的如图 5-13 所示的自定义地理编码表格建立联系的。使用这些自定义地理编码需要下面几个步骤：

1）把 Tableau 连接到一个数据源。

2）改变主键的地理角色（使用导入的自定义地理信息）。

3）使用视图中的主键在地图中定位地点。

更改仓库地点的地理角色，可以右击
Whse 字段并选择"Geographic Role（地理
角色）"→"Whse"，如图 5-15 所示。

Whse 字段的图标将会变成类似标准的
地理图表，只是在地球的前面多了一个小
列表。Tableau 现在将识别导入的地理数据。
图 5-16 显示放置了自定义地理编码的仓库
位置地图。

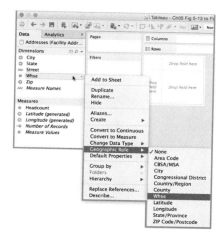

图 5-15　改变地理角色

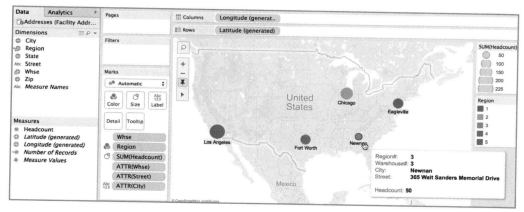

图 5-16　仓库位置地图

注意，在 Columns（列）和 Rows（行）区域都使用（生成的）经度和纬度字段，
它们来自导入的自定义位置，在地图上放置仓库位置的标记。指针停留在 Newnan
位置上方，自定义的工具提示栏会出现，显示这个仓库的详细信息。放大图 5-17
中的 Los Angeles 位置，你可以看到这个标记点的定位比 Tableau 标准的地理编码
提供的定位更精确。这个地理定位就是由图 5-13 导入的地理编码提供的，工具提
示栏的细节由图 5-14 所示的电子表格提供。

在本小节的开篇使用自定义地理编码的步骤不是取得这个结果的唯一方式。你
可以在任意时候导入自定义地理编码，即便你已经采用标准地理信息对标记点进行
了定位。

在本小节你已经学习了如何在地图上按照自定义地理编码精确定位位置，在
5.2.5 小节将学习怎样用来自网络的自定义地图替换 Tableau 的标准地图。

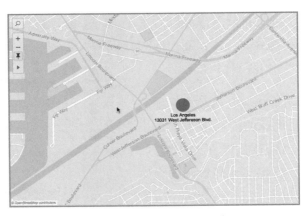

图 5-17 Los Angeles 的仓库

5.2.5 替换 Tableau 的标准地图

Tableau 地图的可视化是一种特殊的散点图，它采用地图的图像作为背景，使用特殊的度量（经度和纬度）在地图上定位标记点。这意味着你可以用其他的图像文件替换 Tableau 的标准地图。

1. 为什么要替换 Tableau 的标准地图

Tableau 的动态地图文件在保证高质量地图细节的同时还要考虑优化地图的渲染速度。但如果标准地图不能提供你需要的足够细节，Tableau 也可以使用自定义地图替换标准地图。通过多一点的努力，你甚至可以使用图像文件作为地图背景。

有很多原因使得你可能希望替换 Tableau 的标准地图文件。自定义地图包括非标准的地图单元或者统计信息。也许你的空间数据不够大，在标准地图上甚至很难看到，例如仓库或办公室的布局、零售货架图、楼群建筑、电路板原理图、Web页面，甚至人体。你的空间数据的范畴也可能是显微级别的。

只要你能在空间布局里定义垂直（y 轴）和水平（x 轴）坐标，就能把这些数据点精确放置在图像文件里。这个过程可能很简单，只需要点击几下鼠标，也可能需要很多工作。

2. 替换 Tableau 的标准地图以丰富信息

替换 Tableau 标准地图最简单的方式是通过基于网络的地图服务。Tableau 可以无缝集成遵守开放地理空间信息联盟（Open Geospatial Consortium，OGC）开源地图协议的地图。很多基于网络的地图服务都遵循 Web Mapping Service (WMS)（网络地图服务）协议。用 WMS 服务替换 Tableau 的标准地图非常容易，因为这些服务提供地图的坐标维度，因此不需要你自己再去定义地图的坐标。Tableau 把这些地图导入并存储为 Tableau 地图源文件（.tms）。

如果你有特定的需求和资源，需要搭建自己的 WMS 服务，这方面可以参考 Tableau 的在线手册。本书关于使用 WMS 服务器和导出 WMS 服务的部分介绍得比较简洁，Tableau 的在线手册提供了清晰的介绍，所以这里不再重复那些内容。不建议为关键的报表使用免费的 WMS 地图服务，那些服务并不稳定。免费 WMS 服务提供的地图文件质量通常来讲不是非常好，渲染速度可能慢到难以接受。如果你需要更具反应速度的地图图像，还是去找一些付费服务吧。

创建一个自定义的 TMS 文件

连接到并不支持 WMS 协议的地图服务也是可能的，但需要多做一些工作。Tableau 提供了一个知识库文章，介绍怎样创建一个 Tableau 地图服务（Tableau Mapping Service，TMS）文件。扎克·戈尔曼（ZakGorman）在 InterWorks Blog 网站发表的一篇博客文章提供了额外的资源，能帮你定位额外的地图样式[3]。

Tableau 把标准地图文件存储在你本地硬盘 My Tableau Repository 目录下的 Mapsources 文件夹内。参考以上知识库文章获取更多细节。你可以把 Tableau 的标准地图替换为其他的地图服务，只要这些地图服务遵守下面的标准：

- 地图必须作为一系列标题集合的形式返回。
- 标题必须是 Web Mercator 投影。
- 标题必须能通过 URL 使用与普通 WMS 同样的数量模式来访问。

即便你不是 XML 编程人员，只要你能找到合适的地图服务，通过修改几个变量也可以创建你自己的 TMS 文件。要这么做需要一个文本编辑器。Windows 提供了基本的文本编辑器 Notepad。Mac 默认的文本编辑器叫 TextEdit。笔者喜欢的文本编辑器是 Sublime Text，它有 Windows 和 Mac 两个版本。你甚至可以用 Word 来创建 TMS 文件，只要你把它存储为普通文本文件（.txt）就可以。把图 5-18 的 XML 文件内容复制到你的文本编辑器，开始你的工作。

```
1  <?xml version="1.0" encoding="utf-8"?>
2  <mapsource inline="<boolean>" version="8.1">
3  <connection class="OpenStreetMap" port="80" server="<server-url>" url-format="<url-format>" />
4  <layers>
5  <layer display-name='Base' name='base' show-ui='false' type='features' request-string='/' />
6  </layers>
7  </mapsource>
```

图 5-18　复制这个 XML 文件

你需要改变三个变量：

- The Boolean（布尔型值，真或假）。
- The server-url（服务器的 URL）。

■ The url-format（URL 的格式）。

在图 5-18 中的第 2 行，你能看到布尔型占位符 <boolean>。在第 3 行，你将用需要渲染基础地图层的特定值来替代 <server-url> 和 <url-format>。这几行脚本都是做什么的？第 2 行定义了是否特定的 TMS 配置要被存储到工作簿之内。回答为真，意味着存储；回答为假，意味着不存储。

如果提供了假的布尔型值，Tableau 必须能访问存储在 Mapsources 文件夹内的 TMS 文件，以显示特定地图服务器的地图。除非你的环境需要这样，否则尽可能把 <boolean> 的脚本替换为真，这会提供最大的适应性。不论你发布到 Tableau Server 的一个内部实例上还是发布到 Tableau Public，你的自定义地图都可以工作。对于这个示例，使用了真值。

第 3 行包含服务器的地址和地图标题的格式信息。这里至少有三个变量需要定义。要提供 server-url 和 url-format 变量，你需要一个能满足之前给定需求的公共地图资源。扎克·戈尔曼（Zak Gorman）的博客文章提供了很棒的网络资源，可以在 http://mc.bbbike.org 找到地图。打开浏览器，导航到这个网址，输入 1 后按键盘上的 <Enter> 键。这会筛选视图直至只包含一个地图，而不是这个网址确实显示的 4 个地图视图。图 5-19 显示了 BBBike.org 网址，其中 OSM Toner Retina 显示了基础地图层，以及第 3 行需要的相关 XML 脚本。

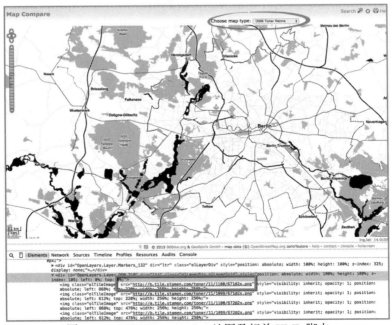

图 5-19　OSM Toner Retina 地图及相关 XML 脚本

注意，在这个网页有很多其他类型的地图可用。你需要用在 TMS 文件中的脚本，在图 5-19 中用框标注了出来。这个 XML 文件中，在"scr="后面的"http://b.tile.stamen.com"是 server-url 信息，紧接着的是 url-format 信息，你需要用 url-format 变量"/{Z}/{X}/{Y}"来替代硬编码的数字 (11/1100/671)。完整的脚本应该像图 5-20 那样。

图 5-20　完整的 TMS 文件

当你完成了这个文本文件，就像图 5-20 那样，为它增加扩展名 .tms 后存储到你个人计算机的 Mapsources 文件夹。这个文件夹的默认位置根据你计算机的环境而有所不同。

- Windows 机器：C:\Users\<user>\Documents\My Tableau Repository\Mapsources。
- Mac 机器：/Users/<user>/Documents/My Tableau Repository/Mapsources。
- Tableau Server 环境：C:\Program Files\Tableau\Tableau Server\<version>\vizqlserver mapsources。

一旦自定义 TMS 被存入正确的硬盘文件夹，你可以用这个 StamenTonerR 地图层替换标准的 Tableau 地图。要用这个新的自定义 TMS 文件创建一个自定义地图，创建一个关于数据的标准地图视图，再用自定义 TMS 文件替换标准地图背景。图 5-21 显示了关于数据源 Superstore for TDY2 的地图，筛选了 New York 州的数据，之后放大到 New York City 区域。

如图 5-21 所示，选择 Map（地图）菜单里的 Background Maps（背景地图）菜单项，你就可以选择刚刚创建的 StamenTonerR 地图类型。笔者的 iMac 有 8 个其他自定义 TMS 地图层。这些文件在本书相关网站第 5 章的文件夹中能找到。你可以用自己的文本编辑器查看这些文件，或者直接把它们放在你的 Mapsources 文件夹中测试它们是否能够工作。图 5-22 显示了 6 个不同的自定义地图。

自定义地图很有趣。如果你要发一篇博客，需要一些特殊的地图来向其中添加可视化的兴趣点，自定义基础地图层就很有用。Tableau 的标准地图非常好，工作流畅。使用标准地图而不是自定义地图可以确保最快速的负载速度。如果你希望放置标记的空间小很多怎么办？Tableau 中的地图只是在一个地图背景和预先定义的坐标系统上布置散列点，下面将学习怎样利用任意背景图像创建地图。

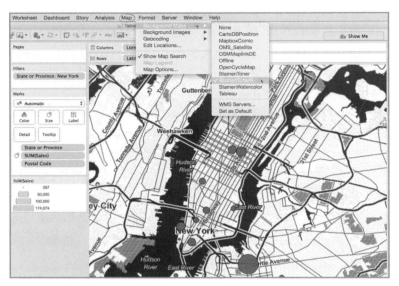

图 5-21　自定义的 TMS 文件地图

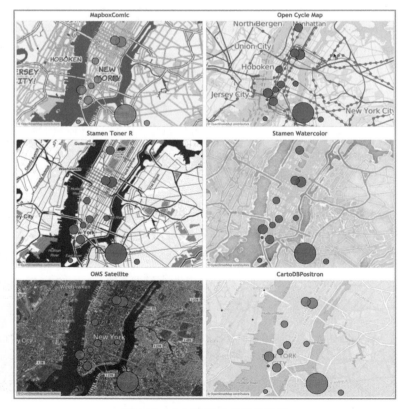

图 5-22　6 个不同的自定义地图

5.2.6　使用自定义背景图像放置空间数据

如果你希望布置的空间数据在地图上能不充分地描绘出来，还可以使用图像文件作为背景，这个选项提供了无数可能的优势。但这需要更多工作才能实现，因为你要定义图像的边界坐标系，还需要放置在图像上的项目点的坐标。

1. 为何非标准定位点是有用的

有些空间数据对地图来说太小了，以至于看不出有什么意义，但分析它们仍有可能产生有趣的洞察。或者，如果你知道观众不能连接到网络，你可以导入一个包含特定细节的自定义地图图像，这些细节图像通常只有连接到网络才可用。比如，你在一个大的办公室工作，希望分析办公室内部的活动，定位员工一定时间内在办公室内的移动动作也许能帮你改善办公室的布局；零售货架管理员有兴趣跟踪物品在货架上的放置对销量有什么影响；游乐场管理者可能有兴趣看到取款机在游乐场里的放置对不同游乐区的收入有什么影响。在 Tableau 中对空间数据的分析只受限于你自己的想象力。

2. 创建一个自定义空间定位所需的步骤

利用图像文件创建空间分析需要一些额外的步骤，这些步骤中并不需要采用 WMS 的图像，因为地图上的边界坐标是基于地图的经度（y 轴）和纬度（x 轴）的。地图服务提供了关联的坐标系，但图像文件没有内置的坐标系。使用一个图像创建空间定位需要下面几个步骤：

1）查找或创建一个图像文件（.jpeg 或 .png 格式都可以很好地工作）。

2）裁剪图像，只包括你需要的细节。

3）定义图像边界（用任意你需要的度量单位）。

4）向你的数据集添加地点坐标。

5）根据地点坐标在图像上精确定位标记点。

假设你要设计一个小的办公室楼层计划，楼层平面图用来作为背景图像以定位员工在这个空间里的移动。你能获取的数据精确级别取决于你的动作捕捉系统。图 5-23 包含用来创建自定义背景地图的平面图文件。

你能看到，图 5-23 的图像文件中包含一些在楼层平面图之外的外围区域，它们不是楼层平面图的组成部分。在图像文件中包括楼层平面图外部的区域会让后面的图像布置更加复杂，因为办公室的尺寸应该只围绕办公室的空间区域展开。因此，裁剪掉周围的空白区域，让它们只包含真正的楼层平面图，这是很重要的。

这个示例楼层的尺寸为 64 英尺 0 英寸 ×27 英尺 7.5 英寸（1 英尺 =0.3048 米，1 英寸 =0.0254 米）。我们可以用英寸为单位定义坐标系，这能在办公室空间内的每个位置点提供精确的标记点位置信息。

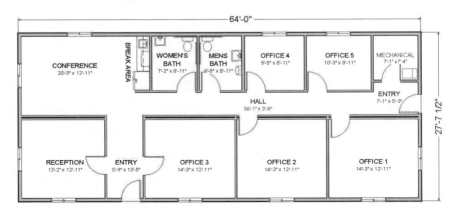

图 5-23　办公室楼层平面图

在非标准地图上定位标记点

把点定位到图像上需要花一点时间。要为本例提供足够的细节级别需要在楼层平面图的每个房间里至少布置一个定位点。图 5-24 包括需要进行定位的地点的数据集，原始的预估点坐标也包含在表格中。

	A	B	C	D
1	Location	LocID	X	Y
2	Reception	1	120.0	72.0
3	Conference	2	120.0	264.0
4	Womans Bath	3	318.0	300.0
5	Mens Bath	4	330.0	300.0
6	Mechanical	5	720.0	312.0
7	Break Area	6	228.0	300.0
8	Office 1	7	696.0	72.0
9	Office 2	8	576.0	72.0
10	Office 3	9	300.0	72.0
11	Office 4	10	540.0	300.0
12	Office 5	11	648.0	300.0
13				

图 5-24　预估的办公室点坐标

这个可视化的目标是把标记点定位在图中，并且不会掩盖办公室布局图中的房间标签。完成这样一个办公室平面图需要以下几个步骤：

1）连接到如图 5-24 所示的包含数据的数据集。

2）分解度量（以便每个不同的办公室地点出现）。

3）添加如图 5-23 所示的办公室平面图的图像。

4）编辑（X，Y）坐标以便精确定位标记点。

连接到数据集后，（X，Y）坐标度量值应该放置到行和列的区域中，这将生成带有一个标记点的散点图。Tableau 会表示（X，Y）坐标数据的和，所以度量需要取消聚合，以显示数据集中每个单独的行。这就会把楼层平面图中每个坐标点定位在自己的位置上。要这么做，需取消 Analysis（分析）菜单中的 Aggregate Measure（聚合度量）选项。图 5-25 显示了取消聚合前后的视图。

下一步，通过 Map（地图）菜单下的 Background Images（背景图像）菜单项把背景图像添加到楼层平面图中，并设置背景图像的边界坐标系。图 5-26 显示了输入坐标系的对话框和定义图像如何显示的对话框。

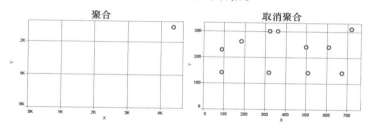

图 5-25　连接到数据

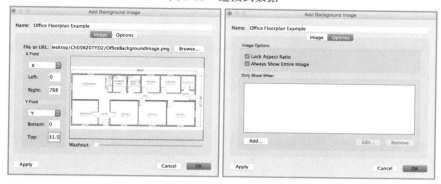

图 5-26　定义图像边界

在图 5-26 的左侧，你能看到 Add Background Image（添加背景图像）对话框。在这里你要设置（X, Y）坐标轴的范围，值通过英寸来定义。选择 Options（选项）弹出右侧的对话框。在该对话框选中的选项保证了背景图像即便总尺寸发生变化也不会产生扭曲。单击 OK 按钮，图像添加到视图后的效果如图 5-27 所示。

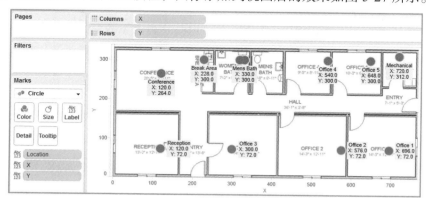

图 5-27　初始的楼层平面图

在图 5-27 中，初始的预估标记点坐标是有些偏差的。一个好的重新定位这些标记点的方法是在你的 Tableau 工作簿旁边打开源文件（如果你有一个大显示器或者双显示器，这样做会很方便）。源文件在可视化的旁边打开，在源文件中输入修改后的坐标值（并存储），在 Tableau 的 Data 窗口右击数据源来刷新 Tableau 的视图。你会看到标记点的位置发生了相应改变。图 5-28 是最终调整后的坐标点布局。

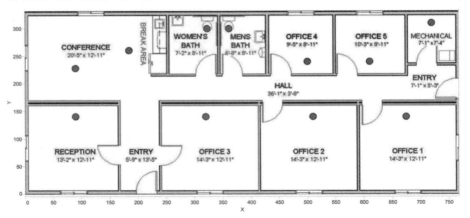

图 5-28　调整定位点的坐标

看看每个坐标点是如何精确定位的？卫生间里的标记点都设置在了马桶上。通常需要多尝试几次才能把它们定位在那里，因为在图像文件上定位本身很大程度上就是一个尝试—纠错的过程。对标记点的坐标进行标注对这个工作很有帮助。通过合适的捕捉系统，定位点的坐标数据可以通过一个实时系统来提供，它能捕捉人员的位置，并且与时间标签一同提供出来，以创建员工移动的动画视图。这个技术可以用在很多不同的场合。

3. 发布带有非标准地理信息的工作簿

如果你使用自定义的地图或图像文件，并且要共享 Tableau 的工作簿文件（.twb）给其他人，就必须同时把定制的源地图文件（.tms）共享给他们，否则他们看不到定制的地图。或者，你可以用 Tableau 的打包工作簿文件（.twbx）来分发这个工作簿。Tableau 的打包工作簿会把你的数据和任意自定义图像文件（.tms）存储在其中，就不再需要单独提供这个自定义文件（.tms）了。

4. 整理数据以使用点对点地图

在地图上提供点到点的细节需要你的数据支持地点定位，以及在每两个点之间建立连接。可能会用到这种表示方法的场景包括提供卡车运行路线、地铁运行线路或者城市交通流。使用图像文件布置非常小区域内的散点图能形成类似的表示，这个区域太小而不可能放在地图上。现实的应用可能需要自动收集带有时间戳的地理位置点，可能需要成千上万条记录。要把这些点布置到地图上，你的数据需要包含：

■ 每个地点都有一个唯一的主键。

- 地点的坐标（经度和纬度）。
- 与数据有关的其他度量或状态。

下面的示例将描绘两个办公室地点之间的点对点运行。连接每个点之间的线条都用颜色编码来表示普通速度下通行这个线段需要花费的分钟数。图 5-29 提供了带有必要细节的数据集示例。

	A	B	C	D	E	F	G	H	I	J
1	Point ID	Location Name	Type	Latitude	Longitude	Start Time	End Time	Elapsed Time	Seg Duration	Comment
2	1	Stillwater Office	Office	36.105116	-97.104061	13:00:00	13:00:30	0.0	0.0	Starting point in front of the Stillwater office
3	2	Stillwater entrance	Roadpoint	36.105144	-97.104984	13:00:30	13:01:00	0.1	0.1	Turn right on to S. Sangre Road
4	3	OK-51 and S Sangre Rd	Roadpoint	36.11603	-97.105223	13:01:00	13:02:00	1.0	0.9	Turn left on to OK-51
5	4	I-35 Ramp, South	Roadpoint	36.115686	-97.34535B	13:02:00	13:16:00	15.0	14.0	Turn right on exit ramp to I-35 South
6	5	I-35 South	Roadpoint	35.812803	-97.416398	13:16:00	13:36:00	35.0	20.0	Continue on I-35 South
7	6	Highway	Roadpoint	35.609447	-97.425155	13:36:00	13:49:00	48.0	13.0	Continue on I-35 South
8	7	Harrison Ave	Roadpoint	35.544237	-97.458242	13:49:00	13:51:00	50.0	2.0	Take I-44 West toware Lawton/Amarillo
9	8	NE 4th Street, OKC	Roadpoint	35.529691	-97.514078	13:51:00	13:59:00	58.0	8.0	Task the south exit to 1-235 South
10	9	Walker Avenue, OKC	Roadpoint	35.473929	-97.508934	13:59:00	14:01:00	60.0	2.0	Turn right on Harrison Avenue exit
11	10	Walker Avenue, OKC	Roadpoint	35.471846	-97.511866	14:01:00	14:04:00	63.0	3.0	Veer right on 4th Street
12	11	OKC Office	Office	35.472169	-97.520441	14:04:00	14:06:00	65.0	2.0	Ending point - OKC office

图 5-29　点对点的细节

图 5-29 所示的路线起始于位于 Stillwater, Oklahoma 的数据点 1，结束于位于 Oklahoma City, Oklahoma 的数据点 11。如果这里有针对不同地点的多条记录，地点的组合、主键、时间戳都可以用来标识唯一的数据点。在这样的情况下，度量可能需要取消聚合（通过 Analysis 菜单取消选中 Aggregate Measures 菜单项），以便能够显示对每个地点的不同次数的访问。因为示例数据集的每个地点只包括一条记录，所以没有必要对度量取消聚合。图 5-30 显示了完整的点对点绘图。

图 5-30　路线的地图视图

注意到，线段标记的类型在 Marks（标记）区域里做了选择。Point ID 定义了路线的顺序，必须拖曳到 Path（路径）按钮上，使得线条按照正确的顺序连接每个点。把 Point ID 拖曳到 Label（标签）按钮上，让每个地点的 Point ID 号也能显示在地图中。连接路线的线段按照所花费的时间进行了颜色编码。因为它覆盖了比较大的区域，有必要提供两个额外的地图视图放大显示起点和终点处的局部区域。图 5-31 显示了更细粒度的街道级别的细节。

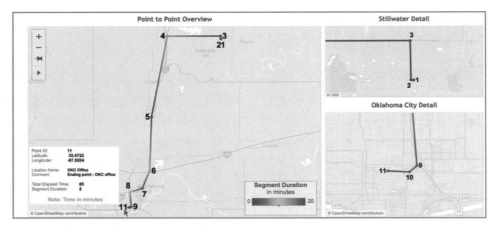

图 5-31　路线仪表板

右侧显示了起点和终点附近的更加细节的地图。指针指向任意标记点，弹出的工具提示栏会给出与这个地点有关的附加信息。左侧的主地图上显示了路线终点的相关信息。

5. 利用页面区域的滑块筛选器实现地图动画

形成动画视图最方便的方法是在 Filters（筛选器）区域利用日期 / 时间维度来让时间向前或向后行进。利用一个连续的维度创建一个快速筛选器，提供给用户一个滑块型筛选器，也可以让视图动画很好地工作。Pages（页面）区域里不止有快速筛选器，还可以使用自动递增筛选器。Pages（页面）区域在 Tableau 的 Desktop 和 Reader 版中都可以很好地工作，但在 Tableau Server 中并不支持。

图 5-31 的示例并不包含一个日期 / 时间维度，但针对每个 Point ID 都有唯一的记录。这个地图可以通过把 Point ID 自动放置到 Filters（筛选器）区域来实现动画。图 5-32 显示把 Point ID 添加到 Tableau 桌面上作为连续滑动条的效果。

路线目前停留在数据点 8 处，这是由快速筛选器控制的。左右拖曳滑块，这个路线就会出现手动的动画效果。注意 Filters（筛选器）区域里的 Point ID 字段块是绿色的，表明它被改变到了连续维度。Point ID 字段初始是一个离散维度，但作为离散维度出现在快速筛选器中不利于产生动画效果。于是，我们可以右击 Filters（筛选器）区域里的 Point ID 字段块并选择 Continuous（连续），把它从离散改为连续。

Tableau 的标准地图和自动地理编码应该能满足你大部分的需求。通过自定义地理编码和自定义地图可以进行更加详细的地理分析。并且，通过使用来自网络服务或图片文件的自定义地图背景，你可以完全定制背景地图的细节和样式。

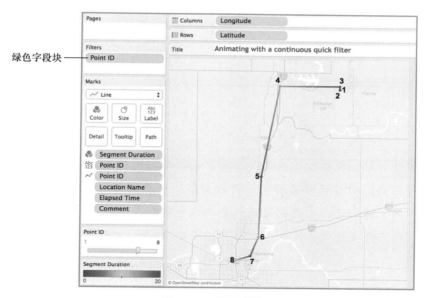

图 5-32　动画地图

第 6 章将学习怎样利用 Tableau 创建一个实时（ad hoc）分析环境。

5.3　注释

1. John Noble Wilford, The Mapmakers (New York: Vintage, 2001) 411。

2. "Connecting to the Tableau Map Service," 2015 年 5 月 28 日最近一次更新，2015 年 5 月 31 日访问，详见网址：http://kb.tableau.com/articles/knowledge-base/connect-to-tableau-map-service。

3. Zak Gorman, "Bringing a Custom Map into Tableau in 10 Minutes or Less," The InterWorks Blog, May 11, 2015。

第 6 章
建立实时分析环境

从本质上说，创造性过程是每个人自己与作品的对话。画家需要退后至离画板一定的距离，对整幅作品进行评估和分析。他评估并聆听，选择下一个线条，凑近画板画上这一笔。之后他再退后查看这一笔和整体的关系。这是切换上下文的舞蹈，在工作室地板上发出了脚步声，在生成标记和评估标记之间产生紧密的反馈闭环。

——弗兰克·其美罗（Frank Chimero）[1]

在第 2 章，你知道了 Tableau 可以连接到不同类型的数据源，还能通过数据解释器和数据融合进一步扩展；第 3 章介绍了 Show Me（智能显示）按钮、趋势线、参考线，以及通过筛选器、集、组、层次来更有意义地表达信息——在视图中表达事实与维度。

在本章，我们将讨论 Tableau 的设计怎样使得发现成为可能，发现与报表生成和分析有什么区别，以及这种把创造性和分析性组合起来的发现怎样产生新的洞察，这比使用传统商业信息工具有更加迷人的过程。

你还能学到 Tableau 具有的鼓励实时（ad hoc）分析的能力，包括非常容易上手的预测能力、通过参数建立可适应的视图能力，Tableau 还允许 Tableau Server 的信息使用者改变已有视图或从可安全访问的 Web 浏览器上生成他们自己的分析。

6.1　把数据发现作为一个创造性过程

当我们在 Tableau 的范畴里讨论发现时，对数据分析师和信息使用者进行明确区分是很重要的，前者主要是执行分析，后者通常不做具体的分析。分析师对底层数据结构有更好的掌握。使用者是执行方面的专家。当 Tableau 进入一个组织后，让掌管执行方面的人员承担更多分析和发现工作的情况并不少见。这对信息技术人员有利，因为尽管他们承担着管理技术基础设施的重担，但是对执行层面的细节不甚了解。

一个画家要对创作对象、环境以及要创造作品的工具有足够的了解。类似地，一个好的数据分析师要对源数据、领域需求以及用来进行探索工作的分析工具有足够的了解。Tableau 的设计让分析师能以画家进行艺术创作那样的方式来工作，这体现在分析师向视图中添加内容后，它能够立刻提供反馈。一个人进行分析工作能够多快速和多有竞争力，取决于这些方面：对数据的了解，对 Tableau 的掌握，要使用的数据源的质量、粒度以及完整性。

学习利用 Tableau 进行发现工作对任何有意愿这么做的人都不是难题。Tableau 不是障碍。它本来就是设计给非技术人员使用的。它在分析工作的流程中提供了及时反馈的能力，这能加速学习的进程，让非技术背景出身的人员能够掌握和操作它。

6.1.1 为了成功要培训你的小组

对你公司里的人员提供培训是确保成功的最佳方式。培训应该包括最没有技术背景的人员，他们可能对现有的系统没有深刻的认识；培训也应该包括最有经验的技术人员，他们可能负责公司的源数据管理。Tableau 的设计在本质上不同于传统的商业信息工具。对技术员工进行基础培训，这会帮助他们理解底层数据库设计可能需要怎样的变化，才会更有利于未来的分析。

对于数据库结构、编码和你公司的安全需求方面的知识，与你掌握 Tableau 的知识并不总是相关的，包括建立漂亮的仪表板、生成有意义的报表或者执行有洞见的分析。如果相关，Tableau 就不会有如今的流行度。与商业相关的知识才是重要的。

通过在你的 Tableau 小组中包含不同领域的分析师、技术人员以及终端用户，你就有了成功的基础。缺乏技术背景的人需要学习一些与你的数据环境有关的基础知识。有技术背景的人需要学习 Tableau 与他们习惯使用的其他工具的不同。

每个人都需要认识到，Tableau 怎样能够让更多的人用来探索数据，实施发现。

6.1.2 好的数据分析师应有的品质

一个优秀的利用 Tableau 从事数据分析和发现的分析师并不需要成为一个技术专家，但有些性格品质和技巧是成为成功的 Tableau 数据分析师所必备的。这包括：

- 好奇心。
- 注重细节。
- 有怀疑精神。
- 开放的思维。
- 有艺术感觉。

发现就是未经定义的分析。那些天生具好奇心的人喜欢去其他人不曾去过的地方。这是重要的，因为最重要的发现可能包含对完全不同的数据源的全新运用。这里没有一套流程供你遵循。一个好的分析师，在利用 Tableau 进行发现工作时需要坦然面对松散模糊的定义，或者根本没有定义的目标成果。最好的发现者会对有可能投入一个大型的未知数据集中而感到兴奋。

在创建最初一轮的可视化和仪表板时，注重细节并有怀疑精神是有用的。错误的前提假设会导致不精确或误导性的结论。一个好的分析师是勤奋的，他会尽量挖深一点，在分析工作上投入额外的精力，来验证发现工作的初始线索是否正确。

好的分析师对各方面都要有开放的心态，包括对使用的数据源、自己视野的全面覆盖性，通过分析得到的对任何异常、趋势或关系的各种可能解释。在他们把新发现展现给更多人之前，好的分析师会从最有经验的技术人员或者与数据相关的执行人员那里寻求反馈。他们不会固执己见，拒绝采纳其他人提出的好主意。

最后，当他们准备把发现展现给更大范围的观众时，好的分析师会花些时间打磨他们的成果展现方式。当成果通过有趣而且容易理解的方式展现时，会有更多人能够理解这些发现。

6.1.3　做有效地发现工作

使用 Tableau 从事发现工作并没有单一的蓝图方案。但使用 Tableau 工作了将近 8 年，在从事发现工作方面，笔者有自己的工作方式，主要包含几个基本的步骤。首先，尽可能获取足够大范围的、各个方面的、细粒度的数据，以便为有趣的发现工作提供可能性。

数据还应该具有充分的维度，包括时间、地理信息、对服务的描述信息、产品、厂商、工艺。关于地点、业务单元、组织层次的充分的维度，会增加取得发现的原料。

笔者用 Tableau 开始分析的偏好是，先用度量名称和度量值显示数据集所有的度量和维度信息。这会提供一个整体观察各维度领域取值范围的宏观视图，不论你未来的分析得出什么洞见，这都是你分析它们合理性的基础。在这之后，继续建立尽可能多的数据集支持的不同视图。之后放下工作离开几分钟是一个好主意。之后，再回来把小的、多个视图组织到视图或交互式的仪表板，以找到它们内部的有趣模式和数据的异常。这是一个没有终点的过程。在几个小时之内，有些故事可能就开始显现。

Tableau 的客户中有些最成功的故事是发现了新视角的故事。Tableau 的视觉隐喻和快速可理解的视觉反馈的能力，对分析师和最终用户都极具吸引力。

6.1.4　IT 人员能提供什么帮助

你的公司中更具技术背景的人员对发现工作的激励起很重要的作用。首先，他们需要保证人们使用的数据是完整和准确的。同时需要保证数据的安全范围，但不是把数据完全封锁起来，让人们看一眼也不可以。建立一个快速回应机制（用户热线）是一个好方法，可以应对在非常大的缺乏技术背景的用户群体中只有有限技术人员的矛盾。要发挥效果，回应必须是切实快速的，是分钟级的，而不是小时级、日级，甚至是周级。回应时间要记录下来并报告到更大的组织内。这样，IT 部门才会被认为是能提供帮助的，而不是人人避开的路障。如果你工作在IT 部门，考虑这个帮助线上的人员配置是重要的事情，以便确保回应的及时性。

6.1.5　把发现传递给信息使用者

一旦你的分析师用 Tableau 产生了有意思的发现，一个自然的需求就会出现，更多人会希望使用这个工具。大部分情况下，绝大部分人不需要桌面版的使用权限。Tableau Server 提供了足够的功能让终端的信息使用者能做数据分析。也有些技术让分析师能创建仪表板和交互式的工作簿，让信息使用者能在其中做一些发现的工作。本章后面的内容将介绍 Tableau 的预测能力、参数控制以及信息使用者怎样创造他们自己的公式，并在 Tableau Server 中创建新的视图。

6.1.6　利用预测产生新数据

创建预测非常容易，只需要拖曳 Data（数据）区域的 Analytics（分析）选项卡里的预测工具就可以了。生成的结果数据可以输出、修改，甚至可能加入你的数据源中。这提供了一个快速而简单的方式，可以基于历史对未来建模。

1. Tableau 怎样创建预测

Tableau 使用包含在你工作表中的时间序列数据来生成预测值。图 6-1 显示了一个包含预测值的时间序列图表。

预测值用比实际值更浅的颜色做了区分。在工作表中右击，通过 "Forecast（预测）" → "Show Forecast（显示预测）" 菜单项就可以添加如图 6-1 所示的预测值。甚至有更简单的方法，在 Analytics（分析）选项卡的 Model（模型）区域里，把 Forecast（预测）选项拖曳到视图中即可。

（1）预测的选项

Tableau 可以用多种不同方式预测数据，它会自己判断什么是最合适的方法并自动做出选择。如果你不希望接受它的默认选项，就要编辑预测模型，右击工作表，选择 Forecast Options（预测选项）菜单项。Tableau 提供了下面几种预测的趋势模型。

- Forecast Length（预测长度）。
- Source Data（源数据）。
- Forecast Model（预测模型）。
- Prediction Intervals（预测区间）。

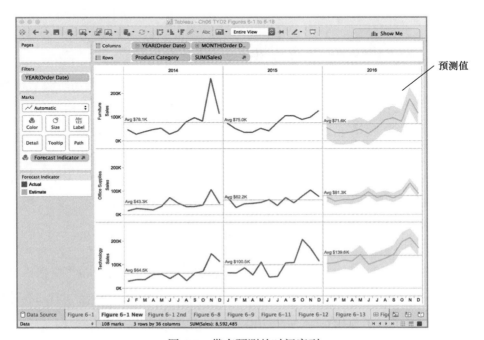

图 6-1　带有预测的时间序列

取决于历史数据的数量和粒度，每个选项会产生不同的结果。Forecast Options（预测选项）对话框还包括其他一些变量可调整，如图 6-2 所示。

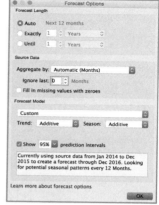

在图 6-2 的顶部可以看到，默认的情况下 Tableau 会生成 12 个月的预测，但你可以设定对未来特定时期的数量预测。Tableau 预测的时间长度取决于你的视图中的数据范围以及数据聚合的程度。Ignore last（忽略最后）选项允许你忽略后面不完整的历史数据，以免它影响预测结果。选择 Fill in missing values with zeros（用零填充缺少值）复选框，以防止空值破坏预测过程。

图 6-2　Forecast Options（预测选项）对话框

（2）查看和提供预测的质量指标（Quality Metrics）

右击工作区，选择"Forecast（预测）"→"Describe Forecast（描述预测）"，你可以检验 Tableau 生成的预测的质量。图 6-3 显示了 Summary（摘要）选项卡。

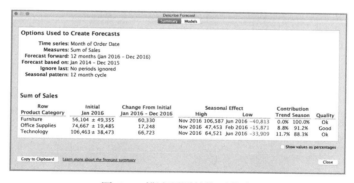

图 6-3　描述预测的摘要信息

Summary（摘要）选项卡提供了关于预测值的精度和质量的细节。你可以选择数字或百分比的形式来衡量预测的精度。预测的质量描述分为 Poor、OK 或 Good。单击 Models（模型）标签会显示更多的质量指标，如图 6-4 所示。

在 Tableau 的预测模型中，最近的历史数据有更重的权重。如图 6-4 所示的不同 Quality Metrics（质量指标）的统计模型在 Tableau 的手册中有详细的定义。Smoothing Coefficients（平滑系数）中的 Alpha（级别平滑）、Beta（趋势平滑）以及 Gamma（季节平滑）都说明了平滑的应用数量。这些值越接近 1，就比更低的值做了更少的平滑；如果值非常接近 0，就说明应用了大量的平滑。

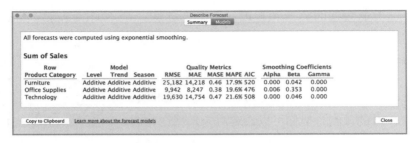

图 6-4 描述预测的模型信息

（3）添加质量指标到可视化视图的工具提示栏中

从 Measures（度量）区域里把需要预测的
度量拖曳到 Marks（标记）区域的 Detail（详
细信息）图标上，就可以更改视图中的工具提
示栏包含的信息，你可以把预测的质量和精度
的指标添加进去。图 6-5 显示了拖曳过程。

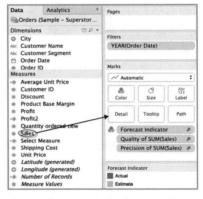

当 Sales 被拖曳到 Detail（详细信息）按
钮上之后，你就可以这样改变显示的信息：右
击 Marks（标记）区域中的相应字段块，并做
出选择，如图 6-6 所示。

图 6-5 把 Sales 拖曳到 Detail 按钮上

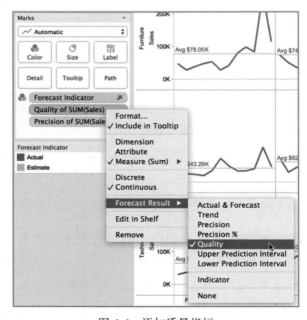

图 6-6 添加质量指标

图 6-6 显示了增加质量和精度指标需要选择的选项，这使得它们在图表的工具提示栏中显示出来。视图中需要把另一个 Sales 度量拖曳到 Details 按钮上，如图 6-7 所示为工具提示栏结果。本示例添加了两个指标——Quality（质量）和 Precision（精度）。

Forecast Indicator:	**Estimate**
Product Category:	**Technology**
Year:	**2016**
Month:	**F**
Precision of Sales:	**±38,473**
Quality of Sales:	**53**
Sales:	**109,194**

当用户把鼠标指针停留在标记点上时，这个工具提示栏就会展现出来。在图 6-7 中，Quality of Sales 的预测指标和 Precision of Sales 的预测指标添加了进来。Quality 指标的范围是 0~100（数字越大，意味着质量越好）。Precision 指标给出的是一个值的范围，它给出的预测值落入这个区间有 95% 的可能性——是对预测值潜在变化范围的一个度量。

图 6-7　带有 Quality 和 Precision 指标的工具提示栏

2. 导出预测

把 Tableau 生成的预测导出来，为你创建更细微的预测节省了时间。这样做的一种方法是把图 6-1 那样的原始视图复制为文本表格，之后通过菜单"Worksheet（工作表）"→"Export（导出）"→"Text table to Excel（交叉分析 Excel）"来实现，导出到电子表格的预测如图 6-8 所示。

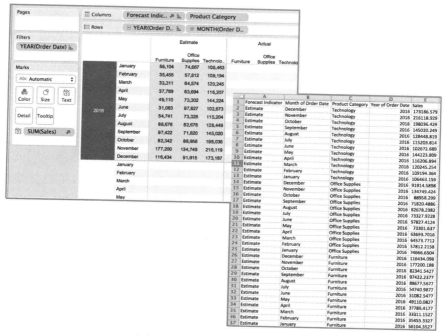

图 6-8　导出到电子表格的预测

或者，也可以通过菜单"Worksheet（工作表）"→"Export（导出）"→"Data to an Access database（到 Access 数据库）"导出预测。这两种方法都让你可以具体调整预测的值，或者把调整后的数据通过一个新的字段加入你的主数据库中。Tableau 的预测模型不是用来替换复杂的统计预测工具的，它提供了一个易用的建立预测的方法，并提供质量和精度指标，让你能评估这个预测。

在你要发布到 Tableau Server 并与他人共享的视图中创建预测是实时分析环境的采用，也是一种激励，它允许只能通过 Tableau Server 访问这个视图的人也能进行实时分析。6.2 节将会学习怎样创建参数控制，使 Tableau Server 用户能在视图或仪表板中改变度量或维度。

6.2 通过参数提供自我服务的实时分析

利用参数，允许信息使用者通过类似快速筛选器那样的控件改变视图的上下文环境。报表创建者在 Tableau Desktop 中把参数设计进视图中。参数的使用为非技术背景的用户铺设了一条进行实时分析的阳关大道，他们只需要改变哪些数据和维度需要显示以及它们显示的方式——在设计者设定的范围边界之内。关于自助式分析在功效方面的担忧可以做到最小化，因为报表设计者能控制哪些变化是允许的。

6.2.1 什么是参数

参数是允许用户改变一个公式的内容或改变视图中所包含度量或维度的变量。参数提供了强大的功能，把通常为静态的值变换为动态的实体，在不改变视图设计的前提下就可以实现实时发现。

6.2.2 参数是怎样使用的

参数的使用方法只受你的想象限制。Tableau 通过把它们创建到不同的变量控制的上下文来提供一些基本的参数控制。有创造性的报表设计者可以凭空设计出各式各样的方式，来利用这个强大的功能建立公式变量，控制视图中的事实、维度，或时间序列数据的长度和粒度。在 Tableau Desktop 中，任意你能放置字段的地方都是潜在的建立参数控制的地点。

6.2.3 基本的参数控制

参数控制在几年前才首次出现在 Tableau 中，现在它已经成为一个非常受欢迎的功能。为了使新手用户使用参数更容易，Tableau 创建基本的参数类型并添加到经常使用变量的典型用例中，这些包括以下三种类型：

- 参考线参数。
- 组条（bin）尺寸参数（针对直方图）。
- 排名参数（在数值比较的视图中）。

如果你知道这个功能，向视图中添加基本参数控制的步骤就很直接了。图 6-9 是一个散点图，包含对垂直和水平参考线的基本的参数控制。

在图 6-9 中有两个参考线参数控制，使用户能改变参考线的位置。这些变量控制被集成到了创建标准的固定参考线所使用的对话框中。要创建这个参数，右击坐标轴，选择 Add Reference Line（添加参考线），弹出参考线的对话框，如图 6-10 左侧所示。然后在 Value（值）下拉列表框中选择 Create a new parameter（创建新参数）选项，就会弹出如图 6-10 右侧所示的 Create Parameter（创建参数）对话框。

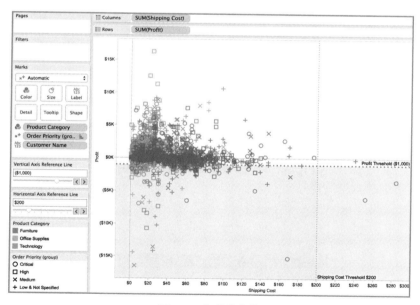

图 6-9　参考线参数

在 Create Parameter（创建参数）对话框中，你能命名和定义这个参数。有一个 Comment（注释）区域能够放置描述这个参数的注释。Properties（属性）区域是用来定义参数类型的。在本示例中，一个浮点型（float）十进制类型被选中，显示格式是货币型，参数的值被定义为 Range（范围），Range of Values（取值范围）中通过 Step size（步长）定义特定增量。单击 OK 按钮完成参数控制的添加。再次回到图 6-9，注意这个参数已经允许用户通过滑块来改变参考线的位置。

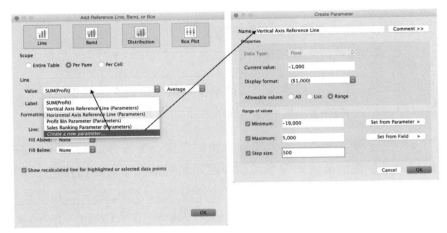

图 6-10　创建参考线的参数

第二种基本的参数类型是在直方图[○]中使得组条的尺寸可变。图 6-11 中的视图是通过选择 Profit 字段之后，在 Show Me（智能显示）菜单中选择直方图[○]图表类型创建的。这生成了一个组条尺寸为 $5 000 的图表，人们的注意力绝大部分都被其中两个组条吸引了。

右击 Show Me（智能显示）自动生成的 Profit(bin) 维度，你可以像上一个示例那样选择一个控制组条尺寸的参数选项。通过为每个组条设定一个更小的步长，你可以看到更加细粒度的 Profit 数据视图。在查看直方图[○]时，这基本是需要的。图 6-12 的视图显示了把 Profit (bin) 参数设置为更小值的视图。

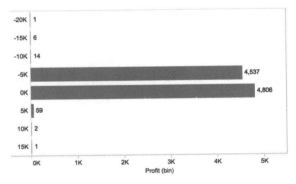

图 6-11　一个基本的直方图

---

^{○○○} 此处和图 6-12 的图题按照英文原书 histogram 翻译为直方图，但从图 6-11、图 6-12 看实际为条形图图表。——编者注

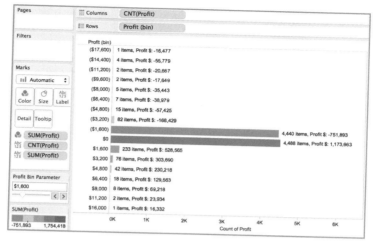

图 6-12　在直方图中对组条尺寸参数化

能在图表内改变组条尺寸是非常有用的。就像在图 6-12 中看到的，每个水平条都添加了标签，提供了每个组条包含的项目数量和总收益或总损失。

第三种基本参数的类型集成到了创建可变数量排名列表中。图 6-13 显示了一个条形图，通过筛选某一年的数据比较不同客户的销售额。注意，参数控制提供了可变的排名列表，选择排名最靠前的不同数量的客户。

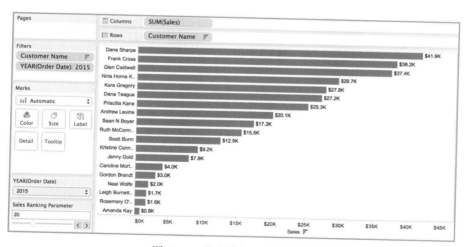

图 6-13　最高排名的参数控制

在这个示例中，参数控制的激活步骤为：右击 Rows 区域的 Customer Name 字段，在筛选器编辑对话框里选择 Top 选项卡，定义你希望在条形图中显示的客户数量参数的范围值。图 6-14 显示了用来创建以上排名图表所需的参数控制的选项。

通过把销量参数放置到常规的静态顶部排名定义对话框中以创建可变的排名

列表，并不是你创建可变排名列表的唯一方法，但它是最快的方法之一。

6.2.4 高级的参数控制

更高级的参数控制可以提供更大的可变性。创建高级参数需要如下步骤：

1）创建参数控制。

2）把参数控制放置到 Tableau 桌面上。

3）使用参数控制创建一个计算值。

4）在视图中使用这个计算值。

图 6-14　带销量参数的快速筛选器

高级参数的确需要多一点的工作，但只要你熟悉了这个过程，它们很容易使用。高级参数控制允许用户更改视图中展现的度量。图 6-15 显示了一个时间序列图表，当前显示的是不同时间的销售额，但通过一个参数控制，最终用户可以把视图中的度量改变为利润、折扣、订单数、运输成本。

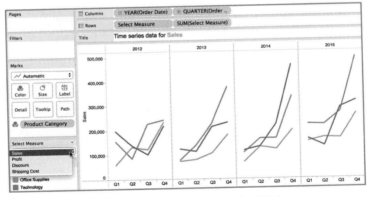

图 6-15　一个参数化的时间序列图表

以上参数控制包含分辨每个不同度量的字符串。单击参数控制的下三角按钮，弹出所有可用的度量，让终端用户能够改变视图中显示的度量。要注意视图标题的参数化，图表标题和坐标轴标题都参数化了。下面来看这个参数控制示例是如何一步步生成的。

1. 创建参数控制

你可以从计算菜单创建参数控制，也可以通过 Data（数据）区域直接创建：右击 Dimensions（维度）区域，选择 Create Parameter（创建参数）菜单项，图 6-16

所示的参数编辑对话框就会显示出来，你可以在其中输入各种选项。

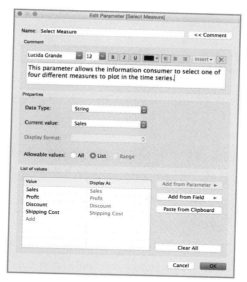

图 6-16　定义一个字符串参数

注意这个参数被命名为 Select Measure，它将出现在参数快速筛选器的标题中。定义一个字符串型（String）参数而非数值型参数，看起来可能有点反直觉。使用字符串类型是必需的，包含度量字段的名称，以便让它在视图中可用。这一步只定义了要出现在 Tableau 桌面上的筛选器。

2. 使参数控制可见

要使参数控制对最终的信息使用者可用，它必须在工作表中可见。指针停留在 Parameters（参数）区域的参数标题上，右击并选择 Show Parameter Control（显示参数控件）菜单项。这样，控件就显示在 Tableau 桌面上并可以进行选择了。

3. 使用参数控制创建一个计算字段

使用参数控制创建一个计算字段，才能把它激活并利用起来。图 6-17 显示了完整的计算字段。

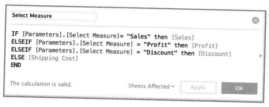

图 6-17　创建参数计算

这个计算使用 if/then/else 的逻辑语句来评估包含在参数中的字符串，然后把选中的字符串与一个特定的度量字段联系起来。生成这个计算值之后，只需一步就能完成视图中的参数控制。

4. 在视图中使用计算值

把这个 Select Measure 计算值拖曳到 Rows（行）区域来激活这个参数。图 6-18 显示了完整的视图。

把 Select Measure 的值添加到视图中，就把参数控制与视图联系了起来，当参数控制选择了不同的维度时，它会与数据源通信。现在 Select Measure 筛选器就允许用户选择任意加入参数和计算值的度量。注意，图表标题包含参数名，坐标轴的标签也是变量化的。完善这些细节需要额外的几个步骤。首先，编辑图表标题，把参数名插入标题文字中。之后，从 Parameters 区域中把参数名拖曳到坐标轴上，就把名字添加到坐标轴上了。通过编辑坐标轴的标签、删除行标签，你能得到一个清晰且自适应的标题和坐标。

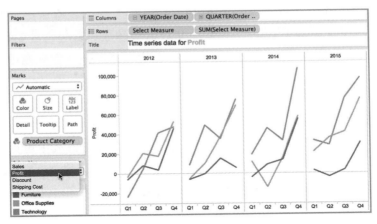

图 6-18　参数化的时间序列图表

还有很多其他应用高级参数的方法，但基本过程都遵循 4 个步骤。当你熟悉了 Tableau 的计算功能之后，你会想出很多不同的方法让高级参数控制发挥事半功倍的效果。

6.2.5　在 Tableau Server 中编辑视图

Tableau 实时分析的另一种方式是通过一个在 Tableau Server 上称为 Web Authoring（基于 Web 的创作）的功能。这是一个在 Tableau V8.0 开始引入的强大功能，允许 Tableau Server 的信息使用者改变和创建自己的可视化视图，他们只需一个网络浏览器和访问这个视图的权限。

1. Server 端的公式编辑

你的 Tableau Server 管理员需要开放编辑视图的权限，这样这个功能就可用了。激活这个功能后，用户会在他们的浏览器窗口上发现一个多出来的 Edit（编辑）菜单项。图 6-19 显示了 Tableau Server 中的一个典型的报表窗口。

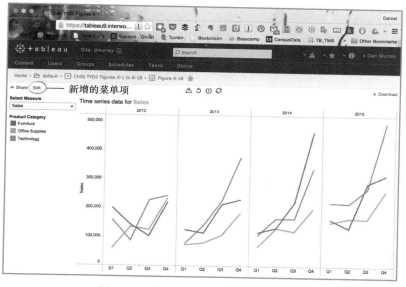

图 6-19　在 Tableau Server 上允许编辑

注意窗口左上角的 Edit（编辑）菜单项。只要开放了允许用户编辑视图的权限，这个菜单项就会出现在 Tableau Server 中。单击这个 Edit（编辑）就会弹出 Data（数据）区域、Marks（标记）选项卡以及 Rows（行）和 Columns（列）区域。Server 端的用户能在这个特定工作簿内编辑现有的视图，或者创建新的工作表和新的视图。图 6-20 显示了单击 Edit 之后打开的控制界面。

你能看到，图 6-20 的顶部出现了一个新的菜单栏。这些控件针对浏览器做了优化，使得你即使用平板计算机也能访问工作表。鼠标拖曳的功能都保留了，使得终端用户在工作簿内能进行真正的实时分析，当然这个工作簿基于的数据是经过 Server 管理员管控和审查后的。

2. 在 Tableau Server 中创建公式

你可以从头开始创建新的视图，步骤也是从 Dimensions（维度）和 Measures

（度量）区域拖曳字段到 Columns（列）和 Rows（行）区域中。从 Tableau Server
V9 开始允许你创建计算值。图 6-21 正在创建一个临时计算字段（Ad-hoc Calcula
ted Field）。

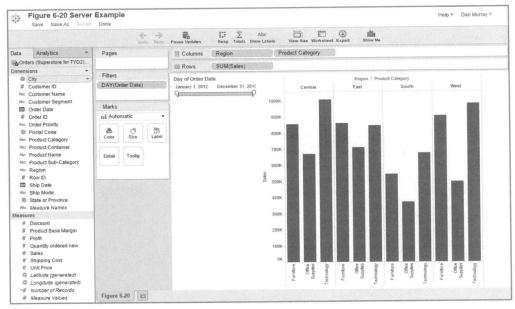

图 6-20　控制界面

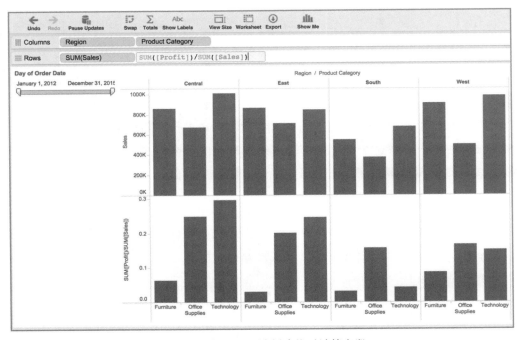

图 6-21　在 Server 端创建临时计算字段

在 Tableau Server 端设计和创建图表的能力并不像在 Tableau Desktop 上那样完善，但对大多数希望做一些分析或创建自己视图的信息使用者来说，它提供了基本的功能。

3. 在移动端创建公式

查看 Tableau Server 上的工作簿仪表板或工作表的信息使用者，可以从移动设备上创建公式和视图。具体细节参见第 9 章。

Tableau 的实时分析能力应该能够减轻公司内部技术人员的工作压力，减少公司经理对你的数据提出新查询的次数。

在第 7 章，你将会学习到一些经验和技巧，帮助你更快速地创建视图，创建把更多数据融入更小空间的可视化视图。

6.3　注释

1. Frank Chimero, The Shape of Design, Kickstarter Project (Minnesota: Shapco Printing, 2013), 21。

第 7 章
经验、技巧和捷径

掌握建立可视化视图和仪表板的基础并不困难，也不需要花费太多时间。大部分人不需要在学习数据可视化的细节或掌握更多高级技术上花费太多时间，就能获得不错的成绩。

本章将会学习到一些能够节省时间的经验来创建视图、改变字段和坐标轴标题的默认格式，创建新字段以及自定义工具提示栏的内容和外观。在解释每个技巧时，将会用图例来改变视图中的 Order 数据。在介绍完自定义形状、颜色、字体后，将会用高级图表类型来展示怎样创建 Show Me 菜单不直接提供的更加高级的图表类型。

7.1 节省时间和改进格式

一般来说，在 Tableau 中得到想要的结果可能有几种不同的方法。要更快地得到结果需要一些实践经验。掌握快捷键在创建一个视图时能给你节省几秒，一年就可能节省成百上千小时。如果你的组里有很多人使用 Tableau，节省的时间就非常可观了。

7.1.1 双击字段来快速创建

双击任何字段都会快速创建一个视图或者把它添加到现有视图中。如果你在处理基于文件的数据源（Excel 或 Access），就可以利用 Measure Names（度量名称）和 Measure Values（度量值）字段对不熟悉的数据集形成一个宏观的视图。警告：如果你连接到了一个非常大的数据库，请不要使用这个方法，因为这可能会让你的系统不堪重负。通过双击 Measure Names（度量名称）字段开始你的分析，包含在 Data（数据）窗口里的每个度量都会显示在一个文本表格中，对包含在数据集中的数据提供一个快速的总览。添加一个时间字段来看分段的数据。只需要三次鼠标的动作就可以生成如图 7-1 的效果。

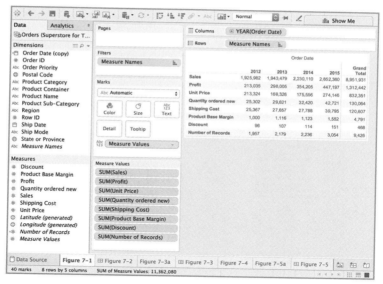

图 7-1 双击来总览所有度量

当你首次面对一个新的数据集时，知道度量的数量、记录的数量、时间上的分段会帮你协调视图的数量和源数据的数量。图 7-1 是这样创建的：

1）双击 Measure Names（度量名称）。

2）单击 Swap（交换行和列）图标。

3）双击 Order Date。

4）选择菜单 "Analysis（分析）" → "Totals（总计）" → "Show Row Grand Totals（显示行总计）"。

经过一些实践，你就能在 6 秒内创建这样的视图。当首次面对基于文件的数据集时，这是了解一些宏观信息最快的方法。

7.1.2 用右键拖曳减少单击

当你想显示日期、数量、文本时，为了节省时间，把字段拖曳到视图中时可以使用右键拖曳。使用这种方法放置字段块会弹出一个对话框，供你选择更多展现选项，节省大量的单击自定义结果的时间。图 7-2 显示了会出现的三种不同的对话框。

图 7-2 中第一个选项是当一个日期字段被右击拖曳时弹出的对话框，第二个是右击拖曳度量时弹出的对话框，第三个是右击拖曳非时间维度时弹出的对话框。每种情况下，右击拖曳都提供了对时间表达、度量聚合、字符串不同显示方式等

选项的直接控制。

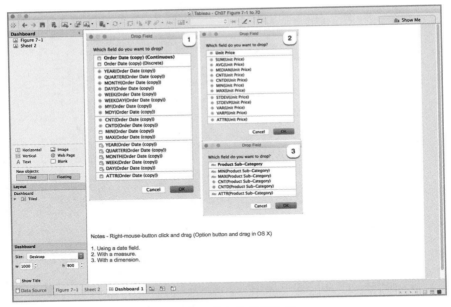

图 7-2　弹出的字段选项

7.1.3　用 Control+ 拖曳以快速复制字段

在按住 <Control> 键的同时拖曳一个活跃字段，会在它被释放的位置被复制。在这些情况下非常有用：你想使用一个活跃字段创建一条 Tableau 的计算，或者想在 Marks 选项卡中使用一个在 Rows 或 Columns 区域已经存在的度量或维度。

7.1.4　拖曳新字段到顶部来替换字段

把任意度量或维度放到视图中已经存在的字段之上，就会用新的字段取代原有字段。如果你在对首次面对的数据集进行探索时，希望使用同样的视图循环浏览不同的度量，这就非常有用。创建一个初始的视图之后，复制那个图表，你可以用这种方法快速创建一系列的图表，每个都会显示一个不同的度量。

在视图中使用工具提示栏探索标记点的细节时，当你发现异常时，就会产生各种问题。图 7-3 显示了怎样通过工具提示栏探索背后的源数据。

工具提示栏的最右侧包含一个按钮，通过它可以探索相关标记点的摘要信息，包含在数据源中和这个标记点有关的所有数据细节或者选定的细节。你可以重新组织弹出表格的列的顺序，只需要手工拖曳它们就可以。你还可以对记录行进行排序，单击任意列的标题，就可以根据这一列的数据在升序或降序之间切换。如果工具提示栏不包含回答你问题的足够的细节，这个方法能让你访问数据源所有可用维度和度量。

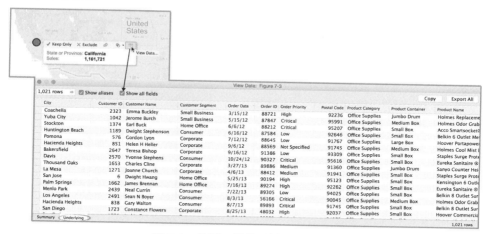

图 7-3　使用工具提示栏探索数据

7.1.5　右击以编辑任意对象和设置格式

如果你不喜欢视图中任意一个元素的展现方式，一个快速得到正确格式选项的方法是指向这个元素并右击，然后选择 Format（设置格式）。一个上下文相关的格式菜单（取决于所选择元素的右键菜单）就会出现在工作区最左侧，代替之前的数据区域。图 7-4 显示了你可以设置多么灵活的格式。

	2014					2015					
	Q1	Q2	Q3	Q4	Total	Q1	Q2	Q3	Q4	Total	All Years
Furniture	116,656	132,448	222,514	464,984	936,603	162,320	132,751	288,402	316,202	899,675	1,836,277
Office Supplies	68,915	131,066	120,853	198,627	519,461	152,269	166,770	164,102	263,030	746,171	1,265,632
Technology	107,875	164,765	164,812	336,594	774,046	221,560	219,071	270,163	495,720	1,206,514	1,980,561
Grand Total	293,446	428,279	508,179	1,000,206	2,230,110	535,149	518,592	722,667	1,074,952	2,852,360	5,082,470

图 7-4　右击进行格式设置

在图 7-4 中，行、列、面板、总计、合计（分类总计）都设置了特殊的格式。每个季度的标题、每年小计的标题、针对不同年份的总计都使用了蓝色。"All Years"文字的字体来自默认的"Grand Total"的标题字体。自定义红色应用在每年合计部分，自定义黑色粗体应用在文本表格底部的列合计区域。最后，两个不同的背景阴影用来区分不同的行。当然有不止一种方法能实现这种格式的定制，最快速的方法是指向屏幕上的元素并右击，选择设置格式，Tableau 就会在工作区的左侧显示与此元素相关的格式控制。

7.1.6　编辑或删除坐标轴头部的标题

有时，你希望能够编辑坐标轴的标题或者把它们完全删除。这可以通过单击坐标轴（它的空白区域或它的头部）并选择 Edit Axis（编辑轴）菜单项来实现。
图 7-5 显示了弹出的编辑坐标轴对话框。

不但 Edit Axis（编辑轴）菜单允许你编辑或删除坐标轴的标题（而不删除坐标轴的头部），还可以在如图 7-5 所示的对话框的 Title（标题）框中编辑或删除标题。后面将会介绍怎样通过范围选择创建一个 Sparkline（星波图）图表。

7.1.7 加速你的演示页面视图

图 7-5　编辑坐标轴对话框

用真正交互的可视化视图替换静态幻灯片的页面能使你的演讲更有互动性，这能提供强大而灵活的故事。如果你的 Tableau 工作簿有很多不同的工作表和仪表板，加载每个新工作表会造成延迟，因为每个工作表或仪表板都需要实时生成。你可以通过预先加载仪表板视图以避免这些延迟。

你可以通过屏幕右下角的选项卡访问多工作表视图（就像 PowerPoint 的幻灯片浏览视图）来预加载视图，图 7-6 显示了此工作簿中所有的工作表和仪表板。

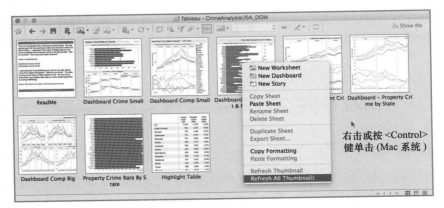

图 7-6　工作表窗口

右击工作表窗口并选择 Refresh All Thumbnails（刷新所有缩略图），就会触发 Tableau 对工作簿中所有数据表和仪表板所需的数据源查询的执行。现在，在你进行演讲的过程中，每个工作表和仪表板都已经预先加载，可以实时调用。

你还可以通过 Filmstrip（缩略图）视图触发对所有数据源的查询，如图 7-7 所示。

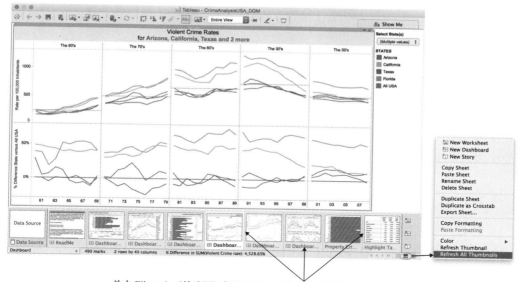

单击 Filmstrip（缩略图）视图之后，在缩略图区域右击，在弹出的菜单项中
选择 Refresh All Thumbnails（刷新所有缩略图）

图 7-7　显示缩略图视图

通过单击工作表右下角的 Show Filmstrip（显示缩略图）图标打开 Filmstrip
（缩略图）视图。在缩略图区域右击并选择 Refresh All Thumbnails（刷新所有缩
略图），如图 7-7 所示，就会触发工作表的预加载。

7.1.8　一个访问字段菜单项更快的方法

鼠标指针停留在工作表中任意位置的字段块上，右侧就会出现一个下三角按
钮。单击这个下三角按钮就会弹出关于这个度量或维度的菜单。图 7-8 显示了弹出
的菜单。

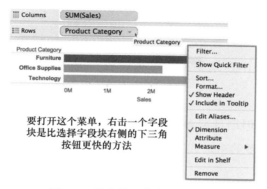

要打开这个菜单，右击一个字段
块是比选择字段块右侧的下三角
按钮更快的方法

图 7-8　弹出的一个字段块菜单

弹出同样的菜单项一个更容易的方式是右击字段块任意位置，这不需要你精确地定位鼠标指针。

7.1.9　缩放计算字段公式对话框的文字

你知道计算字段公式对话框中的文字可以缩放吗？创建一个新的计算，在计算字段公式对话框里输入一些文字，按住 <Ctrl> 键的同时滑动鼠标滚轮，就可以放大或缩小文字。在 Mac 上可以按住 <Command> 键的同时左右滑动鼠标来实现。

7.1.10　把字段拖曳到公式对话框

在公式对话框里输入一个字段的快捷方式，就是把一个维度或记录拖曳到公式对话框并且释放它。如果你正好把它释放在对话框里的一个字段上，就会用新的字段名取代原有字段名。

7.1.11　交换数据字段和参考线字段

如果你有一个包含两个相关度量的可视化视图，其中一个用来放置数据点，另一个用来放置参考线，你可以交换这两个度量，使得参考线字段的数据用作视图中的标记点，而数据点充当参考线。

7.1.12　改善外观以便更精准地传达意图

你的仪表板和工作表的设计需要适应可用的空间。因此，与视图相关的标题、介绍、细节（在传达信息之余只占用尽可能少的空间）是需要提供的。这就是在不牺牲表达的基础上提升空间利用效率。

7.1.13　改变日期的格式

要改变坐标轴上的日期格式，选择日期坐标轴的标题，右击并选择 Format（设置格式），就会弹出日期格式的各种设置，包括一个自定义的格式选项，如图 7-9 所示。

可用的日期格式根据日期表达类型的不同（连续或离散）而不同。连续型日期比离散型日期有更多的格式选项。

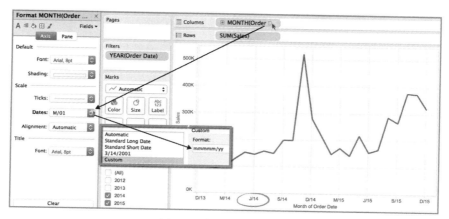

图 7-9　自定义日期格式

7.1.14　设定工具提示栏内容的格式

工作表和仪表板中的工具提示栏信息可以进行各种设置，比如加入视图中不包含的字段信息、设置文本字体和颜色格式以及增加介绍文字。从主菜单中选择"Worksheet（工作表）"→"Tooltip（工具提示栏）"，就可以编辑工具提示栏。图 7-10 显示了一个更改后的工具提示栏，使用了自定义的颜色、字体尺寸、重命名的字段名以及包括联系信息的解释性文字。

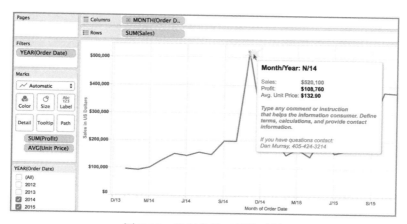

图 7-10　自定义的工具提示栏

注意，包含在 Marks（标记）选项卡的任意字段都可以添加到工具提示栏中，这是一种既节省空间又能为工作表和仪表板按需增加细节的方式。

7.1.15　改变图表中颜色表示的顺序

用不同颜色表示维度的成员时，如果你关心的对象都是从坐标轴起点出发的，就更容易对比它们的不同。图 7-11 用堆叠条图表展示了不同日期维度（月、季、年）内不同产品类别占据销售额的百分比，通过快速 Table Calculation（表计算）和颜色表达了不同产品类别的相对销售额。

如图 7-11 所示，在颜色图例中把表示 Furniture 的颜色条拖曳到底部，你就可以对 Furniture 这类产品的数据进行更精确的对比。

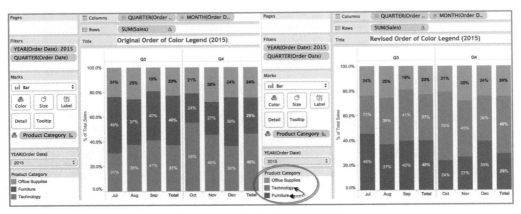

图 7-11　对颜色图例重新排序

7.1.16　在单列文本表格中展示标题

在仪表板中添加一个小的文本表格能提供一种有效的方式来触发一个筛选动作。基于此，你可能希望创建一个基本的文本表格，如图 7-12 所示。

图 7-12 所示的表格是基于 Superstore 数据集创建的，它需要下面两个步骤：

1）在 Dimensions（维度）区域里双击 Region 字段。

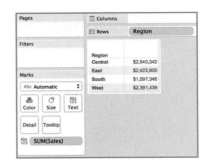

图 7-12　没有标题的销售额

2）在 Measures（度量）区域里双击 Sales 字段。

这是快速而简单的方法，但如果你想直接在销售额表格上添加一个标题，而不是为工作表本身添加标题，该怎么办？工作表标题会占用额外的像素高度，也就是会消耗可用空间。

在图 7-12 中我们注意到，Region（区域）名字的列上有一个行标签，但销售额上却是空白的。Tableau 在默认情况下，如果只有一个度量包含在视图中，就不会提供这个行标签。要使一个标题出现在销售额的上面，双击 Measures（维度）区域里的任意其他字段（除了用于地图的地理编码类字段外），之后在第二个度量列的顶部标题处右击并选择隐藏。或者用另一种方法，在 Marks（标记）选项卡中右击 Measure Values（度量值）字段块（当第二个度量被添加到视图时，它会自动出现在这里），在筛选器中把新度量筛选掉，视图中就只会显示唯一的 Sales 字段。这时，文本表格的显示如图 7-13 所示。

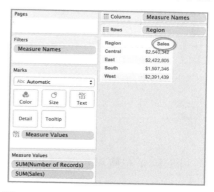

图 7-13　销售额列带有标题的文本表格

图 7-13 提供了一个针对区域的销售额，并且列的顶部有标题。这个文本表格可以被放置在一个仪表板中，占用的空间和一个多选的筛选器类似，但它提供了更多的额外数据。创建这个文本表格还可以直接利用 Measure Names 和 Measure Values，步骤如下：

1）在 Dimensions 区域中双击 Region 字段。

2）在 Dimensions 区域中双击 Measure Names 字段。

3）在 Marks 选项卡区域右击 Measure Values 字段块。

4）编辑筛选器，只保留 Sales 字段。

本例的关键点是在视图中只包含一个度量时，Tableau 是不会提供这个度量的标题的。第 8 章中将创建一个仪表板来使用这样的文本表格。

7.1.17　解包一个打包的工作簿文件

解包 Tableau 的打包工作簿文件（.twbx）后，你就能看到原始的源数据。如果你的数据源是基于文件（Excel/Access/CSV）的，这就很有用。要打开这类文件，选择它并右击之后，选择 Unpackage（解包）选项。Tableau 会创建包含一个源文件副本的数据文件夹。

7.1.18　创建参数化的坐标轴标签

利用参数改变视图中所展现的度量是一个很精妙的方式，能使一张图表体现很多目的。但默认的坐标轴标签提供不了有价值的信息，如图 7-14 所示。

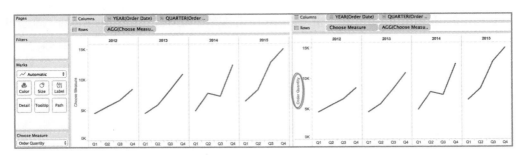

图 7-14　默认的坐标轴标签

图 7-14 左侧参数控制的时间序列图表默认显示的坐标轴标签是 Choose Measure。要为坐标轴提供动态的参数控制标签，需要下列步骤：

1）从 Parameters（参数）区域拖曳参数到坐标轴上。

2）在坐标轴上释放参数。

3）右击坐标轴，删除默认的坐标轴标签。

4）在 Titles 区域里删除默认的标题文字。

5）右击参数标题头，选择隐藏字段标签。

6）右击参数式标签选择旋转，使它更符合常规。

7.1.19　对值域使用连续式快速筛选器

当你的工作表或仪表板包含一个连续式快速筛选器时，很多人没有意识到能够固定取值范围，在筛选器上可以直接拖动这个范围。图 7-15 显示了一个水平条，包括不同客户的销售额及针对利润的快速筛选器。

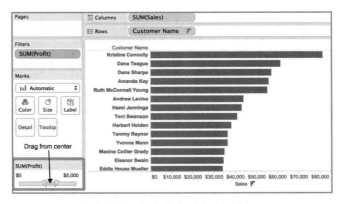

图 7-15　在取值范围内进行筛选

向内拖动滑块或者单击并输入筛选器的特定值，可以改变筛选器的取值范围。你能看到目前取值范围限制在 $0~$5 000 之间。你也可以直接滑动取值范围，单击表示取值范围的灰色横条，按住鼠标左键并左右滑动，可以看到取值始终保持在 $0~$5 000 的范围不变。

7.1.20 创建自定义的日期层次

Tableau 的自动数据层次节省了大量的时间，但如果你不想显示 Tableau 提供的所有层次，该怎么办？通过创建自定义的日期可以把它们组合成满足特定需要的层次。图 7-16 显示了一个条形图，用于比较特定日期的销售额。

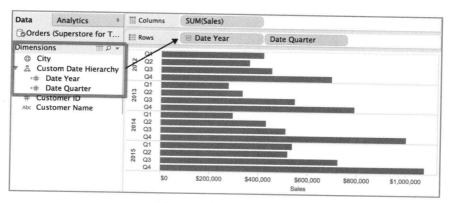

图 7-16　自定义日期层次

这个自定义的层次包含离散的年度和季度值，除此之外别无他值。注意，Data Year 字段块通过单击加号可以展开，但 Data Year 和 Date Quarter 的自定义组合取代了 Tableau 内通常的日期层次结构。

要创建自定义的日期层次，需要下面几步：

1）在 Dimensions（维度）区域内选择一个时间字段并右击。

2）选择 Create Custom Date（创建自定义日期）菜单项。

3）编辑你需要的自定义日期。

4）拖曳一个日期字段到另一个字段上，以创建自定义的层次。

5）在你的视图中使用这个自定义层次。

图 7-17 显示了从菜单项打开的创建自定义日期对话框。

输入一个具体名称完成日期的创建。使用 Detail（详细信息）下拉列表框选择需要的日

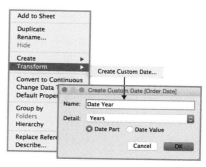

图 7-17　创建一个自定义的日期层次

期粒度。下面的单选按钮可以定义这个日期是离散日期（Date Part，日期部分）还是连续日期（Date Value，日期值）。

自定义日期后，在维度区域里把一个字段拖曳到另一个之上，就能创建自定义的日期层次。你可以右击并编辑层次的名称。这个方法在仪表板设计中非常有用，因为你可能需要限制层次的扩展粒度，以便图表能很好地适应可用空间。

7.1.21 连接（Concatenating）以创建自定义字段

这是一个好用而简单的公式技巧，如果你的数据源不真正包括一个具有唯一标识的主键，那么它能快速创建主键字段。它是通过 Formula Editor（公式编辑器）把两个或更多字段组合起来形成一个新字段的。图 7-18 显示了一个连接（Concatenation）公式[⊖]。

图 7-18　连接字段

在不同字段之间使用加号（+）就能创建连接的字段，它在 Dimensions(维度)区域中可用。这也可以用来把几个不同的地址字段连接起来创建邮件列表。在图 7-18 的公式中，在字段 Customer Name 和 City 之间插入了一个逗号和一个空格。如果在使用这种技巧时对系统的速度影响明显，可以尝试组合集。这可以参考第3 章。

7.1.22 使用图例创建突出显示动作

颜色或形状图例能用来创建突出显示动作。要激活颜色高亮显示动作，在颜色图例中选择右上角的 Highlight Selected Items(突出显示选中项)，如图 7-19 所示，之后选择任意颜色即可。

　　⊖　这是又一个"连接"的用法，注意区别三个连接：到数据源的连接（ Connection ）、表之间的连接（ Join ）操作、对字段的连接（Concatenation ）。——译者注

类似地，图 7-19 中的形状图例也可以用来创建另一类突出显示动作。突出显示的动作结果是，当你在仪表板的散点图中选择某个标记点时，与它有相同颜色和形状组合的标记点也会高亮显示出来，如图 7-20 所示。

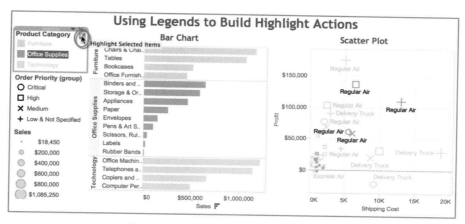

图 7-19　从颜色图例创建突出显示动作

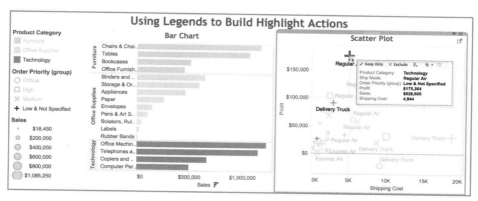

图 7-20　由颜色和形状图例组合的突出显示动作

在散点图中选择一个蓝色圆形标记点就会触发一个突出显示动作，用于改变散点图和条形图的显示状态。Order Priority（通过形状）和 Product Category（通过颜色）都突出显示了。图 7-20 中还显示了相关项目的工具提示栏以提供需要的详细信息。Tableau 通常一次只显示一个工具提示栏。

你可以在 Dashboard（仪表板）菜单下单击 Actions（动作）菜单项，再单击 Edit（编辑）查看动作的定义。图 7-21 显示了此对话框。

这是一个节约时间的技巧，在第 8 章仪表板的示例中会用到。

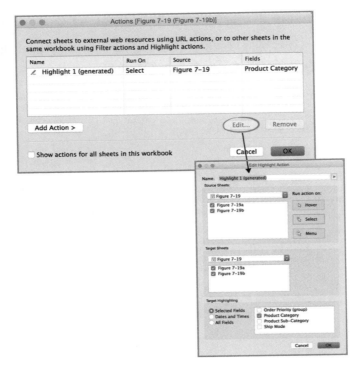

图 7-21　突出显示动作对话框

7.1.23　定义空值结果的显示格式

表计算使用你的可视化视图来创建新的值。如果计算结果产生了空值，Tableau 提供一系列不同的格式选项，让你可以控制空值在结果图表中的显示方式。图 7-22 显示了 6 个时间序列可视化图表。左上角的第 1 个图表是对 Tableau 计算的数据的未经编辑的显示，剩下的是可以控制空值如何显示的不同方法。

图 7-22 中第 1 个图表显示了 3 个月移动平均值的快速表计算，计算的定义对话框显示在图 7-23 中。

注意，图 7-23 所示的对话框中，选项 Null if there are not enough values（若无足够的值，则为空）被选中，这告诉 Tableau 如果没有足够的数据进行计算时就是空值，这意味着如果前面没有 3 个月的数据提供计算，Tableau 就会给出空值，并且不会在图表中表示它。所以，图 7-22 的第 1 个图表中，前 3 个月都没有生成标记点，因为数据集中不包含上一年 10~12 月的数据。

处理图 7-22 第 1 个图表右下角空值警示的方法是右击这个警示条，并选择 Hide Indicator（隐藏指示器）选项，如图 7-24 所示。

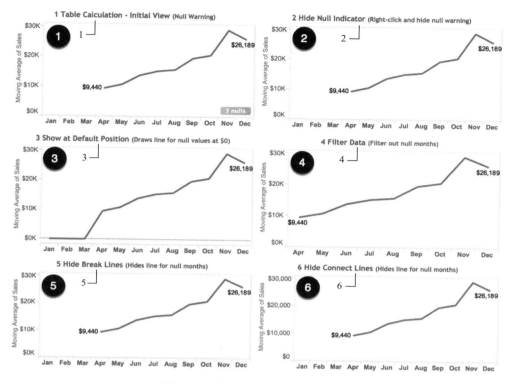

图 7-22　带有空值的时间序列图表

1—表计算—原始显示（空值警示）　2—隐藏空值警示条（右击并选择隐藏指示器）　3—在默认位置显示数据
（在 $0 位置定位空值并画线）　4—筛选数据（筛选掉空值月份）　5—隐藏断开线（隐藏取得空值月份的线段）
6—隐藏连接线（隐藏取得空值月份的线段）

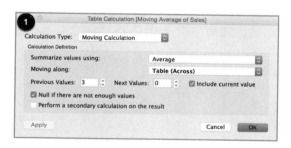

图 7-23　3 个月移动平均值定义

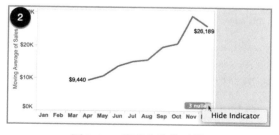

图 7-24　隐藏空值指示器

如图 7-22 的第 2 个图表所示，选择隐藏空值指示器仅仅是把这个指示器从视图中消除了，而没有定义其他空值要如何处理。如果你的源数据定期更新后有新的空值产生，它没有给出显示规则。

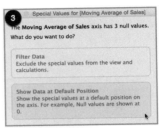

如果单击这个空值指示器，就会弹出如图 7-25 所示的对话框。

选项 Show Data at Default Position（在默认位置显示数据）让 Tableau 把空值定位在 0 位置，如图 7-22 的第 3 个图表所示。如果 Filter Data（筛选数据）选项被选中，Tableau 就会把取空值的月份从视图中筛选掉，如图 7-26 所示。

图 7-25　在默认位置显示数据

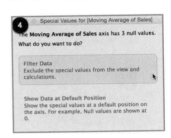

注意，图 7-22 中第 4 个图表是从 April（4 月）开始的。但如果源数据在时间序列中存在间隙（缺少某个月的数据），这个选项就很可能会引起误导。因此，Tableau 提供了另外两个显示空值的格式选项。

图 7-26　筛选掉空值月份

图 7-22 仪表板最下面的第 5 个和第 6 个图表看起来与第 2 个图表非常相似，这只是因为空值出现在时间序列的前三个月份。如果空值出现在时间序列的中间，这些选项对数据断点的处理就会出现细微的不同。要访问这个特殊值（比如空值）的格式对话框，右击你用来表示表计算的字段块并选择 Format（设置格式）。这会在左侧显示格式设置面板，如图 7-27 和图 7-28 所示。

选择隐藏断开线选项，生成的视图可参考图 7-22 的第 5 个图表。

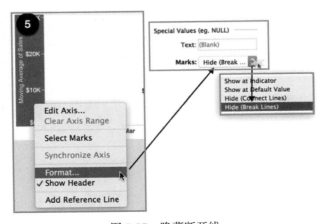

图 7-27　隐藏断开线

图 7-28 显示另一个处理空值的选项,你能在图 7-22 的第 6 个图表看到结果。

因为本示例的空值只出现在数据的前端,三个选项的结果看起来没什么区别。当你的数据在中间包含空值时,你可以试验不同的选项。其中一个会把这些月份完全筛选掉,另一个会显示这个月,但不会连接线段。

图 7-28　隐藏连接线

表计算提供了很多选项,使你能从源数据获取新的信息。Tableau 对空值的显示选项提供了对源数据中缺失数据的细微处理,以避免信息使用者被源数据中的不完整误导。

7.1.24　什么时候在仪表板中使用浮动对象

Tableau 支持使用浮动对象,这是向仪表板中高效添加额外信息的非常好的方式。这个功能在使用时要谨慎,要考虑到底层的可视化可能会有怎样的变化,确保浮动对象不会影响视图包含的数据。图 7-29 是一个使用浮动对象不那么理想的示例。

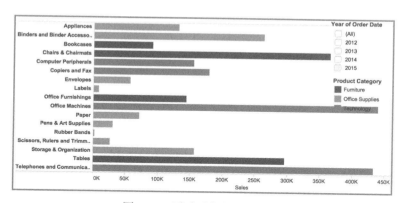

图 7-29　浮动对象的反面示例

在图 7-29 中,浮动的年度筛选器和颜色图例的确节省了空间,但 Office Machines 的数据和颜色图例产生了冲突。在这个图表中,浮动对象就不是一个好的选择,除非你能确保排名前三的条形图都不会伸到浮动的控件中。这几乎不可能控制,因为观众计算机的分辨率可能不同,在他们机器上的图表效果也可能会不一样。图 7-30 显示了一个利用浮动对象的更好的示例。

假设销售额只出现在下面的 48 个州,图 7-30 中的浮动对象就可以利用地图中的空白空间来显示颜色和尺寸图例或者一个时间序列的图表。一个筛选器能加入地图和时间序列中来，让用户筛选感兴趣的数据。这就创建了一个不使用浮动控件和快速筛选器就很难做到的更紧凑的视图。这个浮动图例的使用对视图的影响比图 7-29 中对视图的影响要小很多。

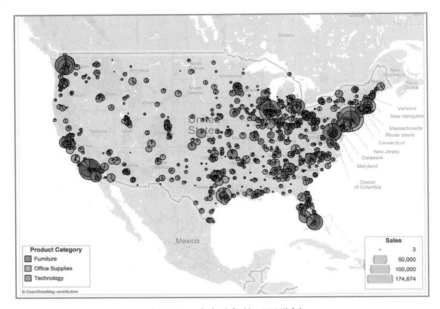

图 7-30　浮动对象的正面示例

7.1.25　散点图中的坐标轴交叉阴影

在散点图中，从一个坐标轴引出阴影是容易的，但如果你想利用垂直和水平坐标轴的组合形成阴影，该怎么做？图 7-31 给出了 4 种可能。

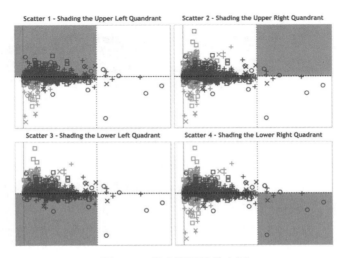

图 7-31　带有阴影的散点图

这些散点图采用两条参考线来帮助划分区域并填色：一条针对垂直坐标轴的参考线和一条针对水平坐标轴的参考线。关键是要知道每个示例中的颜色填充是怎样形成的。图 7-32 显示了形成每个视图的填充选项组合。

这些区块的颜色填充效果是通过对垂直和水平轴的阴影进行叠加生成的。这不是生成这种效果的唯一方式，但这个可靠的设置表的方式可以作为学习的起点。图 7-33 为你展示了图 7-31 中第 1 个散点图（Scatter 1）的具体设置。

Scatter Plot Shading Cheat Sheet			
#	Reference Line Fill Area	Vertical Reference Line	Horizontal Reference Line
1	Fill above	Pick a color	White
	Fill below	None	None
2	Fill above	Pick a color	None
	Fill below	None	White
3	Fill above	None	White
	Fill below	Pick a color	None
4	Fill above	None	None
	Fill below	Pick a color	White

图 7-32 生成阴影的设置表格

第 1 个散点图－垂直坐标轴的参考线　　第 1 个散点图－水平坐标轴的参考线

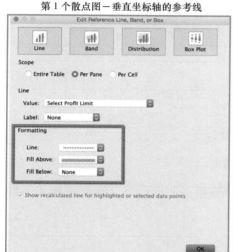
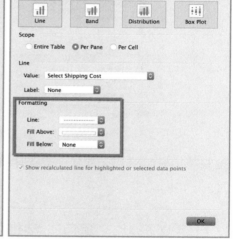

图 7-33 图 7-31 中第 1 个散点图的阴影设置

试着用 Superstore for TYD2 数据集建立你自己的散点图，用垂直坐标轴表示 Profit，用水平坐标轴表示 Shipping Cost。把 Product Category 放置在 Color（颜色）标记按钮上、Order Priority 放置在 Shapes（形状）标记按钮上、Customer Name 放置在 Detail（细节）按钮上。接下来，选择 Data 区域里的 Analytics 选项卡，通过把 Reference Line（参考线）拖曳到视图上来添加一个垂直的参考线，在参考线对话框中选择 Table 或者 Pane，并选择 Select the Sum (Profit)。或者，在垂直坐标轴上右击并选择 Add Reference Line（添加参考线）选项也可以实现。参考图 7-32 给出的设置表格，给出正确的设置。对水平坐标轴重复以上过程，看看你能不能生成如图 7-31 所示的 4 个散点图。

7.1.26 创建容纳字段的文件夹

如果你要处理数据库信息，这里可能会有成百的字段需要搜索。Tableau 在 Data（数据）区域的顶部提供了一个搜索功能，你能更容易找到一个特定字段。层次可以用来对 Data（数据）区域里的字段进行分组，但如果你不希望在可视化中出现层次的动作，该怎么办？

文件夹提供了一个让你不需要借助层次而对 Data 面板内相关字段分组的方式。要对 Data（数据）区域内的字段分组，右击 Dimensions（维度）区域（以分组维度）或 Measures（度量）区域（以分组度量）的空白区域，选择 Create Folder（创建文件夹）菜单项，并且在如图 7-34 所示的对话框中命名文件夹。

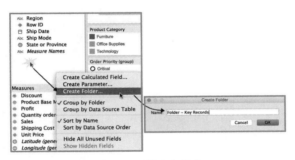

图 7-34　创建文件夹

把相关字段组织到文件夹中会让你节省很多时间，尤其在使用相关字段建立分析时。

7.2 自定义形状、颜色、字体及图像

Tableau 提供了很多不同的预定义的形状、颜色和字体，你也可以自己定义这些对象来满足特定的需求。

7.2.1 自定义形状

使用默认的形状也没什么不好，如图 7-35 所示。

但采用自定义的形状来表示天气状况能提供更直观的理解。图 7-36 显示了同样的地图，但使用了和天气有关的图像来描述天气状况。

图 7-36 使用的自定义图像更直观地传递了天气的信息。这个示例是通过使用 Tableau 提供的形状模板中的一个标准形状组创建的。通过形状图例的 Edit Shape

（编辑形状）菜单项，在如图 7-37 所示的形状编辑对话框中可以编辑需要的形状。

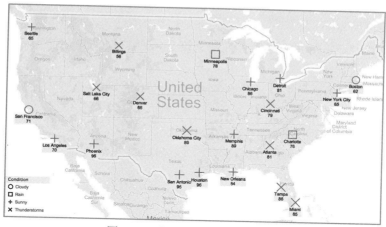

图 7-35　在地图中使用标准形状

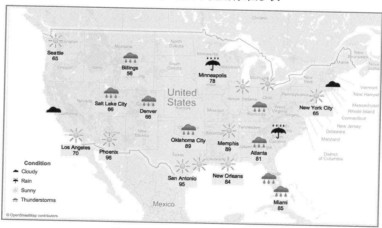

图 7-36　使用天气图像的地图

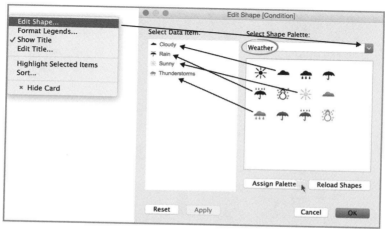

图 7-37　自定义形状

如果 Tableau 的标准形状图例或者形状模板组依然不能满足你的需要，可以通过下面几个步骤导入你定制的形状文件（.png、.jpeg、.bmp、.gif），并且使它们在你的视图中可用：

1）在 My Tableau Repository 目录下创建一个文件夹并存储需要使用的图像文件。

2）给这个文件夹一或两个字的名称（Tableau 将在对话框里使用这个名称作为形状分组名）。

3）创建一个使用形状的视图。

4）在编辑标准形状时可以选择导入的定制形状。

采用尺寸为（32×32）像素大小的图像文件可以获得最佳的显示效果。

7.2.2　自定义颜色

为单个标记点创建自定义颜色可以通过 Marks 选项卡里的 Color 按钮轻松实现。单击 Color 按钮，选择 More Colors（更多颜色）选项，打开如图 7-38 左上角所示的对话框，在这里可以定制颜色。

你也可以通过在很多不同的边界颜色选项中做出选择来修改标记点的边界。选择 Add To Custom Colors（添加到自定义颜色）选项可以保存你喜欢的自定义颜色。

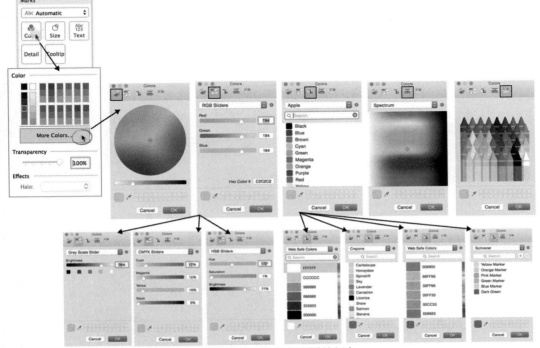

图 7-38　自定义不同的颜色

创建完全自定义的颜色调色板是可能的。Tableau 很细心地提供了默认的颜色调色板以便能有效表达，还考虑到了各种因素，比如色盲，专门提供了灰度以及特定的色盲友好调色板。如果你有特定需求是当前的调色板不能满足的，可以创建自己混合的颜色。如果你的确有非常特殊的需要（比如要和某个 LOGO 的颜色模式匹配），也能创建完全定制化的调色板，这就需要你改变 Tableau 的优先匹配文件：\My Documents\My Tableau Repository\Preferences.tps。打开 Tableau 的官网，在知识库中搜索名为 *Creating Custom Color Palettes* 的文章以获得具体细节。要添加一个自定义的调色板，你需要使用一个文本编辑器（比如 Windows 的 Notepad）把定义这个调色板名称和颜色值的 XML 脚本添加到文件中。

7.2.3 自定义字体

Tableau 提供了很多不同的字体。对用在标题、坐标轴标签、标记点标注、工具提示栏这些任意元素中的文字，都可以自定义字体的字形、尺寸、颜色、是否黑体以及是否有下划线。在大多数实例中，标准字体库就可以满足需要。在动态的标题中改变字体样式是常见的用法，当做出不同选择时能让人们注意到仪表板中值的变化。改变字体最常用的是在仪表板或视图中改变标题的字体。双击标题区域，就会打开如图 7-39 所示的文本编辑对话框。

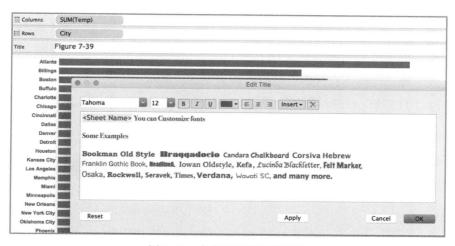

图 7-39　自定义标题中的字体

对话框中编辑区域的文字已经更改为显示很多不同的字体样式。你可以通过突出显示现有的文字或者从顶部菜单选择另外的字体样式来更改标题文字。图 7-40 在标题中使用了自定义的字体颜色，包含一个动态的标题元素 <Sheet Name>。

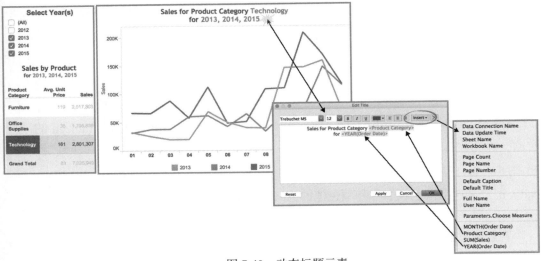

图 7-40　动态标题元素

在图 7-40 中，视图左侧的 Year 筛选器对仪表板中的两个图表都针对年份进行了过滤。你可以看到 2013、2014、2015 年被选中，仪表板中每个区域的标题都体现了这个选择。双击标题，在弹出的对话框中通过 Insert 按钮插入需要的字段，你就可以为标题添加动态元素。想让某个字段可用，你必须在视图中使用它或者把它包含在 Marks 选项卡中。

7.2.4　在仪表板中自定义图像

在仪表板中使用图像的典型用法是添加公司的 LOGO。通过使用图像对象，LOGO 可以被放置到可视化图表中并缩放到合适的尺寸，以适应标题的空间。这里你应该了解一些技巧，帮你更精确地放置图像。本示例中，InterWorks 的 LOGO 是一个标准的 JPEG 文件。把这个图像对象放置到仪表板所需位置之后，选中对象并单击右上角的下三角按钮会弹出如图 7-41 所示的菜单项，选择 Pick Image（选取图像）菜单项。

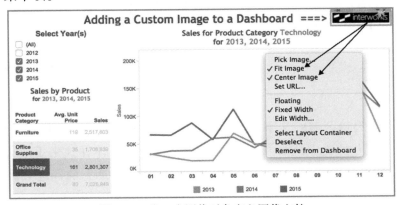

图 7-41　为一个图像对象定义图像文件

选择图像之后，单击 Fit Image（适合图像）和 Center Image（居中图像）菜单项，当你改变图像对象的尺寸时，图像的大小会自动调节。

7.3 高级图表类型

Tableau 提供了相对完整的图表类型。你甚至不需要真正理解为什么某个特定类型更合适。如果你依靠 Show Me（智能显示）按钮，Tableau 会根据你所使用的维度和度量组合提供合适的图表类型。

有时选择默认图表之外的其他类型可能更合适，但这需要你具有更多的经验和知识。知道改变哪些默认设置就更是不同的范畴了。下面学习 6 个常用的非标准图表类型。

7.3.1 Bar-in-Bar（柱图中套柱）图表

如图 7-42 所示的 Bar-in-Bar（柱图中套柱）图表提供了另一种对比取值的方法。

图 7-42　Bar-in-Bar（柱图中套柱）图表类型

在本示例中，颜色和大小代表实际的和预估的销售额。每个竖条的高度表示某个特定区域的取值。创建这个图表的关键是要理解怎样使用颜色和大小，同时改变 Tableau 默认的堆叠矩形条的行为。要使用 Coffee Chain 示例数据集创建这个示例，需遵循下面的步骤：

1）多选 Market、Budget Sales、Sales 字段。

2）使用 Show Me 按钮选择 Side-by-Side Bar（并排条）图表类型。

3）从 Column 区域拖曳 Measure Names 字段块到 Marks 选项卡中的 Size 按钮上。

4）如果你喜欢让 Budget Sales 作为更宽的竖条，把 Measure Values 区域的 SUM (Budget Sales) 字段块拖曳到 SUM (Sales) 字段块的下面。或者，在 Measure Names 选项卡里重新排列颜色图例也可以实现这个目的。

5）到 Analysis 主菜单中选择 Stack Mark，选择 Off 选项。

这种 Bar-in-Bar（柱图中套柱）图表类型相比标靶图有更多的局限，将会在本章最后谈到，但这种图表类型依然把大量的信息压缩到了很小的空间内。当你想在大量维度层面上比较少数的度量时，它尤其有用。

7.3.2 Pareto（帕累托）图表

人们熟知的 80-20 法则又被称为帕累托（Vilfredo Pareto）法则，是 1906 年由帕累托提出的，用来描述他的国家的财富分布不平均状态。

一般来说，80-20 法则就是说 20% 的输入等同于 80% 的输出。比如，80% 的利润来自于 20% 的产品。图 7-43 用一个 Pareto（帕累托）图表显示了不同产品的利润。下面的示例就是基于 Superstore Sales for TYD2 数据集创建的。你会学到如何创建 Pareto（帕累托）图表，表示超市销售的不同产品的叠加利润。

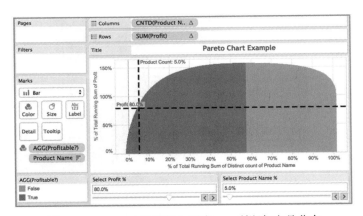

图 7-43　Pareto（帕累托）图表——利润与产品分布

垂直坐标轴表示累计总利润相对总利润的百分比，水平坐标轴表示累计的产品数量的百分比。颜色用来区别显示正利润和负利润并把它们分组。参数化的参考线也包含在其中，允许最终信息使用者水平或垂直移动线条。通过这种方式，用户可以判断样本遵循帕累托法则的程度。在图 7-43 的示例中，你可以看到示例数据库中 80% 的利润仅仅来自 5% 的产品。这当然比人们通常预期的还要更集中。

创建这种图表类型的技巧是要知道怎样利用表计算通过坐标轴表示相对总值的百分比。创建这个图表需要下面几个步骤：

1）拖曳 Product Name 维度到 Columns 区域。

2）拖曳 Profit 维度到 Rows 区域。

3）对 Product Name 根据 Profit 降序排列（从最高利润到最低利润项目）。

4）使用菜单栏上的控件把视图显示从 Normal（标准）变成 Entire View（整个视图）。

5）把 Rows 区域里的 SUM (Profit) 字段变成一个两阶段的表计算，右击这个字段块并且编辑 Table Calculation 对话框，如图 7-44 的 A 部分所示。

6）从 Dimensions 区域里把 Product Name 字段拖曳到 Marks 选项卡。

7）编辑第 6 步的 Product Name 字段，右击字段块，选择 "Measure（度量）" → "Count Distinct（统计区别）"。

8）添加一个两阶段的表计算到第 7 步的字段，右击字段块，选择 Add Table Calculation（添加表计算），并如图 7-44 的 B 部分所示在对话框中定义。

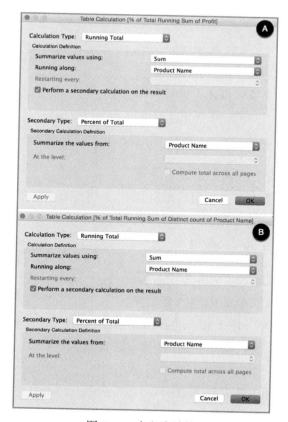

图 7-44　定义表计算

9）拖曳第 8 步生成的新的表计算到 Columns 区域，把它放置在 Product Name 字段块的右边。再把 Product Name 字段块从 Columns 区域拖曳到 Marks 选项卡。这时你的图表看起来像是出错了，没关系，它没错。

10）在 Marks 选项卡中把视图中的标记类型从 Automatic 改为 Bar。

11）创建一个名为（Profitable?）的计算值，来判断利润是否大于 0，公式为：SUM(Profit)>0。

12）把（Profitable?）计算值放在 Marks 选项卡的 Color 按钮上。

13）为每个坐标轴都添加一个参数化参考线，以便终端用户可以从 0~100 以 0.01 的幅度改变参考线的位置。参考图 7-45 的 A 部分查看垂直参考线的设定。水平参考线的设定如图 7-45 的 B 部分所示。

14）编辑颜色模式为灰 / 橙配色，来显示是否盈利。

一旦参数化的参考线设置完成后，剩下的唯一工作就是重新安排屏幕中的元素。图 7-43 中的参数控件是放置在 Pareto（帕累托）图表的下方，以便充分利用工作表剩下的空白空间。

你在尝试掌握这个图表类型时可能需要多尝试几次，但不要灰心，而且可能有几种不同的方式能够创建这个图表，你可能会发现其他方式也能产生同样的效果。

接下来将要学习最后两个可视化内容，它们与第 8 章关于仪表板的内容有着紧密的联系。Sparklines（星波图）和 Bullet Graphs（标靶图）在仪表板中能很好地工作，因为它们一起能传递非常多的信息，即便空间有限。

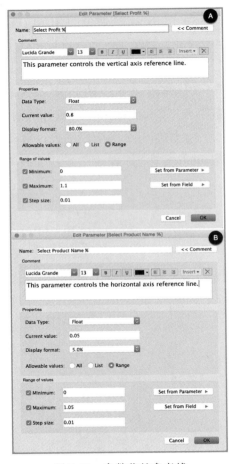

图 7-45　参数化的参考线

7.3.3　Sparklines（星波图）

爱德华·塔夫特（Edward Tufte）在他的著作中提出了 Sparklines（星波图）。

他描述它们为集中、简单、紧凑的图形。星波图可以在仪表板中提供非常有效的时间序列图表。当空间的高度和宽度都受限时，你会发现星波图可以在比 Tableau 默认的时间序列图表小得多的空间里传递大量的信息。创建星波图需要下面几个步骤：

1）使用 Coffee Chain 创建一个标准时间序列图表。

2）编辑坐标轴，使每个坐标轴的范围相互独立。

3）删除坐标轴的标题。

4）向左拖曳图表右侧。

5）向上拖曳图表的底部。

6）利用 Marks 选项卡的大小按钮把线条变细，删除图表边界，添加行的阴影，如图 7-46 所示。这些都可以通过格式菜单来实现。

7）隐藏每行的标题，单击第一列的顶部并选择隐藏标题。

8）如果有必要，通过一个表计算来强调变化。你可能还希望在这个表计算的定义中设置 Tableau 如何处理空值。

如果你正确地进行了上述步骤，你的视图应该如图 7-46 所示。

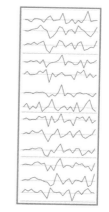

图 7-46　Coffee chain 销售额
　　　　　的星波图

在本示例中，有必要采用一个 Percent Change 的表计算来强调销售额在不同月的变化。为什么呢？繁杂的数据中包含着非常细小的金额变化，导致了所谓的"死人心电图"效应，或者说当视图被压缩后，每行的时间序列线条就会变得平直。采用表计算强调百分比变化很好的方法是在每个图表中使用一个非常浅的灰色线条表示 0 变化点。此外，一些常规的格式元素从视图中被移除了（坐标轴标题、行列标注），那些区分每个产品单元的线条也不会干扰人们的注意力了。

在第 8 章将创建一个组合了标靶图的星波图，作为仪表板技术部分的练习。

7.3.4　Bullet Graphs（标靶图）

标靶图是由史蒂芬·菲尤（Stephen Few）提出的，是另一种在有限空间内高效比较数值的方法。标靶图是一种条形图表（比较一对多的关系），但增加了对比的参考线和参考分布。标靶图与星波图组合一起是仪表板中的强强联合，因为它们都既节省空间又突出洞见。仔细观察图 7-47 的标靶图。

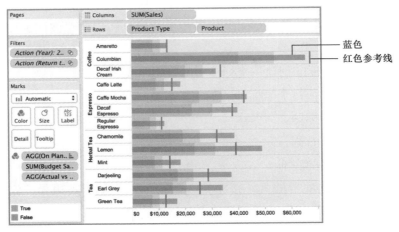

图 7-47　标靶图

标靶图里的水平条通过颜色反映了布尔计算值（真 / 假），它评估实际的和预估的销售额。用蓝色显示的产品销售额低于预期。每行的红色参考线反映了预估的销售额。水平条后面的灰色背景用来评估实际表现相对于预估的水平（显示了评估值的 60%、80%）。同时注意到，实际销量水平条的颜色通过颜色区域的颜色按钮减淡了 6%。因此，这个标靶图是通过 Show Me 创建的，但包含一个外观的变化来增强理解。打造如图 7-47 所示的示例所需要的步骤如下：

1）打开 Coffee Chain 示例数据库。

2）多选 Sales、Budget Sales、Product Type 以及 Product 字段。

3）单击 Show Me（智能显示），使用标靶图。

4）确认图表使用的是 Actual Sales 字段。

5）确认参考线使用的是 Budget Sales 字段。

6）第 4 步和第 5 步可能是不正确的。右击坐标轴的底部，选择 Swap Reference Line Fields（交换参考线字段）。

7）创建一个布尔型计算 sum([sales]) < sum(budget sales)。

8）把这个布尔型计算结果拖曳到 Color（颜色）按钮上。

9）设定你希望的参考线样式。

10）按你的喜好设定参考分布的颜色样式。

标靶图中的水平条应该反映实际值，参考线应该反映对比的参照值（比如预估值、去年值等）。当图表通过 Show Me 按钮自动生成时，Tableau 不会去判断哪个是实际值、哪个是目标值，你可能需要通过 Swap Reference Line Fields（交换参考线字段）选项来交换，右击底部坐标轴的空白区域可以找到此菜单项。这会对列或行（Column/Row）区域的字段块以及 Marks（标记）区域的字段块进行交换。现在列或行区域里的字段块应该就是用水平条来表示了，包含在 Marks 选项卡里的字段块用来创建参考线。

在仪表板中组合应用星波图和标靶图，以非常高的空间利用率的方式对实际结果与计划进行比较，以及对实际结果和往年结果进行比较（如果你添加了往年结果作为参考线）。星波图对随时间变化的结果提供了高密度的信息显示。图 7-48 显示了包含它们的一个仪表板。

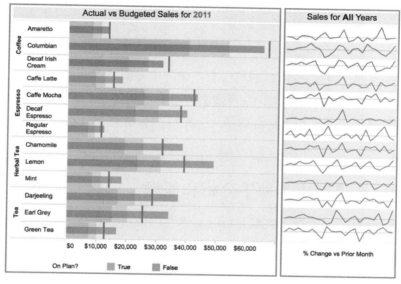

图 7-48 标靶图和星波图

在第 8 章，你会学习到仪表板设计相关的最佳实践方式——使用标靶图和星波图，以及其他可视化图表来创建一个紧凑的、信息丰富的仪表板。

第 8 章
综合打造仪表板

讲故事是对真理的创造性展现。一个故事就是一个想法的真实证明，是想法到行动的转换。

——罗伯特·麦基（Robert McKee）[1]

Tableau 一个核心的价值是通过仪表板体现出来的。它允许读者与仪表板进行交互，以改变显示内容的细节，这可能会产生新的和潜在的重大发现。在 Tableau 中组合仪表板对设计者来说是有趣的，一个好的仪表板设计会让信息使用者身心愉悦。

8.1 为什么仪表板有助于分析和理解

在查阅报表或创建新的数据分析时，你在期待一个故事——这是你可以和别人共享的内容并引发更好的改进。仪表板通过提供对数据相互补充的视图，并把数据转换为由事实支持的可操作信息，强化了这个讲故事的过程。

优秀设计的仪表板有很好的视觉感染力，吸引用户与信息互动，按需求提供细节，使信息使用者知道什么、谁、何时、哪里、怎样，甚至为什么某些事情在发生变化。

8.2 Tableau 怎样改善仪表板创建的过程

关于商业信息只有三件事是真正重要的：快速、精确以及能够提出新的问题。Tableau 就针对这三件事情。Tableau 有直接连接到广泛数据源的能力，用恰当的可视化图表绘制数据的能力，提供了相对传统设计分析工具的三大优势：

- 缩减的仪表板创建时间。
- 缩减的对技术人员的需求。
- 更好的视觉分析。

在仪表板开发过程中，通过提高用户友好的开发环境减少了对数据库模式、SQL 脚本以及编程知识的掌握，因此 Tableau 减少了对技术专业人员的需求。在 Tableau 中创建仪表板基本上就是一个拖曳的过程。当每个图表面板被放置进仪表板空间后，实施对不同面板的筛选和突出显示只需要简单地单击就能高效地实现。

把你的仪表板发布给个人计算机、平板计算机或者互联网上的用户，不需要技术方面的编程技巧。学习一点基础的原理，你就能在仪表板中创建有竞争力的可视化分析，而且要比旧工具的速度快很多。在人们第一次使用 Tableau 并得到了新的洞察时，就像奇迹诞生的时刻来临。他们开始明白未知的潜能被打开了，信息成为关注的焦点。

接下来将学习字段测试技术，这有助于你创建能与受众有效交流的仪表板，包含以下内容：

- 关于用 Tableau 建立仪表板的推荐练习。
- 仪表板区域和设计对象的技术与机制。
- 使用动作筛选、突出显示以及嵌入 Web 页面。
- 把仪表板发布到 Tableau Server 或者 Tableau Online。
- 优化仪表板的性能，提升加载速度和查询时间。

你将使用软件本身自带的示例数据创建一个仪表板来学习这些技术。在开始这个示例之前，我们先讨论一下利用 Tableau 创建一个仪表板的正确和错误的方法。

8.3 创建仪表板的错误方法

传统的报表工具提供者都是在数据收集与存储方面有着核心竞争力的企业。这些企业吸引了众多技术方面的专家，他们熟悉数据库搭建、数据质量、数据存储，但并不熟悉数据表示。

传统的商业信息系统的买家基本都来自金融或者会计行业。信息技术方面的员工基本上都参与了系统的采购过程，因为这些 IT 员工具有数据库设计、数据获取、数据管理方面的专业技术知识。而且，这些 IT 员工通常负责对这些系统进行安装、调试与维护。

提供者和购买者都不具有关于数据可视化的最佳实践方法方面的知识。IT 团队关于图表的知识大部分都来自通常可用的电子表格程序，但它通常提供了一大堆没用的和不合适的图表类型。基于历史的原因，IT 技术团队更熟悉那些旧的用来生成报表的商务信息（BI）工具，更擅长数据创建和存储方面，而不是信息可视化。

这两组人都开发出了能够节省时间且可以很好地在老式工具中创建仪表板的技术。可问题是，这些技术更关心生成报表的技术挑战，而不是用户体验方面的美学品质。

为什么一个有经验的设计者要使用过于复杂的图形呢？一个可能的原因是，用传统工具生成仪表板的确更难创建，需要更多的时间和努力。用传统工具你经常需要在一个视图中放置尽可能多的信息以节省时间。这样的做法会生成对终端用户来说复杂而难以理解的可视化结果。而且，内部客户经常会要求提供他们自己熟悉的内容（电子表格），于是他们就会看到想看的内容。不幸的是，这些技术对在 Tableau 创建仪表板来说完全是错误的方式。

在 Tableau 中过分依赖表格和过于复杂的图表通常会产生两个不想要的结果：一是仪表板不能有效地交流；二是加载的速度达不到需要。

举一个例子，一个显示 12 个月内 20 个产品的销售额报表（12 × 20=240 个数据），与阅读表达同样信息的时间序列图表相比，无疑前者很难看出趋势和异常。而且，如果你的仪表板加载的时间就需要五分钟，那么数据的质量基本无关紧要了。仪表板阅读基于网页浏览时，需要有一个对其重新生成的动作，如果网络连接很慢，网页浏览也没什么意义了。如果仪表板本身需要很长的加载时间或者与它的交互很慢，那么阅读仪表板也没什么意义了。图 8-1 中的仪表板显示了一些常见的陷阱——过于密集和过于复杂的图表以及不合适的图表类型。注意比较不同产品子类销售额的饼图，它包含太多的切块，对不同产品子类做精确对比是很困难的。堆叠条图使用不同（有冲突）的颜色图例来显示不同地区的销售额。图 8-1 下面的表格需要用户操作滚动条才能看到所有数据。

这个仪表板没能快速传递重要的信息。如果下面的表格中存在大量的数据行，用这样的方式表示数据会引起性能方面的问题。

要修复这些问题并不困难。Tableau 的设计本来就是要提供默认适合的图形。理解为何仪表板加载速度过慢以及怎样保证流畅的运行速度仅仅需要基本的关于 Tableau 渲染信息的知识。我们会在本章最后研究这些细节。

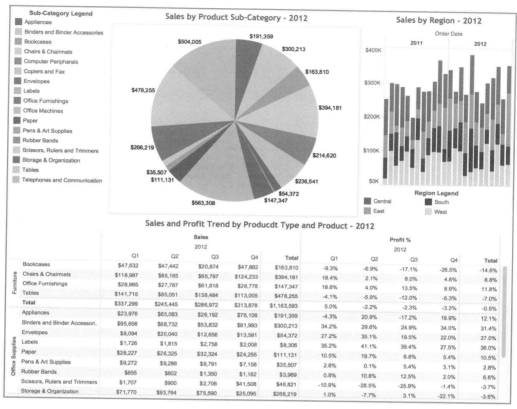

图 8-1　一个设计糟糕的仪表板

8.4　创建仪表板的正确方法

怎样才能改善之前的仪表板并保证它快速地加载呢？下面的表格能否替换掉以揭示数据中的重要信息？一个更有效的仪表板传递这些信息时，会带有更少的噪声，并按需提供细节。

图 8-2 显示的仪表板使用了一个条形图（还有颜色的区分）来提高不同产品子类销售额的更精确比较。时间序列的线图与条形图组合图表提供了每个月销售额视图（垂直条通过灰色和黑色区分大于或小于 5% 利润率的月份）和本年度截至现在的不同类别产品销售额（线条颜色与上面的条形图一致）。仪表板右上角的小表格提供了不同区域的摘要信息。下面组合了线图和条形图的时间序列，使用灰度来描绘利润率的阈值，以提供利润率的宏观视角。深灰颜色突出显示了利润率低于 5% 的月份以及产品类别（通过筛选器）。

包含动态元素的标题描述了用来对嵌入的条形图和区域文本表进行筛选的区

域、产品类别、子类。这个仪表板针对产品类别及区域都可以进行筛选，这些选择在条形图和区域表格图表里都会有突出显示。

这个仪表板排除了杂乱无序及不必要的细节，能更有效地交流。这个仪表板的受众可能包含高级经理人以及区域销售人员。这个设计就应该是针对这两组人的。

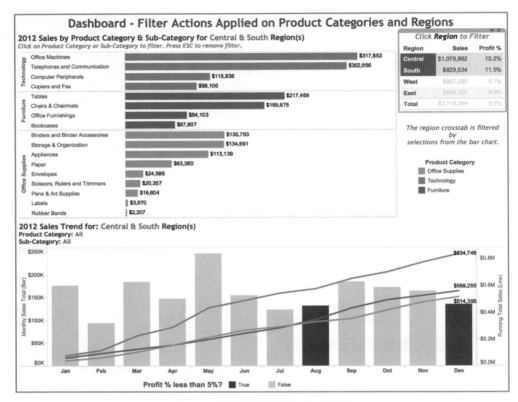

图 8-2　利用更简洁视图的仪表板

8.4.1　创建仪表板的最佳实践

分析了一些数据并决定要分享的信息后，坚持下面这些原则会帮你创建更好的仪表板：

- 设定仪表板尺寸，让它能适应最坏情况下的展示空间。
- 使用四面板式仪表板设计。
- 使用动作（Actions）而非快速筛选器（Quick Filters）来筛选。
- 创建级联式仪表板设计来改善加载速度。
- 把颜色的使用限制在一个基础的颜色模式内。
- 在视图旁展示小指示，使得导航更明显。

- 对文本表格的信息提供筛选，按需提供细节。
- 消除所有与数据无关的内容。
- 避免使用均码式仪表板。
- 要使你的仪表板在初次加载时的时间不超过 10 秒。

这些原则来自笔者从各种实践得来的经验教训。它们对于产业的、政府的、教育的超过 90% 的情景都是适用的。

你可能找到一些特定的应用场景，违反了一个或多个最佳实践经验却工作得很好，也能有效交流信息。记住最重要的是，采用最适合你特定情况的方法。

8.4.2 设定仪表板尺寸，让它适应最坏情况下的展示空间

如果每个读者都有最好的计算机，有最高的分辨率，创建仪表板就容易了。但通常情况下不这么理想，所以你必须把仪表板设计为能轻松适应不同的可用空间，这就要决定最坏情况下仪表板的可用像素高度和宽度。Tableau 提供了默认的典型尺寸，也允许你自定义尺寸。不知道读者的阅读环境就做了一大堆的设计工作，通常是导致最终读者不悦并且设计者做大量无用功的原因。

仪表板最终是否在笔记本计算机上通过 Tableau Reader 来阅读呢？如果是，你是否知道屏幕的像素范围？会不会用平板计算机？仪表板是否通过 Tableau Server 来阅读，或者你会不会把它嵌入网页中？你需要掌握仪表板空间的确切高度和宽度。对于笔记本计算机的读者，这可能只有 800 像素 × 600 像素，对桌面计算机或更高分辨率的笔记本屏幕，通常有 1 000 像素 × 800 像素。嵌入网页中的仪表板可能更小，但典型的最坏情况下，最小尺寸可能要到 420 像素 × 420 像素。Tableau 有预定义的尺寸帮你设置仪表板的大小。如果默认的值不能满足你的需求，在 Tableau 里自定义尺寸也很容易。

8.4.3 使用四面板式仪表板设计

像图 8-3 显示的 4 个可视化视图的布局对大部分笔记本和桌面计算机的屏幕都能很好地适应。这种展现方式自然把重点放在左上角的面板上，因为我们都被教导从左上到右下的顺序来阅读。图 8-3 展示了一个四面板适应笔记本和桌面计算机阅读的设计。

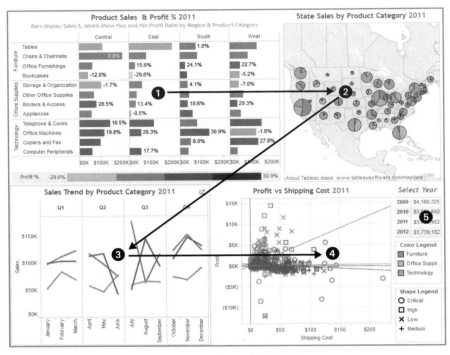

图 8-3　一个四面板的设计

一个四面板的设计通常会从左上到右下以 Z 字形的方式阅读，除非你在某个地方要找到特殊的东西。注意，这个设计实际上包含 5 个面板，但第 5 个面板（小的 Select Year 表格）充当仪表板其他元素的筛选器。一般来说，一个快速筛选器会用来让最终阅读者选择视图中要显示的年份。但在图 8-3 的示例中使用了一个小的文本表格来触发这样的筛选动作。使用表格而不是快速筛选器的优势是，它在与快速筛选器同样大小的空间内还提供了更多的额外信息（每年的总销售额）。这个设计采用了五面板的设计（明显是与最佳实践方式相违背的），从另一个角度看它，是与推荐相符合的。使用文本表格的另一个原因是，它会引出下一个最优方式推荐，那就是用文本表格的筛选器动作代替快速筛选器。

为平板计算机设计仪表板时要应用不同规则，这方面的细节内容会在本章最后设计。

8.4.4　使用动作而非快速筛选器来筛选

使用动作（Actions）代替快速筛选器具有不少优点。首先，仪表板能更快速地加载。为了显示快速筛选器，Tableau 必须先从你的数据库扫描源数据表。如果你扫描的数据表很大，就需要 Tableau 花费一些时间来渲染。近来的几个版本中，

Tableau 已经改善了快速筛选器的加载速度，但你仍然可能因为其他原因倾向于使用筛选器动作（美学方面的原因）。在显示一个多选筛选器的同样大小的空间里，你可以提供一个小的带有筛选动作的可视化图表，这就使包含在仪表板中的内容更加丰富。

在仪表板中使用快速筛选器还有可能引起观众的困惑。笔者遇到的最坏场景是一个客户的仪表板里包含两个数据面板和 13 个快速筛选器。源数据库非常大（十亿级别的记录行），需要 6 分 30 秒的时间来加载，其中除了 8 秒的时间外，都是在生成快速筛选器。这不但很难找到需要的筛选器，加载速度也很慢。通过把这个设计改变为一系列的四面板式仪表板，并把快速筛选器改变为筛选动作，加载每个仪表板的时间都会缩减到少于 8 秒。这就引出了下一个最优方式推荐。

8.4.5　创建级联式仪表板设计来改善加载速度

如果源数据非常大，具有快速的加载时间本身就很有挑战性。在上面提到的案例中，仪表板的加载速度非常糟糕，因为原始设计中的 13 个快速筛选器里很多都需要扫描巨大的数据表。需要阅读这个仪表板的管理人员既需要对数据有一个摘要性的、全局性的浏览，又希望能够挖掘更细节的数据子集。不幸的是，原始设计加载速度慢，也不能提供多少洞见。

用带有筛选器动作的四面板仪表板设计替换快速筛选器，本质性地改善了仪表板的加载速度，也让展示的信息更容易理解。

重新设计的主仪表板提供了好的总体视图，它显示了一个条形图（比较不同产品）、一个地图（显示地理范围下的数据）、一个散点图（提供对异常的分析）以及一个小的高级别数据的文本表格。这些可视化元素也包含筛选器动作，允许管理人员通过在主仪表板做出选择而对其他仪表板做出预筛选来显示更加细节的信息。这种级联式仪表板设计提供了所有需要的信息，同时也改善了加载速度和易理解性。

最终的设计采用了 4 级级联，每级的仪表板有 4 个面板的方案（筛选通过仪表板内的面板带有的筛选动作实现），替代了原始的仪表板（它有 13 个快速筛选器）。最高层级的仪表板提供了摘要性视图，在每个可视化元素中都包含筛选器动作，让管理人员可以查看不同区域、产品、销售小组的详细数据。任何一个仪表板的加载时间都不超过 8 秒。

如果采纳了这个建议，你仍然被速度慢所困扰，Tableau 的 Performance Recorder（性能记录器）提供了对技术细节的可视化视图，通过它可以查找可能导致性能问题的原因。本章最后将会学习性能记录器。

8.4.6　把颜色的使用限制在一个基础的颜色模式内

在一个仪表板中使用太多的颜色会让人困惑。试着把颜色的使用限制在只表示一个维度或一个度量。你可以在同一个仪表板中有效添加辅助颜色，但最好采用更加温和的颜色。图 8-2 的仪表板采用的两组颜色要比图 8-1 的仪表板中的颜色更有效，因为辅助颜色表示了有限的值（真 / 假），并且颜色的表达使用了温和的灰度。据数据可视化专家与作者史蒂芬·菲尤的调研，高达 10% 的男性和 1% 的女性都有某种形式的色盲[2]。最多的色盲形式是限制了对红色和绿色的区分。如果你的仪表板要被很多人使用，这个因素要纳入考虑。为避免可能的问题，可使用灰度或蓝—橙的色彩模式，它们能被大多数色盲人群识别。Tableau 提供了包含 10 个颜色的色盲配色模板，如果你要面对数量非常大的信息使用者，就要考虑创建色盲可识别的仪表板。

8.4.7　在视图旁展示小指示以提供明显的导航

快速筛选器是能明显看到的，但筛选动作却不然。因为动作是选择了可视化视图中的元素触发的，它们可能对你的读者并不那么明显，除非你在仪表板中提供指示。把指示放在工作表的标题栏行是提醒人们这里有动作可用的一个好方法。

在仪表板中为这些指示采用一致的字体样式和颜色，使你的读者知道这些样式代表指示。图 8-2 中的指示通过棕色斜体字得到了突出显示。

另一个方法是把指示放置在工具提示栏中，指针停留在标记点上指示就会弹出来，如图 8-4 所示。这种方法的优点是可以使用更加完整的文字指示而不会占用仪表板的空间。

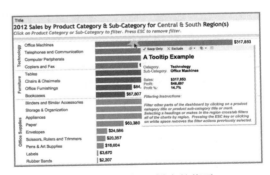

图 8-4　工具提示栏内的指示

注意指示的格式与仪表板内标题指示的颜色、字体、样式是一致的。

通过增加一个包含关于数据源使用方法、公司的使用、导航技巧的单独的

Read Me 仪表板，可以给你的读者提供更多的解释性信息，如图 8-5 所示。你甚至可以通过加入一个网页链接来提供更多的信息。

在仪表板中增加这个信息所花费的时间是值得的。它能减少使用者的困惑，还能降低他们打电话求助的概率。当然，也可以提供你的联系方式，以便人们对你在设计时没有预料到的问题可以轻松地提问。

> Read Me
>
> Data Sources:
>
> The data for this dashboard is provided by the company billing system and includes data from:
>
> 1. The sales transaction journal.
> 2. The customer master records.
> 3. The product master records.
>
> Formulas:
>
> Profit ration are calculated using the following formula:
> Profit $ / Net Sales $ = Profit Ratio
>
> All number have to be validated by the controller of the company and approved for distribution in this dashboard.
>
> If you have any questions please contact Joe Designer at:
>
> Phone: 123-456-7890
> Email: joe.designer@madeup.com

图 8-5　一个 Read Me 仪表板

8.4.8　通过表格过滤信息以按需提供相关细节

当你知道要查找哪些具体的值时，表格是很好用的可视化工具。在快速掌握变化趋势或异常时，它肯定不是最好的可视化工具，图 8-6 显示了一个文本表格的糟糕用例。即便视图中的文本表格经过了对特定维度的筛选，但仍需要垂直滚动条才能看到所有状态的值。

图 8-6 中表示 Market（市场）和 State（州）的两个列产生了不少空白的空间。这个仪表板可以这样改善，创建一个融合在条形图里的筛选动作来把条形图里的数据限制在一个市场里，但即便有了针对市场的筛选动作，这个文本表格仍然需要滚动才能看到所有的值。

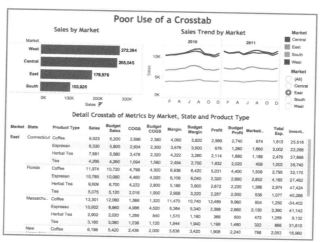

图 8-6　一个糟糕的文本表格用法

在图 8-7 中，这个文本要紧凑得多。Market 和 State 维度都在标题里动态显示，文本表格的方向也改变为用行显示维度（11 个行），Product Type（4 个列）放在不同的列。这就减少了浪费的空白空间，不需要再借助滚动条。

图 8-7 左侧的仪表板显示了未经过任何筛选的版本，即便这样，文本表格不需要滚动就能显示所有信息。图 8-7 右侧的仪表板显示了更细粒度的数据，不论是在时间序列的图表中，还是在文本表格中。这是通过使用筛选器动作实现的，它由条形图和地图触发，按需提供了 Market 和 State 的细节数据。在时间序列和文本表的可视化（在图 8-7 中有突出的显示）中使用动态标题，用更少的空间更有效地交流了信息。

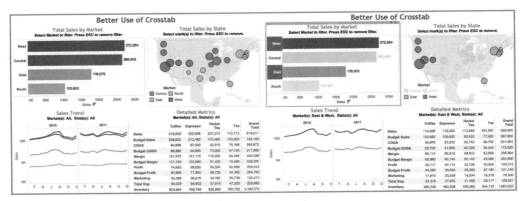

图 8-7　一个对文本表格更好的用法

8.4.9　消除所有非数据内容

最优的方式是由爱德华·塔夫特（Edward Tufte）提出的，他写了 *The Visual Display of Quantitative Information* 这本书[3]。去掉任何不提供实际信息的文本、线条、阴影，消除重复的数据。如果不需要为了推广而使用企业 LOGO，就去掉它。要狠心删除任何不能帮助你的读者理解包含在数据中的故事的元素。

8.4.10　避免均码式仪表板

为了节省时间，用一个仪表板应对很多不同的目标不会产生有最佳表现效果的仪表板，也不会节省你的设计时间。创建仪表板和对数据施加限制是如此容易，建议你针对每个特定目的的人群创建适合他们需求的不同的仪表板。一般来说，管理人员需要看到跨地理区域的、跨产品线的、跨市场的、高层次的数据；区域人员需要限制在某地理区域的、某产品的、某客户的、更细粒度的数。

当然，也有可能创建出同时适合两组人群的仪表板，但通常来说，这个仪表板不会针对任何一组人群都有最佳的格式或最好的表现。尽可能为每组受众都提供最好的体验，基本上这只需要一点点的变化和工作。

8.4.11 把仪表板加载速度限制在 10 秒以内

快速的加载时间取决于数据的大小和复杂度，也取决于你使用数据源的类型。加载很慢的仪表板可能是因为糟糕的仪表板设计。有几种仪表板设计会导致很慢的加载速度；包括细粒度的可视化内容（放置大量的数据点）会消耗资源，增加加载时间；使用太多快速筛选器或者对很大维度集的筛选会延长加载时间，因为 Tableau 必须扫描数据来生成筛选器。

Tableau 针对 Tableau Desktop 和 Tableau Server 都包含内置的工具，帮你判断性能方面的问题。在本章最后，你将会学习到桌面版的 Tableau Performance Recorder（性能记录器），Server 版本的性能记录器将会在第 11 章讨论。

8.5 创建你的第一个高级仪表板

用 Tableau 创建仪表板是一个迭代的过程。这里没有最好的方法。从基本概念出发，经过一路的探索对设计进行不断的改进。从你的目标受众那里获取反馈，并作为额外改进的基础。用传统的商业智能工具是一个很耗时的过程。Tableau 的拖曳式简单方法方便了设计过程的快速进化，并鼓励不断探索。

8.5.1 引入仪表板工作表

在创建了多个互补的工作表后，你可以通过仪表板工作表把它们组合成一个集成的数据视图。图 8-8 显示了一个空的仪表板工作区。

仪表板区域的左上角显示了包含在当前工作簿中所有的工作表。它的下面提供了其他控件，可以向仪表板工作区内添加文字、图像、空白空间或者网页。工作表和其他设计对象都是通过拖曳到 Drop sheets here（拖曳表至此）空白区域来放置到仪表板中的。仪表板的左下角区域保护了设定仪表板尺寸的控件，以及是否添加仪表板标题的控制框。

后面将一步步学习利用 Tableau 自带的示例数据源 Coffee Chain 创建仪表板的过程。你会采用本章前面推荐的最优方式创建仪表板。

这个仪表板示例适合每周或每月重复的报表生成。需求已经给出了定义并且是高要求的。这个示例利用了各种可视化元素、仪表板对象以及动作。它将包括一个主仪表板和一个辅助仪表板，并通过筛选器动作联系在一起。

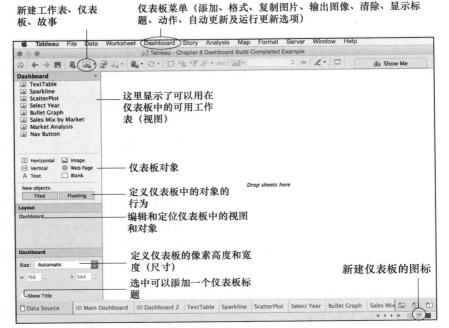

图 8-8　Tableau 的仪表板工作表

先浏览一下本章剩下的内容，以便对整个过程有大概的了解。之后，学习每部分并建立你自己的仪表板。完成后，你的仪表板看起来应该如图 8-9 所示。

这个仪表板遵循了之前最佳实践部分推荐的四面板布局，但实际上是五面板设计，其中一个小的 Select Year 表格通过筛选器动作充当一个筛选器。这个仪表板示例还包含一个辅助仪表板，如图 8-10 所示。

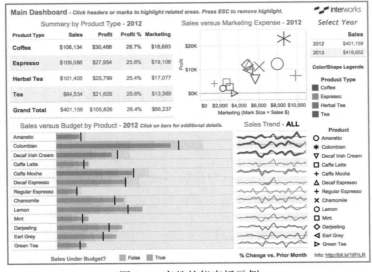

图 8-9　完整的仪表板示例

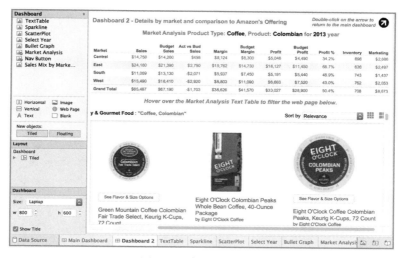

图 8-10　仪表板 2 示例

如图 8-10 所示的仪表板是通过图 8-9 所示主仪表板实施了一个筛选器动作后实现的。这种级联模式是另一个最优方式，在你的数据源包含非常大的数据集时，对加快加载速度有很大帮助。

主仪表板和仪表板 2 包含很多不同的视图和对象。图 8-11 和图 8-12 拆分了这两个仪表板。

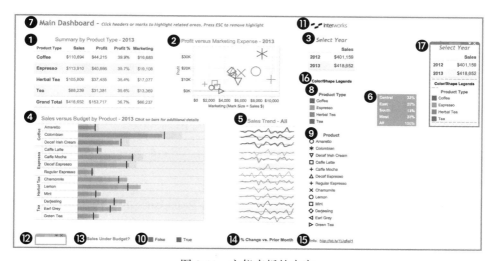

图 8-11　主仪表板的内容

这个主仪表板包含 17 个不同的对象，分别如下。

- 元素 1~6：工作表面板（视图）。
- 元素 7：仪表板标题（带有增加的描述性文字）。

- 元素 8~11：颜色和形状图例。
- 元素 12：空对象（用来分隔空间）。
- 元素 13~16：文字对象（对内容进行解释并提供一个网页链接）。
- 元素 17：垂直的布局容器（控制对象的对齐）。

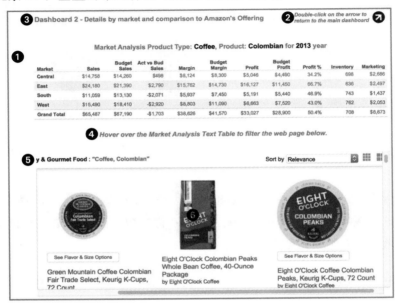

图 8-12 仪表板 2 的内容

仪表板 2 包含 5 个不同的对象，分别如下。

- 元素 1~2：工作表面板（视图）。
- 元素 3：仪表板标题（带有增加的描述性文字）。
- 元素 4：一个文本对象（提供指示）。
- 元素 5：一个 URL 对象（包含一个网页链接）。

这个示例就是设计用来使用 Tableau V9.2 版本提供的很多高级仪表板功能。完成这个示例需要下面一些步骤：

1）从本书关联网站下载第 8 章 "Dashboard Exercise" 的工作表示例，可以参考附录 F 获取更多细节。

2）定义仪表板的尺寸，把仪表板对象放置在仪表板的工作区内。

3）完善标题元素，改善坐标轴标注，把图像和文字对象放在主仪表板中。

4）创建一个辅助仪表板，其中包括一个详细的文本表格、Web 页面对象、导航面板。

5）向仪表板内添加筛选器，突出显示，以及 URL 动作。

6）完成最终的仪表板，添加工具提示栏内容，测试所有的筛选和导航动作。添加一个 Read Me 仪表板来解释仪表板应该怎样使用，受众不那么容易看出来的数据源和创建的计算。

这个练习使用了示例数据能支持的尽可能多的高级仪表板技术，同时遵循了本章开始给出的最佳实践方式。不用这么多方法你也可以创建出功能非常强大的仪表板。但这里的目的是提供各种方法和手段，它们在 Tableau 的公开训练课里没有教授。

在仪表板中组装工作表时，你应该考虑受众查看仪表板时的可用空间。它会不会通过一个老式的低分辨率且低亮度的头顶投影仪来展示？它会不会被嵌入一个企业的报表网页中？或者它会被在个人计算机或平板计算机上查看？对于这个例子，假设大部分人会通过笔记本计算机来查看，一小部分人会通过桌面计算机来阅读。新建一个仪表板最简单的方法是单击新建仪表板的按钮。图 8-8 突出显示了位于工作区底部的新建仪表板的图标。

8.5.2 在仪表板工作区内放置工作表

把工作表放置到仪表板工作区内，可以通过双击在 Dashboard（仪表板）区域内的工作表对象来实现。或者，把工作表对象拖曳到视图中并放置在你需要的确切位置也可以。在你把对象拖曳到工作区时，Tableau 会提供一个浅灰色阴影区域，提示你当释放鼠标按钮时，它将占用相关的空间。

除非你向工作表添加了自定义的标题，否则在仪表板中显示的标题就是工作表的名称。通过选中 Dashboard（仪表板）区域和 Layout（布局）区域显示的对象，众多仪表板元素都可以放置到仪表板工作区里，如图 8-13 所示。

图 8-13　仪表板设计区域

区域 1 Dashboard（仪表板）包含当前工作簿中可用的工作表视图，控制成组对象组织方式（水平或垂直）的控件，添加文本、图像、网页、空白区域的控件。默认情况下，Tableau 中的 New objects 选项会设置为 Tiled（平铺）的方式，各自对象以平铺的方式放在各自的面板里。选择 Floating（浮动）选项会使对象浮动于其他已经存在于工作区内的对象之上。当你把工作表对象添加到仪表板之后，一个带有选择对勾的蓝色圆圈会出现在它的图表旁。参见图 8-9 对完成后的仪表板 Dashboard（仪表板）区域的显示。

区域 2 Layout（布局）包含已经放置到仪表板中的对象以及布局选项。底部的区域 3 Dashboard（仪表板）使你能定义整个仪表板以及包含工作区中各自对象的尺寸。在工作区内还没有添加任何工作表之前，定义仪表板的尺寸以适应最坏的场景——800 像素 × 600 像素。菜单中的 Laptop 选项正好提供了这个尺寸。

要查看更多选项，单击 Size（大小）区域，弹出如图 8-14 所示的菜单，你能看到可以设定的各种尺寸。

- Automatic（自动）：扩展仪表板使它适应屏幕的可用空间。
- Exactly（精确）：允许你固定仪表板的宽度和高度。
- Range（范围）：允许设计者定义最大和最小范围。

Exactly（精确）模式允许你设置最坏情况下的空间尺寸。完成设计后，你可能会希望把尺寸模式改为 Range（范围）并给出仪表板可能会扩展到的具体限制。

Automatic（自动）模式会扩展或缩小仪表板，以充满查看仪表板的计算机的屏幕空间。如果你的某个观众有高分辨率的显卡，仪表板看起来可能会不协调。Range（范围）选项允许你定义具体的最大值限制，针对小空间设计的仪表板在大显示器上看起来不会太过稀疏。如果有人在用很低分辨率的显

图 8-14　仪表板尺寸定义

示器查看仪表板，设置的最小限制会起作用，以给出仪表板最小的像素高度和宽度。仪表板尺寸定义完成后，你就可以向其中添加每个工作表对象了。之前显示的图 8-13 显示了 5 个可用的不同的工作表视图，可以添加到仪表板中。有两种添加对象到仪表板的方法：双击一个工作表对象，Tableau 就会自动把它添加到仪表板工作区；要更精确地控制每个对象的放置方式，拖曳对象到视图中，在你松开鼠标左键之前，Tableau 会通过灰色阴影提示它的放置方式。

按照它们出现在 Dashboard（仪表板）区域中的顺序双击每个工作表对象，就会生成如图 8-15 所示的仪表板视图。

每个工作表都添加到了仪表板中，但对每个视图的放置可以进一步改善。重新放置 Select Year 文本表格，单击文本表格面板的内部以激活它，然后使用顶部中心的操作手柄把它拖曳到工作区右上角 Sales 尺寸图例的上方。图 8-16 显示了

Select Year 面板被激活时，鼠标指针停留在面板操作手柄上会显示为拖曳十字的状态。

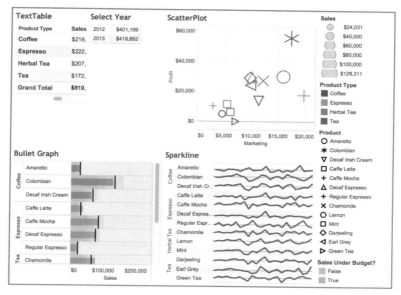

图 8-15　Coffee Chain 仪表板的初始布局

接下来，删除 Sales 尺寸图例。这几个步骤完成后，仪表板面板应该与图 8-17 类似。

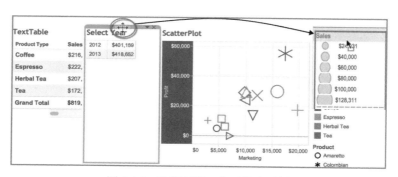

图 8-16　重新布置一个工作表面板

在 Dashboard（仪表板）区域左下方选择 Show Title（显示仪表板标题）选项，可以给你的仪表板一个标题。默认的标题是创建这个仪表板工作表时 Tableau 给出的名称。双击这个默认的名称来编辑标题文字，输入名称 Main Dashboard。编辑标题的字体为 Trebuchet MS，16 磅，并选择一个浅灰的颜色。确保标题为左对齐。添加标题后的仪表板应该如图 8-18 所示。

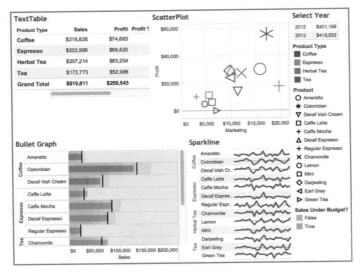

图 8-17　重新布置后的仪表板对象

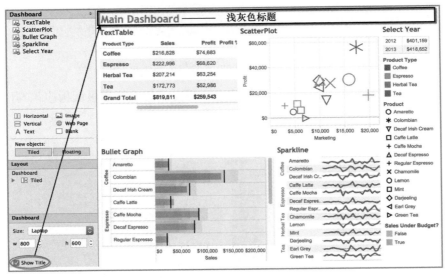

图 8-18　添加标题后的仪表板

8.5.3　使用布局容器来定位对象

Layout containers（布局容器）允许你在仪表板工作区内水平或垂直地组织对象。

对仪表板标题使用水平布局容器

在图 8-19 [⊖] 中，InterWorksLogo 文件与仪表板标题水平对齐并显示在最右侧。你可以从本书关联网址下载这个 LOGO 或者使用自己的 LOGO。

　　⊖　在英文原书中，图 8-19 与图 8-16 一样，原书有误，此处更新为正确的图 8-19。——编者注

图 8-19 中标题和 LOGO 的对齐可以通过下面几个步骤实现：

1）拖曳一个水平布局容器到仪表板的顶部。

2）拖曳标题对象到水平容器内。

3）放置 LOGO 图像文件到布局容器右侧（通过拖曳 Image 对象实现）。

4）调校布局容器的高度。

5）在布局容器内进一步定位标题和图像文件。

6）为 LOGO 绑定一个 URL 地址。

图 8-19　标题和 LOGO 的对齐

把 Horizontal（水平）对象从仪表板区域拖曳到标题栏上部区域，如图 8-20 所示，就向仪表板中添加了水平布局容器。

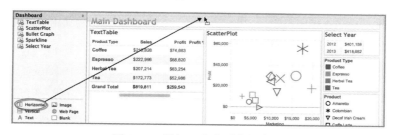

图 8-20　添加一个水平布局容器

在你松开左键释放这个对象之前，确认突出显示的灰色区域占满了仪表板顶部的全部宽度。这会确保标题对象充满仪表板顶部的全部宽度。释放左键后，如果布局容器占据的垂直空间很大，不用担心，你可以拖曳布局容器的下边框来调节它。之后，把标题对象拖曳到水平布局容器内。

既然标题已经放置在水平布局容器内了，你可以把 Image（图像）对象也从仪表板区域拖曳到仪表板中，如图 8-21 所示。

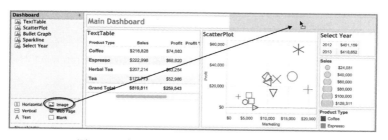

图 8-21　把一个图像对象放置在布局容器内

把图像对象放置在水平布局容器之后，选择一个图像文件。你可以选择喜欢的任意图像作为 LOGO，本示例采用了伴学网站提供的 InterWorksLogo 的文件。

在布局容器内重新安排标题和图像对象。单击标题对象以激活它，然后把鼠标指针放置在标题对象的右边界，直到指针变成一个水平拖动的指针。拖动右边界，使它与 Year 筛选器表格的左边界对齐。现在，LOGO 图像应该在标题右边占据了图例之上的空间。

单击并向上拖动标题对象的底边让它更矮一些。LOGO 图像可能并不是位于图像对象的中心，你可能注意到 LOGO 图像并没有很好地适合可用空间。为了让 LOGO 适合并居中，单击对象并选择右上角的下三角按钮弹出对应菜单，如图 8-22 所示。

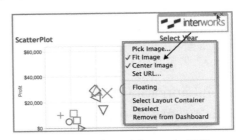

图 8-22　适合和居中 LOGO 图像

选择 Fit Image（适合图像）和 Center Image（居中图像），你的 LOGO 就会重新设置尺寸以适合可用空间。

要完成标题区域，还要给 LOGO 图像绑定一个 URL 链接。单击图像对象并激活下拉菜单，选择 Set URL（设置 URL）选项并输入需要的网址。现在，当 LOGO 被单击并且有可用网址时，浏览器就会打开并显示对应网页。图 8-23 显示了 InterWorks 的 LOGO 绑定 URL 的设置。

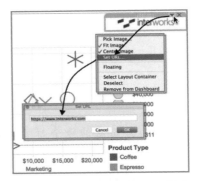

图 8-23　为 LOGO 绑定 URL 链接

仪表板标题完成之后，现在该把注意力转到仪表板右侧了，它包含 Select Year 筛选器文本表格以及颜色、形状、尺寸的图例。

8.5.4　定位 Select Year 文本表格与图例

再次观察图 8-9 中完成的仪表板，Sales Under Budget? 的颜色图例被放置在标靶图的下面，Sales 的尺寸图例也消失了，一个包含 Web 链接的文本框添加到了底部。但现在，你的图例区域看起来应该如图 8-24 所示。

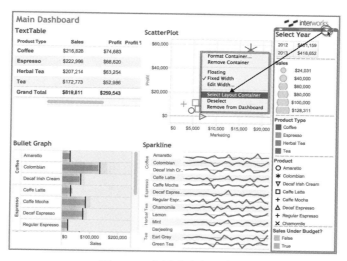

图 8-24　右侧垂直布局容器

图 8-24 显示了垂直布局容器以及它相应的菜单。要突出显示布局容器，单击一个对象的下三角按钮并选择 Select Layout Container（选择布局容器），这样 Tableau 就会突出显示布局容器而不是单个对象。Tableau 在仪表板的右侧放置了一个垂直的布局容器，放置图例或快速筛选器。注意仪表板右侧所有元素都属于这个垂直布局容器，除了包含 LOGO 的图像面板外，它被添加到了包含标题的水平布局容器中。

8.5.5　插入和移动文本对象

在 Select Year 文本表格下方插入一个文本对象，输入文字：Color/Shape Legend，并把字体格式设置为 Arial 9 磅、加粗且水平居中。现在就在 Select Year 面板和 Product Type 的颜色图例之间插入了一个文本对象，如图 8-25 所示。

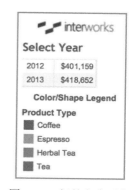

图 8-25　新的文本对象

接下来，重新放置 Sales Under Budget? 图例，把它放置在标靶图之下的仪表板左下侧区域。从图例对象的下拉菜单中，选择"Arrange Items（排列项目）"→"Single Row（单行）"，并把它拖曳到标靶图下面。不用担心标题不能完全显示，后面会修复这个问题。图 8-26 显示了针对标靶图重新定位后的颜色图例。

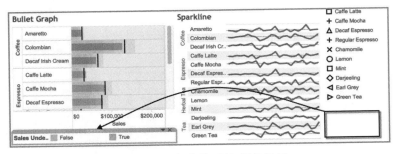

图 8-26　重新定位后的 颜色图例

颜色图例来自一个布尔型的计算，计算结果用来比较实际销售额和预期销售额，影响到标靶图中颜色的使用。标靶图中的蓝色水平条说明实际销售额低于预期销售额。

利用仪表板右侧底部的额外空间，拖曳另一个文本对象到 Product 形状图例的下方。文本对象可以包含带有正确前缀的 Web 网页地址。笔者使用了一个 Web 服务来缩短个人网址 http://bit.ly/1ilFrLR 的长度。直接在文本对象中添加带有前缀"http"或"https"的网址，是另一种直接在仪表板中激活网站链接的方法。在网址前增加文字 Info:，使用 8 磅字体大小，居中。新的文本对象看起来应该如图 8-27 所示。

单击 Select Year 区域，选择右上角的下三角按钮并选择 Select Layout Container 菜单项，打开布局容器。到容器下方把文本对象拖曳到布局容器的底部，如图 8-27 所示。通过下面一些变化完成相关的编辑。

图 8-27　带有网址链接的文本对象

- 编辑 Select Year 的字体为 12 磅、黑体、斜体。
- 居中 Select Year 标题。
- 编辑 Select Year 数据面板为适合整个视图。
- 居中布局容器中剩余的标题。
- 减少布局容器占用的水平空间。

完成这些步骤后，你的仪表板看起来如图 8-28 所示。

要编辑 Select Year 的标题字体，双击标题，打开 Edit Title（编辑标题）对话框，如图 8-29 所示，在里面调整字体。

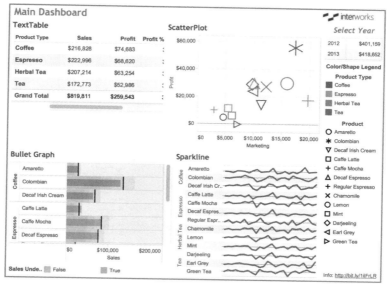

图 8-28　仪表板编辑过程

　　设置仪表板右上角的 Select Year 文本表格，让它的尺寸适合整个视图（Entire View）。这可以通过如图 8-30 所示的菜单来实现。

图 8-29　编辑 Select Year 标题的字体

图 8-30　设置 Select Year 面板的适合方式

　　最后，减少图例区域占用的水平空间，可以通过向右拖曳垂直布局容器左侧边界来实现。小心拖曳，不要让图例文字隐藏起来。现在，你就完成了布局容器的设置。如果有必要，随时回到上面的步骤做出更精细的改进。你的仪表板现在看起来应该如图 8-31 所示。

　　仪表板在慢慢成形，但数据面板还没有很好地利用可用空间。标靶图下面的颜色图例的标题文字也有部分被隐藏了。另外，标靶图和星波图对象显示了完全一致的行标题，这就是冗余的元素，如果你能保证行的排序相同，就可以把冗余删除。接下来你将会学习怎样处理这些问题，使得仪表板能更有效地利用可用的空间。

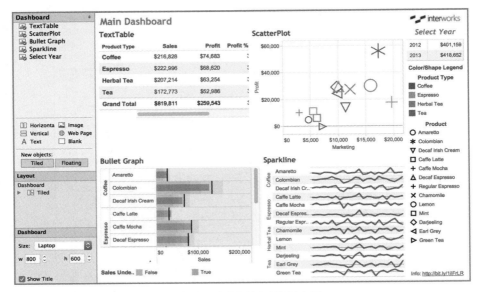

图 8-31　改善图例后的仪表板

8.5.6　定位和适合仪表板对象

这个仪表板的总体布局是不错的。左上角四分之一区域包含一个文本表格，对数据做了整体浏览。这个表格并没有适合空间，需要进一步处理。散点图显示促销花费怎样影响利润和销售额（虽然通过标记点大小显示相对销售额的方式并不那么直观）。标靶图和星波图相互互补地表示了实际销售额的表现。颜色的使用还不一致。编辑星波图和文本表格的颜色使用，能提供额外的洞见和理解。在散点图中，颜色用来区分不同的产品类型。在标靶图中，颜色表示一个产品的销售额是否低于预期。要使得这个仪表板能更有效地传达信息，需遵从下面的步骤：

- 保证每个工作表面板适合它的整个视图。
- 为每个面板使用更具描述性的标题。
- 按照一致的顺序排列 Product Shape 图例、标靶图以及星波图中的产品。
- 隐藏星波图图表中冗余的行标题。
- 重新定位工作表对象以更好地利用空间。

8.5.7　保证每个工作表都适合它的整个视图

从适合标靶图区域开始。访问适合尺寸菜单最直观的方法是我们在适配 Select Year 区域时用过的单击面板右上角的下三角按钮弹出面板相关的菜单。或者，通过在仪表板左侧的 Layout（布局）区域选择标靶图对象，右击后，你可以访问同样的控制菜单。图 8-32 显示能访问同样菜单的两种不同方法。

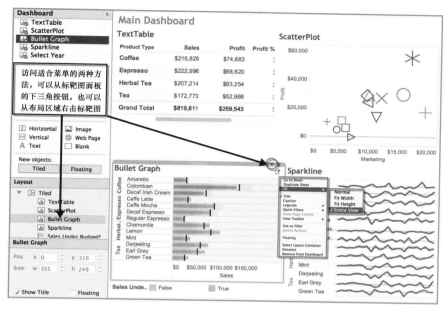

图 8-32 适合标靶图的两种方法

改变标靶图的适合方式从 Normal（标准）变为 Entire View（整个视图）。你可以看到图表充满了面板整个区域。

注意，当你在 Layout 区域单击标靶图时，Pos 和 Size 区域内的值都有相关变化。注意，最底部的 Show Title 复选框被选中，Floating 复选框没有被选中。如果 Floating 复选框被选中，这个面板就会放置在仪表板其他面板的上面（浮动在其他面板上）。这个选项肯定不适合标靶图。在这个示例的后面，你会使用一个浮动的面板。对其他几个数据对象也应该有这个过程，使它们适合整个可用的视图空间。

8.5.8 对每个数据区域都应该有更具描述性的标题

使用更具描述性的标题无疑能让读者更容易地理解仪表板的内容。双击每个视图的标题就可以编辑它，用下面的文字替换原有的 <sheetname>。

- 将 Bullet Graph（标靶图）: Sales versus Budget by Product。
- 将 Sparkline（星波图）: Sales Trend。
- 将 Crosstab（交叉列表）[-] : Summary by Product Type。
- 将 ScatterPlot（散点图）: Sales versus Marketing Expense。

图 8-33 显示了完成标题编辑后的仪表板。

[-] 英文原书为 Crosstab（交叉列表），但图里为 Text Table（文本表）。此处按英文原书翻译。——编者注

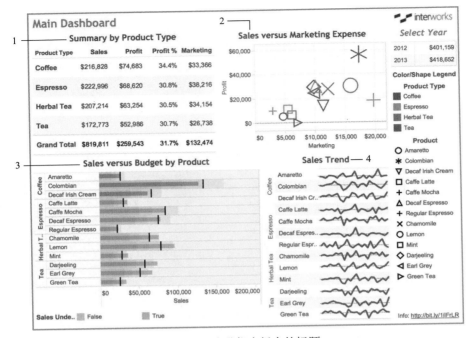

图 8-33　改进仪表板内的标题

1—按产品类型汇总　2—销售与营销费用的对比　3—按产品列出的销售额与预算的对比　4—销售趋势

右上角 Select Year 文本表格的标题使用的字体格式（包括尺寸、颜色、字体）是为特定目的设置的。棕色和斜体用来表示它是一个指示。本章后面会添加筛选器动作和突出显示动作，这个 Select Year 面板将通过筛选器动作对仪表板其余的内容进行筛选。下面将学习创造性地使用排序、文本对象、标记点标签的方式来改善仪表板的易读性。

8.5.9　改善标靶图和星波图

在图 8-32 中，你能看到标靶图和星波图具有完全一样的行标题。这种冗余的标题对空间的利用是一种浪费。这两个图表本来就该一起使用，来表示相对预期的实际表现以及随时间的变化趋势，但它们现在并没有对齐。位于标靶图下的颜色图例的标题也有一部分被隐藏了，需要进行编辑。通过下面的步骤进行这些改进：

1）对两个图表里的行进行排序，使它们与 Product 形状图例里的顺序完全一致。

2）隐藏星波图表里的行标签。

3）在标靶图中，打开标记标签，隐藏标头。

4）改善标靶图下面的颜色图例。

5）精确对齐标靶图和星波图的行。

1. 使两个图表的行的顺序完全一致

把鼠标停留在标靶图的标题上，右上角就会出现 Go to Sheet（转到工作表）的小图标。单击这个带有箭头的小方块（见图 8-34）就会跳转到标靶图工作表。

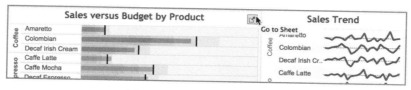

图 8-34　跳转到标靶图工作表

编辑 Rows 区域里 Product Type 和 Product 字段块里行的排列顺序，使它们排列的顺序与其他图表中一致。对于每个字段，右击字段块并选择 Sort（排序）后，在弹出的对话框中选择 Manual（手动）选项，如图 8-35 所示。

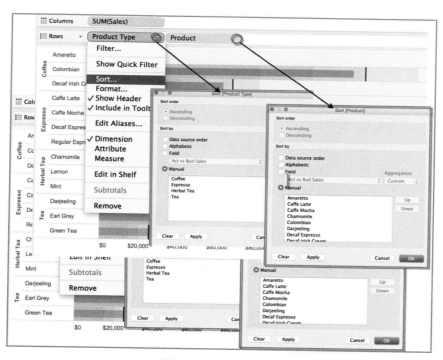

图 8-35　编辑行排序

对星波图的工作表重复同样的步骤，完成后，Tableau 会在 Product Type 以及 Product 字段块显示一个可视化的线索，提示你对字段应用了排序。这个线索就是在字段块的右侧显示一个小的水平条图标。既然标靶图和星波图采用了相同的排列顺序，你就可以隐藏星波图工作表中的 Product Type 和 Product 的行标题，以节省空间并消除冗余内容。右击行区域内的 Product Type 和 Product 字段块，弹出的菜单如图 8-36 所示。

通过选择任意行标题并右击，取消 Show
Header（显示标头）选项，对 Product Type 和
Product 都执行这个操作，就完全隐藏了星波图里
的行标题。

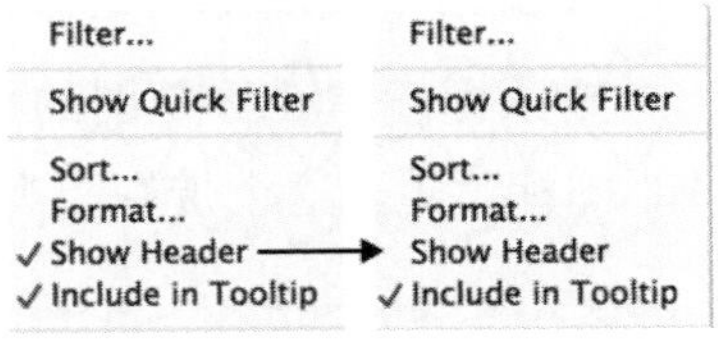

图 8-36　隐藏星波图图表的行标题

虽然形状图例不属于星波图，如果显示在形状图例中的产品顺序与标靶图和
星波图中的顺序一致，后面可能就会有用。编辑 Product 的图例，单击它并选择右
上角的下三角按钮，在弹出的菜单中选择 Sort，就像之前那样做出类似的手动排
序。这个变化已经在示例的工作表中实现了。如果你在创建这个例子，就需要把
这个图例的顺序和之前两个视图进行一致的排列。

2. 在标靶图中打开标记点标签并隐藏坐标轴的标题

标靶图可以进一步编辑，隐藏图表底部的坐标轴标注来提供更多的垂直空间。
这些坐标轴标注提供了有用的信息，如果仪表板要打印出来提供给读者纸质内容，
去掉坐标轴标题可能不是一个好主意。

当仪表板在计算机上进行交互式阅读时，在标记点或标题被选中的状态下，
标记点标签就可以按需提供重要的细节，以代替坐标轴的标题。标记点标签可以
一直显示，但在这个示例中，如果标签只当用户希望看到它们时才显示，对空间
的利用会更高效。要使标记点的标签按需显示，转到标靶图工作表，单击标记选
项卡的 Label（标签）按钮，弹出如图 8-37 所示的菜单。

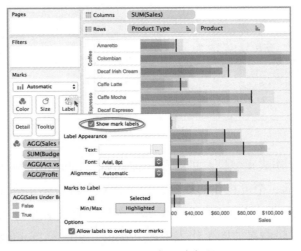

图 8-37　显示标记点标签

通过选择标靶图底部的坐标轴标题区域，右击并取消勾选 Show Header（显示标题）选项，就可以隐藏坐标轴标题。图 8-38 左侧显示了弹出的菜单项，右侧显示了标靶图的结果。

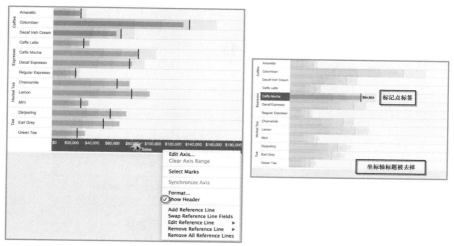

图 8-38　隐藏标靶图的坐标轴标题

去掉标靶图中的坐标轴标题是一种妥协，作为补充就是要提供标记点标签，在选择标记点或行时，它能提供销售额细节。考虑到仪表板有限的空间需要，这是一个可接受的妥协。

3. 改善标靶图下的颜色图例

在标靶图附近还有一个元素需要处理。在图 8-33 的右侧，你可以看到颜色图例有一部分被隐藏了。这可以通过删除图例标题并在图例左边增加一个文字对象来实现。这个技术可以使描述图例的文字实现更精确的定位和对齐。它还提供了在标靶图下居中显示图例。

类似地，可以通过单击图例，单击右上角的下三角按钮再在菜单中取消勾选 Show Title 选项来删除图例标题。通过下面三步完成对标靶图的格式处理。

1）拖曳一个文字对象到颜色图例的左边。

2）输入文字 "Sales Under Budget?" 并应用如图 8-39 所示的字体和颜色。

3）把 True 色块拖曳到更接近 False 色块图例的位置，重新定位颜色图例。

图例区域的高度可能会使得放置文本对象很困难。要使得在这个小空间放置文本对象更容易，单击标靶图区域，向上拖动面板的边框来提供更多的空间。在左侧放置文本对象之后，再把标靶图的底边框向下拖曳，只给图例最小的垂直高度。图 8-39 显示了这几个步骤。

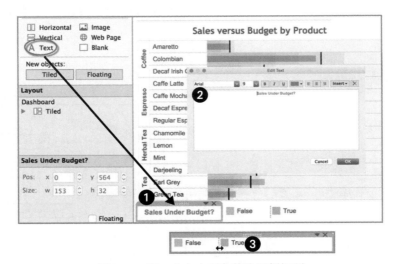

图 8-39　用一个文本对象替换图例标题

这些变化减少了标靶图所需的空间。

现在你的注意力应该转到星波图（Spark Line）上来了。因为这个图表的行标题已经隐藏了，标靶图和它的行排列必须一致。之前我们已经完成了排序的工作，通过星波图中标记点的标签来提供关于 Product Type 的额外信息。你可以在星波图中使用颜色表示 Product 字段，就像仪表板右上角的散点图中那样。如果星波图图表中的线条更窄一些，看起来会更好。图 8-40 显示了把 Product Type 字段增加到 Marks 选项卡的 Color 按钮上。

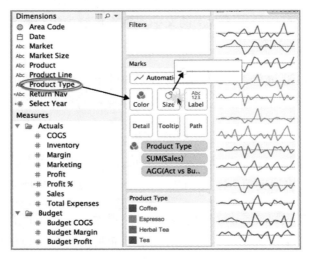

图 8-40　编辑星波图的外观

这些编辑都在图 8-40 中表示出来了。把 Product Type 字段拖曳到 Marks 选项卡的 Color 按钮上，就自动改变了线条颜色。选择 Size 按钮，向左拖曳滑块就减少了线条的宽度。

4. 精确对齐星波图与标靶图的行

Sales Trend 的星波图实际上并没有表达每月销售额。它显示的是上个月的百分比变化来强调按月的变化趋势。第 7 章详细解释了为什么这样的数据表达是有帮助的。这个信息应该传达给受众。

就像你在图 8-41 中所见，标靶图下面的颜色图例还造成了两个图表不能对齐的问题。

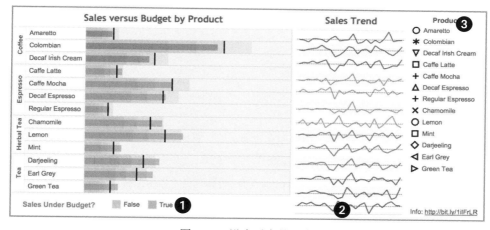

图 8-41　没有对齐的图表

对仪表板这部分内容的改善需要下面几个步骤：

1）居中标靶图下面的 Sales Under Budget? 颜色图例。

2）在 Sales Trend 的星波图图表下增加一个文本对象，对图表中的内容给出描述性信息，并使图表与标靶图的行对齐。

3）把 Product 形状图例与星波图和标靶图对齐。

在标靶图下面的 Sales Under Budget? 颜色图例左侧放置一个 Blank（空白）对象，使它居中显示。如果这个过程中遇到任何问题，临时缩小标靶图的高度，留出更多空间放置空白对象，之后再把标靶图底边框拖曳回来，就像之前我们做过的。

现在，向星波图下面增加一个文本对象，输入文本 % Change vs. Prior Month，并居中文字。拖曳星波图的底部边框，使它的最后一行与左侧标靶图最后一行对齐。

最后，把 Product 形状图例的上下边缘都和标靶图和星波图对齐。你可能既需要拖曳仪表板右侧的垂直布局容器，又需要重新定位主仪表板的数据面板。

图 8-42 显示了完成这些步骤后的仪表板状态。

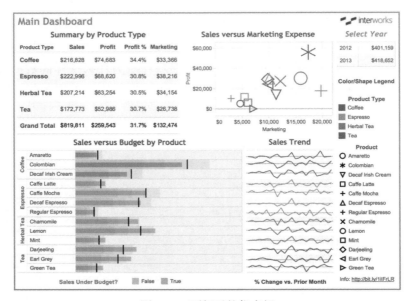

图 8-42　更新后的仪表板

现在仪表板下半部分看起来很好了。标靶图下的颜色图例居中显示，图例标题清晰易读。标靶图、星波图、Product 形状图例的行都已对齐，读者可以对产品的实际销售额、预估销售额以及销售趋势进行比较。

虽然这没有在本章讨论，应用在标靶图中表示超过或低于预期销售额的颜色，是通过创建一个新的计算字段实现的。这个字段 Sales Under Budget? 在第 7 章的示例中有了讲解。要了解计算的细节，可以到标靶图工作表中查看，图 8-43 显示了这个计算。

8.5.10 小节将集中在仪表板的上半部分。这个布尔型计算仍然会用到。

图 8-43　布尔型计算

8.5.10　改善文本表格和散点图

这个仪表板开始变得有模有样了，但对上面的两个文本表格和散点图仍需进行一些完善。使用应用到标靶图中的布尔型计算（参见图 8-43）是一个很好的方法，来突出显示 Summary by Product Type 和 Select Year 两个文本表格中可能的销售额表现问题。在每个工作表中，把 Sales

Under Budget? 计算值添加到 Marks 选项卡的 Color 按钮上。完成这步之后，你会看到 Summary by Product Type 里的 Coffee 行变成了蓝色。

因为针对 Sales versus Marketing Expense 散点图的尺寸图例已经为了节省空间而删除了，所以我们需要找到一个方法让信息使用者明确散点图中的标记点尺寸反映了这个标记点相关的销售额。这个问题可以通过下面几个步骤解决：

1）调整表格行标题所占用的水平空间，重新调整每个图表的水平大小。

2）把散点图垂直坐标轴的数据单位改为千。

3）编辑散点图的水平坐标轴标签，提供之前移除的图例表达的相关信息。

在图 8-44 中，两个①显示了鼠标应该指向的两个位置，拖曳这里就能重新定位表格 Summary by Product Type 中的标题，减少它占有的垂直空间，并向右调整这个表格右侧的边界，以提供更多的水平空间，为图表内的 Grand Total 行标题留出更多的空间。

要重新布局标题空间和面板大小，单击并激活区域，拖曳边框到需要的位置。

图 8-44　编辑仪表板的上半部分内容

要改变图 8-44 区域②的坐标轴标签，单击某个坐标轴标签并右击，弹出如图 8-45 所示的相关格式菜单。很重要的一点是应用格式一定要选择维度 SUM(Profit)，如图 8-45 所示。

要编辑散点图底部区域③的坐标轴标题，选择并右击，选择 Edit Axis（编辑坐标轴）菜单项，弹出如图 8-46 所示的对话框。

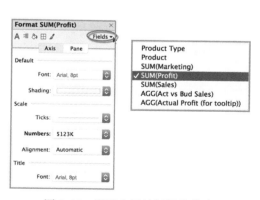

图 8-45　设置坐标轴标签的格式

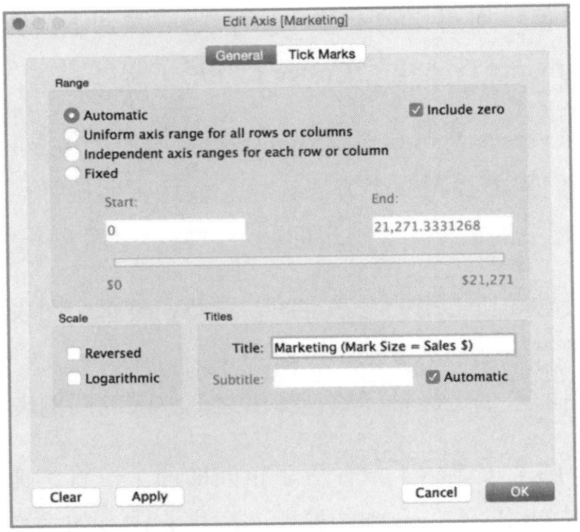

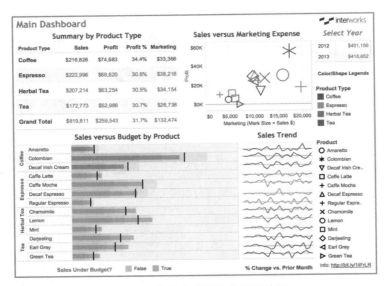

图 8-46　编辑散点图坐标轴标题

在如图 8-46 所示的对话框中，向 Title（标题）文本框添加文字 Marketing (Mark Size = Sales $)。单击 OK 按钮应用改变。完成后，仪表板应该如图 8-47 所示。

图 8-47　应用改变后的仪表板外观

仪表板看起来完成了。8.5.11 小节将学习怎样使用主仪表板的数据来创建动作（Actions），以筛选和突出显示相关的信息。

8.5.11　使用动作来创建高级的仪表板导航

Tableau 的快速筛选器是筛选仪表板和工作表易用的方法。参考 Tableau 的手册获得更详细的内容。这个仪表板示例有意避免使用快速筛选器，因为 Tableau 的动作提供了更好的适应性，在很多情况下有着比快速筛选器更快的初始加载速度，这与本章之前推荐的最佳实践方式一致。

动作根据读者做出的选择改变仪表板中的内容，这便于你进行探索。本小节将利用 Tableau 提供的各种可能的激活动作的方法创建动作。你创建的动作将：

- 过滤和突出显示主仪表板。
- 提供到辅助仪表板的导航。
- 筛选新的辅助仪表板中的详细文本表格。
- 在辅助仪表板中调用和过滤一个嵌入式网页。
- 带领读者从辅助仪表板返回到主仪表板。

8.5.12 使用 Select Year 文本表格筛选主仪表板

图 8-47 左上角的 Select Year 文本表格采用了不同的文本字体和颜色，使它与其他元素有所不同，它提供了简洁的指示，表明这个文本表格可以作为筛选器。在 Tableau 中创建筛选器动作，只需要简单的三次单击。通过 Select Year 文本表格创建一个筛选器动作需要下面的几个步骤：

1）单击 Select Year 文本表格来选择此视图。
2）单击下三角按钮弹出相关菜单。
3）单击 Use as Filter（用作筛选器）菜单项创建筛选器动作。
4）通过菜单"Dashboard(仪表板)"→"Actions(动作)"来编辑筛选器动作，使得 Sales Trend 的星波图图表不被筛选。

图 8-48 显示了创建筛选器动作使用的菜单项。

完成以上步骤后，在这个文本表格中选择一个年份，仪表板中其他图表都会被筛选为只显示这个被选年份的数据。

这个创建筛选器动作的方法非常简单，但 Sales Trend 的星波图选择两个年份的数据会更好。Tableau 通过 Use as Filter（用作筛选器）菜单项生成筛选器动作。如果你不想

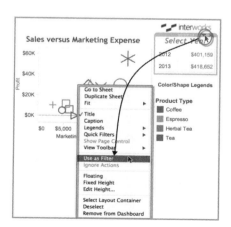

图 8-48 创建一个筛选器动作

把这个筛选器动作应用到某个图表，就必须对生成的筛选器动作做一些编辑。

要编辑 Tableau 生成的筛选器动作，从 Dashboard（仪表板）主菜单选择 Actions（动作）菜单项，以弹出 Actions（动作）对话框。图 8-49 的左图显示了尚未编辑的筛选器动作。

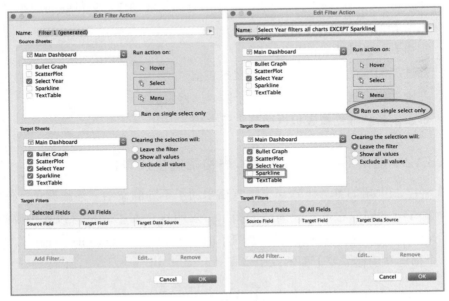

图 8-49　编辑筛选器动作

Tableau 创建的筛选器动作默认会应用到仪表板 1（现在重命名为 Main Dashboard）中所有的工作表。图 8-49 显示了编辑后的 Edit Filter Action 对话框。

- 推荐：给这个动作起一个更具描述性的名称。
- 需要：在 Target Sheets（目标工作表）区域里去掉对星波图的选择。
- 需要：选择 Leave the filter（保留筛选器）单选按钮。
- 推荐：选择 Run on single select only（仅在单选时运行）复选框。

给这个筛选器动作一个描述性的标题，人们更容易理解这个动作的确切目的。这有两方面的作用。首先，如果你几个月之后再回来编辑这个动作，一个具体的名称使得你更容易定位和理解它的功能；其次，如果在 Run action on（运行操作方式）区域选择了 Menu（菜单），当用户单击标题时，名称字段就会出现在工具提示栏中。菜单动作的名称可以用来激活这个动作。这个操作的重要性将随着我们这个例子的继续变得更清晰，你会在本章后面看到这个类型的动作。

在目标工作表区域去掉星波图，意味着星波图不会随着年份进行筛选。因为星波图需要很少的空间就能显示两年的数据，没有必要对它进行筛选。

Leave the filter（保留筛选器）选项意味着当动作被移除时筛选器动作仍保留不变。比如，如果 2013 年被选中（之后按 <Esc> 键或者单击图表其他区域时，筛选器动作就被移除了），图表中被筛选后的对象仍然只显示 2013 年的数据，除非 Select Year 文本表格中做出了另一种选择。

最后，选中 Run on single select only（仅在单选时运行）复选框意味着只有当一个年份被选中时才会激活筛选器。

8.5.13 增加一个列标题来选择年份

Select Year 文本表格需要一个列标题来标识每年实际的销售额。我们在第 7 章学过怎样给单独的列添加列标题。回忆一下，如果只显示一个列，Tableau 就不会自动提供列标题。转到 Select Year 工作表，添加 Profit% 字段到视图中，然后隐藏这个字段。如果你不记得该怎样做，回到第 7 章参考相关内容。这些步骤完成后，Select Year 面板将包括一个描述内容的标题，如图 8-50 所示。

向列的头部增加字段名称，为你的观众提供必要的细节。

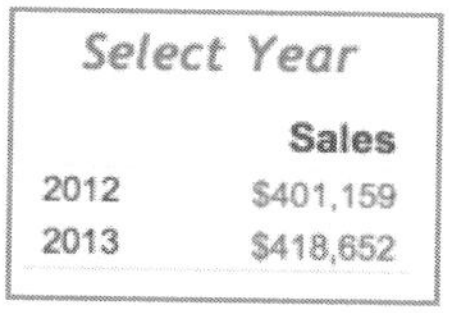

Select Year	
	Sales
2012	$401,159
2013	$418,652

图 8-50　新的列标题

8.5.14 添加动态标题内容

现在的仪表板包含一个筛选器动作，使用户可以在 2012 和 2013 年份中进行筛选。另一个对观众有帮助的线索是应该把年份添加到每个图表的标题中。动态标题是一个对仪表板中被筛选后的数据给出可视化描述的好方法。图 8-51 显示了完整的仪表板，它对 2013 年进行了筛选，并且各个标题中动态显示了这个年份。

你能看到文本表格、散点图、标靶图都针对 2013 年进行了过滤，而星波图图表继续显示两个年份的全部数据。把动态标题元素的字体设置为与 Select Year 文本表格的标题一致，为观众提供一个视觉线索。把数据中的字段添加到标题中，就添加了可变的标题元素。双击标题进入编辑对话框，选择 Insert，把 Select Year 字段添加到标题中，如图 8-52 所示。

或者，你也可以直接输入字段名，只要你把它们包含在尖括号之中（<Select Year>）。注意，加入标题中的（<Select Year>）并非文本表格的名称，它是一个添加到数据源的自定义日期字段，只不过命名类似。参考第 3 章可得到关于动态标题的更多细节内容。

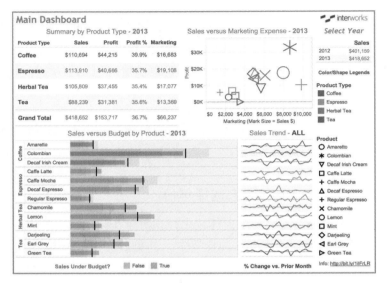

图 8-51　带有动态标题的仪表板

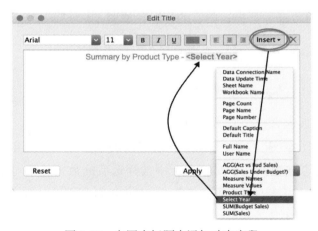

图 8-52　向图表标题中添加动态字段

　　一个自定义日期用在这个仪表板中代替了 Tableau 的默认行为。默认情况下，用户能显示 Tableau 的日期层次（年、季度、月等）。受仪表板的空间限制，有必要把 Select Year 文本表格的日期限制为只显示年份。参考第 7 章了解创建自定义日期的详细内容。在 8.5.15 小节，你将学习怎样使用颜色和尺寸图例创建突出显示动作。

8.5.15　由图例自动生成的突出显示动作

　　突出显示帮助用户更容易看出仪表板中相关的信息。如图 8-53 所示，单击一个图例时，通过激活突出显示工具，用户就可以在图例中产生突出显示的效果。

这样的突出显示对一次只查看一个维度是很有效的。在图 8-53 中，产品类型 Herbal Tea 就在仪表板中突出显示出来，它可以从任意数据视图激活，也可以从颜色或形状图例激活。

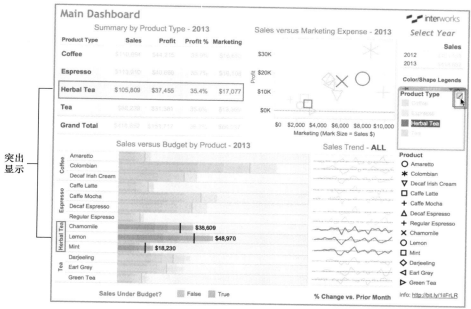

图 8-53　图例突出显示

当某个图例第一次形成选择时，Tableau 会自动创建一个突出显示的动作。通过 Product Type 和 Product 两个图例激活突出显示，Tableau 产生了组合颜色和形状图例的突出显示动作。要查看 Tableau 产生的动作，从 Dashboard 主菜单里选择 Actions（动作）子菜单，就像之前在筛选器动作提过的那样，会弹出如图 8-54 所示的 Actions 对话框，单击 Edit（编辑）按钮会进一步弹出 Edit Highlight Action（编辑突出显示操作）对话框。

当 Tableau 创建这些突出显示动作时，它会自动应用到仪表板中所有的工作表。在本示例中，在 Target Sheets（目标工作表）里取消选择 Select Year 文本表格，使它不会应用到这个表格。在 Target Highlighting（目标突出显示）区域，编辑为选择 Selected Fields（选定的字段），并且勾选 Product（颜色图例）和 Product Type（形状图例）字段。

这个动作对阅读这个仪表板的所有人都是可用的。现在仪表板的任意字段对应的标记点或标头被选中时都会引起突出显示，如图 8-55 所示。

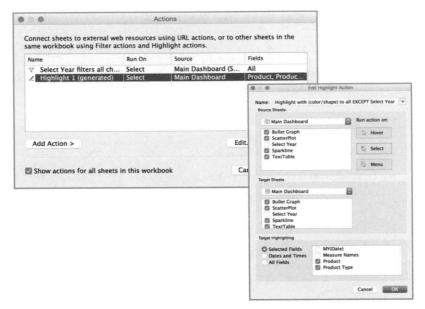

图 8-54　编辑生成的突出显示动作

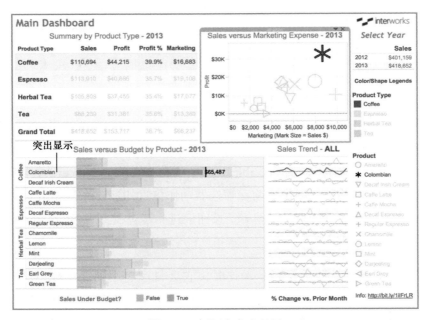

图 8-55　标记点突出显示

图 8-55 的突出显示是选中散点图中一个标记点时激活的。突出显示的动作综合了颜色和形状，在其他图表中突出显示相关的内容，当然除了被排除在外的 Select Year 文本表格。试着在仪表板不同的部分单击标记点，看看突出显示会有怎样的变化。

在 Tableau 上引发这些动作非常简单，即便你不理解它们确切的工作方式，也可以使用它们。如果你知道怎样编辑这些动作，可以通过不断地尝试加深理解。如果你想掌握更多关于动作的可用选项，下面会讨论 Action 对话框的细节。

8.5.16　理解 Action 对话框

Action（动作）可以被应用到一个或多个仪表板或工作表之上。这使你能创建优雅的级联式仪表板，通过筛选器动作把一个仪表板的数据内容联系到相关的仪表板中。

定义筛选器动作和定义突出显示动作的步骤类似，但在数据需要怎样突出显示方面是有区别的。比如，突出显示需要具体的字段名称，它们在每个视图中在视觉上都有所不同，而筛选就不需要。图 8-56 显示了 Edit Filter Action 和 Edit Highlight Action 对话框，包含本示例截至目前创建的两个动作。

Filter/Highlight 动作对话框都包含以下 4 个主要区域。

- Name（名称）：定义动作的名称，当动作使用菜单运行时，这个名称会显示在工具提示栏或菜单标题中。
- Source Sheets（源工作表）：控制动作从哪里以及如何激活。
- Target Sheets（目标工作表）：定义动作应用到哪里，以及选择清除后的动作（只用于筛选器动作）。
- Target Filters/Target Highlighting（目标筛选器 / 目标突出显示）：限制该动作会应用到哪些字段上。

1. Name（名称）

Tableau 根据类型会按顺序自动赋予动作名称。虽然这样的命名规则在设计过程中能组织好各个元素，但如果你以后再来编辑，就会发现它什么忙也帮不上。

当"Run action on（运行操作方式）"选择了 Menu 菜单选项时，这个名称的文字还会用来激活动作。当单击源工作表相关行的头部时，这个文字会出现在工具提示栏里。

2. Source Sheets（源工作表）

Source Sheets 区域包括一个下拉菜单，你可以选择包含在工作簿中的任意工作表作为动作产生的源头。Main Dashboard 是本示例的源工作表。选中的项目表明动作会从这些面板触发，未被选中的面板就不会触发动作。Run action on（运行操作方式）指定了动作被激活的方式。

- Select（选择）：选择时动作会被激活。
- Menu（菜单）：通过单击后弹出的工具提示栏或者右击面板中的维度标题运行。
- Hover（悬停）：当指针悬停在标记点之上时，就会引起动作运行。

这个示例截至目前使用的是选择的方法来运行动作。后面将会创建通过菜单和通过悬停引起的动作。

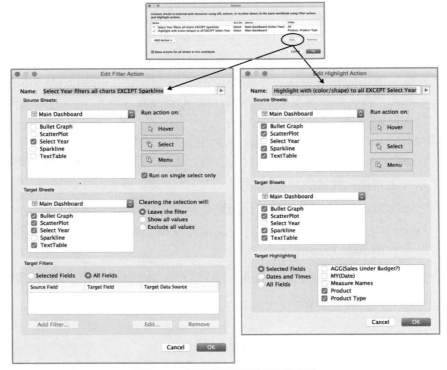

图 8-56　筛选和突出显示动作菜单

3. Target Sheets（目标工作表）

在 Target Sheets 区域定义动作应用到哪里（哪个仪表板或工作表及哪些具体的工作表对象）。这个区域右侧的单选按钮定义当选择取消后 Tableau 的行为。

比如，之前给出的图 8-51 应用了一个针对 2013 年的筛选器动作。在这个示例中，按取消按键（Esc 键）或者单击工作表对象中的空白区域，就会取消筛选器动作。然而，因为在 Clearing the selection will（清除选定内容将会）区域里使用了 Leave the filter（保留筛选器）选项，所以仪表板仍然会保留针对 2013 年的筛选。在图 8-51 中，按 <Esc> 键会清除 Select Year 面板里对 2013 年的选择，但筛选器动作仍然发挥作用，这从表格、散点图、标靶图的标题就能看出来。

这个 Clearing the selection will（清除选定内容将会）定义了动作清除后的情况。注意这个特定的控制只应用于筛选器动作，在突出显示动作中并没有这个区域。它的三个选项如下。

- Leave the filter（保留筛选器）：保持最后选择引发的筛选器动作。
- Show all values（显示所有值）：把工作表或仪表板返回到未经筛选的状态。
- Exclude all values（排除所有值）：把数据从视图中排除出去，筛选动作去掉后使用筛选数据的工作表就不会再显示任何信息。

4. Target Filters / Target Highlighting（目标筛选器 / 目标突出显示）

对于突出显示动作，Tableau 通常会对源工作表和目标工作表共有的任意普通字段都应用这个动作。对于筛选器动作，正是在源工作表中构成被选择标记点的字段影响了筛选器的目标字段。

在 Target Filters（目标筛选器）区域里，如果选择 Selected Fields（选定的字段）选项，就能精确限制 Tableau 应用筛选动作的字段。比如在本章前面的突出显示示例中，突出显示动作被限制在 Product Type 和 Product 字段上。

筛选器和突出显示动作使你能在视图中利用可视化视图和图例创建交互的仪表板，以反映用户做出的选择（基本源和目标存在于不同的工作表中）。这种类型的动作限制在单个工作簿中。

Tableau 还提供了第三种类型的动作，使你能从工作簿传递数据到外部的网页。这个网页可以通过一个单独的浏览器进程来显示，或者嵌入 Tableau 的仪表板中。这称为 URL Actions。图 8-57 显示了 URL 动作编辑对话框。

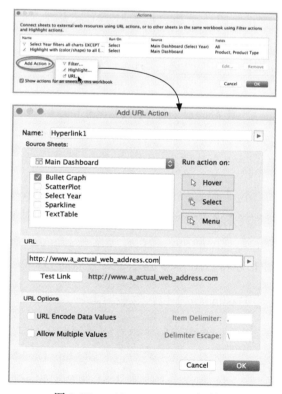

图 8-57　Add URL Action 对话框

图 8-57 显示了打开 Add URL Action 菜单的方法。名称 Hyperlink1 是默认给出的，你可以替换为更具描述性的文字，就像可以为筛选器和突出显示动作命名一样。

对话框的 Name 和 Source Sheets 区域与筛选器和突出显示动作对话框类似。在 URL 区域，你可以放置希望使用的 Web 网页 URL 作为这个 URL 动作的目标。单击右侧的小三角按钮允许你向这个网址中插入数据中的字段值。这个功能让你能基于 Tableau 中的选择来控制网址的显示。对于首次体验这个方法的人，绝对会被它惊呆。人们会认为需要非常高超的技术才能创建这种类型的动作。当你掌握了创建 URL 动作的用法，不超过 30 秒就能完成这个工作。

对话框底部的 URL Options（URL 选项）区域中，通过 URL Encode Data Values（URL 编码数据值）选项，你能够处理那些可能不会被目标 URL 识别的字符。Allow Multiple Values（允许多个值）选项让你能把一系列值的列表（比如产品的列表）作为参数传递给 URL。当传递多个值时，你还需要定义怎样区分不同的记录（分隔符），以及当数据值中使用分隔符字符时要如何编码。

8.5.17 小节将会创建另一个仪表板，通过对兴趣标记点的简单单击，信息使用者就可以从主仪表板导航到新的仪表板。新的仪表板将包含一个 URL 动作对嵌入在视图中的网页进行筛选。

8.5.17 在仪表板中嵌入一个实时网页

这个仪表板将包含两个主要的对象——一个表示不同区域市场情况的文本表格；另一个是嵌入的网页对象。它完成后的样子应该如图 8-58 所示。

这个仪表板的尺寸和 Main Dashboard（主仪表板）的尺寸相同。导航到仪表板和导航出仪表板都是通过筛选器动作实现的。它还包括一个 URL 动作来搜索一个嵌入式的网页。当指针停留在 Market Analysis 文本表格之上时，就会触发这个 URL 动作。图 8-59 显示了展开后的 Dashboard 2 视图。

Dashboard 2 包含这些对象：

1）仪表板标题（带有额外的介绍文字）。

2）文本表格（提供返回到 Main Dashboard 的导航）。

3）文本表格（带有从 Main Dashboard 的筛选器动作传递过来的动态标题）。

4）一个文字对象（对由 Market Analysis 文本表格触发的动作的介绍）。

5）一个活跃的网页（由 URL 动作控制，由 Market Analysis 文本表格激活）。

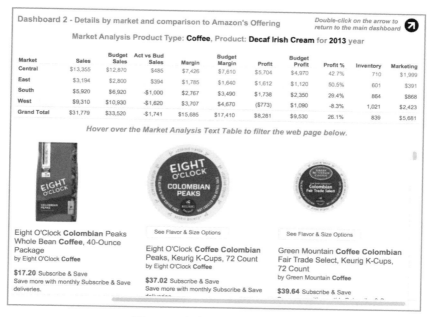

图 8-58　完成后的 Dashboard 2

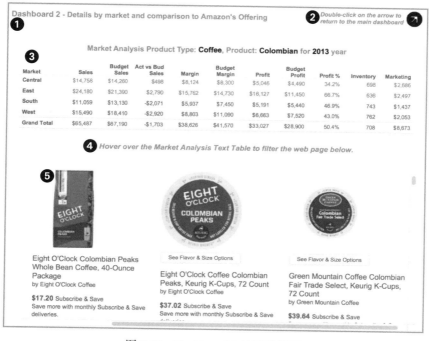

图 8-59　Dashboard 2 的展开视图

要创建 Dashboard 2 需要下面几个步骤：

1）创建 Market Analysis 文本表格。

2）创建 Market Analysis 的动态标题。

3）建立一个计算值，包含导航按钮文字。

一旦完成这个新内容，将把这个仪表板和主仪表板组合在一起，并添加一个筛选器动作。通过这些操作，信息使用者可以从 Main Dashboard 转到 Dashboard 2。你将嵌入一个网页并加入另一个筛选器动作，它在鼠标指针停留在 Market Analysis 文本表格时触发。这个动作将通过传递 Product Type 和 Product 的组合信息来筛选嵌入的网页。一个最终动作将会添加到包含文本字符的表格中，一个形状用来把用户导航回 Main Dashboard。

1. 创建 Market Analysis 文本表格

从添加名为 Market Analysis 的文本表格开始如图 8-60 所示。

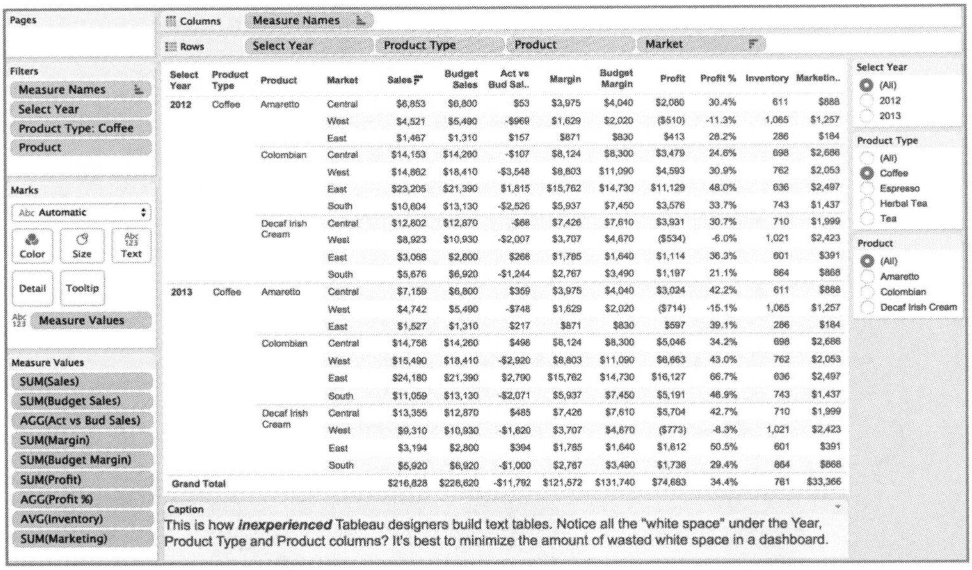

Select Year	Product Type	Product	Market	Sales	Budget Sales	Act vs Bud Sal..	Margin	Budget Margin	Profit	Profit %	Inventory	Marketin..
2012	Coffee	Amaretto	Central	$6,853	$6,800	$53	$3,975	$4,040	$2,080	30.4%	611	$888
			West	$4,521	$5,490	-$969	$1,629	$2,020	($510)	-11.3%	1,065	$1,257
			East	$1,467	$1,310	$157	$871	$830	$413	28.2%	286	$184
		Colombian	Central	$14,153	$14,260	-$107	$8,124	$8,300	$3,479	24.6%	698	$2,686
			West	$14,862	$18,410	-$3,548	$8,803	$11,090	$4,593	30.9%	762	$2,053
			East	$23,205	$21,390	$1,815	$15,762	$14,730	$11,129	48.0%	636	$2,497
			South	$10,804	$13,130	-$2,526	$5,937	$7,450	$3,576	33.7%	743	$1,437
		Decaf Irish Cream	Central	$12,802	$12,870	-$68	$7,426	$7,810	$3,931	30.7%	710	$1,999
			West	$8,923	$10,930	-$2,007	$3,707	$4,670	($534)	-6.0%	1,021	$2,423
			East	$3,068	$2,800	$268	$1,785	$1,640	$1,114	36.3%	601	$391
			South	$5,676	$6,920	-$1,244	$2,767	$3,490	$1,197	21.1%	864	$868
2013	Coffee	Amaretto	Central	$7,159	$6,800	$359	$3,975	$4,040	$3,024	42.2%	611	$888
			West	$4,742	$5,490	-$748	$1,629	$2,020	($714)	-15.1%	1,065	$1,257
			East	$1,527	$1,310	$217	$871	$830	$597	39.1%	286	$184
		Colombian	Central	$14,758	$14,260	$498	$8,124	$8,300	$5,046	34.2%	698	$2,686
			West	$15,490	$18,410	-$2,920	$8,803	$11,090	$6,663	43.0%	762	$2,053
			East	$24,180	$21,390	$2,790	$15,762	$14,730	$16,127	66.7%	636	$2,497
			South	$11,059	$13,130	-$2,071	$5,937	$7,450	$5,191	46.9%	743	$1,437
		Decaf Irish Cream	Central	$13,355	$12,870	$485	$7,426	$7,810	$5,704	42.7%	710	$1,999
			West	$9,310	$10,930	-$1,620	$3,707	$4,670	($773)	-8.3%	1,021	$2,423
			East	$3,194	$2,920	$384	$1,785	$1,640	$1,612	50.5%	601	$391
			South	$5,920	$6,920	-$1,000	$2,767	$3,490	$1,738	29.4%	864	$868
Grand Total				$216,828	$228,620	-$11,792	$121,572	$131,740	$74,683	34.4%	781	$33,366

Caption:
This is how *inexperienced* Tableau designers build text tables. Notice all the "white space" under the Year, Product Type and Product columns? It's best to minimize the amount of wasted white space in a dashboard.

图 8-60　创建 Market Analysis 表格的第 1 步

图 8-60 中的视图包含额外的信息，但它的布局并不高效。它的列包含 Select Year、Product Type、Product 字段，消耗了太多的水平和垂直空间。这个设计不能让 Dashboard 2 很好地工作，因为其被限制在 800×600 的像素空间里。这个布局里的空白空间会被更多数据利用起来。你可以通过把这些字段移动到标题里来解决这个问题，通过动态标题对象来表示。复制这个工作表，对副本做修改，得到

如图 8-61 所示的内容。

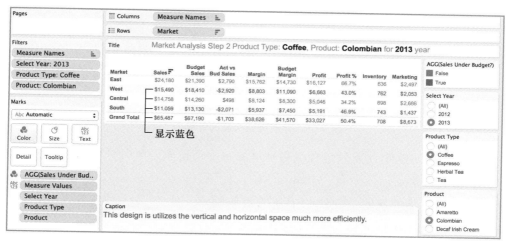

图 8-61　创建 Market Analysis 的第 2 步

如图 8-61 所示，现在的布局要更加高效。向标记区域的颜色按钮上添加布尔型计算（Sales Under Budget? 字段），这和创建 Main Dashboard 仪表板在 Summary by Product Type 文本表格和 Sales versus Budget by Product 视图中对颜色的使用方法一致。显示蓝色意味着实际销售额低于预期销售额。

动态标题对象的应用是一种更有效使用空间表示 Select Year、Product Type、Product 字段的方式。图 8-62 显示了应该如何编辑这个工作表标题。

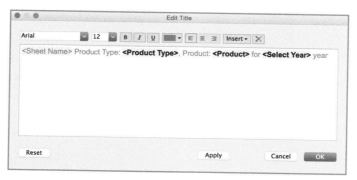

图 8-62　Market Analysis 的标题

当你完成这个视图后，复制这个页面，命名新页面为 Market Analysis。它将成为 Dashboard 2 仪表板的主要数据面板，参见图 8-59（区域③）。

2. 创建 Dashboard 2 的导航按钮

图 8-59 的导航按钮（区域②）包含一个计算值的文本表格，它是字符串与形

状的组合，用来显示文字的计算，如图 8-63 所示。

图 8-63　导航按钮所需的计算值

如你所见，这个计算只是在双引号里的一个字符串。单引号也可以，只要前后一致即可。这个字段命名为 Return Nav，你可以用它创建需要的视图。创建一个新的工作表，命名为 Nav Button Step 1。把这个字段添加到视图中，你的工作表应该如图 8-64 所示。

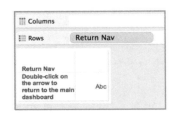

图 8-64　Nav Button Step 1 工作表

要完成这个简单的文本表格，复制 Nav Button Step 1 工作表并命名新工作表为 Nav Button，之后完成下列步骤：

1）隐藏行字段标签。

2）通过 Marks 选项卡把标记点类型从 Automatic 改为 Shape。

3）单击 Shape 按钮，选择 Select More Shapes，之后选择 Arrows 的形状模板。

4）选择指向右上角的黑色箭头。

5）使用 Size 按钮使标记形状充满空间。

6）把文字的字体设置为 12 磅、斜体、Arial，并使用棕色。

7）通过主菜单"Format（设置格式）"→"Borders（边界）"把所有边框都设置为"None（无）"。

完成这些步骤后，这个工作表应该如图 8-65 所示。

完成 Nav Button 工作表和 Market Analysis 工作表后，Dashboard 2 仪表板就可以开始组装了。

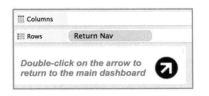

图 8-65　完成后的 Nav Button 工作表

8.5.18　组装仪表板 Dashboard 2

创建一个新的仪表板，命名为 Dashboard 2，把尺寸设置为 800 像素 × 600 像素，这个尺寸和主仪表板是一致的。选择 Show Title（显示标题）选项显示标题对象，并输入如图 8-66 所示的仪表板标题（Dashboard 2–Details by market and comparison to a retail website）。

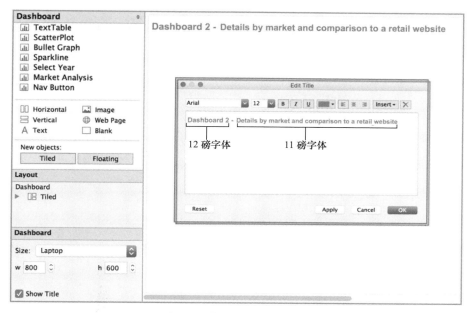

图 8-66 仪表板 Dashboard 2

在新仪表板上面展示的是标题编辑对话框。注意"Dashboard 2"用的是 12 磅字体，其余文字用的 11 磅字体。所有的标题文字都是黑体。通过下面的步骤把其余对象添加到仪表板中：

1）拖曳 Market Analysis 工作表到 Dashboard 2 仪表板中。

2）删除颜色图例。

3）编辑 Market Analysis 工作表使它适合整个视图。

4）添加一个文字对象"Hover over the Market Analysis Text Table to filter the web page below"。

5）把上述文字的格式设置为 Arial、12 磅、斜体、粗体，并居中显示。

6）在第（5）步的文字对象下面放置一个 Web 页面对象，暂时保留 URL 链接为空。

7）在仪表板标题的上面添加一个水平布局容器，之后把标题拖曳到布局容器内。

8）向下拖曳布局容器的底边框，留出更多的垂直空间。

9）添加 Nav Button 工作表到布局容器的右侧。

10）右击 Nav Button 的标题，选择 Hide Title 菜单项，删除它的标题。

11）设置 Nav Button 为适合整个视图，并把它摆放在空间里合适的位置。

当你完成这些步骤后，Dashboard 2 应该如图 8-67 所示。

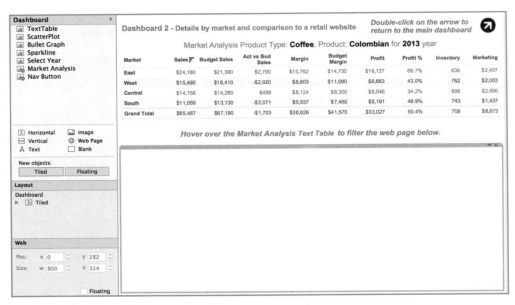

图 8-67　仪表板 Dashboard 2 第 1~11 步完成的状态

图 8-67 底部的空白区域应该显示 Web 网页对象，但现在还是空的。当你定义了一个具有可用的链接的 URL 动作后，这里就会包含一个实时网页。现在 Dashboard 2 的框架已经齐备。向工作簿中添加三个额外的动作，提供 Main Dashboard 和 Dashboard 2 之间的导航以及需要显示的 Web 页面的网络地址。这需要下面几个步骤：

1）利用 Main Dashboard 中的标靶图创建一个筛选器动作来筛选 Dashboard 2 中的 Market Analysis 文本表格。

2）添加一个筛选器动作，使用户能从 Dashboard 2 返回 Main Dashboard。

3）在 Dashboard 2 仪表板中创建一个 URL 动作来过滤 Dashboard 2 中的 Web 页面对象。

1. 创建筛选器动作从 Main Dashboard 导航到 Dashboard 2

你将会创建一个筛选器动作，它从主仪表板的标靶图触发，作用到 Dashboard

2 的 Market Analysis 文本表格。这个动作的目的是让读者能够只分析选定的产品类型和产品（根据不同市场）。

理解这个筛选器动作中传递了什么信息是重要的。Main Dashboard 仪表板中的标靶图 Sales versus Budget by Product 包含下面的维度字段：

- Select Year。
- Product Type。
- Product。

在筛选器动作中，所有的字段都需要从 Main Dashboard 传递到 Dashboard 2 中的 Market Analysis 面板中。另一个重要的考虑是，如何激活这个筛选器动作。主仪表板中的标靶图已经包含一个突出显示的动作，它通过选择来激活。因此，你希望信息使用者单击一个行或者行标题时，他们能继续停留在主仪表板，以便能够看到周围视图做出的突出显示动作。

另外，根据笔者的经验，如果只通过单击一个标记点或者标题就会跳转到一个全新的仪表板，会使信息使用者有些茫然。所以，你将通过菜单选择来激活这个筛选器动作，把用户带领到 Dashboard 2 仪表板。图 8-68 显示了 Edit Filter Action（编辑筛选器动作）对话框，你要在这里定义这个动作。

仔细观察图 8-68，注意到 Source Sheets（源工作表）区域选择了 Main Dashboard 仪表板和 Bullet Graph 面板。Run action on（运行操作方式）选择了 Menu（菜单）。Target Sheets（目标工作表）区域 Dashboard 2 仪表板和 Market Analysis 文本表格被选中。Clearing the selection will（清除选定内容将会）

图 8-68　标靶图的编辑筛选器动作对话框

区域选择 Leave the filter（保留筛选器），这非常重要。如果没有保留筛选器，仪表板 Dashboard 2 中的文本表格就有可能不会显示。最后，Target Filters（目标筛选器）区域选择 All Fields（所有字段），这意味着关键维度（Select Year、Product

Type 和 Product）都会传递到仪表板 Dashboard 2 中的 Market Analysis 面板。

当你创建动作时，需要经常检查结果是否正确。如果你没有检查，就可能会展示错误的信息。一旦你完成了动作的定义，就要运行它以测试它是否正确工作。图 8-69 显示了当你的鼠标指针指向标靶图时会弹出的工具提示栏内容。

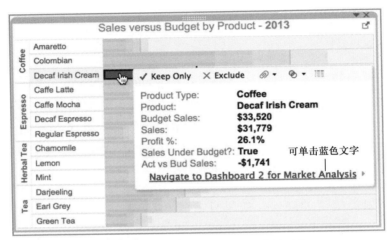

图 8-69　嵌入在工具提示栏中的菜单动作

前面添加到工具提示栏中的筛选器动作文字显示为蓝色。单击蓝色文字就会导航到仪表板 Dashboard 2。你还可以通过单击行标题，然后在弹出的工具提示栏中单击动作菜单。

两种方法都可以触发动作，Market Analysis 文本表格就应该对 Coffee（产品类型）、Decaf Irish Cream（产品）以及年份 2013 进行筛选。确保 "Run on single select" 选项是选中的。结果如图 8-70 所示。

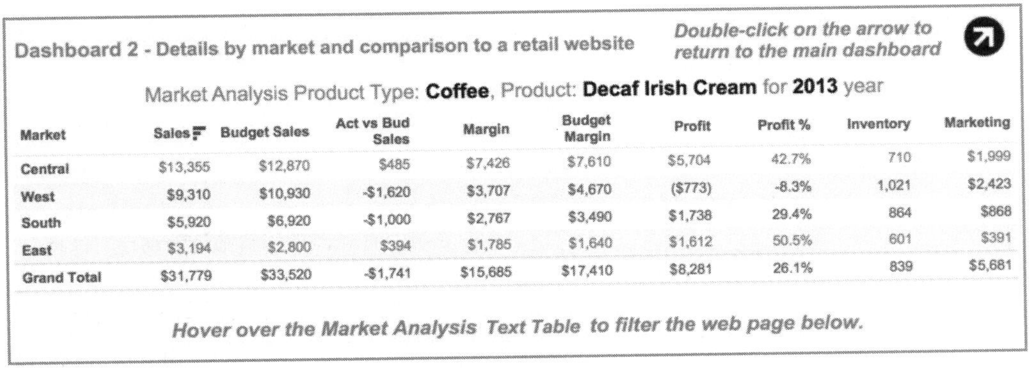

Dashboard 2 - Details by market and comparison to a retail website							Double-click on the arrow to return to the main dashboard		
Market Analysis Product Type: **Coffee**, Product: **Decaf Irish Cream** for **2013** year									
Market	Sales	Budget Sales	Act vs Bud Sales	Margin	Budget Margin	Profit	Profit %	Inventory	Marketing
Central	$13,355	$12,870	$485	$7,426	$7,610	$5,704	42.7%	710	$1,999
West	$9,310	$10,930	-$1,620	$3,707	$4,670	($773)	-8.3%	1,021	$2,423
South	$5,920	$6,920	-$1,000	$2,767	$3,490	$1,738	29.4%	864	$868
East	$3,194	$2,800	$394	$1,785	$1,640	$1,612	50.5%	601	$391
Grand Total	$31,779	$33,520	-$1,741	$15,685	$17,410	$8,281	26.1%	839	$5,681

Hover over the Market Analysis Text Table to filter the web page below.

图 8-70　仪表板 Dashboard 2 筛选后的结果

在标靶图上尝试在不同的数据上测试筛选器动作，以确保它正确工作。之前创建的仪表板 Dashboard 2 的标题包含 Product Type、Product、Select Year 的动态元素，能提供筛选器动作从仪表板 Main Dashboard 传递过来的信息可视化提示。

当你真正创建这种类型的动作时，可能需要反复尝试几次才能让一切顺利运转。如果筛选器动作没有按照你的预期工作，那么源工作表和目标工作表可能不会包括所有符合规则的字段。当你是 Tableau 的新手时，可能需要多尝试几次才能让它按照你的设想工作。

下面将创建 URL 动作，提供仪表板 Dashboard 2 中的 Web 页面对象。

2. 创建 URL 动作

如果你不是编程人员，创建一个 URL 动作并把你数据中的维度信息传递到仪表板中嵌入的 Web 页面对象可能看起来稍有难度。但不用担心，这实际不难。它与你已经学过的动态标题元素很像。只要你知道如何在 Web 网页上搜索东西，就能创建 URL 动作。

为了展示另一种激活动作的方式，这个示例采用了 Run action on（运行操作方式）为 Hover（悬停）的选项来触发这个动作。这意味着只要鼠标指针停留在 Market Analysis 文本表格上面的任何地方，这个 URL 搜索就会被执行。在实际应用中，最好还是采用 Select（选择）或 Menu（菜单）的方式来激活。

打开浏览器并在 Amazon 的主页上搜索 "coffee, decaf Irish cream"。图 8-71 显示了搜索结果。

先在 Tableau 之外执行搜索，帮你理解网页怎样对搜索字符串进行编码。注意。在搜索时把 Amazon 的网页限制在 Grocery&Gourmet Food 类别内，并用逗号区分了不同的维度（coffee, decaf Irish cream）。就像你在图 8-71 中看到的，这个搜索选项能正常工作。

从网页浏览器的地址栏复制 URL 地址，就是图 8-71 最上面的对话框。把这个地址复制到图 8-72 中的 URL 动作对话框的 URL 栏里。

单击 Test Link 按钮确保这个地址能正确工作。你现在完成的是传递给动作一个静态变量，它完成对网页进行原始搜索的部分。

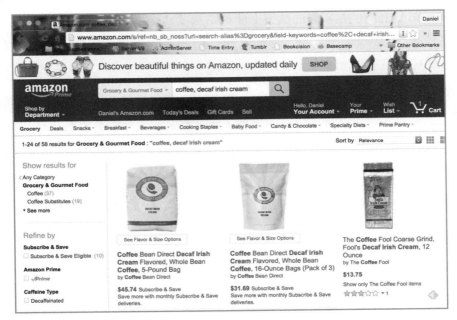

图 8-71　搜索 Amazon 的网页

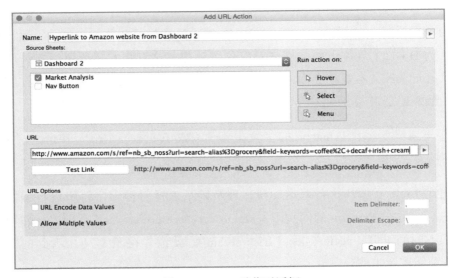

图 8-72　URL 动作对话框

要使 Tableau 基于你在仪表板中的选择自动改变发送到 Amazon 的搜索，必须
用 Tableau 中的字段数据替换包含在 URL 字符串中的关键字。图 8-73 显示了哪些
字符串需要改变。

图 8-73 的上半部分显示了原始的搜索字符串，下半部分显示的字符串通过插
入按钮把 Tableau 的某些字段名插入进来并取代部分字符串。

图 8-73　插入 URL 变量

　　回到主仪表板 Main Dashboard 的标靶图，用一个不同的产品执行菜单动作。鼠标指针停留在 Market Analysis 文本表格上时，应该能触发另一个网页搜索动作，这时显示的产品就应该能反映 URL 动作中插入的新搜索字段。图 8-74 显示了在主仪表板 Main Dashboard 的标靶图中选择 Espresso、Caffé Mocha 行时，仪表板 Dashboard 2 显示的内容。

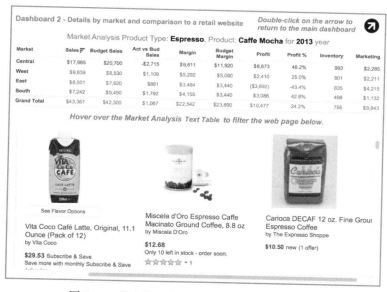

图 8-74　带有嵌入式网页的仪表板 Dashboard 2

　　使用带有 URL 动作的嵌入式 Web 网页对象可以把你的数据与事实网页信息融合在一起，而这并不需要你成为编程专家。URL 动作还可以有很多不同的用法。希望你能看到通过因特网信息增强仪表板的各种潜能。下面将增加一个动作，使用户能够从仪表板 Dashboard 2 返回主仪表板 Main Dashboard。

3. 创建一个 Home 按钮

Home 按钮添加到仪表板 Dashboard 2 右上角的文本表格，将用来激活筛选并把用户带回主仪表板 Main Dashboard。图 8-75 显示了用来定义这个动作的具体选择。

当你双击按钮或文字时，就会回到主仪表板 Main Dashboard，你之前对标靶图做出的选择依然会突出显示。单击主仪表板的任意空白位置可以清除这个选择。

需要对主仪表板 Main Dashboard 做出另一个变化，以确保主仪表板的筛选器动作正确地工作。标靶图中的 Product Type 标题需要隐藏起来，以避免筛选器动作会包含不止一个产品。为什么呢？因为如果多于一个产品被包含在筛选器中，仪表板 Dashboard 2 中的 Market Analysis 文本表格将不会正确地显示数据。隐藏 Product Type 的标题，右击标题，取消 Show Heading（显示标题）菜单项。

图 8-75　返回 Main Dashboard 的动作

恭喜，你完成了在 Tableau 中创建一个高级仪表板的全部工作。后面还会向主仪表板中添加最后一个"消失的"文本表格，它使用另一种方式来清除筛选器动作的选择。

两个仪表板设计的最后阶段都和工具提示栏有关。在观察了新的设计、查看了显示的信息后能发现工具提示栏是一个非常好的工具，为读者提供补充信息和必要的介绍。

8.5.19　向工具提示栏按需增加定制细节

仪表板的设计几乎完成了。这个阶段获取外部的反馈是很重要的，受众可能希望用你没有考虑到的方式来查看数据，这可能需要对你的布局、内容、筛选器都要进行修改。假设你的设计已经遵循了所有的设计准则，设计的最后可能还需要加入更多的文字内容来提供相关的按需定制细节，以增强内容的可读性。

当鼠标指针停留在工作表或仪表板上时会弹出工具提示栏，这是传递细节性的、有针对性的信息的一个高效方式，因为它们只会在需要时才会出现。最关键的是，这是你添加大量信息细节很好的方式，因为它们只在观众指向一个标记点时才会展现出来。工具提示栏默认可以包含视图中使用到的字段以及在筛选器和Masks 选项卡使用到的字段，它们也可以包括手动加入的信息。

使用工具提示栏编辑器

通过菜单"Worksheet（工作表）"→"Tooltip（工具提示）"，你可以看到与工作表联系在一起的所有工具提示栏内容。在仪表板内，先单击你感兴趣的数据视图面板，之后通过菜单"Worksheet（工作表）"→"Tooltip（工具提示）"也可以访问。图 8-76 显示了主面板 Main Dashboard 包含的标靶图的工具提示栏内容。

图 8-76 左侧显示了针对标靶图的 Edit Tooltip（编辑工具提示）对话框，右侧是当指针指向视图内某个标记点时，这个工具提示的展现效果。这个工具提示栏中的字段和选择都是默认就有的。

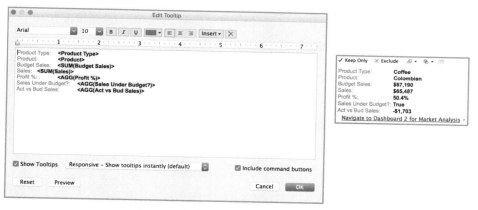

图 8-76　标靶图的编辑工具提示对话框

这个编辑器与标题编辑器类似。编辑对话框的顶部包含文字字体、尺寸以及其他形式的控件。Insert（插入）按钮使你能把动态的字段内容放到工具提示栏中。出现在尖括号（<>）内的任意文字都是字段值，将根据受众在视图中选择的标记点提供相关内容。

编辑工具提示对话框底部包含的选项，让你能控制工具提示栏显示的内容以及怎样显示。

- Show Tooltips（显示工具提示）：如果你不希望工具提示栏显示出来，就不要选中这个选项。
- 下拉列表选项：Responsive（响应式，即时显示工具提示，默认选项）或者

Hover（悬停式）。

■ Include command buttons（包括命令按钮）：默认是选中的。

Responsive（响应式）选项使得工具提示栏会立刻显示，而 Hover（悬停式）选项会有短暂的时间推迟。当你的仪表板准备发布给很多人使用时，Include command buttons（包括命令按钮）选项就不应该选中。有些命令你可能不希望授权出去，因为它们能使得用户能够对标记点进行删除、成组、建立集合，也可能会泄露创建视图的底层数据。在图 8-76 右侧的实际工具提示栏中你能看到这些控件，它们在工具提示栏的顶部。如果 Include command buttons（包括命名按钮）选项没有被选中，它们就不会出现在那里。

8.5.20　丰富工具提示栏和标题

任何仪表板设计的最后步骤都应该是自定义工具提示栏并润色标题。建议你使用仪表板几分钟，并思考一下有没有问题。现在是邀请几个用户来看看仪表板的好时机，他们会对你的工具提示栏的内容和设计提供额外的意见或建议。这些反馈可能让你对不那么显而易见的突出显示选项增加一些小的额外提示。

下面几张插图展示了你可以加入主仪表板 Main Dashboard 中的自定义工具提示栏。每张插图的左侧都显示了工具提示栏在仪表板中实际显示的样子，相关的编辑工具提示对话框显示在右侧。仪表板中 5 个视图的 4 个工具提示栏都展示了出来。Select Year 视图的内容会在稍后展示。如图 8-77 所示是 Summary by Product Type 视图的工具提示栏。

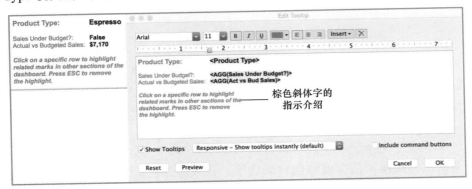

图 8-77　图表 Summary by Product Type 的工具提示栏

图 8-77 包含一个棕色斜体字的指示介绍，提供了这个仪表板中这个视图和其他几个数据视图可以激活的突出显示动作的信息。注意其中对动态数据文本的完美对齐。在文本输入区域上面提供的对齐标尺工具用来对每个行进行对齐。要对

齐一个具体行，单击行并移动标尺上的小指针到你希望文字开始的位置。

图 8-78 显示了 Profit vs Marketing Expense 散点图的工具提示栏。

图 8-78　图表 Profit vs Marketing Expense 的工具提示栏

注意图 8-78 为工具提示栏最底部的文字设置了不同的字体大小。字段 <Actual Profit (for tooltip)> 复制自原始的 Actual Profit 字段，使得工具提示栏的数字格式与坐标轴的数字格式有区别。坐标轴采用千为单位，而工具提示栏中采用美元。

图 8-79 是与标靶图 Sales versus Budget by Product 相关的工具提示栏内容。

图 8-79　标靶图 Sales versus Budget by Product 的工具提示栏

图 8-79 的工具提示栏包含通过细微差别的文字格式及分割线来区分的不同区域（线条采用 8 磅字体）。一个菜单动作出现在工具提示栏底部。就在表示能触发动作的蓝色文字之上是棕色的文字，这些文字给出了对动作的描述性介绍，告诉你单击后会发生什么。

图 8-80 显示了 Sales Trend 星波图表的工具提示栏。

Sales Trend 星波图表的工具提示栏包括一个新的技巧，之前没有讨论过。再次检查这个仪表板，在星波图中添加一个布尔型计算应该是一个好主意。蓝 / 灰颜色图例被用来在几乎所有的地方表达相应的信息。而且这里已经用颜色表达了 Product Type，决定使用线条粗细来表示销售额相对预期的实际表现。工具提示栏底部提供了这个信息。这代表一种妥协，也可能是仪表板读者能接受的一种妥协。

图 8-80　图表 Sales Trend 的工具提示栏

8.5.21　添加一个 Read Me 仪表板

大部分人不会在工作簿中添加一个 Read Me（自述文件）工作表。如果你在服务一大群的用户，花点时间在一个 Read Me 仪表板中添加相关工作的文档，长期来看会节省你的时间。一个有良好文档的工作簿应该提供具体的复杂的计算值、使用的数据源、咨询过的专家，或者其他附加的细节，这会节省不必要的电话和邮件沟通。如果要管理非常多的仪表板，在你需要对旧的设计进行改进或者帮助新员工熟悉已有工作时，一个具有良好文档的工作簿能促使你快速恢复记忆。

用来创建本章示例的两个仪表板的 Coffee Chain 数据集说明了你的数据尺寸并不比你从中能够抽取出的信息质量更重要。仪表板 Dashboard 2 中的 Market Analysis 信息说明了你很容易可以把数据与来自外部网页的信息相结合，并使它们能够与你私有的数据互动。

8.5.22　意外惊喜：添加浮动仪表板对象

这个示例到现在还故意没有使用一个可用的清除动作选项——Exclude all values（排除所有值）。这个选项在动作消失后会隐藏显示的对象。通过这种方式，你可以在仪表板内添加数据面板，当动作被选中后，它会浮动于其他仪表板对象之上，当选择清除后，它就会消失。它在这种情况下非常有用：你希望指引用户对一系列问题通过选项选择来探索更加有针对性（筛选后的）的数据。如果你只有有限的仪表板空间，这个方式也能发挥作用。笔者在创建仪表板时倾向于避免使用浮动对象（floating object），因为很难预测在不同的屏幕分辨率下对这个对象的放置动作。因为这个仪表板示例针对固定的 800 像素 ×600 像素分辨率，所以可以使用一个可预测动作的浮动对象。

图 8-81 放大显示了主仪表板（Main Dashboard）的右上角，当 Select Year 面板中的某个年份被选中时，显示的浮动对象展示不同市场的销售额百分比。

图 8-81 左侧的图像显示了当年份 2013 被选中后，用灰色表格显示的销售额百分比分布。右侧的图像显示了实际的面板布局。注意浮动对象并没有完全覆盖针对产品类型的颜色图例。覆盖颜色图例后，读者就不能通过单击图例在仪表板其他面板中突出显示相关的标记点。因为仪表板包含一个突出显示动作，而突出显示的动作来自于仪表板的其他数据面板，要仔细放置浮动对象的位置，免得影响用户通过颜色图例进行突出显示。

图 8-81　浮动对象显示销售额的分布

按 <Esc> 键或者单击 Select Year 文本表格的标记点或行标题就会移除这个浮动表格。使用这种方式，你可以在同样的空间里填充更多的额外信息。

Select Year 面板还包含一个工具提示栏，它提供了对应用到主仪表板其他图表的筛选器的介绍，还介绍了浮动的文本表格 Sales Mix %by Market 的细节。图 8-82 显示了这个工具提示栏。

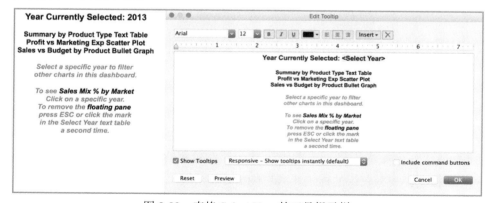

图 8-82　表格 Select Year 的工具提示栏

Select Year 的工具提示栏还对筛选器进行了额外介绍，它通过在主仪表板中选择年份来筛选，还介绍了浮动对象的细节。图 8-83 显示了浮动面板 Sales Mix by Market 的工具提示栏。

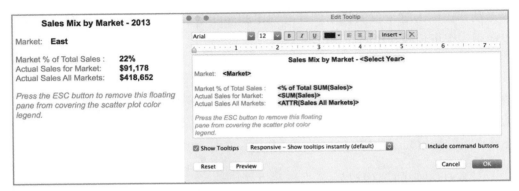

图 8-83 浮动面板 Sales Mix by Market 的工具提示栏

注意图 8-83 中的 Sales All Markets 字段，它是一个计算字段，采用一个 Level of Detail（LOD，详细级别）函数显示所有市场的销售额总和。你可以在图 8-84 中看到这个计算。

图 8-84 字段 Sales All Markets 的 LOD 计算

在 Tableau 的 V9 版本之前，对 Sales All Markets 的计算有所不同，因为视图中使用的表格显示了不同区域市场的数据。Level of Detail 表达式使得从视图中定义不同 Level of Detail 的计算不是难事。使用 Exclude 表达式提供了另一种简单的方法显示不同区域市场的销售总额。当用户在 Sales Mix by Market 表格中单击不同的市场时，所选年份的总销售额就会与所有市场的销售总额一同显示。参考第 4 章以及附录 E 的 Level of Detail 计算的函数参考，以获取 LOD 表达式的更多信息。

创建可消失仪表板对象的步骤

要向工作簿中添加如图 8-81 所示的浮动对象，需要以下步骤：

1）创建一个文本表格，包含销售额和针对总销售额百分比的快速表格计算。按你的意愿设置文本表格的样式（参考图 8-85）。

2）把这个工作表添加到仪表板中，并且把它设置为 Floating（参考图 8-86）。

3）定义以 Select Year 文本表格为源工作表的动作，目标工作表为 Sales Mix by Market。确保在筛选器动作编辑对话框中选择 Exclude all values（排除所有值）选项。

4）设置工具提示栏的样式，参考之前的图 8-83。

图 8-85 采用一个快速表计算来计算某个区域销售额相对总额的百分比。这个插图中的 Filters 区域还有一个 Select Year 字段，它将会被替换为一个来自主仪表板的筛选器动作。Marks 选项卡里包含 Sales All Markets 的 LOD 计算，用在相关的工具提示栏中显示所选年份针对所有区域市场的销售额。

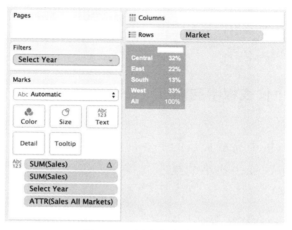

图 8-85　创建文本表格

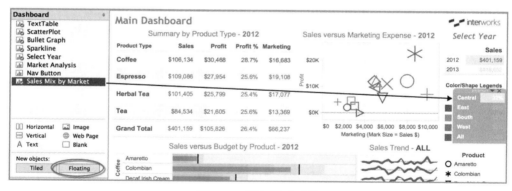

图 8-86　添加浮动对象

图 8-86 显示了把浮动的文本表格 Sales Mix by Market 放置在 Product Type 颜色图例之上的过程。注意到 New objects 区域里的 Floating（浮动）选项被选中而非默认的 Tiled（平铺）。小心确保图例中的颜色块不要被浮动的文本表格覆盖。

图 8-87 显示了针对文本表格 Sales Mix by Market 的 Edit Filter Action 对话框。在 Clearing the selection will（清除选定内容将会）区域里选择 Exclude all values（排除所有值）单选按钮。

在定义了动作后，在 Select Year 文本表格中单击各个行来测试一下浮动（平

时是隐藏的）的工作表是否能正确显示。你还需要做一些编辑工作来隐藏工作表

的标题。按 <Esc> 键或者在 Select Year
文本表格单击同样的标记点，看看当不
同的年份被选中时动作如何操作。采用
平时隐藏，只有做出特定选择才显示的
浮动对象是一种有效地在有限屏幕空间
的仪表板中展示数据的方式。

8.5.23 在主仪表板中完成标题设置

要在这个仪表板中完成最后的一
步，你需要向其中添加一些小的提示
（参考图 8-88）。

从图 8-88 中可以见到，主仪表板
的标题及标靶图的标题都加入了介绍性
文字。整个工作簿中所有的介绍性字体

图 8-87　定义动作

的样式（斜体、棕色）都是一致的。你为仪表板的标题、工具提示栏各自采用了
一致的字体样式，观众就能从你的设计中快速领会和分辨不同的元素。

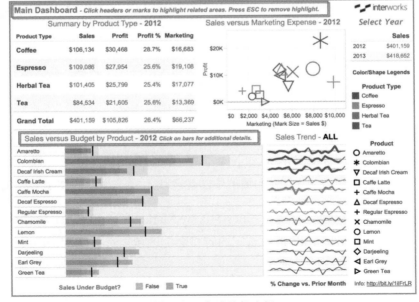

图 8-88　完成的仪表板

下面将学习怎样采用打包工作簿把你的工作簿共享给其他没有 Tableau Desk-top 或 Tableau Server 访问许可的人。这些人可以采用免费的 Tableau Reader 桌面软件来阅读。

8.6 把你的仪表板共享到 Tableau Reader

发布你的 Tableau 工作簿最安全的方式是通过 Tableau Server。但当你要共享工作簿给没有授权使用 Tableau Server 或者 Tableau Desktop 的人时，你就得把它共享到 Tableau Reader。

通过 Tableau Reader 发布内容需要你把 Tableau 工作簿存为 Packaged Work-books（打包工作簿）文件。Tableau 的打包工作簿文件（.twbx）需要本地文件源，比如：

- Excel。
- Access。
- 文本文件（.csv、.txt 等）。
- Tableau Data Extract Files（Tableau 数据提取文件，.tde）。

如果你希望共享到 Tableau Reader 的工作簿采用的数据源来自基于服务器的数据库（SQL Server、Teradata、Oracle 等），你必须先提取源数据，把提取的数据存储为 Tableau Data Extract（Tableau 数据提取）。

通过 Tableau Reader 发布内容的安全考虑

Tableau Reader 的目的是让你的工作簿能被所有人阅读（即便那些没有 Tab-leau 产品授权的人）。当你用这种方式分发你的工作簿时，你应该明白安全方面的考虑。不要依靠筛选器作为你的工作簿使用的数据源包含敏感数据的屏障。Tab-leau 把工作簿以类似 Zip 文件的方式打包，它们可以被解压缩，数据源文件就可以完全释放出来。

如果你的数据源包含敏感信息，当你创建数据提取时，可以使用筛选器选项把敏感数据排除在提取文件之外。图 8-89 显示了 Extract Data（提取数据）对话框，单击数据源（在数据窗口）就能找到入口。

创建提取时一种排除某些信息的方式是通过筛选排除数据。你也可以使用数据聚合来降低数据提取时的数据粒度。比如，选择 Aggregate data for visible di-mensions（聚合可视维度的数据）选项来聚合提取文件，使得它只包含支持工作簿

必需的支持数据。另外，在数据窗口中，你隐藏的所有字段都不会包含在数据提
取文件中。

图 8-89　提取数据对话框

从数据提取文件中排除敏感的信息，使你能控制未经授权发布私有数据造成
数据泄露的风险。

8.7　使用 Tableau 性能记录器改善加载速度

发布的内容能够快速加载并且对查询需求反应迅速是仪表板设计最核心的考
虑之一。加载速度慢的仪表板不会提供好的用户体验。

Tableau 提供了一个内建的工具 Performance Recorder（性能记录器），提供工
作簿性能指标的详细信息。这个工具分析 Tableau 的日志文件并建立一个分析工
作簿关键性能指标的 Tableau 工作簿。

要使用 Performance Recorder（性能记录器），启动 Tableau，在 Help（帮助）
主菜单下找到 Start Performance Recording（启动性能记录），如图 8-90 所示，之
后打开你希望分析的工作簿。

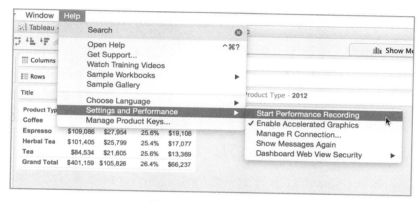

图 8-90　启动性能记录

　　当你打开工作簿后，刷新所有的工作表，使用尽可能不同的动作、筛选器、突出显示，以便产生不同的查询，创建不同的视图。当你完成后，在 Help 菜单下停止 Performance Recorder（性能记录器），Tableau 就会创建一个如图 8-91 所示的仪表板。

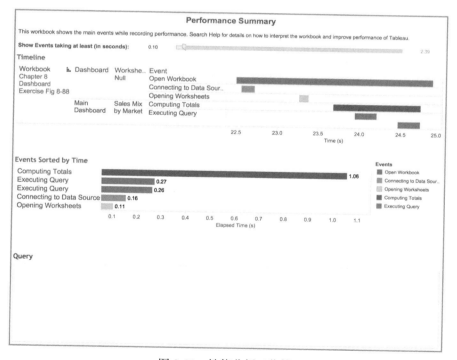

图 8-91　性能分析工作簿

　　由 Performance Recorder（性能记录器）生成的仪表板提供数据连接、查询、渲染的速度信息。如果你有一个工作簿加载缓慢，通过 Performance Recorder 就能找到速度瓶颈，并通过比较原始的性能记录和更新后的记录来测试和完善。

8.8　把仪表板共享到 Tableau Online 或 Tableau Server

Tableau 提供了一个基于云的选项 Tableau Online。这个服务提供了另一种低代价的方法来把你的工作簿共享给这个服务的授权用户。Tableau Server 是一个自管理的方案，不论你是否受公司防火墙保护，都可以对它进行维护。工作簿发布到 Tableau Online 或 Tableau Server，控制安全的管理者为要阅读工作簿的人授权，他们就可以访问了。

通过 Tableau Online 把工作簿发布到 Tableau Server 的过程与此类似。工作簿发布之后，被授权的用户就能通过 Web 浏览器访问它。更多细节信息可以参见第 11 章和第 12 章关于 Tableau Server 和 Tableau Online 的内容。

过去的几年，平板计算机越来越流行。Tableau 让设计者能为平板计算机用户设计出有无缝体验的仪表板。

第 9 章将会学习怎样为浏览器用户和平板计算机（比如 iPad 或安卓设备）用户设计工作簿。

8.9　注释

1. Robert McKee, Story : Substance, Structure, Style and the Principles of Screenwriting (New York : Regan, 1997)。

2. Stephen Few, Show Me the Numbers : Designing Tables and Graphs to Enlighten (Burlingame, CA : Analytics, 2012), 79。

3. Edward Tufte, The Visual Display of Quantitative Information (Cheshire, CT : Graphic), 1983。

就像台式计算机替代了大型机，笔记本计算机又替代了台式计算机一样，移动设备最终会替代笔记本计算机。这种越来越小、越来越强的设备发展趋势意味着更多的仪表板和可视化视图将通过移动设备阅读。

技术研究公司引领者高德纳（Gartner）和国际数据公司（International Data Corporation）发布过关于移动设备（手机以及最近的平板设备）爆炸式发展的报告⊖。在 2012 年 11 月，Gartner 的报告称，2012 年将会售出 8.21 亿台智能设备，而 2013 年这个数据将增长到 12 亿。[1]

Gartner 还预测，商业领域购买的平板设备数量在 2012 年是 1300 万，到 2016 年将增长 3 倍，超过 5300 万。他们认为像 Tableau 这样的工具将在移动应用产品里扮演更重要的角色：到 2018 年，B2E 移动 App 中超过一半将会由商业分析师通过非编程工具创建。[2]

显然，平板设备的商业用途在快速扩张，分析师和分析工具将会占据其中巨大的部分。

这个趋势在商业信息（BI）世界已经得到了回应，使用移动设备阅读的人群数量在不断增长。移动部署已经成为 Tableau 应用部署成功案例的关键一环。接下来将描述针对移动阅读设计仪表板必须了解的移动数据阅读、安全考虑、使用模式以及设计的最优方式。

9.1 移动阅读的物理基础

Tableau 仪表板的移动阅读是 Tableau Server、Tableau Online 和 Tableau Public 环境的一个功能。因为 Tableau 不在你的移动设备上存储数据，所以移动阅读必须满足几个先决条件：

⊖ 以下数据按英文原书翻译，最新的数据请读者查询相关资料。——编者注

　　■ 在 iPad 或安卓设备上安装本地的 Tableau 应用不是必需的（但有可能是你想要的），但一个标准的移动浏览器是必需的。

　　　　■ 提供连接到 Tableau Server 的服务器名称和网络地址。

　　　　■ 选择一个用户名。

　　　　■ 选择一个密码。

　　移动阅读是 Tableau Server 提供的默认功能，不需要任何额外的设置就可以进行移动访问。但要注意，移动设备的使用模式与非移动设备的访问有所区别。相比桌面用户，典型的移动用户访问会采用更多的 Session（会话）并且具有更短的 Duration（持续周期）。这种使用模式的有趣结果是，当用户享受对数据移动访问的实时性本质时，服务器端会增加更多的 Session（会话）数量。

9.2　移动阅读的安全性考量

　　不像 Tableau Reader 或 Tableau Desktop 桌面版工具，Tableau 自己针对 iOS 和安卓的 App 都完全是基于服务器的。这意味着程序本身不会向本地下载任何交互式数据文件，也不会下载工作簿文件。从 V9.1 版本开始，系统有可能下载工作表视图或仪表板需要的静态图像以供未来的离线阅读。所有交互式数据和报表都要通过 Web 连接到 Tableau Server 来访问。

　　万一用户丢失了平板计算机，唯一留存于本地的 Tableau 相关信息只是和工作簿相关的信息（发布者、更改时间、名称），而没有任何关于所访问的工作簿的敏感数据。当然，能够访问安全信息的任意设备都应该通过密码进行保护。

　　因为移动设备一般都存在于公司网络之外，如果没有为它们设定独立的地址，在为移动访问部署 Tableau 之前必须考虑网络访问的问题。

　　Tableau Server 部署在公司 DMZ（一个私有网络的安全区域提供来自公共网络授权用户的安全访问）之内还是之外，意味着允许移动访问时要采用不同的特殊步骤。如果 Tableau Server 没有部署在公司 DMZ 之内，提供移动访问的方案一般都会采用 VPN（虚拟专用网络）来确保安全登录，或者采用第三方企业级移动访问管理套件来确保对数据的网络访问是安全的。

　　只要建立了对 Tableau Server 设备的访问，用户就可以使用与桌面浏览一样的认证协议来查看仪表板和报表。利用已存在于企业内部针对移动设备的基于 SAML-和基于 Kerboros- 的认证机制，Tableau 能提供单点登录（Single Sign-On, SSO）。

不建立复制的账号或服务器，就不能在 Tableau Server 端单独配置特定的移动权限。如果需要创建一套单独的移动报表集合，这个过程一般通过一个单独的服务器或通过基于代理的中介功能来协调实现。

9.3 离线访问

V9.1 以及更高版本的 Tableau 应用允许报表的"快照"。这些快照是存储在平板设备本地的高质量图像文件（PNG），供离线查看，它们通过移动设备操作系统的本地安全策略提供安全保护。不希望允许这些图像存储在移动设备上的企业可以通过 Tableau Server 的站点配置菜单禁止快照功能。图 9-1 显示了 Web 授权中激活的选项。

离线快照默认是选中的，对用户选中为 App 的 Favorites（收藏）中的任意仪表板或视图，它都会创建快照。图 9-2 显示了一个被收藏的存储为快照的仪表板。

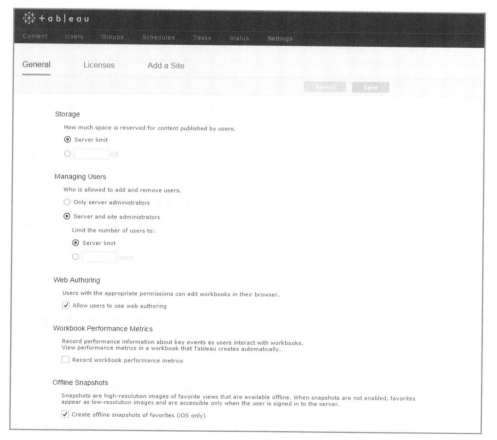

图 9-1　关于 Web 授权的通用配置

查看图 9-2 的顶部，如果你连接了 Web，就可以在 Snapshot（快照）和 Live View（在线视图）选项卡之间切换。

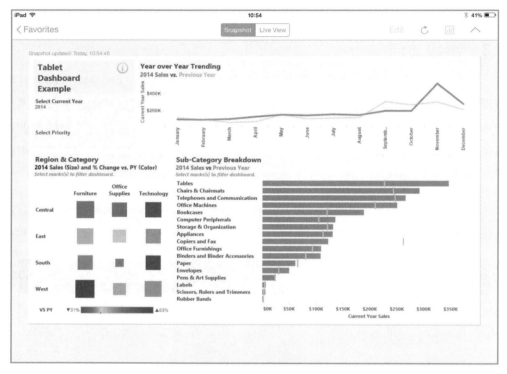

图 9-2　离线收藏的快照

9.4　典型的移动使用模式

用户从移动设备上访问 Tableau 的仪表板和报表通常都会基于他们自己的经验而设定不同的一组目标 / 目的，从桌面计算机访问数据通常不是这样的。这个规则并不是一成不变的，但移动用户通常有更狭窄的目标范围、更确定的使用准则。

9.4.1　及时使用

Pew Internet Trust 公司最近发现，86% 的手机用户在过去一个月内使用手机进行实时查询，帮他们交友、解决问题或者解决争议[3]。

Pew Internet Trust 公司的报告提供了关于手机用户使用手机时的活动的额外细节。这些是否你的 Tableau 用户也可能会有？

- 解决他们或者其他人以前没有遇到过的未知问题。
- 决定是否拜访一家企业。

- 查找信息以解决关于事实的分歧。
- 查询成绩或比分。
- 查询最新的信息。

这些活动都是被 Tableau 的移动环境支持的。如果用户的这些实时需求能够得到满足，他们就可以把这些信息无缝地融入他们的日常活动之中。

9.4.2 对移动设计的影响

及时使用对仪表板和报表设计有巨大影响。移动市场并非同质化的。不要假设你的移动用户都有同样的目标，但你能够对移动的信息用户和他们对实时信息的需求做出一些可靠的假设。

移动用户希望针对尽可能新的信息来提出问题和解决问题。移动用户更有可能是针对具体的问题寻找具体的答案，而不是花费几个小时的时间执行复杂的分析。这种目的性应该指导你为移动阅读做出相应的仪表板设计。

这些需求意味着移动的仪表板需要针对具体的领域解决频繁提出的问题。

9.5 针对移动用户的最优设计方式

移动设备的屏幕明显比个人计算机的显示器更小，输入方法也没有通过鼠标指针精确。Tableau 针对其产品用于移动访问的特殊需求，仔细地考虑了这些不同。你还需要仪表板设计能够针对移动阅读提供可适应性。当创建一个移动环境时，考虑下面的问题：

- 没有控制按键，也没有通过 Ctrl+ 单击的多选方法。
- 触发动作的悬停是没有的。
- 指向和单击是通过手指实现而非鼠标指针。
- 手势实现的缩放替代了功能键或鼠标滚轮。

这些不同对移动环境的仪表板设计有巨大的影响。主流的基于触摸屏的操作系统的出现（包括 iOS、安卓等），意味着针对移动设备的设计准则很快将应用到大多数用户群体。

9.5.1 与屏幕分辨率相关的设计因素

不论用户的环境是什么，用户的显示分辨率都是仪表板设计的一个基本考量。

因为对移动设备只有更少的可用分辨率，所以更容易创建"桌面友好"的设计。固定的仪表板尺寸（移动设计所需要的）还提供了在 Tableau Server 缓存层面的性能方面的优势。就像所有仪表板设计最好的方法是"宁可过于谨慎"，把你的视图尺寸设置为可能的最低分辨率。这确保了信息使用者不会被迫通过滚动才能看到整个内容。Tableau 还有针对移动设备的预定义仪表板。如果你的需要并不符合工业标准的通用尺寸，还可以自定义你需要的任意分辨率。

9.5.2　移动设计的最优方式

为移动设备设计与为个人计算机设计类似，很多针对个人计算机的最优方式也适应于此，同时有一些针对小屏幕尺寸的额外补充：

- 针对具体方向的设计。
- 考虑手指导航的不便。
- 减少显示的工作表对象数量。

9.5.3　为特定的方向设计

针对移动设备的最好的仪表板设计应该是为具体设计优化的。笔者见过的大部分平板设备的仪表板都是针对横向查看模式的。然而，重要的是你要选择并坚持一个方向，并为这样的查看方式设计仪表板。Tableau 仪表板的工作表针对平板计算机提供两种预定义的方向；一种是横向模式（1 020 像素 ×625 像素）；另一种是竖向模式（764 像素 ×855 像素）。在创建你的设计时采用 Exactly（精确）模式，你可以定制这些值来适应任意需要的分辨率。如果你针对的移动设备不符合默认的值，这个选择允许你定义具体的像素高度和宽度。

9.5.4　考虑手指导航的不便

平板设备上主要的交互是通过用户的手指完成的，这就不像使用鼠标指针那么精确。如果一个仪表板设计的功能是通过一个筛选器或突出显示动作来激活，就要确保选择方式能使用户轻松做出选择而不会轻易触碰到旁边的点。没有什么比让一个气呼呼的平板用户等待一个不必要的筛选器渲染（因为做出了错误的选择）更烦人的事了。

要避免这样的陷阱，设计仪表板时可以在两种导航选择中选择一个。选择压力图、条形图、突出显示表格、标靶图来触发动作。这些提供了离散的布局边界，防止重叠或者放置过近的标记点。相反的，散点图有连续的坐标轴，经常让标记点挤作一团或者有重叠产生。这对需要做出精确选择的筛选器动作来说不是一个好的选择。图 9-3 显示了这一点。

图 9-3 左侧的散点图包含很多挤在一起的甚至重叠的标记点，这使得它在平板计算机上作为动作触发源就很吃力，因为对用户来说，选择一个特定的标记点几乎不可能，触发要选择一个不包含在拥挤区的异常标记点。

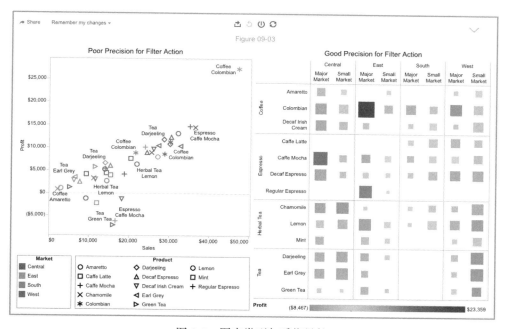

图 9-3　图表类型与手指导航

图 9-3 右侧的压力图就对标记点进行了规则的区分。没有标记点小到难以选择。压力图不但能够有效表达数据信息，还能提供易用的动作触发。要保证最小的值也足够大，标记点的尺寸是被编辑过的（增加最小标记点尺寸，以避免标记点太小而难以单击）。

Tableau 最近更新了它们的应用，通过单击、保持、框选的方式支持多选。图 9-4 显示了 Region & Category 压力图中被选中的 6 个标记点。

图 9-4 中多选的标记点可以用来触发动作，对仪表板中其他图表进行筛选。Tableau 还调整了快速筛选器的动作行为，使它们会自动扩展为特殊版本，在移动设备上更容易用手指做出选择。这样设计仪表板时不需要任何特殊的工作，Tableau 会检测用户的环境并自动改变快速筛选器的样式。

这些不同的设计提供了对移动设备友好的交互环境，虽然相对于在 PC 上的阅读稍微有一点慢。比如，要激活一个移动设备上的快速筛选器需要三个动作：首先要单击以激活快速筛选器对话框；然后要选择一个值；最后回到仪表板。

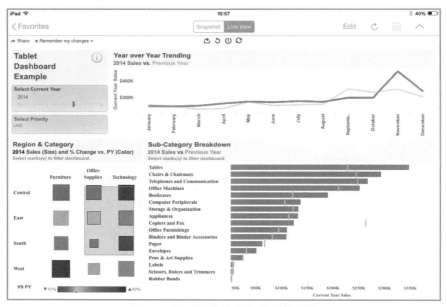

图 9-4　通过单击和保持实现的多选

9.5.5　减少显示的工作表数量

考虑到移动设备变小的屏幕尺寸，对用户来说一个仪表板中最好不要显示多于三个工作表对象。其中一个还可能是非常小的限制在单一度量上的文本表格。有太多工作表对象的设计通常会很难阅读。

9.6　一个针对平板的仪表板示例

下面的示例是使用 Superstore 示例数据来创建的。这个仪表板有三个基本的数据可视化视图、一个快速筛选器、一个参数控制以及一个通过压力图做出选择触发的筛选器动作。

图 9-5 中的仪表板使用了最佳方式，它使用了三个数据可视化视图，顶部的图表用不同颜色显示，并对比了当年和去年的销售额。区域（Region）和品类（Category）打散在压力图中显示当年的销售额，并通过颜色表示出辅助的度量来比较去年到今年的销售额变化幅度。标靶图把产品类别进一步打散到产品子类（Sub-Category），来比较当年和去年的销售额。不论是压力图还是标靶图都提供了离散的分割，让用户可以通过在各自的可视化中选择标记点触发的筛选器动作。

一个参数控制允许用户改变基准的年份为"当前",就可以自己控制在很多个相隔年份之间进行比较。一个快速筛选器使用户可以在节省空间的同时,通过订单优先级(Order Priority)筛选整个仪表板,这是第 4 个维度。

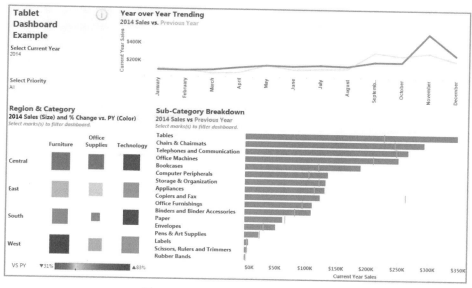

图 9-5　在平板上横向显示的仪表板

图 9-6 显示了当用户选择 Select Year 参数时放大显示的滑块式参数控制,使得平板用户更容易选择正确的年份。完成选择后,筛选器就会回到它当初的尺寸。

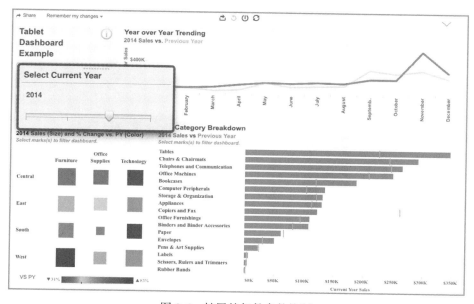

图 9-6　扩展的年份参数控制

图 9-7 显示的是当选择订单优先级时弹出的多选界面。

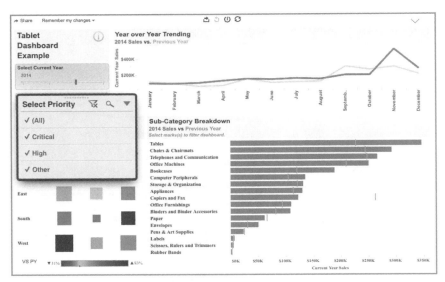

图 9-7　选择优先级的快速筛选器

压力图中也有一个筛选器动作，允许用户对仪表板进行筛选。如图 9-8 所示，选择一个标记点后就会弹出一个工具提示栏显示相关的细节。

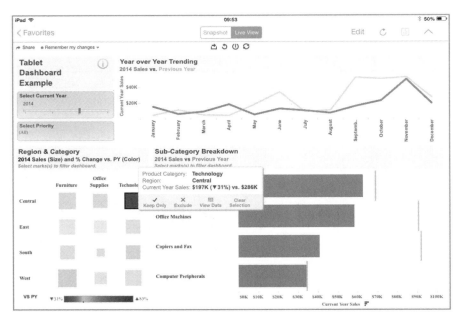

图 9-8　筛选器动作和工具提示栏

在图 9-9 中，一个小的文本表格使用一个提问的标记包含导航的介绍。

当用户单击浅色灯泡图标时，一个包含详细介绍的工具提示栏就会显示出来。

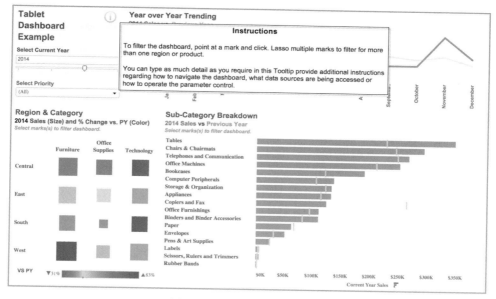

图 9-9　图表旁边的介绍文字

对于那些需要产品线销售额的定期信息的人，这个仪表板具有容易导航的实时环境。这个仪表板中工作表的标题会根据筛选器和参数做出的选择进行变化以提供相关细节，如图 9-10 所示。标题中黑体橙色的文字就是这些部分。

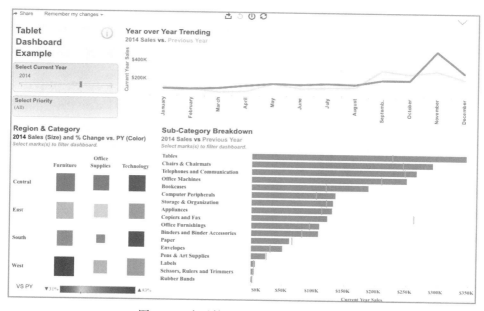

图 9-10　表示筛选器和参数选择的标题

这个移动式仪表板是为快速反应而设计的。因为它是针对回答特定的与销售额、增长性、产品线相关的一系列问题而设计的，它能快速地加载和筛选，容易阅读。

9.7　移动式创作和编辑

完成 Tableau 移动端应用的安装后，你就可以在移动环境下进行创作和编辑了。在移动设备上通过浏览器访问时也具有这些能力。移动设备的编辑能力与标准的 Web 编辑器的编辑能力紧密相关，虽然用户界面对触摸屏界面进行了适配，也没有了鼠标。同样的，Tableau Server 是否允许 Web 编辑的权限设置也适用于移动式编辑。第 11 章和第 12 章将详细介绍设置选项的细节。图 9-11 显示了平板计算机上的移动编辑界面。

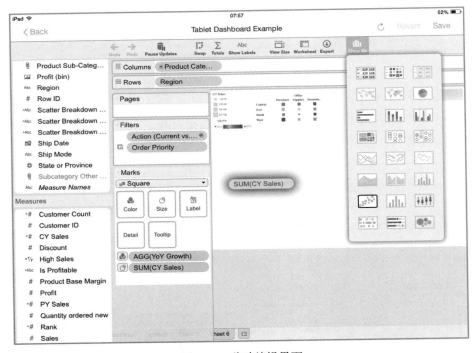

图 9-11　移动编辑界面

第 12 章包含关于 Tableau Server 端的 Web 编辑菜单选择的额外细节。这些控件和在图 9-11 中显示的完全一致。

9.8　关于 Elastic 项目的补充

在 Tableau 的 2014 年的用户大会上，Tableau 的管理团队介绍了一个正在开发中的新产品。Elastic 项目针对实时（ad hoc）的自包含（self-contained）移动数据集而设计。这将会是一个全新的独立产品。初始版将只允许对本地数据集的实时探索，而不允许实时数据库连接或 Tableau Server 的数据源连接。

笔者见过了早期的 alpha 测试版本，最近和开发团队的一个领导进行了讨论。在本书未来的版本中，计划讨论 Elastic 项目的细节。

在第 10 章，你将学习怎样使用 Tableau 的 Story Point（故事点）功能把你的洞察共享给别人，让信息阅读者能够以预先确定的顺序查看给出特定注解的可视化视图。

9.9 注释

1. "Gartner Says 821 Million Smart Devices Will Be Purchased Worldwide in 2012; Sales to Rise to 1.2 Billion in 2013," Gartner, Inc.，访问时间为 2013 年 7 月 27 日，http://www.gartner.com/newsroom/id/2227215。

2. "Gartner Say By 2018, More Than 50 Percent of Users Will Use a Tablet or Smartphone First for All Online Activities," Gartner, Inc.，最后更新时间为 2014 年 12 月 8 日，访问时间为 2015 年 7 月 25 日，http://www.gartner.com/newsroom/id/2939217。

3. "Pew Internet: Mobile, Highlights of the Pew Internet Project's research related to mobile technology," by Joanna Brenner，最后更新时间为 2013 年 6 月 6 日，访问时间为 2013 年 7 月 27 日，http://pewinternet.org/Commentary/2012/February/Pew-Internet-Mobile.aspx。

第 10 章
用故事传达你的发现

当 Tableau 首次引入故事时，笔者没有完全理解它们的价值。几个星期之后，笔者被邀请去美国门洛帕克市的 Facebook（脸书）的一个基地，参加一个数据可视化竞赛并担当评委。参赛者被提供了多个数据集，给出 60 分钟的时间来分析其中一个。每个组有 60 秒向评委展示他们的发现。

获胜组通过一个有竞争力的故事情节展现了一系列令人信服的发现。甚至还有更让人印象深刻的——获胜组的每个人都只基于 Tableau 的 Story Point（故事点）视图，只简单单击描述性的标题做了 20 秒的口头陈述。这让笔者看到了故事的真正价值。

也许你也可以通过一系列可视化视图和仪表板来讲述故事，每个单独的故事点使得小组能更快速和清晰地注解，其中的重要数据已经有了突出显示而不需要再口头解释。这是一个令人印象深刻的演讲，让人感觉不到他们受到 1 分钟时间的限制。

10.1 把分析转化为洞察

故事是一种工作表类型，由仪表板或工作表视图按照一定顺序构成，来支持对主题的导向性分析。这些视图就表示为 Story Point（故事点），通过导航标题来顺序介绍，作者可以为标题添加描述性的文字。

创建故事与创建仪表板类似，都是把需要的原材料拖曳到页面中来创建。每个故事点可以包含一个工作表或者一个仪表板。向视图顶部包含导航栏的说明中添加文字，你可以为它们提供相关的上下文。这个说明可以被重新定位、编辑、删除。你可以在工作表或仪表板的视图中通过陈述、描述、筛选或其他支持的方法进一步强调重点内容。

你可能用过 PowerPoint 来讲故事，以传达重要事情或说服你的同事们接受一个行动计划。过去，很多 Tableau 用户把静态的 Tableau 图像嵌入 PowerPoint 的幻灯片中。故事让你能完全省略这个步骤，它支持你以完全交互的方式展现你的发现。

这种故事也可以是探索你喜欢的运动或爱好的有趣的方式。你可以探索美国联邦最高法院，或者回顾历史上关键的时刻。乐在其中，并激发自己的创造性。为和工作无关的你感兴趣的主题建立故事会提升你的技巧，反过来也能应用这些技巧于工作中。

要打造有效的故事，包括下面几个过程：
- 决定你想讲述什么类型的故事。
- 在故事点中提供证据来支持你的观点。
- 以有逻辑的顺序组织你的观点。
- 添加描述和陈述，突出重要的证据。
- 提供支持性的细节内容。

类似于你怎样撰写意见书，在把工作簿组织在一起之前先建立一个提纲。知道你从哪里开始，带领观众经历怎样的旅行，计划好如何结束，这样你的结论就有了事实的支持。

10.2　创建一个故事

一旦你知道了要表达什么，创建故事点序列就是很容易的事了。你的工作表和仪表板应该包含相关的筛选器和动作，就像你正在分析数据那样来筛选和突出显示相关内容。记住把内容放置在故事里之后，你必须回到源工作表和仪表板，对设计进行一些修改。这时重新审视并改善你的设计能减少最终润色故事点集合时的工作量。下面这些要点需要记住：
- 故事点的主标题是静态的。
- 每个故事点选项卡都包含一个工作表或一个仪表板。
- 设置故事点的高度和宽度的像素尺寸，以适合你的演讲环境。

要创建一个故事，单击 Sheet（工作表）选项卡右侧的 New Story（新建故事）选项卡标签，如图 10-1 所示。

或者，你也可以通过 Story（故事）主菜单或 Story（故事）图标来新建故事。

图 10-1　创建一个故事

10.2.1　故事工作区

如图 10-1 所示的故事工作区中，它的左侧看起来和仪表板工作区类似。工作簿中包含的所有工作表都是可见的，如果工作簿中包含仪表板，它们也会显示在这个区域。Description（描述）图标用来向视图中添加浮动的文本框。Navigator（显示箭头）选择框让你打开（或关闭）导航栏的滚动箭头。图 10-1 只包含一个空白的 Caption（说明）。当视图中包含不止一个说明时，这些箭头就会默认显示出来。在 Story 区域，你可以定义故事的高度和宽度。Show Title（显示标题）选择框显示在面板底部。对尺寸的定义和添加标题都和仪表板中的相关功能一致。

故事的工作区允许你在把仪表板或视图拖曳进来之前先定义几个关键的元素：

1）如图 10-2 左下角所示，给故事设置合适的尺寸。

2）决定是否顶部需要有一个静态的故事标题。大多数情况下，仪表板或者工作表自己的标题就满足需要了。如果你的确需要一个故事点标题，确定 Show Title（显示标题）复选框被选中。

图 10-2 中的故事采用了便携式计算机的高度和宽度像素尺寸。Show Title（显示标题）复选框被选中，通过双击标题区域，输入文字并设定文字格式，对标题给出了自定义设置。向故事中添加工作表或仪表板是通过把它们拖曳到故事工作区来

实现的。注意，在图 10-2 的顶部有 4 个导航按钮。这些按钮包含说明，它们被编辑过包含自定义的文字。同时注意到导航箭头现在显示出来了，因为视图中包含不止一个导航按钮，并且 Show Back/Forward（显示后一个 / 前一个）按钮被单击过。

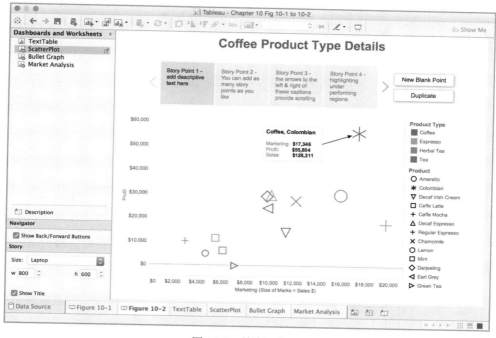

图 10-2　故事工作区

包含说明文字 Story Point 1 的导航按钮是当前激活的，注意到其他三个说明的颜色是稍浅些的棕色。这个颜色模式是通过"Format（设置格式）"→"Story（设置故事格式）"菜单来定义的。

你可以通过三种方式添加故事点。在导航按钮的右侧显示了三种方式中的两种：
- New Blank Point（新建故事点）。
- Duplicate（复制当前故事点）。
- Save as New Point（另存为新的故事点）。

选择 New Blank Point（新建故事点）创建一个带有空白说明的新导航按钮以及一个空白的故事工作区，你已经可以向其中添加新的工作表和仪表板了。Duplicate（复制当前故事点）选项将创建一个与当前选中的故事点完全一样的副本，但说明区域是空的。当你修改了一个已有故事点时，Save as New Point（另存为新故事点）选项就会出现，使它可以另存在一个新的导航按钮之下。如果你熟悉创建工作表和仪表板，创建故事点是非常容易的。如果你希望得到关于故事工作区工具选项的更多细节，可以到帮助菜单阅读 Tableau 在线手册。

10.2.2 一个故事示例

下面的示例使用一个由 InterWorks 的顾问罗伯特·罗斯（Robert Rouse）创建的故事。这个故事（story）嵌入在一个博客文章中，你可以在 https://www.interworks.com/blog/rrouse/2014/10/15/every-pitch-2014-mlb-season-visualized-tableau 找到。

这个工作簿采用的数据源包括 2014 年美国职业棒球大联盟（Major League Baseball，MLB）中每个投手的所有的投掷（总共 765 122 次投掷，投掷的类型、速度、落点等数据全都包括在内）。

一个工作表或仪表板添加到故事点之后，你可以编辑视图顶部的说明文字。在图 10-3 中可以看到，第一个故事点说明被编辑为 "All the pitches of the 2014 Season"。

罗伯特的故事（Rober's Story）包含 7 个不同的故事点。导航按钮被设置为与其中的仪表板一致的颜色和样式。

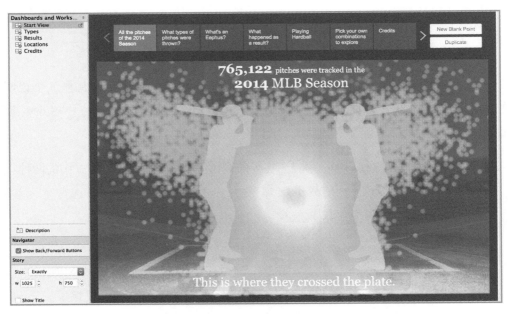

图 10-3　2014 年美国职业棒球大联盟的所有投掷（pitches）

10.3　为故事点设置格式

图 10-3 所显示的故事点采用的源就是 Start View 仪表板，它包含很多自定义

格式。顶部和底部有文本框添加到源仪表板中。

在图 10-4 中，Eephus（慢速魔球）投掷被突出显示出来。Eephus 投掷不是一种普通的投掷类型，即便是狂热的棒球粉丝可能都不熟悉这个术语。通过把描述对象从仪表板和图表面板拖曳到故事工作区，并把它放置在视图的顶部，就会加入视图之中。

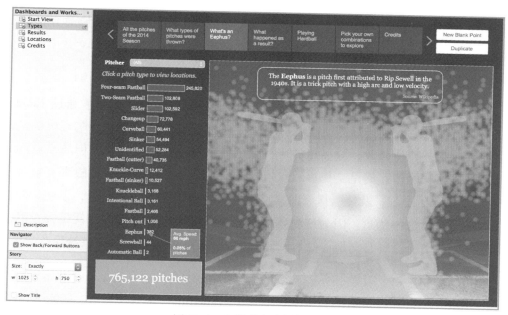

图 10-4　向故事点中添加描述

一个辅助描述被添加到条形图区域，它包含平均投掷速度和占据总投掷数量百分比的动态数据元素。这在图 10-4 的左下角区域有突出的显示。你可以看到 Eephus 投掷只占 2014 年总投掷的 0.05%，这种投掷的平均速度是 66 英里 / 小时（1 英里 =1.609344 千米）。

要打开 Format Story（设置故事格式）面板，选择 "Format（设置格式）" → "Story（设置故事格式）"。图 10-4 的故事点格式设置显示在图 10-5 中。

你能看到，设置故事格式的面板中包括设置阴影、字体、对齐、边界的控制选项。把源工作表和仪表板中的设计元素与故事点中额外的（有针对性的）设计

图 10-5　设置故事格式面板

描述、说明、格式相结合，你可以创建有自己风格的故事点，其中包括有帮助性的描述及动态数据来突出显示重要信息。你可以从本书伴学网站的第 10 章文件夹下载包含罗伯特的故事点（Robert's Story Point）集合工作簿。

10.4　共享你的故事点集合

一旦你完成了故事的创建，你可以像发布任意工作簿视图那样来发布它——发布到一个安全的 Tableau Server 位置或者发布到 Tableau Public。本章使用的故事点集合已经发布到了 Tableau Public，也嵌入了本章前面提到的博客文章中，它出现在 InterWorks 博客的 2014 年 11 月 13 日的文章中。

你还可以通过把视图导出为一个打包的工作簿，并把这个工作簿通过 Tableau Desktop 或 Tableau Reader 共享给其他人。始终要记住，如果用在故事点中的工作表或仪表板进行了修改，故事点的可视化中的数据也会同时变化，但故事点的标题不会修改，除非它们是工作表或仪表板的一部分。如果你决定把故事点集合发布到 Tableau Server，就要确保你的描述对象和解释包含确切的信息，以便你的观众能正确解读这些信息。因为这个理由，故事点最适合的演讲场合就是针对静态数据集给出现场的演讲或者通过 Tableau Server 或 Tableau Public 提供给受众。

最后，如果你要引导一个基于 Tableau 分析的讨论，故事就是一个非常棒的工具，在讨论的过程中引导你的听众。使用 Presentation（演讲）模式，你将有一个完全交互的幻灯片集合，你能对原始的演讲中没有预期到的问题做出回应。因为故事是连接到你筛选后的数据源的，突出显示之前已经存在的故事点可以揭示新的信息。完成演讲后，你可以通过 Tableau Server 把这个工作簿发布给别人来查看。

我们已经完成了 Tableau Desktop 第一部分的内容。在第二部分，你将学习怎样安装、管理和自动化运行 Tableau Server。

第 11 章
安装 Tableau Server

你杯子里的水越多，就越有可能有人想喝一口。

——赛斯·戈丁（Seth Godin）[1]

在前面的 10 个章节，学习了如何使用 Tableau 来连接数据、分析数据、可视化数据、创建仪表板、共享故事。本章和接下来的两章是关于安装、管理、自动化运行 Tableau Server 的。关于共享信息，Tableau 提供了三个不同的工具——Tableau Public、Tableau Online 和 Tableau Server。

Tableau Public 是一个免费的基于云的服务，针对的用户是希望把自己的工作共享给大众的博客用户、学生或者可视化爱好者。它不是为有数据安全要求的企业环境设计的。事实上，发布在 Tableau Public 上的内容，任何人都可以免费下载和使用。这个工具通常不会使用在企业环境中，因为企业对信息访问需要有控制。

Tableau Online 是另一个基于云的信息共享环境（由 Tableau Software 团队管理），它提供了数据的安全机制，但不需要安装任何软件和硬件。你的数据存储在由 Tableau Software 团队管理的安全环境中。要开始使用 Tableau Online，只需要注册服务并根据你的安全需求赋予用户访问权限即可。

对于需要控制数据存储在哪里、如何存储、如何管理的用户，可以使用 Tableau Server。Tableau Server 可以安装在你的防火墙之内，或者安装在你能直接访问的云服务上。基于命名用户（named user）或服务器硬件，你可以赋予访问者权限。

11.1　Tableau Server V9 版本有哪些新功能

与更早版本的 Tableau Server 相比，V9 版本提供了很大的性能和可用性方面的改进。面向服务器用户和服务器管理员的可视化界面都经过了重新设计，以提供更直观的信息。通过包含视图数量、用户活动、用户动作、背景任务细节、空间利用统计、加载时间等信息的分析仪表板，服务器提供了改进的分析能力。

服务器的性能也有了改善。Tableau Software 发布了对 Tableau Server 9.0 的可扩展性分析的文档。[2] 这篇文档说明了它在并行用户的可扩展性、查询速度、减少导致出错的超时等方面有了巨大的提升。这些提升的确需要在内存方面增加投资，所以在你决定从 V8 版本升级到 V9 版本时要考虑升级到更大的内存。

InterWorks 顾问格伦·罗宾逊（Glen Robinson）对部署在 Amazon Web Service 云上的 Tableau Server 8.3 版本和 9.0 版本进行了对比测试。这个测试使用了两种不同的 CPU 配置。[3] 他的测试说明，在使用 8 核 CPU 时反应速度提升了 3 倍，在使用 16 核 CPU 时反应速度提升了 3.5 倍。虽然和来自 Tableau Software 的数据并不完全相同，但对性能的提升是显而易见的。你的结果可能不大相同，但从 Server 8.3 版本升级到 9.0 版本时，即便在提升用户并行数量时，它仍然有更好的查询响应速度。

Tableau Server 9 版本还为管理员提供了对多节点和高可用性集群环境的更多控制。你现在可以为 Active Repository（活动存储器）设置一个优先的服务器，如果你的集群里不同服务器的硬件有所不同，这可能会是重要的做法。比如，你可以把集群里性能最强的服务器指定为当前的活动存储器。参考本章末尾注释中提供的格伦·罗宾逊的博客文章获取更多细节。这个版本的 Tableau 仍然保持了可以通过 Secure Socket Layers、SAML、Kerberos 提供对数据的更多层面的保护机制。

Tableau Server 9.1 版本还为管理员提供定期同步所有活动目录（Active Directory）群的选项。同步可以自定义为按小时、按天、按月或其他需要。这个功能也可由服务器管理员关闭。在撰写本书时，Tableau Server 9.2 版本正处于 Beta 测试版本阶段，权限锁定功能也被加入进来，以提供对项目视图、交互、编辑的更多控制。

本章集中讨论安装和更新 Tableau Server 时你需要考虑的选项。第 12 章讨论对 Tableau Server 的管理。第 13 章讨论通过命令行工具以及增强的 SDI 和 API 工具集实现的 V9.1 版本才加入的 Tableau Server 自动化功能。

11.2　部署 Tableau Server 的理由

大部分公司都通过购买 Tableau 桌面版的几个使用授权开始使用 Tableau。你不但要学习怎样使用这个软件，还要把你的工作簿共享给公司里其他的 Tableau 桌面版使用者。你还可能把分析存储为打包的工作簿，以把它共享给公司其他组里使用免费的 Tableau Reader 产品的同事。或者，你可能有几个 Tableau Online 的使用授权，让职员能实现基于云的远程访问。

随着 Tableau 对公司的价值得到认可，公司里希望能够使用 Tableau 的可视化和仪表板的人数也会增加。你不得不让很多人能够进行数据分析或者阅读信息。一些人可能希望针对你发布的报表创建他们自己的版本（稍有区别的），但这并不需要 Tableau Desktop 提供的那些复杂的功能。Tableau Server 允许你把工作安全地共享给数量非常大的人群，他们能通过 Web 浏览器或平板计算机的 App 访问你的工作簿和仪表板。Tableau Server 提供的有价值的功能包括：

- 数据的治理（安全性）。
- 高效性（共享工作簿、数据连接、数据提取）。
- 可适应性（阅读和编辑选项）。

服务器的架构提供了对规模的适应性，不论是单一机器还是大规模多服务器的部署。Tableau Server 提供了几个不同的安全协议，包括 SSL、SAML、基于 Kerberos 的网络认证。Windows Active Directory（Windows 活动目录）也可以用于用户的认证。对于设置和维护访问授权、定期计划、通知提醒等都提供了相应的工具。下载和安装 Tableau Server 通常在两个小时以内就能完成。

Tableau 有越来越多的合作网络团队，提供了额外的附加工具来合并工作簿、样式管理、数据源审查、最佳实践分析、性能优化等。你有管理工具来创建管理并监控逐步增长的企业部署的工作流。通过软件开发工具（SDK），你可以创建自定义的批处理自动化、判断数据的沿袭、通过绑定数据创建动态参数等。基于过去几年 Tableau 的快速增长，这个附加的市场将会继续扩张，以满足用户越来越广的超出 Tableau 标准功能的各种需要。

11.2.1　数据的治理

保证私有或保密数据的安全不但是商业的需要，也是法律上的需要。由医疗机构、保险公司、政府部门管理的信息应该是基于法律保护的。企业也有义务确保私人雇员和客户的数据的保密性和安全性。

企业必然关注数据的准确性和一致性，但在被阅读时又不希望被过度管制。Tableau Server 通过支持对数据支配的最佳方式来平衡这些需求。它允许 IT 员工在维持对数据源的管制（提供真相的唯一版本）的基础上，同时保证信息阅读者能根据他们自己的目的来调整报表，而不需要额外的 IT 支持或创建新的（未经授权的）数据源。

11.2.2　高效性

通过 Tableau 免费的桌面报表阅读工具——Tableau Reader 来共享报表是很容

易的。但是，这种方法对规模化的数据支持不好，而且对底层数据的安全性保护只有有限的方法。如果你有一堆每周更新的报表需要发布，更新桌面版生成的报表并不难，但可能要花费很多时间。Tableau Server 为报表阅读提供了一个安全的环境，可以自动化更新报表，并通过 Server 的订阅服务通知读者有新报表可用。管理员可以监控报表的阅读、服务器的使用以及性能表现。

Tableau Online 以更低的价格基准提供了类似的好处，但需要你把 Tableau 的报表发布在防火墙之外。

当数据源不包括所有需要的信息时，你团队的领域专家可以针对聚合需求、维度集以及其他需要使用 Tableau 与每个人共享的特定情况创建一个初步的工作簿。用户可以通过数据源文件在服务器端发布元数据，从而让服务器可以实现这种共享。这节省了所有人的时间，也确保了报表的一致性。当这些数据源文件被修改后，这种改变会自动传播给所有使用这些发布的数据源的人。

个人阅读报表不需要安装任何软件，可以直接通过 Web 浏览器来查看，IE、Microsoft Edge、Firefox、Chrome、Safari 都是可以的。

11.2.3　可适应性

如果你使用数据提取，更新可以设置为几乎任意的时间间隔而定期自动运行。不要低估 Tableau 产生的需求的级别，用户可能会快速从几个用户增加到几百，然后是几千。报表数量也将相应地增加。服务器为用户提供了友好的布局环境，他们能提出问题并快速获取答案。它也为管理者提供了工具，可以在不需要每天手工干预的前提下来管理和更新报表。

管理员可以为发布、阅读、修改报告设定相关权限。交互式报表可以嵌入现有的网页中，Tableau 可以通过安全的传输层传输数据，不需要用户重新输入登录信息。授权的用户可以在他们自己的桌面计算机、平板计算机、iOS 和安卓设备上，通过 Web 浏览器安全地查看和编辑报表。

Tableau Server 是一个强壮的环境，它给技术管理者提供工具来确保安全的管理环境，同时让信息阅读者能够快速访问他们需要的信息。

11.3　Tableau Server 和 Tableau Online 的授权选项

可以通过下面两种不同的方式来取得 Tableau Server 的使用授权：

- 基于每个命名用户的授权（Per-named-user basis）。
- 基于服务器内核的授权（Server core license）。

服务器内核授权提供了不限制用户数量的无限访问权限。价格取决于你所部署软件的服务器所包含的处理器内核数量。命名用户授权从最少的 10 个用户数量开始，内核授权最少需要 8 内核。很多因素都会影响所部署服务器的性能（硬件、网络传输、仪表板设计），一个 8 内核的配置可以支持几百个并发用户访问。

Tableau Online 是通过命名用户授权的，而且需要一年的期限。你可以从购买单个授权起步，然后随着需求的增长随时添加购买。

11.4 确定硬件和软件的需求

Tableau Server 是一个可扩展的系统，哪怕最繁忙的企业环境的需求也可以满足。在你要准备适合的硬件环境和软件许可之前，首先要做出恰当的计划。你在计划如何部署之前至少应该考虑以下细节：

- 用户数量。
- 并发用户比例。
- 工作簿复杂度。
- 用户位置。
- 数据库位置。
- 数据库大小。
- 提取的使用——数量和尺寸。

用户数量容易估算，因为它代表了取得 Tableau Server 使用授权的用户数，能够对服务器发起访问。并发用户比例代表在任意单一时刻发起访问的授权用户的百分比。比如，一个具有 1 000 个授权用户的部署，预期的并发比例为 10%，意味着在任意时刻，系统里活跃访问的用户大概是 100 个。这很难估算，但一般会在 2%~10% 之间变化。如果你有一个分析系统或者用于报表分发的活跃的 Web 入口，不要假设在 Tableau Server 端会有与它们类似的使用频度。根据经验，这并不可靠。有着优秀设计的交互式 Tableau 仪表板相比传统的系统会有不断增长的服务器端流量，因为 Tableau 更受用户喜欢。

Tableau 的工作簿尺寸和复杂性可能有巨大的变化。所以，在计划你的服务器端环境前，建议组建一个核心的报表设计团队，训练他们并创建一些原始的报表作为你计划的参考。这基本上需要不到一个月的时间，不需要花费大量人力。不是所有对 Tableau Server 的访问需求都是相同的。服务器会分配更多资源用来渲染具有更复杂设计和大量数据的仪表板，具有比较简单设计和少量数据记录的仪表板会分配少量的资源。糟糕的仪表板设计是常见的造成 Tableau Server 性能下降的原因。

如果你的用户位于很多不同的地址，或者数据库服务部署在很多不同的地理位置，一个中央服务中心不能提供需要的响应性能，就可能需要有对应的很大数量的 Tableau Server 来支持本地需求。

你还必须考虑数据的数量以及使用的数据库源的类型。大规模数据或繁重需求以及一个并发针对繁重分析负载设计的数据库就可能需要把一部分分析的负载从数据库转移到 Tableau Server 端。这是通过向 Tableau Server 发布 Tableau Data Extract（数据提取 .tde）文件来实现的。

11.5　新功能：持续性查询队列

从 V9.0 版本开始，查询队列都被转移到了它自己单独的进程中。通过在进程之间共享这个队列，增加了队列中对查询结果共享的可能性，从而提高了查询效率。这个查询队列现在是持续性的，就是队列的结果在重启前都是一直维持的。

11.6　决定购买哪种类型的服务器授权

如果你不需要把数据和报表一定放在自己的网络内（位于防火墙之内），那么 Tableau Online 就提供了一个方便的方案。Tableau Online 是一个基于云的服务器版本，通过 Tableau Software 管理硬件并且维护网络的性能。如果你熟悉采用软件即服务（SaaS）的模式，并且不会有法律方面的限制来阻止你把信息存储到云服务上，这就是一个不错的选择。Tableau Online 管理员通过设置发布和查看数据的权限来控制访问。

如果你的企业不允许把数据存储在防火墙之外，Tableau Server 的基于用户名称的授权和基于服务器内核的授权允许你直接控制 Tableau Server 各个方面的设置和配置，不论是在你公司的防火墙之内还是之外。对于大部分大型的企业用户，Tableau Server 提供了最大的适应性。

Tableau Server 的基于命名用户的授权就正如它的字面含义——购买的每个授

权赋予每一个用户，这意味着系统里的每个用户都需要单独购买一个使用授权。如果你有 10 个不同的雇员需要访问 Tableau Server，那么他们必须有 10 个基于命名用户的授权。

很多人都会问的一个问题，Tableau 是否可以部署在任意类型的公有设备上，以便可以让不同的用户共享一个基于命名用户的授权。答案是不可以。授权可以转移，但不能把一个基于用户名称的授权分割给不同的用户。命名用户的授权也常被称为关联授权。

内核授权允许用户基于处理器的内核数量取得 Tableau Server 的授权，就不需要针对具体的用户名称来购买授权了。内核授权提供了更大的可适应性，从硬件资源的角度来看，只要服务器支持的用户数量都可以使用 Tableau Server。这些授权通常以 8 个内核数量售卖。对内核授权的定价反映了一个单独内核就可以支持很多用户。它还支持特殊的访客账户选项，管理员可以赋予它无限制的对报表的访问权限，当然这个访客账户必须由管理员开启。

预估的通常情况下，访问系统的用户数量决定了你该选择怎样的授权模式。小的企业只需要不多的用户数量，通常他们会发现采用命名用户的授权有着更高的性价比。如果防火墙外的主机安全性是能接受的，Tableau Online 就会是这类企业的一种选择。有着几百用户数量的大企业通常会发现内核授权有更高的性价比。

大部分情况下，人们需要混合的授权模式，因为内核授权带来的硬件限制，可以通过选择性地添加一些命名用户的授权，或者购买 Tableau Online 授权作为补充。

11.7 Tableau Server 的架构

Tableau Server 包含很多同时运行的进程。它们可能在并行运行，但通常这些进程不会一直运行。这些进程包括：

- API Server（API 服务器，wgserver.exe）。
- Application Server（应用程序服务器，wgserver.exe）。
- Cache Server（队列服务器，redis-server.exe）。
- Cluster Controller（集群控制器，culutercontroller.exe）。
- Coordinator Service（协同服务，zookeeper.exe）。
- File Store（文件存储，filestore.exe）。
- Search & Browse（搜索与浏览，searchserver.exe）。

- VizQL Server（VizQL 服务器，vizqlserver.exe）。

- Data Engine（数据引擎，tdeserver.exe, tdeserver64.exe）。

- Backgrounder（后台，backgrounder.exe）。

- Data Server（数据服务器，dataserver.exe）。

- Repository（数据存储，postgres.exe）。

API Server（API 服务器）进程处理 REST API 的调用。Application Server（应用程序服务器）进程处理对 Web 应用的请求，比如查询、浏览、登录、生成静态图像、管理订阅等。Cache Server（队列服务器）进程管理查询队列。Cluster Controller（集群控制器）进程负责监控 Tableau Server 的组建、识别错误、执行故障转移。File Store（文件存储）进程在不同数据引擎节点之间复制数据提取。Search & Browse（搜索与浏览）进程负责快速地查询、筛选、获取以及显示内容的元数据。VizQL Server（VizQL 服务器）进程处理加载和渲染请求的视图。Data Engine（数据引擎）进程接收对服务器上的 Tableau 数据提取的查询。要对这些查询进行服务，数据引擎要把 Tableau 的数据提取加载到内存中，并返回所查询的记录集。Backgrounder（后台）进程运行维护任务并对数据提取进行刷新。Data Server（数据服务器）进程处理对 Tableau 数据源的请求，这些情况可能来自 Tableau Server，也可能来自 Tableau 桌面用户。Repository（数据存储）进程是 Tableau Server 使用 Postgres 数据库来存储设置、元数据、运转状态数据、工作簿等的进程。

11.8　规划服务器硬件的规模

Tableau Server 在各种不同的硬件配置上都可以很好地运行。它可以为小的企业部署在一个相对便宜的单个硬件系统上，也可以为有着几千用户的大企业部署在包含很多强大集群的集群系统上。从性能的角度看，你在硬件上的花费会换来相应的回报。我们亲自测试的结果和 Tableau 的报告都说明了 Tableau Server V9 版本在 16 核的 CPU 上的性能有显著的强化（比之前的版本提升了很多）。

当前针对 Tableau Server 最低推荐的硬件配置是有 32GB 内存、8 核 CPU 的单个主机。具体对你部署的主机大小和配置的推荐受很多因素的影响，包括仪表板的复杂性和大小、数据源、使用的频率和时间要求、网络、运行软件的硬件配置、是否有高可用性的冗余需求等。基于这些原因，我们不会给出具体的标准。咨询 Tableau Software 的技术人员或资深的 Tableau Software Partner（合作伙伴）来获取具体的推荐。

其实，硬件的成本（尤其是在一个大规模部署中）会是你整个项目成本中最便宜的一部分，在硬件上加大投资是比较保险的。如果你在硬件上太过节省，未来就可能有更多的变化，也可能要在解决各种性能问题上花费精力。

11.8.1 一个扩大主机规模的情景

要在单一主机系统上扩大 Tableau Server 的规模，就需要选择一个能提供更多 CPU 核心和更多系统内存的平台。目前，主流硬件厂商提供的服务器都支持至多 32 个物理核心的 CPU 以及比 Tableau Server 所需要的多得多的物理内存。CPU 核心与系统内存有一个比例（1 个核心需要 4GB 内存），这提供了一个很好的通用参考。如果预期会使用到非常大规模的 Tableau 数据提取，就要计划出更多的内存，因为数据引擎会尽可能把数据提取保持在内存中，这会改善查询的性能。

在大多数 Tableau Server 的计划中，磁盘性能是次要的考虑内容。主要的例外情况是，对数据引擎有重度的应用而且数据提取不能全部加载到内存中。这种情况下，设计引擎就被迫要频繁访问磁盘，快速的磁盘 I/O 读取是非常值得的。在其他情况下，即便数据引擎有重度的使用，更快速的 I/O 设置也不会对 Tableau Server 性能提升有本质的改善，即便部署了类似固态硬盘（SSD）阵列。

一个 Tableau Server 可以扩展的例子是具有 24 核心 CPU 和 96GB 内存的单一主机。基于当前的 Tableau Server 可扩展性测试取决于工作簿的复杂性，这样的服务器可以处理 108~378 个并发的访问。

11.8.2 一个向外扩展的情景

要向外扩展 Tableau Server 的规模，需要提供多个服务器，服务器进程将在不同服务器之间划分。在这种情况下，不同服务器不需要有完全一样的配置。最普遍的做法是针对集群中每个服务器的处理器来做出合适的本地设置。把 Tableau Server 部署在多个服务器上的内容会在 11.16 节介绍。

把 Tableau Server 向外扩展的一个配置示例是包含三个主机的集群，每个主机配备一个 8 核 CPU 和 32GB 内存。这个配置的性能比同样的由主机内部扩展的配置（一个具有 24 核 CPU、96GB 内存的主机）稍低一些，因为集群会引起服务器之间的通信损耗。

不论你计划在主机内扩展还是向外扩展，如果你决定按内核授权的方式来购买，就需要决定购买的内核数量。你需要计算所有将运行 Tableau Server 进程的主机所包含的物理内核数量，排除那些不运行授权范围的服务器。

11.9 影响性能的环境因素

有很多环境因素会影响 Tableau Server 的性能表现。典型的、主要的影响来自于网络性能、浏览器以及资源竞争。

11.9.1 网络性能

用户或者通过内部网络，或者通过公共的互联网连接 Tableau Server。在用户与 Tableau 之间慢速的网络连接会引起仪表板的异常表现。不稳定的互联网连接是仪表板加载时间过长的常见原因。如果你的连接速度的确过慢，最好的解决方案无疑是提升连接的可用带宽。

11.9.2 浏览器

Tableau Server 的用户体验是基于 JavaScript 的。就这点来说，一些浏览器可能导致 Tableau Server 反应迟钝或缓慢，就是因为它们的 JavaScript 性能低于标准。更老的浏览器更容易发生这样的情况。Chrome、Firefox、Safari、Edge 以及最新版本的 IE 都有着不错的 JavaScript 性能。如果你需要单击几次才能激活一个快速筛选器的下拉选择框，可能就是遇到了浏览器性能方面的问题。

11.9.3 资源竞争

如果同一个主机上还在运行其他的消耗大量资源的应用和服务，Tableau Server 就不能高速运行。资源竞争会导致 Tableau Server 每个组件的进程更加缓慢地运转。要为你的 Tableau Server 授权花费换来最好的性能表现，确保 Tableau Server 是主机上唯一运行的程序。

11.10 首次配置 Tableau Server

当安装 Tableau Server 时，有很多配置选项需要评估。这些设置选项都是系统级的。有些设置是永久性的，在首次设置后就很难改变。比如，你选择的用户认证方法是永久性的，所以在你开始安装 Tableau Server 之前，应该仔细考虑这个用户认证的选项。

在你试着第一次安装 Tableau Server 之前，去线上搜索 *Tableau Server Admin-*

istration Guide 9，可以得到一个管理员手册的整个 PDF 文件（大约 600 页），或者可以直接在网页上阅读。请先阅读这个指导。在安装 Tableau Server 之后，你还可以在 Tableau Server 中阅读管理员手册和额外的文档。

本节将详细讲述第一次安装 Tableau Server 的步骤，包含更多与 Alert and Subscriptions（预警和订阅）有关的高级功能，以及你可能会用到的不同安全选项。此处不再赘述（但会给出提纲）更新 Tableau Server 的详细步骤。

对新的 Tableau Server 用户来说，把 Tableau Server 安装在一个笔记本计算机上作为本地主机以便进行测试是常见的。这样做，你的计算机应该具有：

- CPU（至少有两个内核）。
- 4GB 内存。
- 15GB 空余磁盘空间。

这个配置可以支持 32 位的 Tableau Server 版本。当你准备把 Tableau Server 部署到一个实际的自有的服务器环境或者云端时，最好使用 64 位版本。这需要：

- CPU（至少 4 个内核）。
- 8GB 内存。
- 15GB 空余磁盘空间。

下载 Tableau Server 的 Zip 压缩文件后，安装时会展示出典型的 Windows 环境下的软件安装界面，让你来确认安装位置、所在区域、语言选项，之后是激活界面，在这里你可以激活购买的授权或者选择 14 天的试用。你还可以选择离线激活软件。参看 Tableau 的在线手册中关于离线激活的内容。现在，你可以开始配置服务器了。

11.10.1　通用选项卡

当你第一次安装服务器之后，配置菜单可能包括 4 个不同的选项卡：General（通用）、Data Connections（数据连接）、Alerts and Subscriptions（预警和订阅）和 Security Setting（安全设置）选项卡[⊖]。图 11-1 显示了 General 选项卡的配置界面。

Server Run As User（以用户运行服务器，区域①中）指 Tableau Server 服务（tabsvc）将在 Windows 的用户名下运行。默认情况下，这可以配置为 Network Service（网络服务）账户。它可以更换为本地计算机上的账户，也可以更换为域

⊖　图 11-1 中是 SAML，此处按英文原书翻译。——编者注

账户。如果你选择一个域账户，就要给出具体的域名和用户名。使用域账户的一个理由是要提供对数据源的访问权限，数据源可能需要 Windows NT 认证而不会提示用户输入凭证。在图 11-1 中，特定的账户是 TSI\mcedward，这符合 Tableau 网站上的培训视频中使用的 DOMAIN\username 格式。

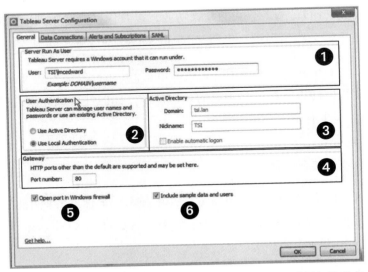

图 11-1　Server Configuration-General（服务器配置—通用）选项卡

1. 通用：以用户运行、用户认证和活动目录

图 11-1 的区域②中显示了对用户进行认证的选项：

■ Use Local Authentication（使用本地认证）。

■ Use Active Directory（使用活动目录）。

慎重选择用户认证方式是非常重要的，因为一旦服务器安装完毕后，就不能再更改了。这是永久性的，之后再更改会非常难。如果你不得不更改用户认证方式，Tableau 在它的网站上提供了更改流程。但你最好在安装软件前仔细选择认证方式，尽量避免未来的麻烦。

Local Authentication（本地认证）意味着你要在 Tableau 内部创建一个用户名和密码的设定。绝大多数管理员都不会选择这种认证方式。使用 Active Directory（活动目录）认证方式，要添加到 Tableau Server 中的用户必须已经存在于你的 Active Directory 中。因为大多数企业已经有了现成的 Active Directory（活动目录）来提供网络访问的安全，选择 Active Directory（活动目录）认证方式允许你重用已有的安全架构。图 11-1 所示的 General 选项卡的区域②显示了 User Authentication（用户认证）选项，本示例中，Use Local Authentication（使用本地认证）被选中。如果你是在本地安装，这个选项就没问题，但如果你是把 Tableau Server 安装在网络服务器上，就应该选择 Use Active Directory（使用活动目录）选项。

当选择 Use Active Directory 认证方式时，要确保在图 11-1（区域③）中添加了恰当的域名称和用户名称。这个域名称必须是完全合格的域名称。使用活动目录方式还允许一个额外选项——Enable automatic logon（允许自动登录）。这个选项使用户可以按照当前登录 Windows 的账户证书，通过微软的安全支持提供者接口（Security Support Provider Interface，SSPI）自动登录 Tableau Server。

如果你在安装 Tableau Server V9.1 版本或更高版本，就可以把 Active Directory（活动目录）组导入其中并且可以同步。你可以规划同步时间为按日、按周、按月等特定时间间隔。在 V9.1 版本之前，这只能通过 Tableau Server 的命令行工具 tabadmin 来实现。Tableau 的命令行工具将在第 13 章介绍。

2. 通用：网关端口号

默认情况下，Tableau Server 在 80 端口接收请求，如图 11-1（区域④）所示。如果在 Tableau Server 的主机之前有一个防火墙或代理，就可能需要改变这个端口号。如果你不是系统管理员，就需要联系管理员得到具体的网络端口号。

3. 通用：在 Windows 防火墙中打开端口

选择 Open port in Windows firewall（打开 Windows 防火墙端口）复选框（图 11-1 的区域⑤），打开区域④中显示的具体端口，如果 SSL 安全选项是可用的，还会打开 443 端口。

4. 通用：包括示例数据与用户

如果你选择了 Include sample data and users（包括示例数据与用户）复选框，如图 11-1 的区域⑥所示，Tableau 将安装一个带有工作簿的示例项目。这是一个检查你的安装是否能很好地工作的好方法，推荐你选中这个选项。在确认一切工作正常之后，你可以删除这些示例文件。

11.10.2 数据连接选项卡

数据连接缓存选项定义在如图 11-2 所示的 Data Connections（数据连接）选项卡中。

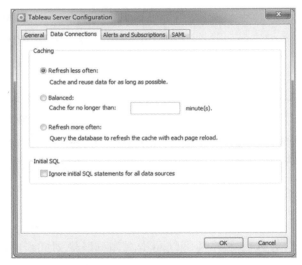

图 11-2　Data Connections 选项卡

Tableau Server 的 Caching（缓存）选项控制着缓存数据在多长时间内可以被重新使用，即对源数据的查询有多频繁。可用的选项包括：

- Refresh less often（更少的刷新）。
- Balanced（平衡的）。
- Refresh more often（更频繁的刷新）。

选择的缓存选项可能对性能表现有巨大的影响。从缓存中读取数据要比直接从数据源读取数据快得多。在大部分情况下，保留默认的设置 Refresh less often（更少的刷新）将提供最好的性能。改变为 Balanced（平衡的）或 Refresh more often（更频繁的刷新）选项的主要原因是为避免当数据源有频繁的变更时，在报表中使用（缓存中）旧的数据。当你的数据环境需要做出变化时，可以随时更改这个设置。

如果用户将连接到一个 Teradata 数据源来创建视图，图 11-2 底部的 Initial SQL（初始的 SQL）部分就很重要。Tableau 提供这个选项来自定义一个 SQL 命令，它会在工作簿加载到浏览器时运行一次。除非你在访问 Teradata 数据源，否则就不要选中这个选项。基于性能和安全的原因，Teradata 的管理员可能会发现需要关闭这个选项。

11.10.3　预警和订阅选项卡

在这个选项卡里，你可以设定当工作簿更新时，对系统管理员发送电子邮件预警及为感兴趣的终端用户发送电子邮件通知更新。图 11-3 显示了 Alerts and Subscriptions（预警和订阅）选项卡。

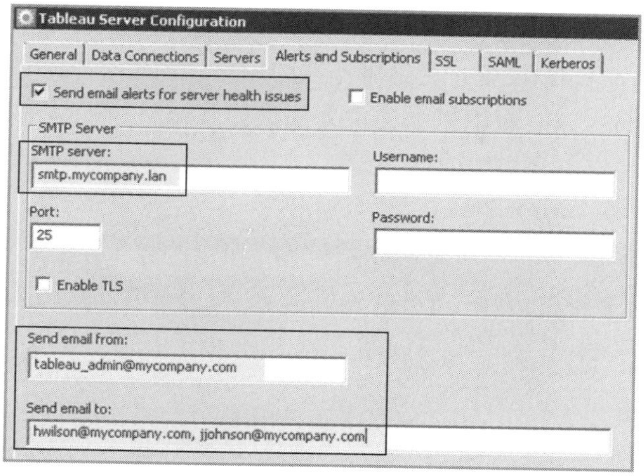

图 11-3　Alerts and Subscriptions 选项卡

　　系统管理员想要激活电子邮件预警的功能，以便对服务器的运行状态提供通知，需要选中图 11-3 左上角突出显示的复选框。这意味着管理员会收到从给出的地址 tableau_admin@mycompany.com 发向地址 hwilson@mycompany.com 和 jjohnson@mycompany.com 的电子邮件。还必须输入一个可用的 SMTP 服务器地址。如果需要 SMTP 账号（这是一个可选的设置），就必须为这个 SMTP 服务器输入一个可用的用户名和密码。默认的端口是 25，只有在使用其他端口号的时候才需要更改这个端口号。

　　在一个工作簿有了更新时，订阅使得 Tableau Server 的用户接收到电子邮件通知。要使用电子邮件订阅功能，选择图 11-4 右上角突出显示的选项。

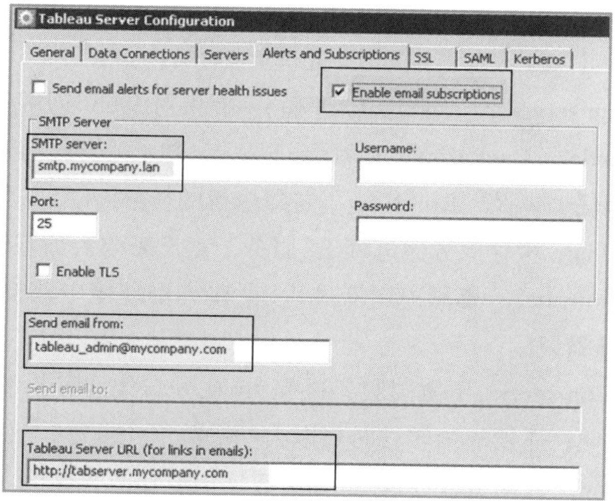

图 11-4　打开电子邮件订阅

把 SMTP 服务器的信息填写完整，包括邮件发送的账号以及图 11-4 中突出显示的 Tableau Server URL 设置，会给服务器的用户以创建电子邮件通知的能力，当选定的视图更新时，就会有电子邮件进入他们的邮箱。图 11-5 显示了当你的用户创建订阅时服务器页面的顶部信息。

图 11-5　订阅图标

在开启订阅功能之后，一个小的图标会出现在服务器 Web 页面的右上角。这个图标允许用户定义对视图的订阅。要订阅时，单击图 11-5 圆圈中的图标，在展开的界面中可以定义电子邮件的标题（默认使用工作表名称）、定时发送计划（服务器包括标准的计划或者自定义计划）以及是包括当前显示的视图还是包括工作簿中所有的工作表。当订阅被发送时，它会包含工作表的一张图像。用户单击这个图像就会在 Tableau Server 中打开这个视图。

11.10.4　服务器进程

当 Tableau Server 被安装后，不少服务器进程已经被同时安装并自动配置。从 Tableau 的 V9 版本开始，加入了新的进程来提供额外的功能。你现在可以在多服务器的集群中重新配置这些进程，并为每个机器指定特定的进程。参考在线的 Tableau Server 管理员手册获得细节内容。Tableau V9 版本的新进程包括下面几个。

- API server（API 服务器进程）：处理 REST API 调用。
- Application server（应用服务器进程）：提供对 Web 应用的浏览和搜索。
- Backgrounder（Backgrounder 后台进程）：执行任务，包括提取的刷新、tabcmd 的任务以及 "Run Now" 立即执行的任务。
- Cache server（缓存服务器进程）：服务于查询来改善加载速度。
- Cluster controller（集群控制器进程）：在集群环境中监控组件、检测故障并执行故障转移。
- Coordination service（协同服务进程）：在分布式的安装中确保活跃节点的数量，以便在需要故障转移时可以自动决策。
- Data engine（数据引擎进程）：存储数据提取和回答查询。
- Data server（数据服务器进程）：管理到 Tableau Server 数据源的连接。

■ File store（文件存储进程）：在不同的数据源之间自动复制提取。

■ Repository（存储进程）：存储用户的元数据。

■ Search & Browse（搜索和浏览进程）：搜索、筛选、获取和显示服务器上的元数据。

■ VizQL（VizQL 进程）：加载和获取视图，计算和执行查询。

如果你在单一服务器上部署 Tableau，与多服务器集群相关的进程就不会出现，因为它们是用来在分布式环境中协调服务的。更早版本的 Tableau Server 有更少的进程。功能的增加也增加了 Tableau Server 进程的数量。Tableau Server 的 V9 版本是一个功能更强大的企业级工具，改善了扩展性和安全性。更强大的功能伴随的代价是后台更多的消耗和更大的复杂性。关于 Tableau Server 这方面的更多信息可以参考 Tableau 的在线管理员指南。

11.11　安全选项

几年前，Tableau Server 的安全性是一个很容易撰写的主题，因为只有有限的选项。如今，完全覆盖这个主题需要几百页的篇幅。一个对 Tableau 桌面版好奇的用户感兴趣的内容可能会很浅，而一个有经验的技术方面的网络管理员需要知道的内容会很深，比如 Tableau Server 的安全协议是如何运作的。本节将在两者之间尽量达到平衡。Tableau Server 的安全性是建立在下面几个元素之上的。

■ 用户识别：通过认证机制处理。

■ 用户可以做什么：对数据访问的授权。

■ 安全的通信：网络安全协议。

■ 数据的安全：数据库提供商使用的访问方法和协议。

Tableau Server 的认证是通过图 11-1 中的 General（通用）选项卡里选择的用户认证方式来整体实现的。要阻止对服务器用户和物理服务器之间未认证的通信的入侵，Tableau 利用安全套接字层（Secure Socket Layer，SSL）加密协议。这里指的是外部 SSL。对 Tableau Server 的 Postgres 数据库和其他服务器组件之间通信的加密也是采用 SSL。这里指的是内部 SSL。为了避免在一个安全连接中需要多次登录造成的不便，Tableau 支持很多种不同的安全协议，包括 SAML（Security Assertion Markup Language，安全断言标记语言）和 Kerberos（一种由 MIT 开发的认证协议，被微软的 Windows 用作默认的认证方式）。

在识别用户并确保安全的通信后，Tableau Server 使用一个层次化的节点角色来定义权限，以确切定义用户可以做什么。节点角色包括：

- Server administrator（服务器管理员）：可以做任意操作。
- Site administrator（节点管理员）：访问后可以在这个特定服务器节点做任意操作。
- Publisher（发布者）：允许向服务器发布内容。
- Interactor（交互者）：允许与服务器上的视图进行交互。
- Viewer（查看者）：只允许查看服务器上的视图。

每个级别的角色被允许的具体操作细节都是通过权限来定义的。权限可以赋予个人、工作簿、数据源、项目（一系列工作簿的集合）、组（一系列个人的集合）或者所有用户。这些不同系统的组合就构成了完备的安全系统。Tableau 的 V9 版本大大强化了查看和设置权限的界面，因为这些界面采用了更加可视化的设计风格。

11.11.1 外部 SSL

假设已经为你的网络获取了 SSL（Secure Sockets Layer，安全套接层协议）证书。输入网络的细节需要下面的步骤：

1）从 Windows Server 的"开始"菜单选择"所有程序"→ Tableau Server 9.0 → Configure Tableau Server（配置 Tableau Server），以打开 Tableau Server Configuration Utility（Tableau Server 配置工具）。

2）在 Tableau Server 的配置对话框中选择 SSL 选项卡。

3）选中 Use SSL for server communication（为服务器通信使用 SSL）选项，并提供图 11-6 中可见的每个证书文件的地址。

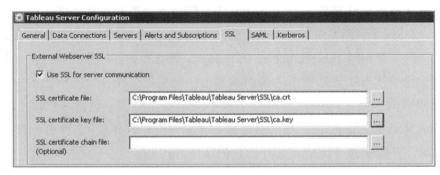

图 11-6　外部 SSL 设置对话框

- SSL certificate file（SSL 证书文件）：必须是一个扩展名为 .crt 的可用的 PEM 加密的 x509 证书。

- SSL certificate key file（SSL 证书密钥文件）：必须是一个可用的带有后缀名 .key 的 RSA 或 DSA 密钥，它要有一个嵌入的密码条目并且没有被密码保护。

- SSL certificate chain file（SSL 证书链文件，可选的）：有些证书提供者为 Apache 服务器签发两个证书。第二个证书是一个链文件，它是所有证书的级联，从而形成这个服务器的证书链。这些证书都是 x509 PEM 编码的，文件必须有 .crt（而不是 .pem）的扩展名。

输入这些细节后，单击 OK 按钮。这些变化会在 Tableau Server 重启后生效。Tableau Server 当前仅在 443 端口上使用 SSL 协议。如果你不得不配置一个多节点的集群，并且你的主服务器是运行网关入口进程的唯一节点，也可以按照前面定义的步骤来设置。如果你的系统有多个入口，就必须基于你的负载均衡来设置 SSL 和 Tableau。如果你在安装之后需要改变这些设置，选择 Windows 的所有程序主菜单里的配置 Tableau 菜单项。关于高级配置的更多细节可参考 Tableau 在线的管理员指导手册。

你还可以在内部应用 SSL 来保证 Tableau 服务器的 Postgres 数据库和其他服务器组件之间通信的安全。这个功能默认是关闭的。如果你想开启它，到 Tableau 的在线手册搜索 *SSL for Direct Connections* 就会找到详细的设置指导。

11.11.2　SAML——安全断言标记语言

SAML（Security Assertion Markup Language，安全断言标记语言）是一个由结构信息标准化促进组织（OASIS）的安全服务技术委员会（Security Services Technical Committee）开发的基于 XML 的开放标准。SAML 对应用的安全系统进行了区分的设计。在跨平台的移动通信领域需要有开放的标准。通过使用一个第三方的标识提供者（Identity Provider，IDP）处理 Tableau Server 的认证部分，你可以在 Tableau Server 里使用单点登录（SSO）。使用 SAML，只要一个登录成功完成后，就可以把认证信息（比如一个用户名或者电子邮件地址）安全传递给 Tableau。把认证功能转移给 IDP，在保持安全和中央式标识管理的基础上，还提供了更加无缝的用户体验。

开始在 Tableau Server 上配置 SAML 之前，你必须把证书文件放置在一个名为 SAML 的文件夹中，比如 C:\Program Files\Tableau\Tableau Server\SAML。

在第一次安装 Tableau Server 时，如果你决定配置 SAML，就要去 SAML 选

项卡完成必要的细节。如果你要在首次安装之后再配置，在 Windows 服务器的
Start（开始）菜单选择 All Programs（所有程序）→ Tableau Server，然后单击
SAML 选项卡，在如图 11-7 所示的界面中填写各个项目的地址。

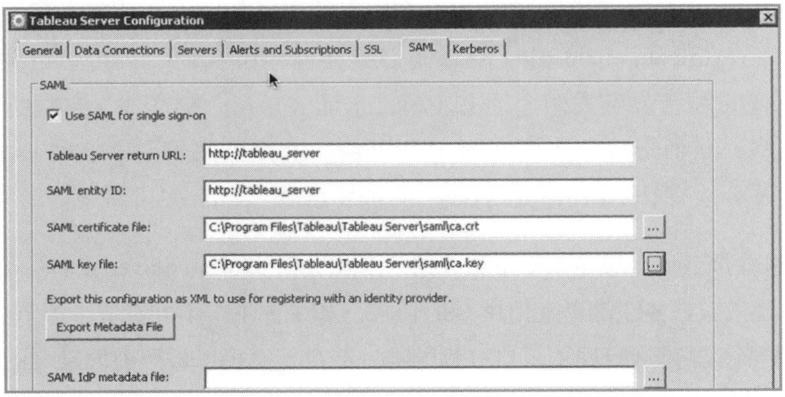

图 11-7　SAML 设置菜单

- Tableau Server return URL（Tableau Server 的返回 URL）：用户成功登录后，Identity Provider（IDP）会把用户导向这个 URL 地址。

- SAML entity ID（SAML 实体 ID）：通过这个 ID 让你的 IDP 识别 Tableau Server 应用，通常就用你的 Tableau Server 的地址以避免引起混淆。

- SAML certificate file（SAML 证书文件）：一个识别 Tableau Server 应用的证书文件。

- SAML key file（SAML 密钥文件）：提供给 Tableau Server 的一个私钥文件，用来解密来自 IDP 的消息。

这些信息填写完毕后，你需要把这些元数据输出以配置你的 IDP。这通过单击对话框中的 Export Metadata File（导出元数据文件）按钮就可以实现。你的 IDP 可能输出一个额外的元数据文件，将其加入这个对话框下面的 SMAL IDP metadata file 文件框里，就完成 Tableau Server 的 SAML 配置了。未认证的用户登录 Tableau Server 会被导向你的 IDP 的 Web 页面，如果能成功登录，就会被认证并导回 Tableau Server。

如果你有一个多节点的集群，可参考 Tableau 的在线管理员指南并搜索 *Configure a Server Cluster for SAML*。

11.11.3　Kerberos——基于票据的安全协议

Kerberos 是由美国麻省理工学院（MIT）开发的一个网络认证协议，并被微软在 2000 年采用为 Windows 的认证方式。它通过使用票据来工作，允许客户端和服

务器之间安全地通信。当然，Tableau Server 的在线手册提供了所有设置 Kerberos 的细节信息。这些过程必须由你的管理员来实现，包括下面这些步骤：

1）打开命令提示行，并把当前目录切换到 Tableau Server 的 bin 目录。默认的 bin 目录位置是 C:\Program\Files\Tableau\Tableau Server\9.2\bin。

2）输入这个命令来停止 Tableau Server：tabadmin stop。

3）从"开始"菜单打开 Tableau Server 的配置工具：Start（开始）→ All Programs（所有程序）→ Tableau Server 9.2 → Configure Tableau Server（配置 Tableau Server）。

4）选择 Kerberos 选项卡。

5）单击 Export Kerberos Configuration Script（导出 Kerberos 配置脚本）。生成的脚本可以配置你的活动目录域，把 Kerberos 应用到 Tableau Server 上。

6）让活动目录域管理员运行这个配置脚本，以创建服务器主体名称（Service Principal Names，SPNs）以及 .keytab 文件。

域管理员必须查看这款脚本，以确认它包含了正确的值。在域里的任意计算机上的命令提示行下输入这个脚本的名称以运行这个脚本。这个脚本将会在所运行的当前位置的 \keytabs 目录下创建一个文件（kerberos.keytab）。

7）把这个由脚本生成的 .keytab 文件的一个副本存储到 Tableau Server 上。在上面的第 3 步中输入这个 .keytab 文件的路径，或者单击 Browse（浏览）按钮来定位这个文件。当你在 Configuration Utility（配置工具）中单击 OK 按钮时，这个 .keytab 文件会被复制到你的 Tableau Server 安装环境的所有入口节点上。不要改变这个 .keytab 文件的名字，它必须使用 kerberos.keytab 这个名称。

单击 Test Configuration（测试配置）按钮来确认你的环境能够正确地工作。之后单击 OK 按键来存储 Kerberos 配置并重新启动 Tableau Server。Tableau 的在线手册针对这个过程提供了一个快速指导，并提供了关于 Kerberos 的更加技术性的细节内容。如果你遇到了任何问题，可以在在线手册中搜索关键字 *Kerberos*。

现在为 Tableau Server 赋予了一个安全的认证协议，在 11.12 节将讨论管理的问题，当用户登录 Tableau Server 之后，你允许他们做什么。

11.12 通过层次管理所有权

对于权限管理，Tableau Server 有一个周密而可靠的系统。要完全掌握它，你必须理解包含在 Tableau 环境中的报表和数据等对象的层次系统（hierarchy）。这些对象包括：

- Workbooks and views（工作簿和视图）。
- Users（用户）。
- Projects（项目）。
- Groups（组）。
- Sites（节点）。
- Permissions（权限）。

在 Tableau 在线手册中搜索 *Manage Ownership* 以获取关于谁能改变或者被赋予所有对象所有权的细节。

11.12.1　工作簿和视图

工作簿对象是由 Tableau 的桌面版发布出来的 Tableau 工作簿文件。它包含仪表板和工作表，对于 Tableau Server 来说，它们都被看作视图。权限可以被应用到工作簿内具体的视图上，或者应用到整个工作簿层次。工作簿和视图可以属于 Projects（项目），必须发布到某个 Site（节点）。

11.12.2　用户

用户对象代表登录 Tableau Server 上的一个有具体名称的用户。要登录服务器，用户必须被赋予一个 Interactor（交互者）或 Viewer（查看者）的授权层级。通过把授权层级设置为未被授权，你可以把一个用户账号设置为关闭状态。这对审计来说非常有用。用户可以被赋予对视图、工作簿、项目、节点的访问权限。他们也可以被设置为组。注意，未被授权的 Tableau Server 用户（如果他们被赋予了发布的权限）仍然可以把工作簿发布到服务器上，即便他们不能查看发布在服务器上的结果。

11.12.3　项目

项目是用来组织和管理对工作簿和数据源的访问权限的对象。工作簿被放置到一个节点的项目中。通过把工作簿与类似的内容放入一个项目中，它就可以用作一个组织的工具。通过只赋予一个用户或组对某个项目的登录授权，之后再向这个项目中发布工作簿，它就可以被用作限制访问的工具。

11.12.4　组

组是一个用来组织 Tableau Server 节点中用户的对象。用户可以被加入组中，这些组可以被赋予针对服务器的对象的权限。组可以在本地的 Tableau Server 上创建，也可以从一个活动目录组导入进来。通过组，对 Tableau Server 中用户权限的管理就会容易很多。

11.12.5　节点

节点是安全层次结构的最高层次。从用户角度来看，节点把 Tableau Server 的实例完全区分了开来。如果用户没有到某个节点的访问权限，他就不能登录或查看关于这个节点的任意信息。基本的 Tableau Server 节点被认定为默认节点。属于多于一个节点的用户在登录时必须选择他们要查看哪个节点。

11.13　权限

节点定义了 Tableau Server 中的不同工作环境。权限定义了在一个节点内用户或者组能够允许做什么。Tableau Server 有几种标准的权限角色可以赋予用户或组。

- Server administrator（服务器管理员）：可以访问、交互、发布、管理服务器上所有的对象。
- Site administrator（节点管理员）：可以访问、交互、发布、管理节点内所有的对象。
- Publisher（发布者）：可以访问、交互、发布对象（工作簿）。
- Interactor（交互者）：可以访问对象和与对象交互（工作簿）。
- Viewer（查看者）：可以访问工作簿和发布对象（工作簿）。
- Unlicensed（未授权的）：只可以发布。

除了角色之外，还有权限角色可以应用到用户或组之上。这些权限角色赋予用户或组特定的权限，比如查看、交互或者编辑工作簿和数据源。Tableau Server 带有标准的角色设置，但如果这些不满足需要，你可以按自己的需求来编辑它们。你还可以向组或用户添加自定义的权限。

Tableau Server V9 版本的可视化界面对各种方面做出了改进。你现在可以在如图 11-8 所示的可视化界面直观而快速地查看权限。

Tableau 为所有用户提供了默认的权限，这可以由服务器管理员或节点管理员进行编辑。如图 11-8 所示，所有用户都被赋予了 View（查看）和 Interact（交互）的能力 [除了 Web Edit（网络编辑）外]。在 Edit（编辑）权限部分有一个 Save（存储）能力是允许的。具体的权限可以被加入给组或用户。参考 Tableau Server 管理员手册，搜索 *Manage Permissions* 来获取更多细节。

　　使用组和项目来管理访问权限比直接为每个用户和每个工作簿赋予权限要容易得多。因为要考虑到工作簿中包括的敏感数据，一些企业选择更多地依赖每个节点而非项目。但你需要理解，在项目之间移动内容是容易的，但在不同节点之间移动内容需要对内容进行重新发布。

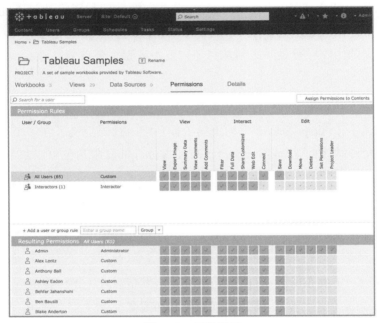

图 11-8　权限窗口

　　如果你有针对不同部门的特定敏感数据，比如人力资源数据或者销售数据，为这些工作组创建分开的节点来确保数据的安全是一个有帮助的做法。另一个对节点的常用用法是为开发和测试在服务器上创建一个额外节点。在 Tableau 的在线手册里，权限相关的内容就包含接近 40 页的细节。在创建一个权限策略之前请先阅读手册。

11.13.1　针对 Web 编辑、存储、下载的权限

Tableau Server 最近的几个版本为用户提供了新的能力。在一些情况下，Tableau 桌面版的轻量化用户可能不再需要一个桌面版的授权。服务器的用户（具有合适的权限）现在可以：

■　编辑工作簿视图（并通过计算创建新的字段）。

- 存储视图。
- 下载工作簿。

从图 11-8 可以注意到，你可以赋予的权限分为三类：View（查看）、Interact（交互）和 Edit（编辑）。Web Edit 包含在 Interact 类中，而 Save（存储）和 Download（下载）属于 Edit 类。编辑这三个权限，赋予用户能够通过浏览器或平板计算机创建新视图的能力，存储这些视图的实例并把源工作簿下载到桌面上。

Tableau 在 V9 版本里针对 Web Edit 做出了非常大的改进。实时（ad hoc）计算第一次在 Tableau Server 中成为可能。笔者期待 Tableau 在未来的版本中持续增加更多的 Web Edit 能力。

11.13.2　通过对用户的筛选保证数据安全

为发布到 Tableau Server 上的数据提供底层的安全机制虽然已经实现多年了，但从 V8 版本开始，它实现起来更加容易。Tableau 桌面版用户可以把工作簿发布到 Tableau Server，它可以通过创建视图中的筛选器、在数据源中嵌入的筛选器，或者通过混合的方法在数据源上应用的筛选器，实现基于用户名的筛选。

在视图中应用一个用户筛选器

直接把 Tableau 桌面版中的用户筛选器（user filter）应用在发布到 V8 或更新版本的 Tableau Server 上的工作簿或数据源上，有两种方式。首先，我们来看在视图中创建一个数据筛选器的步骤。

如果你要创建下面的实例，就需要有一个到 Tableau Server 的可用连接，并且它至少包括 4 个用户。或者，你可以下载并在自己的计算机上安装 Tableau Server，创建一个管理员用户账户，并且向系统中添加至少 4 个用户。之后打开 Tableau 桌面版并创建如图 11-9 所示的视图。

这个填充地图通过颜色编码表示了 4 个区域的数据集：东、南、中、西。

1）到主菜单选择 "Server（服务器）" → "Create User Filter（创建用户筛选器）"。

2）登录 Tableau Server。

3）选择一个维度来应用这个筛选器。

4）从 Sets（集）面板区域把用户筛选器拖曳到 Filters（筛选器）区域。

5）通过工作表右下侧的 User Emulator（用户模拟器）测试这个筛选器。

图 11-9 显示了创建这个筛选器所用的 "Server（服务器）"→"Create User Filter（创建用户筛选器）"→"Region（区域）" 菜单选项。如果你还没有登录 Tableau Server，就会被提示登录服务器来创建用户筛选器。图 11-10 显示了用户筛选器对话框。

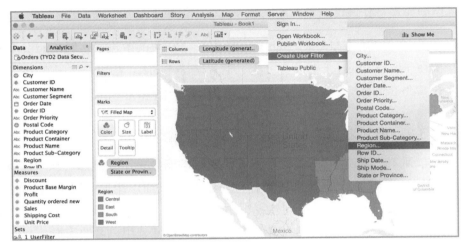

图 11-9   区域地图

图 11-10   创建用户筛选器

为下面的用户添加筛选器选择：

- Admin：应用到所有区域。

- Alex Lentz：中部（Central）区域。

- Ashley Eadon：南部（South）区域。

- Anthony Ball：东部（East）区域。
- Behfar Jahanshahi：西部（West）区域。

用在示例中的筛选器名称是 1_UserFilter。你可以将其改为自己需要的用户名来应用到每个区域。在图 11-10 中 4 个用户名称旁边红色的 × 说明这些名称已经被应用到了筛选器中。

下面把 1_UserFilter 从 Sets 面板拖曳到 Filters 区域，如图 11-11 所示。

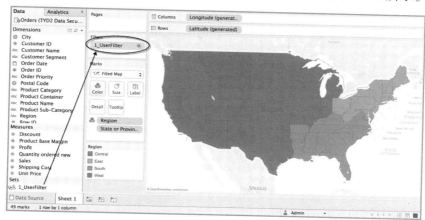

图 11-11　添加用户筛选器

在图 11-11、图 11-12 的右下侧，你可以看到用户模拟器。这个模拟器展示，当视图发布到 Tableau Server 之后，为这个用户显示出来的状态。管理员用户被赋予权限能够查看所有区域。图 11-12 显示了这个地图对每个用户筛选后的结果。

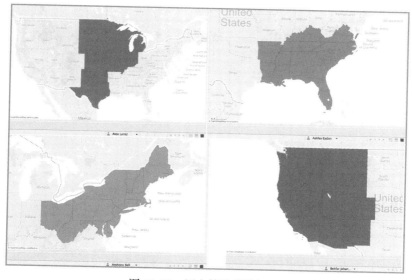

图 11-12　用户筛选器模拟器

你可以看到，每个用户都被筛选为只能查看特定的区域。只要 Tableau Server 上的用户没有编辑或下载权限，他们就不能修改这个用户筛选器。你还可以把这个用户筛选器直接应用到数据源上。

11.13.3　把用户筛选器应用到数据源

把 1_UserFilter 从 Filters 区域中删除。下载你可以直接应用这个筛选器的数据源。具体过程如下：

1）右击数据源。

2）选择 "Edit Data Source Filters（编辑数据源筛选器）" → "Add（添加）"。

3）选择 1_UserFilter 筛选器。

图 11-13 显示了打开的对话框，其中 1_UserFilter 突出显示。

单击 OK 按钮把这个用户筛选器应用到数据源。这个筛选器动作的结果应该和图 11-12 中的第一个示例的结果完全一样。管理员用户同样能够看到所有的区域。接下来看最后一个示例，将采用混合的方法来应用这个用户筛选器。

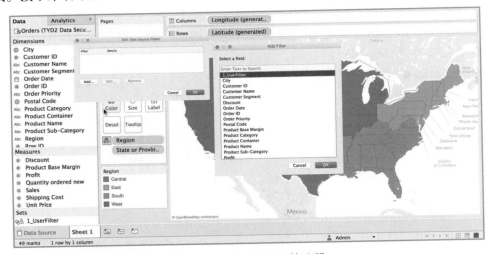

图 11-13　应用数据源筛选器

11.13.4　从数据源创建一个混合的筛选器

如果你的数据源里有数据可以应用用户筛选器，就可以通过它来达到基于 Tableau 的数据安全性方式的类似效果，额外的好处是不需要在 Tableau 中进行维护。在这个示例中，TYD2 Data Security Example Ch11.xlsx 文件中有一个额外的表单，将把它用作数据源来筛选数据。这个 Excel 文件中的表单包含不同区域的管理者。图 11-14 展示了包含销售信息的 Orders 数据表的一小部分，以及包含负责区域管理责任的 Managers（管理者）数据表。这两个数据表将被连接在一起以创建混合的用户筛选器。

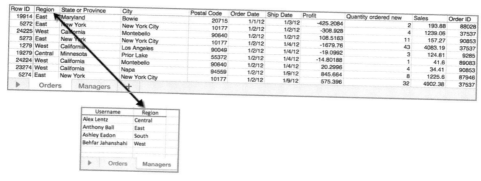

图 11-14　Orders 和 Managers 数据表

需要用一个左外连接把 Tableau 中的两个数据表连接在一起，如图 11-15 所示。

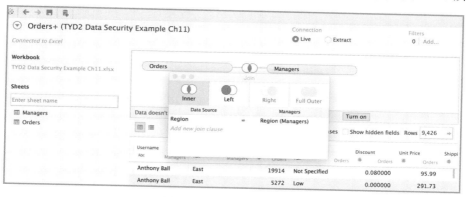

图 11-15　连接管理者数据

这个数据表中的管理者的姓名正好与他们在 Tableau Server 中的用户名一致。如果你在打造自己的示例，确保向管理者表格中添加的姓名与你添加到 Tableau Server 中的用户姓名完全一致。要创建这个混合筛选器，你将创建一个使用一个用户函数的计算。图 11-16 显示了这个计算。

这个 FULLNAME() 函数判断来自数据源中的 [Manager Name] 字段是否与 Tableau Server 中的用户匹配。这个公式的结果是一个布尔型（真／

图 11-16　用户函数计算

假）值。通过把这个新的字段应用到 Filters 区域或者把它添加到数据源中，就在视图中激活了筛选器，最终的结果与图 11-12 所示的结果完全一样。如果你维护的用户库有上千之多，这种方式的好处就很明显了。当然，如果你维护的用户库有了任何变化，这个变化就会传递到 Tableau 的工作簿或者传递到数据源。

如果你希望查看一个与这里展示的示例类似的样例视频，Tableau Software 有一个很不错的培训视频展示了这方面的技术：www.tableau.com/learn/tutorials/on-demand/data-security-user-filters。

11.14　什么是数据服务器

作为一个 Tableau Server 的管理员，你应该明白 Data Server（数据服务器）是什么，以及它可以怎样帮你更高效率地管理工作负载。数据服务器提供了完全的发布选项，提供了可访问性、可适应性以及控制性。

打包的数据源（.tdsx 文件）只是快捷方式，它不包含任何实际的数据，但包含连接到数据源所有需要的信息以及源 Tableau 工作簿产生的任何元数据：

- 默认的属性。
- 计算字段。
- 组。
- 名称别名。
- 重命名的字段。
- 其他元数据。

把数据源发布到 Tableau Server 上，就可以把你公司相关领域的专家掌握的知识平衡给其他很大数量的没有太多知识的人来使用系统。发布工作簿时把数据嵌入其中也是可能的。这些文件和连接可以通过定期的更新计划或者按照需要实现更新，之后就可以自动传递给所有被授权的用户。数据源的类型（活动连接或者嵌入式的）是由采用的图标来标识的。

数据服务器给终端用户提供了对有效数据的安全访问，而提供给服务器管理员一个单点控制机制。这种治理模式提供了便利性、可适应性以及控制性。

11.15　何时及怎样在多个物理节点上部署服务器

本章前面介绍了关于 Tableau Server 硬件规模的考虑，尤其是向内扩展及向外扩展的概念。向内扩展是指采用功能更强大的单服务器硬件，向外扩展是指引入更多的主机来分担工作负载。集群、分布式计算环境、向外扩展指的是同样的概念：在多于一个主机上运行 Tableau Server 来分散工作负载。

决定向外扩展 Tableau Server 到集群环境，通常都是由于单一服务器不再能完成预期的工作量，并且添加更多的主机比向内提升单一主机性能成本更低。Tableau 的多个进程可以指定分配给集群内不同的主机运行，以获得对工作负载更高效的划分。

比如，一个使用非常大规模数据提取的环境中，可以把集群中的一台主机单独用于运行数据提取引擎的进程。这个机器可能包括非常大数量的系统内存，快速的 I/O 来支持对快速加载的需要，并且对很多数据提取进行查询。另外，如果预期会出现很高数量的并发视图查询，可以让另一台有着非常快速的 CPU 核心的主机专门运行 VizQL 进程。集群式的 Tableau Server 通过在多个主机上创建冗余的核心进程可以提供高可用性。高可用性的配置会在 11.16 节讲述。

在 Tableau Server 集群环境中，你安装 Tableau Server 的第一台主机就会成为主服务器或者入口，所有其他主机都成为工作站。入口主机要处理所有对 Tableau Server 的请求，并与其他工作站通信来满足这些请求。要建立一个分布式的集群环境，需要下列步骤：

1）在主服务器上安装 Tableau Server（记住这台主机的 IP 地址）。

2）停止服务器上的 Tableau Server 服务。

3）在所有的工作站主机上安装 Tableau Server 的工作站软件。

4）返回主服务器（入口）打开配置工具。

5）选择 Servers（服务器）选项卡并单击 Add（添加）按钮。

6）在对话框中输入其中一台工作站主机的 IP 地址。

7）指定这台工作站的次序、类型、要部署的进程。

8）单击 OK 按钮完成工作站的添加。

9）为每台工作站重复以上添加过程。

当所有工作站都添加到集群中以后，存储配置工具中的这些变化，并且重启主服务器上的 Tableau Server 服务。更多关于 Tableau Server 的集群式部署信息，请参阅 Tableau Server 管理员指南的 *Distributed Environments* 部分内容。

11.16 在高可用环境中部署 Tableau Server

保证持续可用的策略广义上就称为高可用性。这些策略需要 Tableau Server 的核心组件是冗余的，以尽可能减少计划外停机的可能性。实现这个目标需要在一个分布式环境中进行部署，并且在不同的服务器上运行冗余的关键进程。

在一个三主机集群上就可以获取相当不错的冗余性，但要获取完备的冗余性配置，至少需要 4 个主机。

11.16.1　三节点集群

在这个配置中，主服务器或入口（你的 Tableau Server 首先安装在了这个服务器上）运行下列进程：

- 搜索和浏览。
- 授权。
- 集群控制器。
- 协同服务。
- 入口进程。

另外两个工作站有相同的配置，运行的进程包括：
- 集群控制器。
- 协同服务。
- 入口。
- VizQL 服务器。
- 应用服务器。
- API 服务器。
- Backgrounder 后台进程。
- 缓存服务器。
- 数据服务器。
- 数据引擎。
- 文件存储。

每个工作站还包含 Active Repository（活动存储器）。推荐使用负载均衡，在遇到失败时能把流量引导到活跃的节点。失去一个工作站主机不会导致集群不能访问。但是，因为这里只有一个入口主机，如果这个服务器下线了，这个集群对用户就不能访问了。要具有完全的容错性，就需要一个四节点集群。

11.16.2　四节点集群

在一个四节点集群中，一个备份的主服务器被添加进来，为这个关键节点实现冗余。然而，主服务器的备份服务器必须手动提升到激活状态，现在还没有针对主服务器（入口）的自动切换机制。

高可用性的设置过程与基本的集群配置类似。设置一个高可用性环境的步骤如下：

1）在主服务器上安装 Tableau Server（记住这台机器的 IP 地址）。

2）停止主服务器上的 Tableau Server 服务。

3）在集群的其他主机上安装 Tableau Server 工作站（需要用到主服务器的 IP 地址）。

4）打开配置工具。

5）选择 Servers 选项卡并单击 Add 按钮。

6）在 Add Tableau Server 对话框里输入第一台工作站的 IP 地址。

7）指定每种类型进程的数值。

8）确保提取存储和数据库存储都包含在主机的设置中，并单击 OK 按钮。

9）在主服务器上打开 Tableau Server 服务。

10）查看服务状况，并观察到新工作站上的提取引擎和存储实例处于下线状态。解决这个问题的方式是，主服务器把这些进程需要的所有数据传输到这台工作站的主机。

11）在工作站的提取引擎和存储进程的状态从服务下线状态切换到服务就绪状态后，在主服务器上再次停止 Tableau Server 服务。

12）在主服务器上打开配置工具。

13）在这台主机上的配置工具中清除提取存储和数据库存储的选择框。清除所有其他进程，使这台主机只作为入口，然后单击 OK 按钮。

14）在 Servers 选项卡页面单击 Add 按钮。

15）在 Add Tableau Server 对话框中输入第二个工作站的 IP 地址并指定每个类型进程的数值。确保选定这台主机的 Extract Storage 和 Repository Storage 选择框，单击 OK 按钮。

16）作为一个可选步骤，你可以在配置工具的 Email Alerts 选项卡中配置关于集群状态的电子邮件报警。

17）关闭配置工具并重启 Tableau Server 服务。

18）当服务重新启动后，从 Tableau Server 维护页面上检查集群的状态。你应该看到主服务器对应的 IP 地址只列举出了和入口相关的服务。你还应该能够看到两个工作站的 IP 地址，列举出其他的 Tableau Server 进程。一个工作站会有一个激活的数据引擎和存储，另一个工作站有这些进程的时刻就绪的副本。

之前展示的三节点配置也可以通过一个冗余的入口服务器提升可用性。更多关于冗余入口和手动故障转移进程的信息可参见 Tableau Server 管理员指南的 *Configuring a Highly Available Gateway* 部分。

11.17　通过可信认证发挥现有安全性的作用

Tableau Server 经常会部署在这样的场景中，即原有的系统已经有了阻止未授权访问的安全系统。这些系统可能包括内部的网络节点入口、内容管理系统或已有的报表界面。是否可以把一个交互式的 Tableau 可视化视图嵌入一个已包含安全协议的节点中呢？答案是可以。这通常被称为单点登录。Tableau Server 系统的可信认证（Trusted Authentication）可以实现这个功能。

在使用可信认证时，假设包含嵌入的视图的 Web 服务器将要处理用户认证的问题。试图登录嵌入式视图的人必须在 Web 页面和 Tableau Server 上都有一个合法的用户名。Web 页面的服务器把这个已经登录的用户的用户名传递给 Tableau Server，因此在两个系统上的用户名必须能够匹配或者通过程序转化后能够匹配。

Tableau Server 必须被配置为承认这个 Web 页面服务器为可信服务器。这是通过 Tableau Server 的管理工具（tabadmin）来配置的。参考第 13 章获取关于 Tableau Server 命令行工具的更多细节。

Web 页面服务器必须能够执行一个 POST 请求，并且把响应转化到一个 URL 中。这意味着不支持脚本语言的静态 Web 页面不能响应这种请求。

如果这个 Web 页面服务器使用 Security Support Provider Interface（SSPI），只要用户在 Active Directory（活动目录）中是可用成员，配置 Trusted Authentication（可信认证）就不是必要的了。在这种情况下，Tableau Server 通过 Active Directory（活动目录）对用户认证，只要用户有访问 Tableau Server 的授权。图 11-17 显示了安全数据在每个组件中传输的流程图（图中序号的意思见下文①～⑥的说明）。

如果所有的需求都满足，可信认证就通过下面的方式工作：

① **一个用户访问 Web 页面。**当一个用户访问嵌有 Tableau Server 视图的 Web 页面时，它向你的 Web 服务器发送一个 GET 请求，请求这个页面的 HTML 语句。

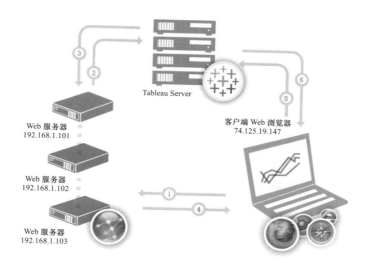

图 11-17　可信认证

② **Web 服务器向 Tableau Server 发送 POST 语句。** 这个 Web 服务器向 Tableau Server 发送一个 POST 请求。这个 POST 请求必须具有一个用户名参数。这个用户名值必须是这个 Tableau Server 的授权用户名。如果这个服务器在多个节点上运行并且试图位于默认节点之外的其他节点上，那么这个 POST 请求必须包含一个目标节点的参数。

③ **Tableau Server 创建一个通行证。** Tableau Server 检查这个发送 POST 请求的 Web 服务器的 IP 地址。如果它被设置为一个可信的主机，Tableau Server 就创建一个包含 9 位字符串的唯一通行证。Tableau Server 用这个通行证作为对这个 POST 请求的响应。如果有错误出现，没有生成通行证，Tableau Server 就用一个值 −1 作为回应。

④ **Web 服务器把这个 URL 传递给浏览器。** Web 服务器为这个视图构造一个临时的 URL，或者用这个视图的 URL，或者用它的对象标签（如果这个视图是嵌入式的），并把它嵌入页面的 HTML 文件中。这个通行证将包括一个临时的地址，看起来就像这样的 URL 地址：http://tabserver/trusted/<ticket>/views/requestedviewname。这个 Web 服务器把这个页面的 HTML 传递给客户端 Web 浏览器。

⑤ **浏览器向 Tableau Server 请求视图。** 客户端 Web 浏览器用 GET 语句向 Tableau Server 发送一个包含通行证的 URL 的请求。

⑥ **Tableau Server 赎回通行证。** Tableau Server 收到 Web 浏览器的包含通行

证 URL 的请求后就赎回这个通行证。通行证必须在它们生成后的 3 分钟之内赎回。通行证被赎回后，Tableau Server 就接受用户的登录，从这个 URL 收回通行证，并返回嵌入式视图的最终 URL。

Tableau Server 安装手册提供了相关的代码示例，包括 Web 服务器处理发送给 Tableau Server 的 POST 请求的代码、把通行证转换到 URL 中以及嵌入视图的各种语言代码。这些示例为 Tableau Server 安装的一部分。到这个文件地址来查看：C:\Program Files\Tableau\Tableau Server\9.2\extras\embedding。

更多关于适用可信通行证认证的技巧，可查看第 12.13 节 "使用可信通行证认证作为另一种单点登录方法" 部分。

11.18　在多国家 / 地区环境部署 Tableau Server

Tableau 桌面版和 Server 版支持广泛跨度的区域和语言。这使你能方便地把它部署在跨国 / 地区企业中。语言设置参考 Tableau 中用户界面部分的文本翻译内容。Locale（区域设置）是对数字和日期格式的统称。

默认的语言和区域选项可以在服务器端由具有管理员权限的用户来配置。要设置这些选项，在 Tableau Server 中选择 "Server（服务器）" → "Settings（设置）" → "Language and locale（语言和区域）" 菜单项，如图 11-18 所示。

用户还能够在 User Accout（用户账户）页面配置他们自己的语言和区域选项，但是用户必须从他们自己的视图的用户账户页面进行这个配置。管理员不能针对某个特定用户设置语言和区域选项。当一个用户改变了自己的设置后，这个设置就会覆盖管理员指定的默认语言和区域设置。

如果用户没有在用户账户页面指定语言和区域，这些设置还可以提取自用户的 Web 浏览器（如果这个浏览器使用 Tableau 支持的语言）。如果这个语言是 Tableau 不支持的，就会使用 English（英语）。要记住，一个 Tableau 桌面版的工作簿的作者可以设置这个工作簿的语言和区域。在工作簿中的设置有相对于其他所有语言和区域设置的最高优先级。

优先级的次序（从高到低的优先级）是这样指定的：

1）Tableau 工作簿。

2）用户偏好页。

3）由用户的浏览器设定的区域。

4）Tableau Server 维护设置页面。

5）Tableau Server 所安装的计算机主机。

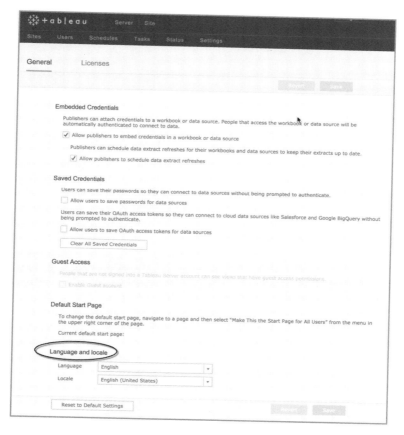

图 11-18　语言和区域设置

记住语言选项不会对任意的报表内容进行翻译，它只影响 Tableau 的用户界面元素。

11.19　Tableau Server 的性能记录器

在第 8 章末尾，你学习了怎样使用 Tableau 的 Performance Recorder（性能记录器）改善 Tableau 桌面版中工作簿的性能。这里也有一个独立的性能记录器，你可以通过工作簿的形式记录和查询 Tableau Server 的性能。

在 Tableau V8 版本之前，这些数据必须手动从日志文件提取或通过 Inter-

Works 创建的第三方应用来收集和分析。如今的性能记录器会创建一个关于你的 Tableau 工作簿性能的工作簿文件。下面的事件信息会被捕捉并可视化显示出来：

- 查询执行。
- 地理编码。
- 连接到数据源。
- 布局计算。
- 提取生成。
- 数据融合。
- 服务器渲染。

默认情况下，性能记录器在 Tableau Server 上是关闭的。要激活服务器上的性能记录器，使用菜单 Server（服务器）→ Sites（节点）→ Settings（设置），选中 Record workbook performance metrics（工作簿性能指标）复选框。图 11-19 显示了这个页面中的可选内容。

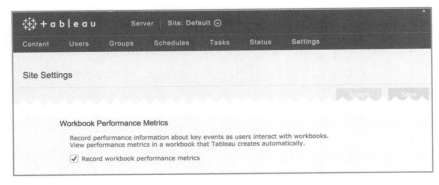

图 11-19　开启性能记录

在这个页面上还有其他一些节点的设置选项。图 11-19 只显示了页面接近底部的工作簿性能指标复选框。

当你准备使用这个性能记录器时，必须把代码 ?:record_performance=yes& 附加在页面 URL 尾部的会话 ID 之前，就像在图 11-20 顶部突出显示的 URL 脚本那样。

如果一切都能正确工作，菜单项 Show performance recording（显示性能记录）就会出现在视图的状态栏（图 11-20 中椭圆框圈住的部分）。单击这个链接就会打开一个由这个记录的性能数据生成的视图。注意，这个性能记录视图不会自动更新。要查看最近的数据，请关闭并重新打开视图。

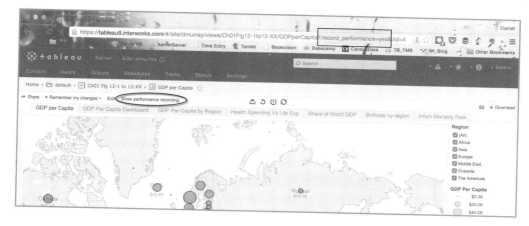

图 11-20　正确插入记录器脚本

　　一旦它被激活，性能记录器就会持续捕捉关于这个视图的交互数据，直到用户离开或者这个记录器字符串从 URL 中删除。图 11-21 显示了一个性能摘要工作簿显示的可用信息示例。

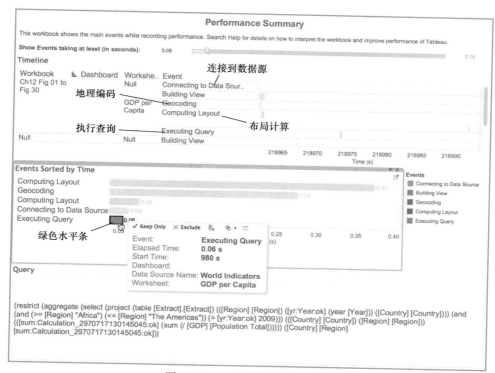

图 11-21　一个性能摘要工作簿

性能记录器仪表板包含三个面板：

- Timeline（时间线）：一个甘特图图表，显示了每个事件的开始时刻和持续时间。
- Events Sorted by Time（按时间长度排序的事件）：一个条形图，显示了不同类型时间的持续时间。
- Query（查询）：在条形图中单击 Executing Query（执行查询）时会出现。

1. 显示事件筛选器

这个筛选器能让你挑选出显示在下面的细节项目，这些项目花费的时间都大于指定的最小时间。

2. 时间线甘特图

当每个事件出现时，时间线甘特图表就会通过工作簿、仪表板或工作表显示出来。事件的开始时间通过水平条的水平位置表示，每个事件的持续时间通过每个水平条的长度表示。事件的类型通过颜色区别。

3. 按时间长度排序的事件

工作簿的这个部分以降序排列显示每个被记录事件的持续时间。要观察性能记录期间每个事件的执行时间，这个功能非常有用。这会帮你快速找出执行时间过长的事件，它们往往就是导致性能问题的因素。

4. 查询语句

作为可选功能，针对任意的你希望对细节进行检查的绿色水平条表示的 Executing Query（执行查询）事件，这个工作簿还能显示查询语句。这是一个方便的功能，不需要离开这个 Tableau 的性能摘要工作簿，你就能够查看任意感兴趣的查询语句。

11.20 性能调校手段

由性能记录器生成的性能摘要报表能够给你提示哪些指定的事件可能是导致性能缓慢的原因。一旦你找到了影响性能的主要事件，就要尝试使用下面的方法来解决性能问题。

11.20.1 查询执行

"查询执行事件"代表数据源执行一个查询并获取工作表请求的数据所花费的

时间。如果数据源是一个数据库，那么能够查看 Tableau 生成的查询语句以找出低效率之所在是非常有帮助的。普遍的问题包括糟糕的索引策略、碎片化索引、数据库竞争、不足的数据库资源、低效的 SQL 查询语句。如果数据源是 Tableau 的数据引擎，可能的故障点就少得多了。

11.20.2　地理编码

"地理编码事件"代表 Tableau 需要定位地理维度花费的时间。如果这个事件类型消耗了太多时间，那么可以考虑在你的源数据集里采用地理编码，并把一个预先计算好的经纬度传递给 Tableau，而不是让 Tableau 在渲染地图视图的时候再计算地理位置。

11.20.3　连接到数据源

"连接到数据源事件"就是 Tableau 连接到数据源所需要的时间。这个事件通常不会占用总的工作表时间的很大比例。在很少的情况下，可能会有网络或数据源方面的问题让连接时间变长。要找到这些问题，检验 Tableau Server 和数据源服务器之间的网络连接。

11.20.4　布局计算

Tableau Server 花费在计算工作表的可视化布局上的时间就是上"布局计算事件"，这会受到服务器资源竞争以及工作表复杂性的影响。工作簿里有越多需要可视化的标记点，工作簿就需要越多的时间来加载和刷新。通过某种技术（比如动作、筛选器、聚合）来限制同时显示的标记点数量是必要的。大的文本表格尤其消耗资源，不是一个好的可视化分析工具。如果这些手段都没有对性能做出显著改善，那么可能有必要为服务器添加更多的硬件资源。

11.20.5　生成提取

数据引擎生成一个提取所花费的时间数量称为"生成提取事件"。数据源的大小（行和列的数量）及 Tableau 对数据进行压缩和排序的时间是影响生成提取文件花费的时间的主要因素。从 Tableau Server V9 版本开始，当缓存充满数据后，维持查询缓存会减少消耗性查询造成的不利影响。

如果在你的计算环境中文件提取仍然花费了太长的时间来刷新，通过从提取中排除不必要的列可能是加速提取过程的一种方式。这会减少生成、排序、压缩剩下的列所需要的时间。如果这个问题仍没有解决，你可能要确保底层数据库中所有的字段具有正确的数据类型。源数据库中未正确定义的字段类型会影响文件提取生成的性能，以及对这个提取文件的任意查询。

如果生成提取的速度仍然不够理想，就要尝试运行更多的数据引擎进程或者把它们放在自己的工作站实例上。

11.20.6　数据融合

Tableau Server 花费在数据融合上的时间数量就是"数据融合事件"。当处理来自对不同数据源进行融合后的大规模数据时，这个事件可能会花费很长时间。融合前先在数据源的层面做筛选会有效提升效率。如果可能，考虑把数据存储到一个单独的数据源中，就可以对它们做连接操作，而不需要再对数据源进行融合。

11.20.7　服务器渲染

Tableau Server 花费在把计算后的布局渲染到某种可以发送回浏览器客户端的格式的时间数量就是"服务器渲染事件"。完成这个事件花费的时间会被 VizQL 进程的负载以及布局复杂性所影响。参考 Tableau Server 在线手册的 *Interpret a Performance Recording* 部分获取额外的信息。

无论是否专门提到过，大部分事件都可以通过限制需要可视化的数据数量来加速，这可以通过筛选或聚合来实现。为 Tableau Server 使用更快速的硬件或者添加更多的资源可以提升速度。就工作簿的性能表现而言，如果它不能在 Tableau 桌面版中良好运行，就不会在 Tableau Server 中良好运行。基于此理由，在把一个性能表现不良好的工作簿发布到服务器之前，你应该使用桌面版的性能记录器来发现性能问题。

11.21　管理云中的 Tableau Server

越来越多的企业选择把自己的主机服务器迁移到基于云的方案上。可适应性和降低成本是把软件转移到云端的两个原因。

11.21.1　在云端意味着什么

在讨论基于云的 Tableau Server 主机选项之前，先定义什么是"基于云的"。最近这些年，"云端的"已经变成了包罗万象的词汇，常常描述不由任何一个内部服务器提供的服务，虽然这个定义并没有完全捕捉到云的可扩展性的能力。基于云的方案通常都是快速扩展的系统。

11.21.2　Tableau 基于云的服务器版本

Tableau Public 是一个由 Tableau Software 发布的一种 Tableau Server 工具，能够免费使用，但也有一些限制。其中主要的是所有存在于 Tableau Public 之上的工作簿和数据都是公开的。对于绝大多数企业来说，这可能是一个致命的弱点。然而，如果你的企业希望把数据公开给公众，这就是一个很棒（并且免费）的解决方案。Tableau Public 的其他限制有：

- 数据源被限制在每个数据源总共有 10 000 000 行记录。
- 只有基于文件的数据源能被使用。
- 数据被限制在每个账户 10GB。

Tableau Online（收费的）在 Tableau Public 的基础上还提供附加的控制功能和安全性。它是一个基于云的 Tableau Server 版本，采用基于命名用户的授权方式，没有对授权数量的最小数量进行要求。这个软件通过 Tableau Software 在一个安全的主机工具中安装和维护。使用 Tableau Online 是很容易的。你登录之后就可以在上面发布工作簿供其他授权的 Tableau Online 用户查看。

Tableau Online 和 Tableau Server 有几点不同，包括：

- 发布到 Tableau Online 的工作簿必须使用 Tableau 的数据提取，并且要定期刷新。支持到 Amazon Redshift 的实时连接。
- 不支持访客账号。所有使用 Tableau Online 的人都必须有使用这个服务的授权。
- Tableau Software 创建和维护节点。
- 没有最小用户数的需要。

Tableau Software 在持续向 Tableau Online 中添加额外的功能。自定义的品牌现在已经支持（从 2015 年 6 月开始）；SAML 认证（从 2015 年 5 月开始）和 Tableau Online 现在可以自动与其他云服务同步，比如 Salesforce 和 Google Analytics。你可以与存储在防火墙后面的数据进行同步。

在本章的开始，我们介绍了 Tableau 的三种不同的服务器产品：Tableau Server、Tableau Public 和 Tableau Online。目前，大部分 Tableau Server 的用户都希望把 Tableau Server 安装在自己的内部主机上，并且位于公司的防火墙内部。但越来越多的企业开始选择把 Tableau Server 安装在云端。

11.21.3　把 Tableau Server 安装在云端

虽然 Tableau Server 更多还是安装在公司内部网络上，但是也可以安装在 Amazon EC2 实例以及其他类似的提供云端 Windows Server 平台的服务上。也就是说，它可以安装在云端。Amazon EC2 目前并不是 Tableau Software 明确支持的平台，但它的确能够工作。如果你希望把 Tableau Server 部署在云服务提供者提供的云平台上，你需要考虑几个问题。你仍然要负责 Tableau Server 的安装和维护的全过程，除非你想把这部分工作通过合同外包出去。

Tableau Server 需要对你的用户是可访问的，所以要确保所经过的防火墙的端口是开放的，并且服务器能接受来自你的用户的网络地址的访问流量。与 Active Directory（活动目录）的集成可能是使用这种平台的小麻烦，所以你在这方面遇到问题时，可以考虑采用本地认证的方式。

当你把 Tableau Server 部署到多节点环境时，要确保节点的 IP 地址是静态的，以便节点的通信不会被系统可能的重新启动而中断，还要确认防火墙的规则是正确的，允许节点与其他节点之间通信的顺畅。在云环境中运行 Tableau Server 常出现的问题是与网络相关的问题。只要 Tableau Server 安装完毕并且可以访问，管理它和管理一个本地安装的服务器是很类似的。

11.22　监控 Tableau Server 上的活动

随着服务器部署的扩张，你可以监控它的活动情况，以确保提供给你的用户最好的体验。Tableau Server 包括一个服务器状态页面，如图 11-22 所示。

这个服务器状态页面被分为 4 个不同的部分：Process Status（进程状态）、Analysis（分析）、Log Files（日志文件）及一个用来重建搜索和浏览（Search&Browse）进程索引的按钮。

11.22.1　进程状态

Process Status（进程状态）部分显示了所部署的每台机器上的每个可用进程的当前状态。图 11-22 展示的是单个服务器的示例。如果是多节点集群设置，除了会看到分配到主服务器和工作站服务器的进程外，还会在一个单独的列中看到每个机器的 IP 地址。

图 11-22　服务器状态页面

11.22.2　分析

Analysis（分析）部分提供了到 Tableau 工作簿的链接，这个工作簿提供了和服务器活动相关的重要指标的可视化分析。这部分从 V9 版本开始有了巨大的改善。这里有 9 个不同的独立可用视图：

- 到视图的流量（Traffic to Views）。
- 到数据源的流量（Traffic to Data Sources）。
- 所有用户的活动（Actions by All Users）。
- 具体用户的活动（Actions by Specific User）。

- 最近用户的活动（Actions by Recent Users）。
- 提取的后台任务（Background Tasks for Extracts）。
- 非提取的后台任务（Background Tasks for Non Extracts）。
- 加载时间统计（Stats for Load Times）。
- 空间利用统计（Stats for Space Usage）。

图 11-23 显示了 Traffic to Views（到视图的流量）页面。

打开其中任意一个视图，提供了对工作簿中其他视图访问的方法，只需要在 Web 页面顶端单击不同的选项卡就可以。

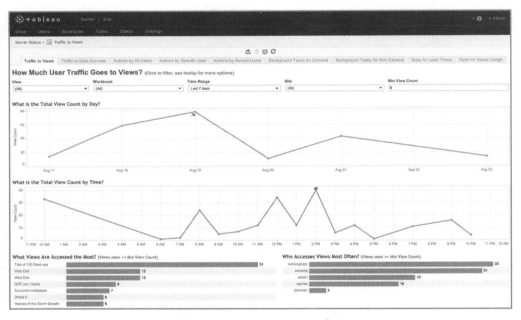

图 11-23　Traffic to Views 页面

11.22.3　日志文件

从 Tableau Server V8.2 版本开始，生成和查看日志文件变得容易了很多。要生成日志的一个快照，访问菜单 Server（服务器）→ Status（状态）并单击 Generate Snapshot（生成快照）按钮。快照生成完成后，使用图 11-22 中 Log Files（日志文件）区域中的 Download Snapshot（下载快照）按钮就可以下载并查看它。

11.22.4　重建搜索索引

你的服务器设置可能会出现某些问题，导致服务器的搜索索引遭到破坏。如果发生了这种情况，在搜索工作簿或数据源时，用户可能得不到正确的结果。所以，如果没有获取到预期的结果，就需要用到这个 Rebuild Search Index（重建搜索索引）按钮。

11.23 编辑服务器设置和监控授权

还有其他独立页面供你访问额外的服务器设置和监控 Tableau Server 的授权。

11.23.1 服务器设置的通用页面

服务器设置的 General（通用）页面可以通过 Server（服务器）→ Settings（设置）→ General（通用）来访问，如图 11-24 所示。

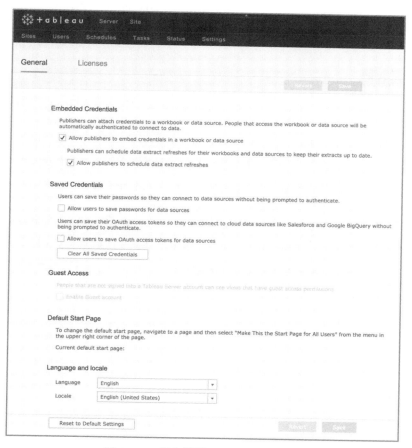

图 11-24 服务器设置的 General 页面

在这个 General（通用）页面，你可以控制发布者是否可以嵌入或存储证书，以及是否可以允许访客访问 Tableau Server。你还可以定义一个默认的起始页面，或者设置默认的语言和区域（之前介绍过）。

11.23.2 服务器设置的授权页面

服务器的授权密钥、席位以及维护失效时间与当前正在使用的授权席位、可用的授权以及未被授权的用户数量一起显示在这个页面里。Tableau Software 做出了巨大的努力来改善与安全性、报表生成、节点管理相关的可用工具。

11.24 第三方附加工具集

Tableau 迅速增长的相互依赖的生态系统现在为 Tableau Desktop 和 Tableau Server 提供着附加的工具，包含额外的功能，能够帮你管理 Tableau Server。参考附录 A 获得 Tableau Software 产品生态系统的摘要信息，以及由 Tableau 的合作伙伴提供的附加产品信息。

11.25 注释

1. Seth Godin, Linchpin：Are You Indispensable? (Penguin Group, 2010), 154。

2. Neelesh Kamkolkar, "Tableau Server 9.0 Scalability：Powering Self Service Analytics at Scale," 2015, http://www.tableau.com/learn/whitepapers/tableau-server-90-scalability-powering-self-service-analytics-scale。

3. InterWorks Europe, "Comparing Performance on Tableau 8.3 Server vs. Tableau 9.0 Server," blog entry by Glen Robinson, February 12, 2015, http://interworks.co.uk/blog/comparing-performance-tableau-8-3-server-vs-tableau-9-0-server/。

所有从成功走向伟大的企业，在寻找通往伟大的道路过程中，都是从能够面对原始的事实开始的。

——吉姆·柯林斯（James Collins）[1]

通过生成交互式仪表板和视图，并使得它们可以被任何授权的个体通过如今流行的任意 Web 浏览器访问，Tableau Server 使得信息共享和团队协作更加便利。报表可以通过 iOS（苹果系统）或安卓设备直接阅读。从 Tableau Server V8 版本开始，被授权的员工可以利用 Tableau Server 编辑现存报表或者创建新的分析。

通过把 Tableau 的数据源文件发布到 Server 上，用户可以共享包括连接、组、集、别名以及其他定制数据的元数据。你将会学习怎样充分利用这些功能以发挥它们的优势。

12.1　管理发布在 Tableau Server 中的仪表板

在 Tableau Server 安装之后，要创建报表和分析的人群必须被赋予发布权限。将要阅读报表的员工也必须被赋予访问权限。一旦你创建了包含至少一个工作表的工作簿，可以把它发布到 Tableau Server 上。包含很多不同的工作表和仪表板的工作簿可以完全地发布，也可以发布工作簿所包含的内容的一部分。图 12-1 显示了 Tableau 桌面版用来向 Tableau Server 发布内容的菜单。

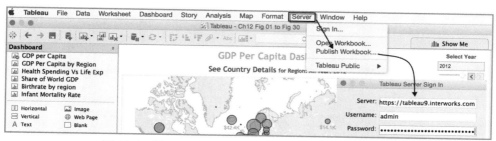

图 12-1　从 Tableau Desktop 向 Tableau Server 发布内容

发布一个工作簿需要三个步骤：

1）打开你希望发布的工作簿。

2）选择 Server（服务器）主菜单并单击 Publish Workbook（发布工作簿）选项。

3）输入服务器的 URL、你的用户名及密码，并单击 Sign In 按钮。

向 Tableau Server 发布内容的 Publish Workbook to Tableau Server 对话框就会出现，如图 12-2 所示。

在这个对话框中，你要定义什么时候、怎样以及哪些细节将要被发布到服务器上。如果你的工作簿的数据源是一个 Tableau 的数据提取文件（.tde），你还可以通过图 12-2 左下侧的 Scheduling &Authentication（计划与认证）按钮制定定期的数据更新计划。

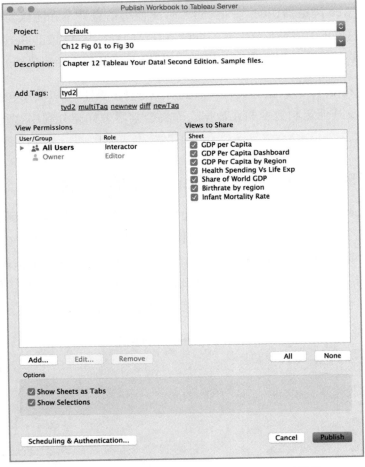

图 12-2　Publish Workbook to Tableau Server 对话框

你可以告诉 Tableau 通过下面几种不同的方式来组织发布的工作簿。

- Project（项目）：利用文件夹组织工作簿。
- Name（名称）：命名工作簿。
- Description（描述）：提供工作簿的描述性细节。
- Tags（标签）：用户为工作簿定义的标签。
- Permissions（权限）：控制谁能够访问工作簿以及用户可以做什么。
- View（视图）：隐藏或共享特定视图。

把这些不同的文件夹和视图组合起来，让你能够为作品提供访问权限，这种权限可以是针对个人、组、工作组、项目等不同层级的。每个层级都有特定的目的，我们将在接下来进行更加细致的解释。

12.1.1　项目

项目是组织你的报表并控制对这些报表进行访问的文件夹。服务器自带一个默认的项目文件夹。具有管理员权限的人可以创建附加的项目。图 12-2 显示了一个发布到默认项目的叫作 Ch12 Fig 01 to Fig 30 的工作簿。

12.1.2　名称

当你在 Tableau Desktop 中创建工作簿时，可以接受赋予这个工作簿的默认名称，也可以选择定义一个新名称。当你把它发布到 Tableau Server 上时，这个名称会出现在 Tableau Server 上。你可以使用图 12-2 中的 Name（名称）区域定义新的工作簿名称。

12.1.3　标签

为发布的工作簿设置标签是可选的，但它为搜索报表提供了另一种方式。如果你发布了很大数量的报表，这种搜索是很有帮助的。输入的每个标签用逗号或空格分割开。如果你输入的标签本身包含空格，就用引号把这个标签包围起来（比如 "Production Benchmarks"）。在图 12-2 的示例中，在 Add Tags 文本框里添加的标签是 tyd2。

12.1.4　要共享的视图

Views to Share（要共享的视图）选项允许你选择希望要发布到 Tableau Server 上的指定的工作表或仪表板。注意，在图 12-2 中，所有的工作表都要发布。任何没有被选中的工作表在 Tableau Server 上都不会被看到，但把工作簿从 Tableau

Server 下载之后，它们依然存在于这个工作簿中。

12.1.5 选项

在 Publish Workbook to Tableau Server 对话框的底部还有很多选项来控制被发布内容的显示。

选择 Show Sheets as Tabs（工作表显示为选项卡）复选框，当报表发布到 Tableau Server 上时会创建选项卡，便于在发布的工作簿的不同工作表和仪表板之间导航。Show Selections（显示选择）复选框允许你在一个工作表或仪表板中做出选择，在你发布到 Tableau Server 之后依然有效，会显示给阅读这个工作簿的用户。

如果你发布的报表所使用的数据源来自一个外部的数据库或文件，还会看到一个复选框选择是否包含外部文件，选中这个复选框会在 Tableau Server 上创建这个源文件的一个副本。在任意视图中使用的自定义图像文件也会被存储。如果你的工作簿使用了一个实时的数据库或者提取文件，你在对话框的左下角还会看到一个 Scheduling & Authentication（计划与认证）按钮。单击这个按钮，你可以设置对数据提取源的刷新计划，或者设置一个实时数据库连接在 Tableau Server 上如何认证。关于更新计划和认证的细节会在本章稍后部分介绍。

单击图 12-2 底部的 Publish（发布）按钮以开始向 Tableau Server 上传。上传完成后，会弹出一个对话框显示新发布的工作簿信息。

如果你的 Tableau Server 实例是为多个节点配置的，就会看到一个 Select Site（选择节点）对话框，用于定义这个工作簿将要发布在哪个节点上。Tableau 默认是一个单独节点。多节点是和物理服务器一致的分区。

12.1.6 编辑

获得了授权的人，通过单击 Edit（编辑）按钮和使用 View Permissions（查看权限）工具，可以选择添加、编辑或删除对所有用户、组、个体用户的权限，如图 12-3 所示。这个对话框允许你查看和编辑针对不同角色（查看者、交互者、编辑者或自定义角色）的权限类型。

图 12-3 弹出的对话框显示了角色定义的细节。单击左侧 All Users 的三角按钮会弹出不同的用户类型。单击 Role（角色）区域的蓝色下三角按钮会显示其他角色的安全性和访问选项。在本示例中，你可以看到为交互者角色定义的权限。

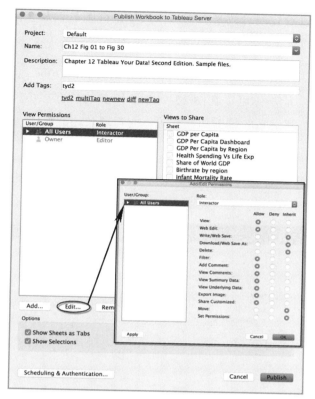

图 12-3　添加和编辑角色和权限

12.2　在 Tableau Server 中导航

当你登录 Tableau Server 时，根据用户管理权限的不同，用户界面也会变化。管理员具有对视图的访问权限，来查看关于不同的工作簿、视图数量、数据源、所有者、什么时候生成的相关元数据。普通用户（交互者）能够使用搜索工具以方便对内容的访问。图 12-4 显示了对内容的一个管理员节点视图。

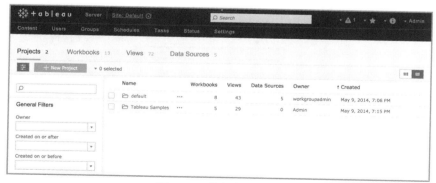

图 12-4　节点内容视图

管理员可以创建新项目，对所有者筛选、对感兴趣的日期的前后筛选。在视

图的顶端，你可以看到项目数量、工作簿数量、视图数量及数据源数量。图 12-5
显示了一个节点的交互者（非管理员权限）视图。

非管理员视图提供了对用户已经授权的视图数据的访问，但不能访问只保留
给管理员责任的功能。你可以在图 12-4 和图 12-5 的顶部参考比较这些不同。一
个普通用户可以访问发布的数据和数据源，而管理员还能够访问目录、用户、组、
计划、任务、状态和设置。

图 12-6 显示了一种你可以从一个全局的工作簿视图导航到 Tableau 示例内容
的方法。

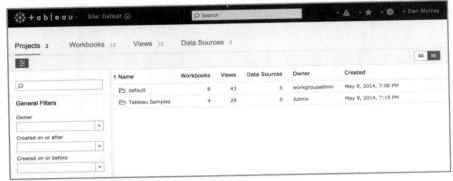

图 12-5　非管理员搜索视图

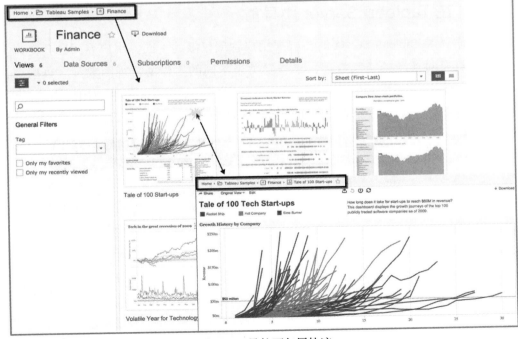

图 12-6　导航面包屑轨迹

注意 Tableau Server 提供的导航面包屑轨迹。图 12-6 的左上角显示了浏览窗口。由 Home → Tableau Samples → Finance 得到原始视图，当工作簿 Tale of 100 Tech Start-ups 被选中时会得到更细节的展示。如果你在寻找某些内容但通过默认的导航找不到时，可以通过筛选来搜索。图 12-7 显示了正在搜索 sales 工作簿。

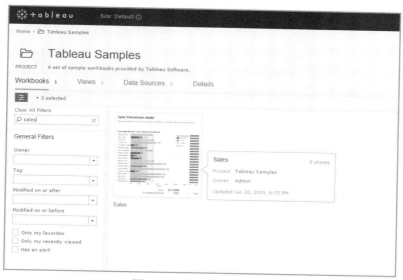

图 12-7　通过筛选器搜索

如果 Tableau Server 上有非常多的内容，通过筛选器搜索能使你快速找到相关文件，如图 12-7 所示。在一个项目文件夹内应用对 sales 的筛选，可以把筛选器的搜索限制在那个文件的内容上。

使用浏览器窗口右上角的全局搜索来搜索 sales，会返回 Tableau Server 在标题、说明或者工作簿其他部分包含关键字 sales 的所有内容。图 12-8 显示了一个全局搜索的结果。

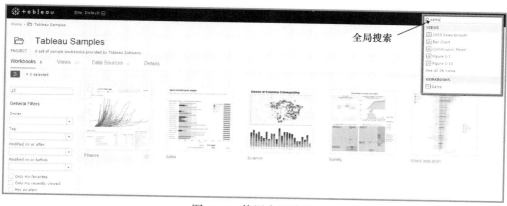

图 12-8　使用全局搜索

如果你的 Tableau Server 有很多内容，使用这个搜索功能可以节省时间，但对你的工作簿进行良好的组织和计划，能够帮你更好地控制访问权限，提供给读者以更简单的方式访问他们感兴趣的内容。

12.3　为阅读组织报表

向 Web 上发布报表是有效共享 Tableau Server 上的信息的第一步。随着组织内部的用户数量的增长和报表数量的激增，找到你感兴趣的报表需要对它们有良好的组织。用户的安全性、组的安全性、节点的安全性在第 11 章讨论过。Tableau Server 通过项目和标签提供了额外的方式来组织报表。项目是虚拟的文件夹，你可以把工作簿和数据源发布到里面。Tableau 还为增加每个项目的安全性提供了内建的支持，你可以更加方便地管理不同工作簿和数据源的安全性。用户可以为特定的工作簿或数据源赋予关键字标签。这提供了由用户定义的搜索术语，对在一大堆发布的工作簿中快速定位文件很有帮助。为项目和标签的使用定义一个合理的框架推荐，对你的用户群可能也是有用的，这可以在全企业范围内提供一定的一致性。这可以事先定义好，但你要允许用户定义额外的标签，以满足他们自己特殊的需要。

比如，你可能推荐通过业务单元或者功能来定义项目，每个搜索都可以使用标签和更多上下文。在一个大学环境中，可能有三个不同的部门要阅读报表：

- Admissions（招生部门）。
- Financial Aid（财务资助部门）。
- Career Services（职业服务部门）。

招生部门可能关心跟踪每年申请入学的学生数量，以及他们是否被接受并入学注册。财务资助部门可能希望跟踪奖学金提供和接纳的数量。职业服务部门可能感兴趣并跟踪毕业后学生的求职和职业轨迹。为每个部门设置项目会非常方便，因为这不但可以按照不同部门的逻辑关系为他们的员工提供报表，还便于安全性管理。

为每个工作簿添加标签可以提供额外的与细节有关的上下文。一个大学的示例可能包括下面的标签。

- 招生部门：undergraduate admissions（本科生招生）、"accepted vs. denied（接受与被拒）"、enrolled（注册）、declined（拒绝了）、graduate（研究生）。
- 财务资助部门：aid（扶持）、grants（助学金）、loans（贷款）、scholarships（奖学金）、transfer scholarships（转学奖学金）、undergraduate（本科）、graduate（研

究生）。

- 职业服务部门：offers（通知书）、accepted offers（录取通知书）、max sala-ries（最高工资）、median salaries（中位数工资）、undergraduate（本科生）、graduate（研究生）。

仔细查看招生部门的标签示例中的标签 "accepted vs. denied"。当标签中含有空格时，它们必须通过引号包围起来。注意有些标签用在了不同的项目和工作簿中。这允许用户搜索跨越不同的部门进行的类似分析。

比如，一个大学的校长希望快速找到所有分析了本科生的报表，通过搜索 undergraduate 标签，他就可以快速获得与本科生招生、资助和职业服务相关的所有报表。

12.3.1 向工作簿添加标签

用户可以向任何他们有访问权限的工作簿添加标签。图 12-9 显示了用户向包含在某个项目中的一个工作簿添加标签。

从图 12-9 的窗口左侧可以看到只筛选了 Tableau Samples 项目的视图。选择一个工作簿并单击 Tag 菜单项，你就可以看到可以应用在所选工作簿上的现有标签。如果当前还没有任何标签，单击工作簿图像右上角的菜单项就会打开一个对话框，在对话框里你可以输入一个新的标签。在图 12-9 中，你可以看到通过菜单打开 Tag 菜单项的过程。单击 Tag 菜单项会打开用来输入所需的标签项的对话框。Change Tags（改变标签）对话框中正在添加一个 sales 标签。

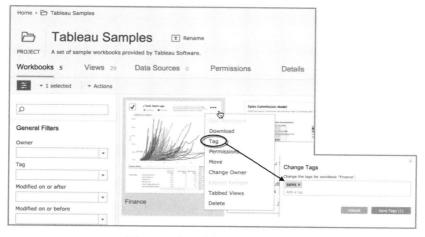

图 12-9　向工作簿添加一个标签

标签还可以在发布工作簿时直接添加。当你发布一个工作簿时，在弹出的菜单项里就能找到这个选项。

12.3.2 创建收藏

收藏是你经常使用的并希望存储下来供快速访问的工作簿视图或仪表板。它们可以通过浏览器右上角的星标快速访问，或者通过选择屏幕左侧的 General Filters 区域里的 Only my favorites 复选框来选择。图 12-10 显示了收藏菜单。它显示了三个不同标签的工作簿，包括 Sales、Science、Variety。在视图中被收藏的视图用金色的星标表示。

图 12-10 显示了 5 个工作簿，其中 3 个被收藏。任意工作簿或工作表都可以被加入收藏夹，只需要在缩略图或列表视图中单击星标即可。图 12-11 显示了工作簿的列表视图，它被筛选为只显示收藏夹内的工作簿。

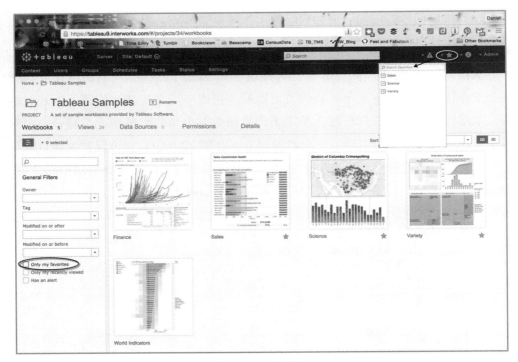

图 12-10　收藏夹

要把任意工作簿加入收藏，选择它旁边的星标，就会改变星标的颜色（把它变成黄色），并且会把它加入右上角的收藏菜单项中，如图 12-10 所示。你还可以从缩略图视图中添加收藏。最方便的访问收藏夹的方式是通过图 12-10 右上角的星标下拉菜单。你还可以使用图 12-11 左侧的 General Filters 区域的菜单，使用收藏夹进行筛选。选择 Only my favorites 复选框就意味着视图只会显示收藏夹内的工作簿。如果这个视图并没有针对收藏夹进行筛选，就能看到所有的工作簿，包括没有被收藏的工作簿，它们通过空心的星标表示。

把用户和组的安全性与项目、收藏夹和标签组合在一起，你可以实现对敏感信息的访问控制，允许用户形成他们自己的方式来快速访问针对特定需求的重要信息。

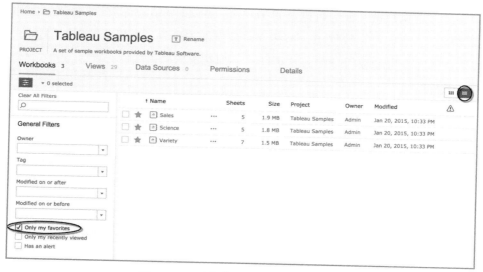

图 12-11　对收藏夹筛选后的列表视图

12.4　报表安全性的选项

管理数据和报表的安全性是一个重要的考虑方面。除了基于核心的单服务器（访客账号开启）外，所有用户必须先登录 Tableau Server 之后，才能访问信息。在项目层应用权限，你可以高效地管理对大量工作簿和数据源的访问权限，同时提供了对单个用户或组在任意时刻改变安全规则的可适应性。对报表的安全性是通过对应用层和数据层的控制的综合来实现的。

- 应用层（The Application Layer）：Tableau Server 证书。
- 数据层（The Data Layer）：数据库的安全性。

12.4.1　应用层

在第 11 章学习了与管理用户安全性和 Tableau Server 支持的外部安全协议相

关的细节，包括内部和外部的 SSL、SAML 以及通过 Kerberos 和智能卡实现的对称密钥加密技术。请参见第 11 章获取关于外部协议的更多细节。

Tableau Server 通过用户证书提供了应用层的安全性。用户可以通过下面三种方式之一进行管理：

- 本地认证。
- 微软的 Active Directory（活动目录）。
- 可信任的通行证认证。

一旦一个用户被认证为可以访问 Tableau Server 环境，你就可以指定允许他查看哪些项目、工作簿和数据源，这称为对象层的安全性。Tableau 支持对任意用户组或用户的对象层的权限分配，这是针对下列对象的：

- 项目。
- 工作簿。
- 数据源。

以自上而下的方式可以通过项目层级设置权限，这个权限设置会被任意发布到这个项目中的工作簿或数据源继承。赋予一个用户组的权限会自动复制给这个组中的所有用户，除非某个用户有优先于用户组权限的明确的权限设置。发布者有是否接受默认权限或者是否给出自定义权限的终极控制权。Tableau Server 自带 3 个标准的权限层级，它们被称为角色，包括查看者、交互者、编辑者。图 12-12 显示了交互者角色的权限。

当你发布工作簿时，通过单击 View Permissions（查看权限）区域下面的 Add 按钮（见图 12-12），就可以打开添加 / 编辑权限对话框。通过对话框中的 Role（角色）下拉列表可以选择要查看的角色。通过选择一个用户或用户组，之后在 Role（角色）下拉列表中选择自定义角色选项，你可以设置自定义角色。你也可以通过后面的 Edit（编辑）按钮来改变某个已有的角色权限。这可以在把自定义角色赋予指定的用户或用户组时，设置自定义的权限。Tableau 的收藏提供了关于定义权限的额外指导。从 Tableau 中的 Help 菜单通过搜索 *Setting Permissions* 可以找到手册的相关内容。

12.4.2　自定义角色

通过为一个新角色类型定义权限或者编辑一个已有的权限，你可以自定义角色。理解你允许的权限是关键。基于你做出的选择，能授予的权限可能有重新发布报表、改变筛选器、重新设计工作簿视图、创建新视图、导出数据、下载工作簿、共享自定义视图，甚至设置新权限。关于每个权限的具体描述，参见 Tableau 的 Help 菜单并搜索 *Permissions*。

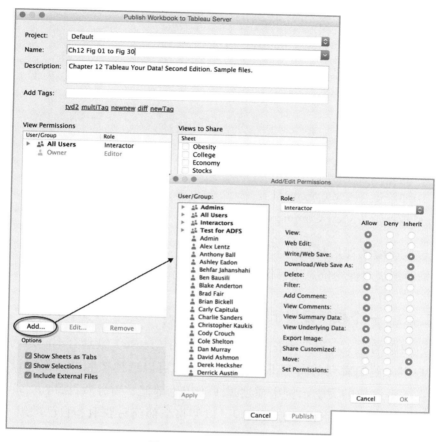

图 12-12　添加 / 编辑权限

在你分配权限时需要小心，防止未授权的数据传播。下面的列表按照风险的级别对权限进行了归类。高风险项目为用户提供的能力可能会凌驾于默认权限之上，造成数据的传播。中级别风险项目包括修改或导出视图的能力。低风险的权限主要属于查看和评论的能力。

（1）高风险权限

- 写 /Web 存储（Write/Web Save）。
- 下载 /Web 存储为（Download/Web Save As）。
- 移动（Move）。
- 设置权限（Set Permissions）。

■ 连接（Connect）。

（2）中风险权限
■ Web 编辑（Web Edit）。
■ 查看摘要数据（View Summary Data）。
■ 查看底层数据（View Underlying Data）。
■ 导出图像（Export Image）。

（3）低风险权限
■ 查看（View）。
■ 删除（Delete）。
■ 筛选（Filter）。
■ 添加评论（Add Comment）。
■ 查看评论（View Comments）。

对这些风险的评估只是用来做指导。如果你的数据是高度敏感的，可能还需要在数据源层级对保密信息进行保护，以保证保密信息不会被不恰当地扩散。

12.4.3　一个权限设置示例

通过权限的定义可以实现把一个工作簿重用（reuse）给具有不同访问权限的不同用户组（他们看到的内容不同）。比如，你可以选择按照办公部门设置用户组。这在本章之前的大学示例中描述过了（招生部门、财务资助部门、职业服务部门）。可以对相关项目设置相应权限，以便每个部门只获取和自己的组（部门）相关的对工作簿的访问权限。

同时，大学的校长办公室部门也可以访问这个工作簿，但有不同的权限设置，他们获得的权限允许对所有项目和所有相关数据细节的访问。

作为结果，财务资助部门的用户不会看到招生部门或职业服务部门的报表，他们只能看到和权限内与他们的财务资助相关的报表。然而，大学的校长办公室组用户能够查看与所有这三个组相关的报告。采用这种模式，管理员可以为具有多个部门的大公司进行高效的安全性管理。

1. 分析现有权限

由组权限、对象权限、角色权限生成的各种权限场景中可能有非常大的权限数量，有时在大的部署中如何定义权限非常有挑战性。如果你要编辑任意类型的权限，权限界面就提供你与权限相关的交互式的可视化视图，显示它们如何应用到不同的用户。Tableau Server V9.0 版本极大地改善了用来赋予权限的可视化界面。图 12-13 显示了名称为 Finance 的工作簿的权限界面。

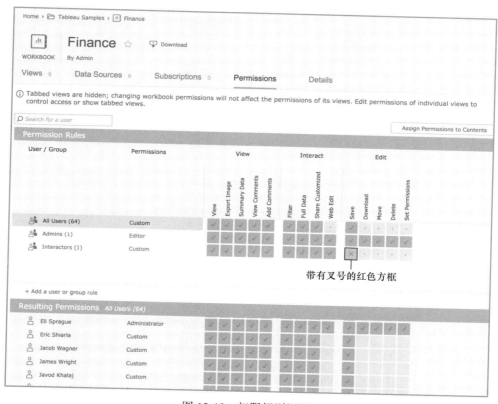

图 12-13　权限规则视图

你能看到这里有三个定义的规则（All Users、Admins、Interactors）。All Users 能够存储（Save）内容，但 Interactors 组拒绝了这个权利，你能够在图 12-13 中看到是用带有叉号的红色方框表示的。在下面的 Resulting Permissions（最终权限）区域，你可以看到大多数用户都具有存储这个工作簿的权限，但包含在 Interactors 组中的用户 Mat Hughes 就没有这个权限。如果把鼠标指针停留在用户 Mat Hughes 处的灰色方框上，如图 12-14 所示，Tableau 就会显示应用规则拒绝了这个权限。

应用在角色 Interactors（Mat 是其中唯一的成员）上的组规则是拒绝权限的来源。在 User/Group 区域的突出显示能帮你看清作用的具体角色。这种可视化和突出显示的功能非常有用，尤其是当你有非常多的角色、组和用户需要管理时。

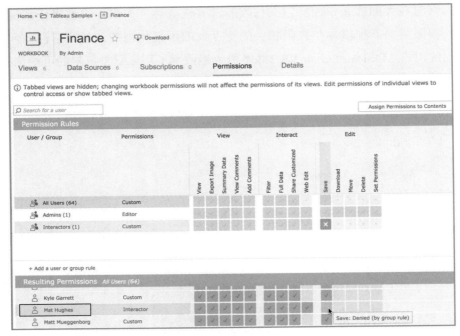

图 12-14 权限拒绝的细节

2. 数据层

当在 Tableau 桌面版中使用一个实时数据库连接时，你必须提供证书对数据库服务器进行认证。这种数据级别的安全性在 Tableau Server 上是存在的。当你发布一个工作簿或数据源时，必须选择为你的实时连接使用哪种类型的认证方式。

理解应用层的安全性和数据层的安全性的区别是很重要的。当一个用户登录 Tableau Server 时，用户是在应用层进行认证的，而不是数据层。当访问任意使用实时连接的报表时，用户必须由数据源进行认证。用户被怎样认证是在由你发布工作簿或数据源时选择的设置来决定的。你的决定有 4 种：

- 提示用户输入证书。
- 使用嵌入式证书。
- 使用一个 Server Run-As 账户。
- 使用 SQL Server 的模拟（只适应于 SQL Server）。

3. 嵌入式证书

Tableau 还提供给管理员以选项，允许用户在多个访问和浏览器之间存储他们的数据源证书。这是通过嵌入式证书的设置选项来实现的，在 Tableau Server 上通过菜单 Server（服务器）→ Setting（设置）→ General（通用）可以找到这些设置。

如图 12-15 所示的 General 设置界面就做出了正确的设置。你还能够嵌入 Tableau Desktop 中连接到数据库的用户名和密码。

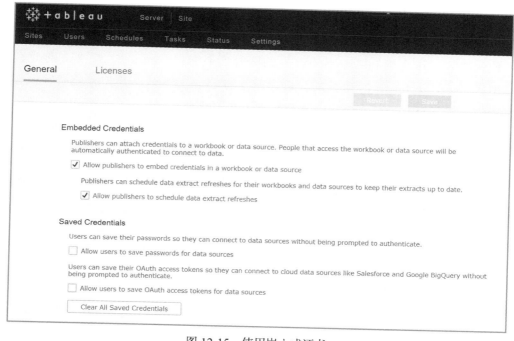

图 12-15　使用嵌入式证书

通过使用这个选项，所有使用这个连接的用户都有和这个工作簿的发布者一样的访问层级。对用户来说，这是一个方便的功能，使他们不需要第二次登录。然而，使用嵌入式证书就失去了基于单个用户的数据层次的访问管理的可能性。

4. Server Run As 账户与 Windows 的活动目录

Tableau Server 运行在 Windows 的服务器环境中。所以，Tableau Server 的安装利用了 Active Directory（活动目录）服务账号来运行。这种情况的一个有利结果是 Windows 的活动目录可以用来消除 Tableau Server 用户的冗余登录。

当一个采用数据连接的报表在 Tableau Server 上通过这种方式被查看时，Server Run As 账户将被用来实现数据库端的认证。你的数据库管理员需要确保 Server Run As 账户具有合适的访问权限，以连接和查询你的连接所用到的表格和视图。使用 Tableau Server 的在线手册并搜索 *Run As User* 以获得相关功能的设置细节。

5. SQL Server 模拟

这是只有连接到一个 SQL Server 数据库时才会有的选项，模拟是另一种消除用户两次登录的方式，并且仍然保存了基于每个用户的数据层访问管理能力。这允许 SQL Server 的数据库管理员能够从数据库端控制安全策略，并把这些策略传递给 Tableau Server。

要使用 SQL Server 模拟，每个 Tableau Server 用户都需要在 SQL Server 上有单独的账号，并且与 Tableau Server 上的账号证书能够匹配。比如，如果你选择使用 Active Directory（活动目录）来管理你的 Tableau Server 用户，就必须授权同意的 Active Directory（活动目录）账户能够访问 SQL Server。这个用户需要是 Server Run As 账号，或者在工作簿的发布过程中，在认证对话框中通过选择 Impersonate Via Embedded Password（通过嵌入式密码来模拟）选项嵌入他们的证书。

当用户查看一个实现了 SQL Server 模拟的工作簿时，他们就使用 Server Run As 账户进行认证或者通过嵌入式的 SQL Server 证书来认证。这个账户在它们被允许的权限内模拟实现对数据库的连接和访问。在 Tableau Server 的在线手册中搜索 *SQL Server Impersonation* 获取更多关于设置和配置的细节。

Tableau Server 提供了各种不同的管理安全性的方法。还可以借助外部的安全协议，包括 SAML 和对称密钥加密协议（Kerberos）。要找到更多关于这些协议的内容，通过 Help 菜单中的 Tableau 在线手册查找。

12.5 节将介绍 Tableau Server 怎样通过数据服务器提供更强的可适应性和更高的效率。

12.5 通过数据服务器改善效率

Tableau 的数据服务器提供了一个管理发布到 Tableau Server 上的数据源的方法。这些发布的数据源可以包括直接到数据库的连接，也可以包括 Tableau 的数据提取文件。授权的员工可以设置针对这些连接的权限，并且设置数据提取文件的刷新计划。与这些发布的数据源相关的元数据对同样使用这个数据源的工作簿都是可见的。元数据包括：

- 自定义计算字段。
- 实时的组。
- 实时的层次。
- 字段别名。
- 自定义字体和颜色。

数据服务器是高效的，因为它提供了可适应的方式让 Tableau Server 能吸收部分需求来处理大负载，这些负载通常是由主数据库服务器来处理的。

然而使用数据提取文件并不是必需的，但数据提取文件通常比数据库的性能表现更好。数据服务器也会节省时间——通过把单一节点的任务分配给多个主机。发布到 Tableau Server 的数据源可以被授权的 Tableau 桌面版用户访问来创建新的分析。

下面将学习怎样向 Tableau Server 发布一个数据源，并使用数据服务器对提取文件实现中央式的存储和共享、计划自动的更新以及利用增量式提取对接近实时更新的数据进行刷新。

发布一个数据源

向数据服务器中发布一个数据源文件是在 Tableau Desktop 中实现的，打开这个你要共享给别人使用的数据源的工作簿，在包含这个数据源的工作表左上角的 Data 区域右击，就可以在弹出的菜单中找到发布选项，如图 12-16 所示。

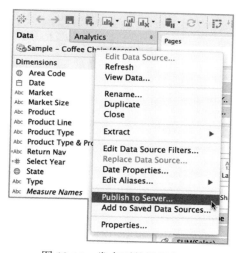

右击之后选择 Publish to Server（发布到服务器）菜单项，会出现一个服务器登录对话框。你需要输入服务器的 URL 地址、访问这个服务器的用户名和密码。如果有个多节点部署，还需要输入希望发布到的节点。服务器登录完成后，如图 12-17 所示的对话框就会出现。

图 12-16　发布到数据服务器

在这个对话框中，你需要定义所发布数据源的参数，包括要选择的项目、数据源名称、认证方法、标签、服务器怎样以及何时刷新提取以及最后你希望赋予这个提取文件什么权限。其中大部分主题我们都在第 11 章或者本章前面讨论过了。接下来将会学习关于刷新数据源文件的选项，以及怎样使用增量式刷新。

1. 手动和自动更新

使用提取有一个潜在好处——为原始数据集生成一个便携式的副本，但这也

是一个缺点。这个提取文件可能没有反映数据源中最近发生的变化，除非提取被
刷新。Tableau 提供了两种不同的更新提取文件的方式——手动更新和自动更新。

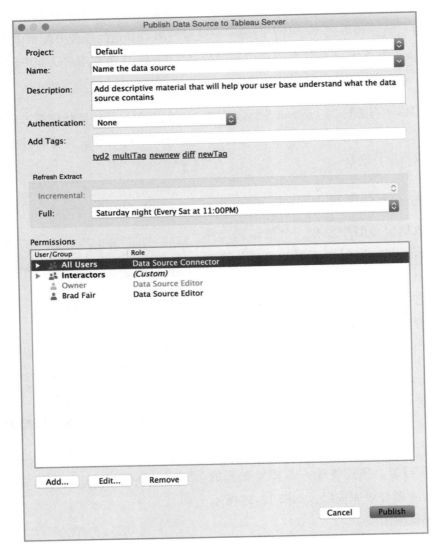

图 12-17　发布数据源对话框

2. 使用 Tableau Desktop 手动更新

手动更新数据提取可以通过数据菜单或者右击数据菜单来实现。根据下列步
骤可以刷新数据源文件：

1）启动 Tableau Desktop，如果它还没有运行。

2）打开包含你要刷新的提取文件的工作簿。

3）选择数据菜单中的 Refresh All Extracts（刷新所有数据提取），或者 Add Data From File（从文件添加数据）来添加新数据。

4）一个显示了有可用更新的提取文件的对话框会出现。

5）单击 Refresh（更新）按钮来更新提取数据文件。

如果你的工作簿包含多个提取文件，用这种方法会把它们全部更新。你还可以在工作簿中更新单独的数据提取文件，在数据窗口右击数据源，选择 Extract（数据提取）之后，再选择 Refresh（更新）。

这个手动过程也可以用来从一个单独的源文件或数据库追加数据，只要这个单独的源包括与原始数据源相同的字段。要实现追加，遵从前面描述的步骤，只是在最后一步选择 Add Data From File（从文件添加数据）而非更新。在第 13 章，你将看到怎样利用 Tableau Server 的命令行工具把这样的手动过程自动化。

3. 利用 Tableau Server 自动更新

如果你有很多不同的数据源和工作簿都在使用发布到数据服务器上的数据源文件，手动更新大量的文件是不现实的。Tableau Server 提供了预定义的更新计划，你也可以创建自定义的更新计划。

要实现定期自动更新，首先需要利用数据服务器把你的数据提取并直接发布到 Tableau Server 上，或者通过发布使用这个数据提取作为数据源的工作簿，间接地发布到 Tableau Server 上。在发布的过程中，你可以选择一个刷新计划选项，让 Tableau Server 字段更新这个提取文件。

Tableau Server 包括预定义的计划，你的服务器管理员也可以自定义计划来按每月、每周、每天、每小时进行更新。计划可以定义为允许工作同步进行或顺序进行，通过选项可以改变更新计划的优先级，在有同时运行的计划时，让不同计划相当于其他计划有相对的优先级。图 12-17 显示了 Refresh Extract（刷新提取）的计划选项部分。Full 的下拉列表包含所选的选项，你可以看到这个示例中的提取会在每周六的晚上 11：00 刷新。

4. 自定义的刷新计划

对于被赋予管理员权限的用户，都可以从 Tableau Server 的管理菜单创建自定义的刷新计划，可以在图 12-18 中看到这些计划。

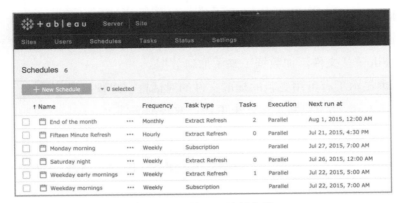

图 12-18　管理—计划菜单

　　管理—计划菜单展示了可用计划的列表，包括相关的摘要信息，包括它们的类型、范围、运行次数、怎样运行、下次计划运行的时间。要定义新的自定义计划，必须选择图 12-18 列表区域的 New Schedule（新建计划）菜单项，会弹出如图 12-19 所示的自定义计划对话框。

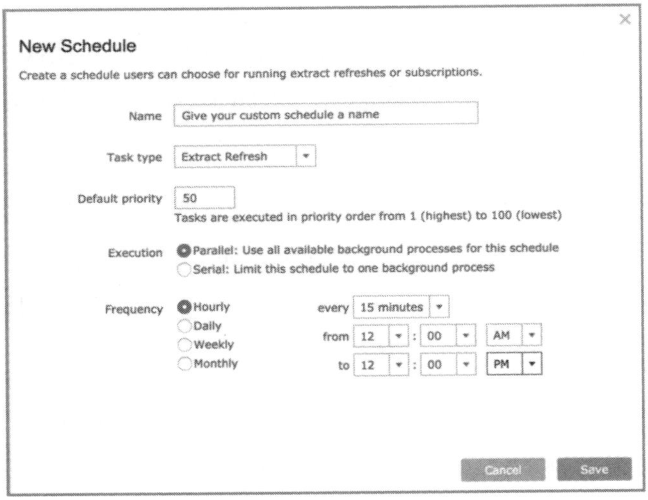

图 12-19　创建自定义计划

　　给自定义计划起一个有描述性的名称，并且填写到相应的区域中。创建自定义计划后，它就已经准备发挥作用了。从对话框中能够看出，控制数据提取的刷新时间有非常充分的灵活性。从图 12-19 中，你能看出 Tableau 提供的最短刷新周期是 15 分钟。

5. 增量式刷新

　　如果你有一个非常大的数据源，或者数据源更新过于频繁怎么办？这些文件的更新需要花费大量时间。通过使用增量式更新，你可以缩短更新这些数据提取的时间。通常，当更新提取时，当前行会被删除并完全由原始数据集的相关数据行取代。而增量式刷新就不同，它允许你给定一个日期、一个时间，或者包含在你的数据中一个整数型值字段，来分辨哪些记录是数据源中的新记录。

当采用增量式更新时，Tableau 会检查提取中的这个字段，并与原始数据源中每行的这个字段值进行比较，之后只导入具有更晚时间值或者更高的值的数据行。这个方法会减少更新数据提取所要花费的时间。数据源文件越大，你可能节省的时间就越多。

当你在 Tableau 桌面版中创建数据提取定义时可以选择这个选项，选择 Incremental refresh（增量式刷新）选项之后，选择你希望使用哪个字段来辨识新的数据。字段选项如图 12-20 所示，包括日期、关键记录以及其他字段。

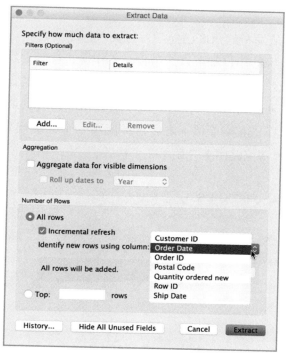

图 12-20　使用增量式刷新

如果你选择使用增量式刷新，并没有排除使用完全更新的可能。相反，你只是把增量式刷新作为手动或自动更新的一个额外选择。强烈建议你定期运行对数据的完全刷新，因为增量式刷新可能没有捕捉到源数据集的全部变化，因为数据管理员可能允许用户修改旧的数据（之前刷新过的）。

12.6　在 Tableau Server 中阅读信息

随着你的 Tableau 部署越来越成熟，可能有成百上千的报表和数据源需要发布、更新、阅读。方便对信息的访问和鼓励协作是商业信息系统提供的最重要特性和最主要价值之一。Tableau Server 提供了各种工具来查找信息、评论报表、共享发现或自定义视图，Tableau Server 甚至允许信息的阅读者在 Tableau Server 上创建全新的可视化视图。

查找信息

Tableau 的安全结构提供了一个对目录分类的初始级别，但 Tableau Server 还允许信息阅读者通过标签、收藏夹等自定义方式来访问，甚至不需要桌面版的授权就可以改变已有的工作簿。

1. 标签

在本章前面，从发布的角度已经学习过关于标签的内容。任意能够安全访问 Tableau Server 上内容的用户都可以为项目、工作簿、视图、数据源添加标签。用户可以添加或者删除他们自己的标签，管理员和发布者可以看到工作簿所有起作用的标签。标签是通过项目、工作簿、视图或数据源的内容菜单来应用的。要应用标签，在顶部选择 Tag 菜单项，之后选择应用一个标签或者输入一个新标签。图 12-21 显示在工作簿缩略图上应用了一个标签。

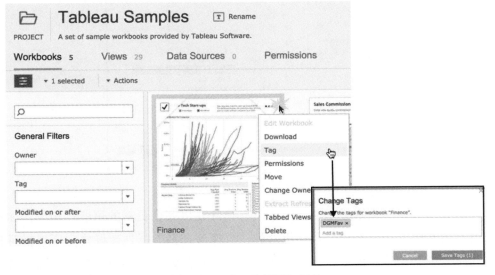

图 12-21　为工作簿添加标签

图 12-21 显示，选定的这个工作簿的缩略图被应用了一个叫作 DGMFav 的标签。这个标签提供了一种基于它的筛选方法。注意，在这个视图中，你的浏览器经过刷新之前，这个新的标签不会显示在 Tag 菜单中。

2. 删除标签

如果你希望删除与项目、工作簿、视图或数据源相关的标签，其过程与添加和改变标签非常类似。在图 12-22 中，你可以看到同样示例的项目文件夹中工作簿内容的列表视图，这次是列表视图而不是缩略图视图。

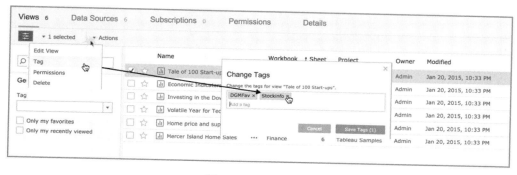

图 12-22　删除标签

要从列表视图中删除标签，选择 Actions（动作）→ Tag（标签）→ Change Tags（改变标签），之后就可以删除标签。在图 12-22 中，你可以看到标签 Stock-info 被删除。当然，你也可以在这个弹出的对话框中添加需要的新标签。标签是定义关键字的好方式，让用户可以在不需要借助技术人员的条件下就可以创建满足自己需求的搜索关键字。

3. 收藏

在 Tableau Server 的每个工作簿或视图列表的旁边都有一个星标图标，允许用户来创建个人的收藏夹列表。如果这个图标是黄色的，这个内容就已经被纳入了收藏；如果是灰色的，就没有被收藏。单击星标可以把它加入收藏夹，再次单击星标可以取消收藏。收藏夹列表是一个类似书签的机制，让你可以快速访问自己经常使用的内容。参见本章前面创建收藏夹的图 12-10 和图 12-11，查看添加收藏的相关细节内容。

4. 共享评论和视图

如果用户具有合适的权限，并且假设 Post Comment（提交评论）选项在嵌入的视图中并没有被禁止，评论就可以被加入任意的服务器视图中。评论可以在服务器视图的底部找到，让用户能够与他人分享自己的想法或者提出自己的问题。图 12-23 显示了向一个工作簿视图中添加的评论。

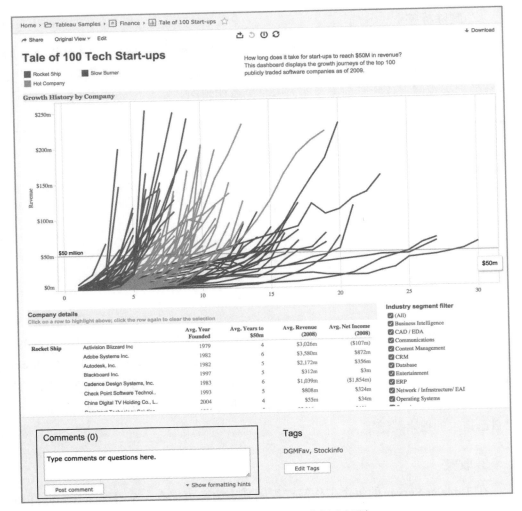

图 12-23　添加一个评论或者提出问题

通过如图 12-24 所示的 Share（共享）菜单，视图可以被共享给其他人。

要共享如图 12-24 所示的视图，复制 Email 链接地址到电子邮件中即可。如果想把这个视图嵌入博客文章或者 Web 页面，把嵌入链接复制到你的博客或者 Web 页面。任何一种方式都可以设置视图的像素高度和宽度，并且设定是否要显示工具栏和选项卡。

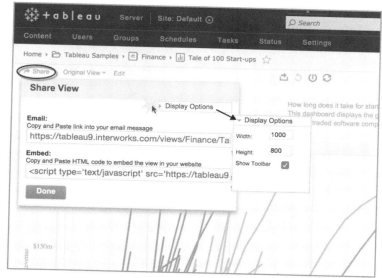

图 12-24　共享或嵌入视图

5. 自定义视图

用户可以创建标记点，选择应用筛选器或者突出显示，并把这些设置存储在一个自定义视图中。图 12-25 显示了一个被筛选后的自定义工作簿视图以显示一个特定的行业领域。

存储任意自定义视图都需要 3 个步骤：

1）单击 Remember My Changes（记忆我的变更）链接。

2）为这个自定义视图提供一个名称。

3）单击 Remember（记忆）按钮以保存这个视图。

保存你的自定义视图后，就会被导向到生成页面的唯一 URL 链接。Remember My Changes 链接会改变为你自定义的视图的名称，如图 12-25 所示。如果你单击这个链接，就会看到一个包含所有保存的自定义视图及其发布的原始视图链接的列表。要重命名或删除任一自定义视图，单击列表底部的 Manage Custom Views（管理自定义视图）。

其他访问这个视图的用户看到的仍然是这个视图发布时的原始样子，除非他们使用这个唯一 URL 来访问你的自定义视图。自定义视图提供了一个很好的方法，让用户能够存储频繁使用的筛选器组合，而不必依赖于发布者。

与 Tableau V8 版本一同发布的一个重要的新功能是 Web 创作（web Authoring）。它不仅仅可以保存自定义视图，还允许缺乏 Tableau 桌面版授权许可的用户在 Tableau Server 上修改或创建新的可视化。

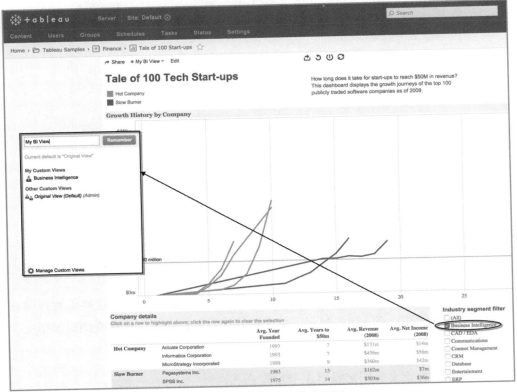

图 12-25　保存一个自定义视图

12.7　在 Tableau Server 上创作和编辑报表

如果只对现有的文件或参数做微小的修改，自定义的视图就可以很好地工作，但有时需要做出更多的大范围编辑。Tableau Server 浏览器内部的编辑功能提供了一个简化的 Tableau 桌面版功能。它允许用户对已有工作簿进行编辑，创建新的可视化，并把结果存储到 Tableau Server 上。对于中间层用户，这个功能是非常好的，因为他们大多数时候并不需要 Tableau 桌面版提供的所有功能，但又希望能够有一点对数据进行探索的能力，以补充有时工作簿创建者没有预期到的数据探索方式。基于 Web 创作能力（参见第 9 章）为这些用户提供了任意通过 Web 浏览器访问 Tableau Server 设备上的自助处理和分析信息的能力，而不需要安装任何额外的软件。

12.8　在 Web 上创作报表都需要什么

在第 9 章，你学习了对 Tableau Server 上报表的移动访问和创作的方式。你能发现从个人计算机上进行基于 Web 的交互与基于平板计算机的交互是非常类似的。

对于 Web/ 平板计算机的创作也是如此。这个功能与所有基于 Web 的 Tableau 界面一样，是 Tableau Server 的独有功能，只使用 Tableau Desktop 或 Reader 产品是不能实现的。要在 Web 上创作需要下面的条件：

- 一个支持 Web 创作的节点。
- 一个可用的 Web 连接。
- 一个 Tableau Server 交互者授权。
- 一个具有实时 Web 连接的标准的 Web 浏览器。
- 一个预先存在的已经发布到 Tableau Server 的工作簿 。
- 具有 Web 编辑（Web Edit）能力的合适的权限。

如果你希望在平板计算机上进行创作，就必须从 App Store 下载 Tableau 的 iPad 版应用；如果你准备使用安卓平板创作，就要从安卓的应用市场下载安卓版的应用。这些条件是必需的，但只有它们还不够。服务器必须具有 Web 编辑的权限，就如同你在图 12-26 中看到的。这个权限作者也是需要的，要通过个人计算机或者笔记本计算机从因特网进行访问。

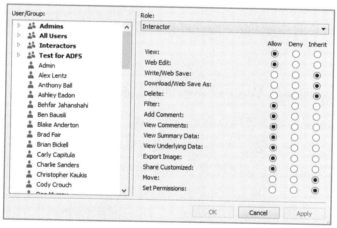

图 12-26　允许 Web 编辑权限

正如 Tableau Server 上所有的权限一样，Web 编辑也可以从多个层次上来配置——用户、组、工作簿、项目或节点。Tableau Server 用户可以从 Content（内容）选项卡访问存储的数据源，也可以使用那个数据源创建一个新的工作簿。要把原始的报表模板或数据提取文件发布到服务器上，一个桌面版的授权是不可缺少的，但具有 Tableau Server 交互者权限的任意用户都可以编辑这个报表或者从发布的数据源创建新的报表。从 V9 版本开始，Tableau 持续添加 Web 创作的能力是最值得关注的，就是把创建公式的功能和 Show Me（智能显示）功能一起添加进来。Tableau 没有为访问 Web/ 平板创作工具收取额外的授权费用。

12.8.1 与 Web 和平板计算机创作相关的服务器设计和利用方面的考虑

Tableau 的 Web/ 平板计算机创作系统基本上是通过 HTML 5 提供的一套客户端功能。这意味着 Web/Tablet 创作系统对 Tableau Server 的大部分进程都只有有限的影响。

Tableau Server 的管理员应该明白，用户通过这种方式编辑视图会在服务器的 VizQL 进程上创建一个活动。并且，如果这个被编辑的工作簿是基于一个数据服务器的数据提取源，这些进程的负载就会增加。这个影响与添加额外的 Tableau 桌面交互的影响是一样的（假设有一个以服务器为中介的数据连接）。

如果 Web/ 平板创作生成了很大数量的工作簿，需要通过服务器的 Save As（另存为）对话框来创建或存储，Tableau Server 将对数据库和存储系统产生额外的需求，这与使用 Tableau 桌面版导致的负载类似。

这些额外的负载是好事情，意味着你的用户群体在参与进来并且积极地使用这个系统。

12.8.2 桌面版和 Web 或平板计算机创作的区别

有经验的 Tableau 桌面版用户会立刻认识到，Web 平板编辑界面与 Tableau 桌面版的环境几乎完全一样。通过 Web 平板编辑与桌面版的工具非常类似，只不过它是稍微简化的和受限的版本。本小节将会详细介绍两个创作环境在功能上的不同。虽然我们会突出强调 Web 平板创作环境相对的限制，但不应该把这看成是对它的负面评价或批评。Web 创作是一个巨大的创新，为大部分用户群提供了非常大的便利。

我们的目的是突出强调二者的区别，以便你能明白通过 Web 创作能够做到什么，以及哪些是必须使用桌面版软件才能实现的。Web 平板创作环境设计用来提供一个桌面版环境的简化版本它并不是为了要取代桌面版软件。

1. 具有行和列的拖曳区域，但没有 Show Me 拖曳区域

很多标准的桌面版选项和布局对 Web 平板创作界面也是可用的。左侧稍作改变的数据窗口包括数据源、度量、维度。行和列区域与页面、筛选器、标记都还在原来的位置。用户依然可以通过拖曳方式来创建可视化视图，这是 Tableau 桌面

版创作体验的基础。一个不同在于，所有字段必须拖曳到行和列的区域里，把行和列直接拖曳到视图中是不可以的。另外，虽然 Show Me（智能显示）仍然可用，但只能从视图顶端的按钮来访问。图 12-27 显示了 Web 编辑界面。

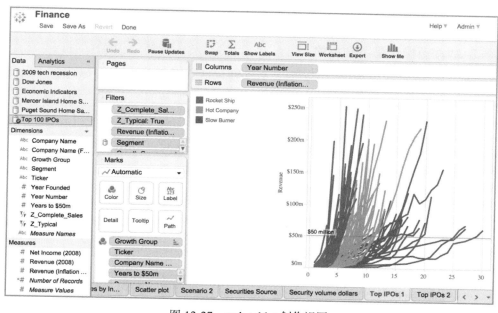

图 12-27　web-tablet 创作视图

你可以看到 Data（数据）和 Analytics（分析）窗口，以及 Dimensions（维度）和 Measures（度量）窗口，和在桌面版中一样，仍然位于左侧。Pages（页面）、Filters（筛选器）、Marks（标记）、Columns（行）区域、Row（列）区域也都一样位于原位。在桌面版中出现在 Data（数据）窗口里的内容也会出现在 Web 编辑环境的 Data（数据）窗口中。Analytics（分析）窗口并不包含桌面版中相应的所有工具，图 12-28 显示了直接的对比。

你可以看到，Web 编辑环境并不包含 Forecast（预测）模型，所有的自定义参考线和参考区间选项都不包含在 Web 编辑环境中。

图 12-27 顶部的菜单并不包含桌面版的所有菜单项和所有的按钮图标。但可用的菜单项已经提供了利用发布的工作簿和数据源创建新视图和新分析的强大的工具集。

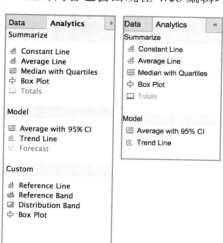

图 12-28　桌面版和 Web 版的分析面板

2. 不支持仪表板

在服务器端的创作环境中是没有仪表板功能的。实际上，仪表板编辑并没有在 Web 平板编辑环境中提供。任意包含仪表板的工作簿都会把它们拆分成各个部件（即便是隐藏的）并显示这些视图，而非在桌面应用中显示组合在一起的仪表板实体。

3. 数据源操作是不支持的

用 Tableau 桌面版发布工作簿时，必须要包括分析所需要的所有数据。Web 创作系统不允许对元数据层次的任何操作。你不能添加新的数据源，不能删除没有使用的数据源，不能创建计算字段或计算参数，不能改变默认的字段属性，也不能编辑数据源之间的关系。总之，Web 创作环境不支持元数据管理。这些能力只存在于桌面版的工具中。

值得注意的是，在 Tableau Server 的 V9.0 版本中，Web 用户已经可以在 Web 创作阶段创建计算字段了。

4. 上下文菜单功能

在 Tableau 桌面版通过右击实现功能中的一部分而不是全部，在 Web 创作环境中也是支持的，通过右击对象或者单击控件弹出相关菜单来实现。与字段相关的控制菜单显示在图 12-29 中。

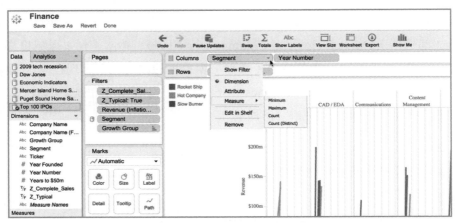

图 12-29　针对字段的控制菜单项

显示在图 12-29 中的针对维度的控制菜单项，是通过单击维度字段块右侧的下三角按钮后弹出来的。类似的针对度量的控制菜单，也可以通过单击度量字段块右侧的下三角按钮弹出，如图 12-30 所示。

注意，你还可以从同样的菜单激活快速表计算。

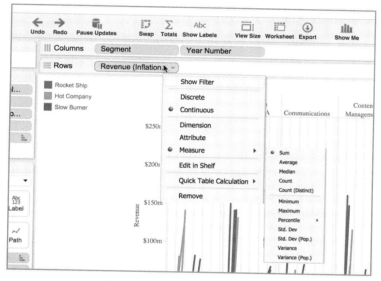

图 12-30　针对度量的控制菜单项

5. 只有快速筛选器：不支持复杂筛选

习惯于创建"复杂"的筛选器——如 Top 10 之类——的桌面版用户，会注意到这些筛选器在 Web 创作环境中也是存在的。然而，Web 编辑器不能为这些复杂的筛选器添加新版本。Web 编辑器能够向视图中添加快速筛选器，快速筛选器的所有形式都是可用的。而且，复杂筛选器的行为可以在 Web 创作模式中通过创建计算字段完成所需的筛选来实现。

6. 单元格尺寸采用单独的菜单控制

单元格尺寸单独采用单元格尺寸菜单来控制，用户不能通过拖曳可视化视图中的元素来改变它们的尺寸，也不能整体拖曳元素来改变工作表的尺寸。Web 编辑器不能通过拖曳来控制视图"适合"设计空间。图 12-31 显示了可以用来设置 Web 视图尺寸的 Web 工具菜单项。

即便桌面版通过拖曳来设置元素尺寸的功能在 Web 环境中不可用，但通过菜单 View Size（视图尺寸）→ Cell Size（单元格尺寸）可以实现这方面的功能。

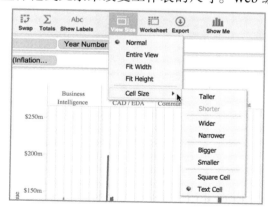

图 12-31　适合和设置尺寸的 Web 控制菜单

7. 排序只能通过快速排序来实现

不像 Tableau 桌面版，作者不能基于特定字段进行功能强大的设置排序、默认排序或预排序信息。排序必须通过任何 Tableau 可视化视图中头部都具有的快速排序来实现。

8. 对颜色、尺寸、文字、工具提示栏的有限控制

Tableau 桌面版允许对颜色模板、尺寸范围、形状、工具提示栏内容有几乎无限的控制。Web 平板环境并不能提供如此细粒度的控制。

9. 在 Tableau Server 中添加计算值

在 Tableau Server 中创建计算值的能力在 V9 版本中已经实现了。类似于在 Tableau 桌面版中，通过在行区域、列区域或者标记区域中输入公式就可以加入临时的计算。图 12-32 显示在列区域中加入了一个临时计算。

图 12-32　添加一个临时计算

就像在桌面版中那样，通过按键盘上的回车键就可以完成计算值的设置。你可以通过拖曳新的计算值字段块到 Data（数据）区域中，向视图中添加一个新字段。你可以给这个字段起一个新名字，只要在数据区域中单击这个新字段并在计算对话框中编辑它的名字就可以，如图 12-33 所示。

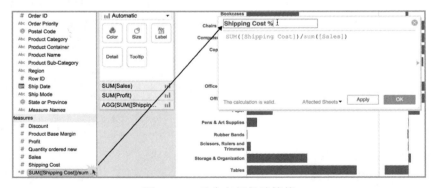

图 12-33　重命名新的计算值

你还可以在 Tableau Server 中通过数据窗口右上角的下三角按钮创建一个新的计算，如图 12-34 所示。

在 Tableau Server 中通过计算值创建新字段是一个有用的功能。它使得用户不需要使用 Tableau 桌面版就可以对发布的数据源和工作簿进行更深入的分析。你不可能在 Server 端实现计算能完成的所有事情（设置数字格式目前只能在桌面版上实现），但这个新的功能使得服务器端成为功能更加完备的创建新视图的分析环境。

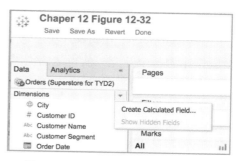

图 12-34　从数据窗口添加一个计算

12.9　通过 Web 平板环境存储和导出

Tableau Server 提供了许多不同的方式来导出或存储可视化图像、数据以及工作簿视图。

12.9.1　导出

桌面版中具有的所有导出功能在服务器端都可用。图像、数据、文本表格、PDF 的导出格式都是支持的。你可以从如图 12-35 所示的导出菜单访问这些功能。

同样的，这些选项在 Tableau 的平板计算机应用中也是可用的。

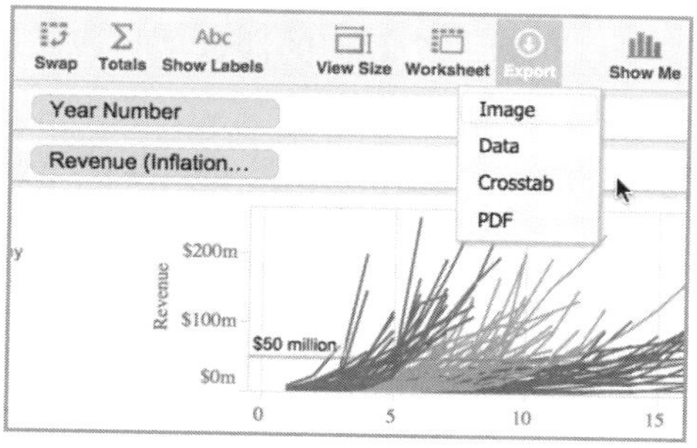

图 12-35　服务器端的导出功能

12.9.2　存储和另存为

回忆图 12-3，必须赋予用户 Web/Edit 权限来进入服务器端的 Web 编辑模式。类似地，改写已有工作簿的能力也必须是基于权限的。默认情况下，Tableau Server 并不会为原始版本的工作簿保存一个副本。在服务器上存储就相当于从 Tableau 的桌面版重新发布一个工作簿。在另存为对话框里，你可以把工作簿以另一个名称重新发布或者发布到另外的项目中。

为存储和另存为两个功能设置不同的权限是可能的。在这里，你可以赋予 Web 创作者 Save As（另存为）的权限而没有 Save（存储）的权限，以便于创作者可以在 Tableau Server 上存储一个自己的个人版本。这避免了让 Web 用户不小心覆盖原始版本内容的可能性。

12.9.3　实施 Web/ 平板计算机创作的建议

Tableau Server 并非设计用来彻底取代桌面版工具的。一个企业应当把 Web 平板创作作为一个补充，使得之前需求未得到充分满足的人群能够使用 Tableau 的实时分析和报表功能。

也有相关的数据源访问和训练，服务器端在一个可控的环境中提供了自服务的商业分析功能——让用户能够对报表做原始设计时没有预料到的问题进行分析和回答。你设计的报表很可能被用来作为 Web 平板创作的起点，所以应该记住以下几个关键点：

- 给工作簿起一个有逻辑含义的名称，在 Tableau Desktop 中加入仪表板的工作表即便被隐藏起来也不会混淆。
- 设计工作簿模板和数据源模板，即便没有 Tableau Desktop 数据分析经验和专业知识的非技术用户，也可以通过它们快速创建视图。
- 提供关于数据源的显而易见的信息，包括刷新时间、数据源、假设、原始发布者的联系信息等。
- 创建一个具体的沙盒项目或区域，用户可以在其中存储成果并获得自信。

12.10　共享连接、数据模型以及数据提取

Tableau 的数据服务器在提供数据管制的同时降低了访问门槛。数据库管理员可以只定义一次数据连接，把它们发布到数据服务器上，并通过应用 Tableau 的对象层级访问管理。接下来，使用 Tableau 的数据分析者就不需要知道底层数据表、连接或驱动连接的相关标准。

12.10.1　提供一个普通的数据资料库

一个企业管理和使用很多不同的数据源是非常普通的现象。交互式数据可能存在于一个数据库中，而历史数据可能维护在另一个完全不同的数据库中。商业用户可能要维护他们自己的预算和预测数据表。而 Tableau 可以很容易地连接这些分布式的数据源，数据服务器有能力把这些连接存储在一个中心位置。这会减少潜在的数据误用，因为 Tableau 用户可以简单地连接到 Tableau Server 以及他们需要访问的数据，而不需要关心底层的源的结构。数据服务器就充当了连接数据库的简单代理，同时充当了文件型源的主机，比如 Excel、Access 文件，甚至是数据提取。

12.10.2 共享数据模型

在本章前面的 Tableau 数据服务器相关的部分学习到了数据源应该怎样发布并被很多不同用户使用。来自共享的数据源的相关元数据允许数据管理员通过下面三种方式管理不一致性：

- 一致的字段别名。
- 一致的字段分组。
- 一致的字段层次应用。

这让企业能够让相关主题领域里最棒的专家来创建计算，并把结果数据模型发布给整个企业，以便从中受益。这些能力减少了对商业规则在解释和应用方面的不确定性，让分析师能在一个工作簿的基础上添加他们自定义的内容，并且进行实时分析。

12.10.3 更新的继承

一旦数据源发布到数据服务器上之后，使用这个连接的工作簿就会自动继承未来对这个数据源的任意更新。这简化了数据源更新的过程，也减少了底层数据变化后产品中仍存在的过期商业规则造成的风险。

12.11 把 Tableau 报表安全地嵌入 Web 网页

如果你的企业习惯于通过一个特定的 Web 入口阅读信息，Tableau 提供了各种方式让你把报表作为交互式的仪表板或静态图像嵌入网页中（仍然保持了和服务器一样的授权和安全框架）。

1. 何时嵌入仪表板

何时应该把一个仪表板嵌入，而非简单地让你的用户直接通过 Tableau Server 访问呢？如果你的用户群体已经熟悉了一个特定的 Web 入口，使用这个网址作为交互式 Tableau 可视化视图和仪表板的存储库就是有意义的。另外，使用你的 Web 入口已经定义的现有安全选项也会带来一些优势。

2. 照顾你的用户

对缺乏技术背景的用户，如果他们在工作中被要求记住太多不同的登录信息和 Web 页面才能访问到信息，那么无疑是让人失望的。很多人都不喜欢技术方面的进步引发的加速变化。学习新工具降低了工作的效率。

通过把 Tableau 内容嵌入一个已有的用户已经熟悉的 Web 入口，在提供 Tableau 带来的诸多好处的同时，也减少了他们不得不适应的变化。

12.12 当你的报表是一个更大的 SaaS 服务时

如果你为客户提供数据可视化服务，希望控制好品牌体验，并非让他们直接访问 Tableau Server，你可以把内容（工作簿、仪表板、可视化）嵌入一个 Web 入口，这个 Web 入口可以携带独特的品牌。经过正确的计划，这种访问方式提供了无缝的整合。你的客户不需要知道底层技术是基于 Tableau Server 的。把工作簿嵌入一个基于网页的报表入口，使你能够为终端用户提供一个单一的一致的产品。

12.12.1 提供一个更加强壮的环境

这些年，不同的团队带着不同的目标创建了很多报表环境，这会导致什么结果呢？公司的一部分可能会依赖 10 年前的 Business Object（另一个商业智能软件）报表，其他部分可能依赖 SSRS（SQL Server Reporting Services）报表来支持每天的决策。Tableau 可以是一个媒介，把不同的工具协调成一个整体的紧密结合的系统。

比糟糕的商业智能还糟糕的是什么？那就是没人能找到好的商业智能。通过为你的用户创建一个整体的无缝环境，他们不需要再追寻和查找报表是否已经存在，产生冗余的可能性也降低了。

虽然达到这个乐观的目标还需要相当大的努力，但是 Tableau 能连接到很多不同数据源的能力，减少了你把数据融入一个整合的系统中所需的时间和复杂度。

12.12.2 怎样嵌入一个仪表板

嵌入仪表板通常归结为下面几个方法：

- 使用 Tableau 的 JavaScript 代码。
- 在一个 iFrame 框架或 Image（图像）标签中使用仪表板的 URL。
- 使用 Tableau 的 JavaScript API 书写你自己的代码。

无论你选择哪个方法，都可以通过所传递的参数来控制你的嵌入式视图。我们将探索三种方法，深入贯彻你可以使用的参数细节。

注意，本小节所有嵌入式解决方案都需要用户通过嵌入式视图登录，就像他们平时直接登录 Tableau 服务器一样。在 12.12.4 小节"嵌入式仪表板的提示与技巧"，你可以学习到更多为读者提供单点登录的方式。

1. 使用 Tableau 的 JavaScript 代码

把一个仪表板嵌入一个 Web 网页中的简单方法是使用 Tableau 在它的 Share（共享）按钮中提供的 JavaScript 代码。你可以设置所嵌入的仪表板的高度和宽度，以及设置工具栏和选项卡是打开 / 关闭的，这就提供了把你的仪表板嵌入另一个 Web 网页的快速机制。下面是结果代码的一个示例。

```
<script type="text/javascript"
src="https://yourtableauserver.com/javascripts/
api/viz_v1.js"></script><div class="tableauPlaceholder" style=
"width:979px; height:662px;"><object class
="tableauViz" width="979" height="662"
style="display:none;"><param name="host_url"
value="https%3A%2F%2Fyourtableauserver.com%2F" /><param name=
"site_root" value="&#47;t&#47;YourSite"
/><param name="name"
value="YourWorkbook&#47;YourView" /><param name="tabs"
value="yes" /><param name="toolbar" value="yes" /></object></div>
```

注意，如何使用标签 \<param\> 来向 Tableau 服务器传递特定的值。通过使用这些标签，你可以传递额外的参数，比如一个初始的过滤器。例如，下面的句子将通过限制 Region 维度为只有 West 对嵌入的视图在初始化阶段进行筛选。

```
<param name="filter" value="Region=West"/>
```

参数 name 和 site_root 是嵌入一个视图时必要的参数。

2. 使用一个 iFrame 或者 Image（图像）标签

另一个选项是在一个 iFrame 或者 Image 标签中使用仪表板或视图的 URL。额外的参数也能够传递，但必须被包含在 URL 之后。embed 参数是必需的，其他所有参数都是可选的。使用 iFrame 的嵌入式视图的一个示例后面有展示。仪表板仍然被筛选为只显示 West 的区域，并且把日期限制在 2012 年 6 月 1 日。

```
<iframe src="https://yourtableauserver.com
/t/views/MyWorkbook/MyDashboard?:
embed=yes&Region=West&Date=
2012-06-01" width="800" height="600"></iframe>
```

注意需要的参数 embed 必须最先被设置。一个值 Yes 隐藏了 Tableau 默认的导航选项和位于视图下方的评论区域。视图下面的工具栏和共享链接也被删除了。

3. 撰写你自己的 JavaScript API 接口

你可以利用 Tableau 的 JavaScript API 撰写自己的代码。这通常是 Web 开发者喜欢的方式，他们要把 Tableau 视图嵌入已有的 Web 应用中并且寻求更深层控制。

Tableau 提供让开发者与嵌入式视图实时交互的能力。通过监听 Tableau 视图产生的事件，开发者可以捕捉用户触发的动作并且用丰富的交互方式作为回应。例如，开发者可以回应用户在嵌入式视图中对标记点的选择，并且在他们的 Web 应用中触发一个响应。开发者还可以交互式地设定筛选器，并且在嵌入式视图中实时选择标记点，不再被限制在只能在视图加载之前设定一个初始化的值。优点是这些 API 函数中的每一个都是模仿用户在视图中操作的动作来制定的，这意味着不需要页面刷新。结果它在你的应用和嵌入的 Tableau 报表之间提供了完全无缝的衔接体验。

参考第 13 章关于使用 Tableau Server API 的详细内容。

12.12.3　通过参数传递实现进一步控制

无论你使用 iFrame 还是 JavaScript，都可以向视图传递额外的参数。搜索 Tableau 的相关网页来查找所支持参数的完整列表。

12.12.4　嵌入式仪表板的提示与技巧

最近两年，Tableau 已经把嵌入过程流程化了。下面的提示和技巧提供了一些关键考量。

1. 针对维度、度量、日期时间的筛选器格式

当传递维度筛选器参数时，可以简单地通过逗号区分的列表列举每个值。要在多个维度上做筛选时，需要用 & 来区分每个不同的维度。通用的格式如下：

```
Field=Value1,Value2,Value3&Field2=Value1,Value2
```

在度量上，你可以通过同样的显式值传递的方式进行筛选。但是，Tableau 服务器并不支持通过一个值范围或者大于或小于的逻辑进行筛选。

要在日期或日期 / 时间字段上筛选，使用下面的格式：

```
DateField=yyyy-mm-dd hh:mm:ss
```

当筛选一个日期 / 时间字段时，时间组件是可选的。

2. 了解字符的限制

理论上，你传递到嵌入式视图的参数值的数量是没有限制的。然而，你可能最终受限于终端用户浏览器对 URL 长度的制约。尽管 HTTP 协议并不对 URL 的长度施加任何限制，很多现代的浏览器也可以处理长达 80 000 个字符串长度的 URL，IE8 和 IE9 的最大字符数限制只有 2 083 个。

你应该保持 URL 长度低于这个限制，以确保它的可适应性。要记住是完整的 URL，而不只是参数和对应的值，都要包含在这个长度之内。

12.13　使用可信通行证认证作为另一种单点登录方式

当嵌入式视图被访问时，会使用与 Tableau Server 上启用的相同的认证模式来验证用户的标识。例如，如果你的服务器被配置为使用本地认证，用户将需要通过嵌入式视图提供的界面登录。如果用户已经在 Web 应用中认证过了，就太麻烦了。要解决这个问题，Tableau 提供了一系列选择来实现单点登录式认证，让你的用户组被 Web 应用认证之后不需要再被任何嵌入式的 Tableau 视图认证。

如果你的服务器配置为使用 Active Directory 和 SSPI，只要你的用户属于 Active Directory 并且是一个具有授权的 Tableau Server 用户，就可以在 Web 服务器上启用 SSPI 作为单点登录方案。在其他情况下，你还需要使用可信通行证认证作为单点登录实现方式。

当使用可信通行证认证时，Web 服务器承担对用户进行认证的全部责任。在嵌入视图之前，Web 服务器向 Tableau Server 传递两个 POST 参数：

- Username（必须与具有授权的 Tableau Server 用户匹配）。
- Client_ip。

Web Server 将会接收到一个形式为 unique_id 的回应，它用在嵌入式视图的 URL 中，如下所示：

```
https://yourtableauserver.com/
trusted/unique_id/t/views/MyWorkbook/MyDashboard?:embed=yes
```

如果你在使用 JavaScript，那么票据参数的用法如下：

```
<param name="ticket" value="unique_id"/>
```

一旦 unique_id 生成，它必须在 15 分钟内在一个匹配 client__ip 所描述的机器上兑现，否则就会被认为已经失效。当 Tableau Server 收到请求后，用户就像已经通过登录界面认证那样登录，之后可信通行证 URL 被解析为标准请求的形式。

在一个 Web 服务器能够处理可信通行证认证请求之前，它必须首先进入 Tableau Server 认可的"白名单"。这可以通过使用下面的 TabAdmin 命令来完成，其中 xxx.xxx.xxx.xxx 代表任意受信任的 Web Server 的 IP 地址：

```
tabadmin set wgserver.trusted_hosts "xxx.xxx.xxx.xxx, xxx.xxx.xxx.xxx"
```

12.14　使用订阅通过 E-mail 分发报表

有没有一些仪表板或视图是你每天都需要看的？ Tableau Server 可以按照预定好的计划发送给你 E-Mail 通知，其中带有链接指向你需要的内容。Tableau 通过订阅实现这一功能。默认情况下，Tableau Server 的订阅功能是不激活的。这个功能必须通过管理员开启。参见第 11 章查看细节。接下来将学习怎样订阅视图。

12.14.1　创建订阅计划

一旦订阅被激活，你将能够订阅喜欢的视图并且定期接收到 E-Mail 消息。图 12-36 显示了一个 Tableau Server 的计划列表。

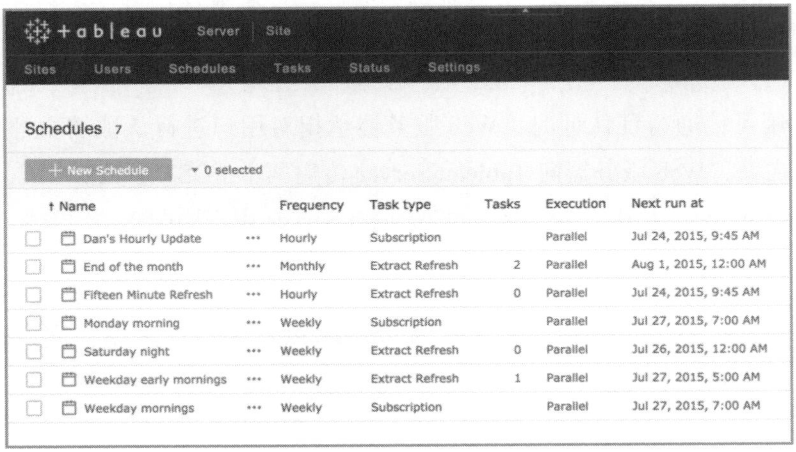

图 12-36　周期计划

计划列表包含一个笔者添加到 Tableau Server 中的自定义计划（Dan's Hourly Update）。注意，Tableau 提供了一个具有不同时间增量的计划列表。同时注意，这些计划还控制了 Tableau 的数据提取运行的时间。假设你具有访问权限，可以查看订阅运行的历史记录。图 12-37 显示了订阅历史列表。

两个订阅的运行已经结束：一个包含单一视图，另一个包含源工作簿中的所有工作表。

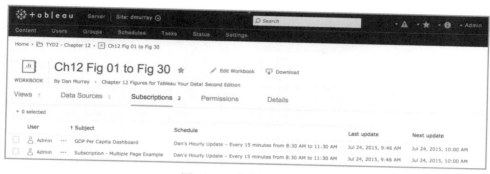

图 12-37　订阅运行历史

12.14.2　对视图的订阅

创建一个订阅需要 3 个步骤：

（1）找到你希望订阅的视图。

（2）单击浏览器窗口右上角的邮件图标。

（3）完成订阅对话框的填写。

图 12-38 显示了订阅对话框。

图 12-38　创建一个订阅

　　笔者的 E-Mail 地址被服务器自动添加进去了，这是由管理员定义的。按你的需要输入主题，这将会出现在你的 E-Mail 的头部。从下拉列表框中选择合适的周期计划，之后决定你要接收一个单一视图还是工作簿中所有的视图。到了计划的时间，Tableau Server 会创建一个包含视图图片的 E-Mail。图 12-39 显示了由订阅产生的 E-Mail 消息。

　　最终的 E-Mail 包含一个仪表板视图。如果你能够连接到互联网，单击这个 E-Mail 视图会在 Tableau Server 上打开这个视图。你甚至可以从一个手机或平板计算机上访问这个订阅。注意图 12-39 底部的链接 Manage my subscription settings，这是另一个必须通过管理员开启的可选设置。把它添加到订阅中就提供了访问设置屏幕的方法，在那里可以设置订阅选项。这样就允许用户来修改订阅设置了。

　　订阅是一个接收频繁访问的工作簿视图的方便方式。在第 13 章，你将学习让 Tableau Server 自动化的更复杂的方法，比如通过 API 以及 Tableau 的命令行工具。

图 12-39　一个订阅邮件

12.15　注释

1. James C. Collins, Good to Great：Why Some Companies Make the Leap—and Others Don't (New York：HarperBusiness, 2001), 88。

第 13 章
自动化 Tableau

随着 Tableau Server 部署的扩张，你要管理的用户数量和数据数量都会大幅增长。Tableau 提供了 3 个命令行工具和一系列 API 来帮助你把日常任务自动化。这些工具提供的大部分函数在 Tableau Server 的用户界面中是可以直接访问的。

使用 Windows 下的 Notepad（或者任何你喜欢的文本编辑器），你可以通过一个批处理文件让 tabcmd 实现自动化运行。之后，通过 Windows 的计划任务，你可以设定一个特定的时间或者基于一个具体的触发时间，触发这个批处理文件的执行。发布者可以使用类似的技术自动化对数据提取的刷新，而不需要打开 Tableau Desktop 或者使用 Tableau Server 中的 Data Extract 命令行工具。当然，很多流行的脚本语言或者编程语言都可以调用 Tableau 的命令行函数来实现任务的自动化。你怎样使用这些工具只受限于自己的需求和创造性。

如果你是一个系统管理员并且习惯于撰写脚本，使用 Windows 的命令处理器和计划任务，在把 Tableau 的命令行工具或 API 与你现有的工具集协调在一起时，将不会有任何困难。很多人不使用这些工具，因为它们的全部功能并没有被彻底理解，或者他们没有看到具体的使用样例。Tableau 在自己的网站上提供了很好的介绍视频。通过搜索 *On Demand Training* 和在 Server 部分查找 tabcmd 和 tabadmin 可以找到这些视频。

13.1　Tableau Server 的 API

Tableau 向 V8 版本中添加了一系列 API，为管理员实现日常工作和复杂任务的自动化提供了更多的工具。这些 API 包括：

- Tableau Server 的 REST API。
- 数据提取 API。

Tableau Server 的 REST API 提供了管理员用程序方式来管理 Tableau Server 资

源的另一种机制。不像 tabcmd 工具，REST API 是一种 Web 服务，不需要安装，也不需要从命令行调用。

数据提取的 API 让用户能够使用他们自己喜欢的语言（Python、C/C++ 或者 Java）从各种数据源创建提取文件。

13.2 tabcmd 和 tabadmin 能做什么

Tableau 的两个命令行工具是 tabcmd 和 tabadmin。tabcmd 提供了执行工作流任务的功能，比如发布工作簿、添加用户或者把工作簿导出为图像或数据文件。tabadmin 是为服务器管理员设计的，可以用来配置服务器选项、激活用户、重设密码以及其他与管理企业内服务器部署和使用相关的任务。

具有发布权限的用户可能希望使用 tabcmd 对与更新和发布数据源相关的重复性工作实现自动化。一个服务器管理员可以利用 tabadmin 设置一个新节点、授权或恢复用户权限、备份数据、改变默认会话的有效时间设定（在改变这些设置前，最好从 Tableau 的支持团队或合作伙伴那里获取相应信息）或重设用户密码。你可以把 tabcmd 看作用来帮助发布和共享的人的一个工具；把 tabadmin 看作为具有管理责任的员工准备的自动化工具，帮他们控制访问、调整设置或者观察系统状态。

13.2.1 安装命令行工具

当 Tableau Server 安装后，tabcmd 和 tabadmin 就会被自动安装在 Tableau Server 的 bin 文件夹中。根据你使用的操作系统的不同（Windows 的 32 位版本或 64 位版本），程序会安装在下面的位置之一：

- 32 位：`C:\Program Files\Tableau\Tableau Server\9.1\bin`。
- 64 位：`C:\Program Files (x86)\Tableau\Tableau Server\9.1\bin`。

如果你在使用不同版本的 Tableau Server，关于版本的 9.1 应该替换为你使用的具体版本号。如果你在运行一个分布式的环境，有多个工作站主机，并且你希望在其中一台或多台工作站主机上使用 tabcmd，就必须在那些主机上安装 tabcmd 程序。为此，Tableau 提供了一个安装程序：

- 32 位：`C:\Program Files\Tableau\Tableau Server\9.1\extras\Tabcmdinstaller.exe`。
- 64 位：`C:\Program Files\Tableau\Tableau Server\9.1\extras\Tabcmdinstaller.exe`。

把 Tabcmdinstaller.exe 程序复制到你希望安装的计算机上，并且双击以运行这个程序。这个程序会在安装过程中给出相应提示。Tableau Software 建议在根目录安装 tabcmd 程序 （`C:\tabcmd`）。

因为这个安装程序并不会自动把包含 tabcmd 或 tabadmin 的 `bin` 文件夹添加到 Windows 系统的 PATH 系统变量中，所以你必须手动进入这个 `bin` 文件夹的子目录中才能运行这个程序。你也可以修改计算机的 PATH 系统变量，让它包含这个 `bin` 文件夹的路径来避免这种不便。这样，你就可以直接运行这个可执行命令而不需要手动进入计算机的 `bin` 文件夹位置了。要开始使用 tabcmd，就要打开 Windows 的命令提示窗口。图 13-1 显示了在 Windows 7 环境中你该如何做。

如果你在使用一个不同版本的 Windows，那么可以通过搜索计算机的硬盘来找到这个 Accessories（附件）文件夹，进入这个文件夹目录中，单击 Command Prompt 就可以打开命令提示窗口。为了能够访问 tabcmd 程序文件，必须首先导航到上述 `bin` 文件夹中的一个。

图 13-1　打开 Windows 的命令提示窗口

如果你在使用 64 位版本的 Windows，输入下面的命令并且按回车键：

```
cd "C:\Program Files(x86)\Tableau\Tableau Server\9.1\bin"
```

这会把当前目录改变到包含 tabcmd 程序的 `bin` 文件夹中。假设你的 Tableau Server 地址是 `http://mytableauserver.com`，并且 Tableau Server 使用的端口是 80，通过把以下命令输入命令提示窗口中就可以开启一个 tabcmd 的会话：

```
tabcmd login -s http://mytableauserver.com -u USER -p PASSWORD
```

注意在“.com”之后的字符是要区分大小写的。

上面的命令是以 tabcmd 的 login 命令开始的，`-s` 后面就是你的 Tableau Server 节点的 URL，你应该用 Tableau Server 具体的安装位置来替换上面的地址。再之后就是通过 `-u` 和 `-p` 两个可选变量指定的用户名和密码。

本例中使用的 Tableau Server 是安装在一个笔记本式计算机上的本地安装。用户名是 admin，密码也是 admin。登录这个服务器的命令行显示在图 13-2 中。

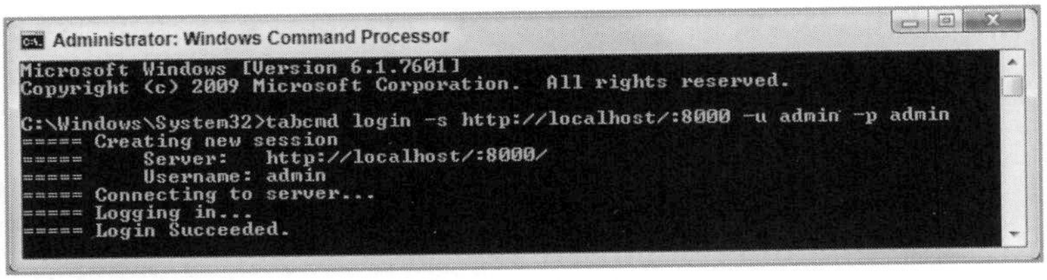

图 13-2　tabcmd 登录示例

注意以上命令行中服务器地址的部分还包含其他的元素（:8000），定义了这个本地服务器示例的 TCP/IP 端口号，这是需要的，因为赋予本地服务器的端口并不是 Tableau Server 通常使用的默认端口号。你可以在 Tableau Server 在线手册中搜索 *TCP/IP Ports* 来找到更多与默认端口设置相关的细节内容。完成这个步骤后，你就可以向 Tableau Server 发出其他命令了。

13.2.2　设置 Windows 的 PATH 变量

如果你希望避免每次在运行一个可执行文件时都要手动把当前的目录移动到 Tableau Server 的 bin 目录中，就可以把这个 bin 文件夹添加到 Windows 的 PATH 系统变量中。你可以通过 Windows 的控制面板来编辑 PATH 变量，在 Control Panel（控制面板）中单击 System（系统），再单击 Advanced System Settings（高级系统设置），之后单击 Environmental Variables（环境变量）按钮，就会打开如图 13-3 所示的对话框。

如果这对你有点难，那么可以在网络上找到免费的工具让这个过程更容易，这些工具能提供一个更大的编辑窗口。图 13-4 显示了一个免费的叫作 Eveditor 的工具，其中 PATH 系统变量被编辑以包括这个 bin 文件夹。

图 13-3　通过控制面板编辑 PATH 系统变量

把 Tableau Server 的 bin 文件夹添加到 PATH 变量中，就不需要在每次运行 tabcmd 或者在一个批处理文件中执行 tabadmin 的时候都要手动改变当前目录。稍后，你将看到怎样在可执行的批处理文件内部动态设置 PATH 命令，动态设置文件的路径使得 tabcmd 总能找到它需要执行的脚本。

记住，第三方工具（比如 Eveditor 这个 Windows 环境变量编辑器）并不受 Tableau Software 支持。你可能会成功地使用 Eveditor 或者其他工具并且喜欢上它们，但是也可能会遇到问题。这就不属于 Tableau Software 的控制范围了。

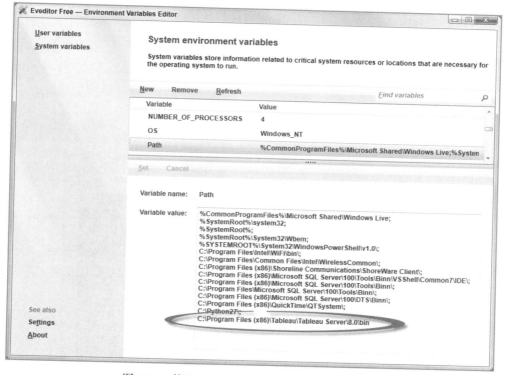

图 13-4　使用一个免费编辑工具编辑 PATH 变量

13.2.3　tabcmd 能执行哪类任务

这个 tabcmd 工具能够将日常的任务自动化，具体包括以下相关的管理流程的活动：

- 用户、组、项目和节点。
- 数据管理、发布、更新。
- 会话管理。
- 安全、节点列表。
- 服务器版本信息。

用户能够访问和控制的层级取决于使用 tabcmd 赋予用户的管理权限的类型。系统管理员可以管理数据连接、组、项目以及工作簿。他们能够把用户添加进组和项目中，但不能改变用户的授权级别。系统管理员有全部的权限，包括赋予用户授权级别和管理服务器本身。系统管理员可以把一些管理角色赋予节点管理员。管理角色决定了节点管理员可以获得多少控制能力。节点管理员可以管理组、项目、工作簿和数据连接。如果系统管理员许可，他们还能够添加和删除节点用户。

目前这个 tabcmd 工具提供了 27 个功能以及其他 12 个全局选项设置。

你可以在 Tableau Server 在线手册的 tabcmd 命令部分找到所有功能参考，地址为 `http://onlinehelp.tableausoftware.com/current/server/en-us/tabcmd.htm`。

tabcmd 还有一个自带的帮助函数，通过输入命令 `tabcmd help commands` 可以获取可用的帮助列表。图 13-5 显示了帮助命令的输出。

图 13-5　tabcmd 的帮助命令输出

输入 `tabcmd help` 之后指定一个具体的命令名，会针对这个命令生成更加完整的选项。

13.2.4　学习利用 tabcmd 命令

在下面的示例中，你将看到使用越来越复杂的 tabcmd 命令的用法，包括：

- 手动创建和运行一个 tabcmd 脚本。

- 创建一个 Windows 批处理文件 batch (.bat) 来运行一个存储的脚本。
- 使用 Windows 的 Task Scheduler（任务计划）来自动运行一个已存储的脚本。

13.2.5　使用 tabcmd 手动输入和运行一个脚本

使用 tabcmd 基本的方式是手动输入命令，这些命令也可以从 Tableau Server 手动访问。这是你在尝试创建一个自动运行的 tabcmd 脚本之前测试 tabcmd 能否运行的好方法。

内容管理者的常见任务就是在服务器上创建组，并且把用户划归到这些组中。图 13-6 显示了用来创建一个名为 Executives 的新组的脚本。

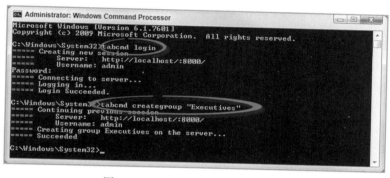

图 13-6　向服务器中添加一个新组

图 13-6 中的第一个命令 tabcmd login 开始了一个新的会话并提示用户输入密码。你也可以通过添加 -p 或 --password 把密码直接附加在 login 命令的后面。脚本 tabcmd creategroup"Executives" 在服务器上创建了额外的新组。在脚本的底部可以看到 tabcmd 提供了执行过程的状态，最后确认操作成功。

下一步是把用户添加到组中。通过创建一个可用用户名的列表（egroupadd.csv）并且把它存储在 Tableau Server 的 bin 文件夹中，tabcmd 可以把这些具体的用户加入 Executives 组中。图 13-7 在左侧显示了服务器用户列表（Allen、Bill、Cal、Dave、Eric），在右侧可以看到执行的脚本。

这就是把用户添加到组中所执行的脚本：tabcmd addusers "Executives" --users "egroupadd.csv"。

这些动作也可以在 Tableau Server 的 GUI（图形用户界面）环境中实现，但若要做出频繁的变化或者有很大数量的用户需要设定，则 tabcmd 无疑是更高效率的设定组成员的方式。

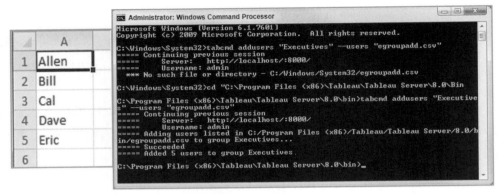

图 13-7　调整用户到新的组中

13.2.6　通过批处理文件运行 tabcmd 脚本

如果你经常使用同样的脚本，那么可以使用一个文本编辑器来创建和存储这些脚本以供未来再次使用。Windows 提供了一个叫作 Notepad 的文本编辑程序，可以用来输入和存储一个 tabcmd 脚本。Notepad 通常位于 Windows 的"附件"文件夹。另一个 Windows 的应用——任务计划（Task Scheduler）可以被用来调用通过 Notepad 存储起来的脚本。当然，还有很多其他的程序和工具可以完成这个功能，但这是 Windows 本身的工具集成员。

13.2.7　创建批处理脚本的步骤

无论你喜欢使用 Windows 的 Notepad 还是其他的文本编辑软件，创建一个批处理脚本的基本步骤都是相同的：

1）在 Notepad 或其他文本编辑器中创建 tabcmd 脚本。

2）把脚本存储为扩展名为 .bat 的可执行批处理文件。

3）双击批处理文件来执行脚本。

在这个场景中，脚本仍然是手动运行的，虽然你不需要手动输入每个指令来做出改变、输出数据或者更新文件。这些可能是你定期需要重复的工作，足够频繁到你希望存储成一个脚本，但不够频繁到你需要它完全自动化运行。

在下一个例子中，你将会看到怎样在一个文本处理器中创建一个脚本，把脚本存储为一个批处理文件，之后执行这个脚本并使用一个 CSV 源文件来提供需要在 Tableau Server 中更新的用户名和权限。

假设你有 5 个新用户要添加，并且为他们都赋予了交互者的授权。图 13-8 显示了包含用户名称的 CSV 文件。

创建一个能够适应工作的灵活脚本是我们的目标。这需要有一些 Windows 命令和 tabcmd 的知识。图 13-9 显示了一种能够成功添加用户的方法。

图 13-8　包含用户名称的 CSV 文件

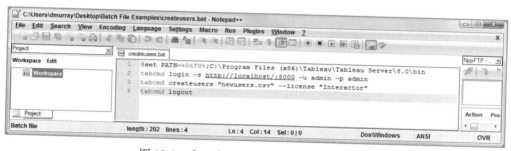

图 13-9　在一个 .bat 文件中创建和存储脚本

要让批处理文件正确地运行，就需要它和包含要添加到 Tableau Server 中的用户名的 CSV 文件处于同一个目录中。图 13-9 中第一行代码 @set PATH=%PATH% 定义了本地找不到任何文件元素时会到哪些路径搜索文件。这些 Windows 命令允许你仅仅为这个批处理的会话定义搜索路径。相比把数据文件与 Windows 的系统文件混杂在一起（不是一个好的做法），这无疑是一个更好的方式。还有一个好处只有在批处理文件执行时才有效，使得之前永久性改变 PATH 系统变量的做法就不需要了。

图 13-9 的剩余脚本包含上面通过 set path 命令指定的 bin 文件夹中的 tabcmd 命令。实际上，你可以用这种方法为很多希望分开在不同位置存储的文件定义不同的路径。

下面的列表可能比图 13-9 更容易读懂。改变具体的代码以匹配你的系统设置和创建的用来调用新用户的 CSV 文件的名称。

- 第 2 行：登录 Tableau Server 中。
- 第 3 行：从 newusers.csv 文件中创建用户。
- 第 4 行：从 Tableau Server 中登出。

当程序开始后，你会看到每个命令行的运行，当它结束时命令窗口会自动关闭。图 13-10 显示了一个 Windows 命令行程序窗口的截屏（正在运行脚本）。

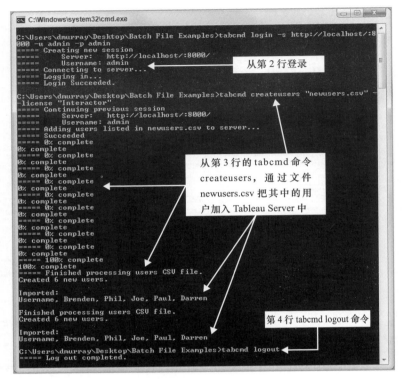

图 13-10　脚本的执行

当程序结束时，窗口会自动关闭。如果你希望它保持开启状态，就需要向脚本中添加第 5 行代码并使用 Pause 命令。只需要短短几行代码，就可以更新非常多的记录。如果你没有使用 Active Directory 来处理 Tableau Server 的安全问题，这个方法提供了一个快速的方式来从一个文件中调用成百上千的用户。

13.2.8　使用 Windows 计划实现全自动脚本运行

通过把前面示例中的批处理文件添加到 Windows 的任务计划中，这个文件可以基于一个触发事件或一个具体的时间周期被调用执行。比如，如果你有一个不断扩展的用户库，那么可能都每天都在系统中创建新用户。系统管理员可以把新用户添加到文件 Createuser.csv 中，并且计划每天在一个特定的时间执行。图 13-11 显示了任务计划的应用。这里创建了一个新的任务，每天向 Tableau Server 中添加用户（ADD USERS to Tableau Server(daily)）。下面是定义计划的步骤。

1）在 General（通用）选项卡中，对任务进行命名和描述，并且设置安全选项。

2）在 Triggers（触发器）选项卡中，定义怎样触发动作（每天早上 7:00）。

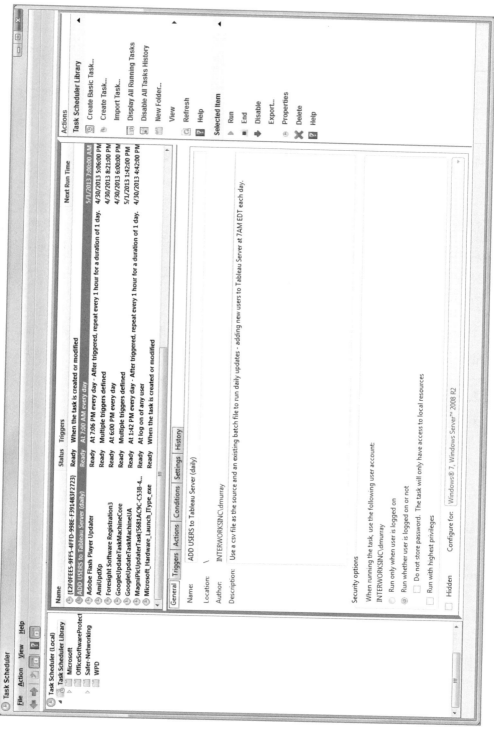

图 13-11　任务计划窗口

3）在 Actions（动作）选项卡中，选择要运行的批处理文件（指向 Createuser. bat 文件）。

4）在 Conditions（添加）选项卡中，对运行设置需要的限制。

5）在 Settings（设置）选项卡中，指定影响任务行为的额外设置。

这将使得文件以一个规律的周期运行，而不需要手动选择批处理文件。图 13-11 显示了自动添加新用户的任务计划。

即便你在休假中，只要通过 newusers.csv 文件添加用户名和授权的脚本，就可以继续定期更新。

13.2.9　使用 tabcmd 的常见用例

利用 tabcmd 把重复性和高强度工作自动化有很多种不同的方式。如果你发现自己经常做重复性的任务，就应该考虑使用 tabcmd 把这个过程自动化，以节约时间、改善准确性，并且可以增加共享和更新文件的方式。

下面提供的示例的目的是为你提供使用 tabcmd 的不同方式的参考。毫无疑问，你会想出更多的方式来把频繁需要消耗注意力的任务自动化。

1. 从工作簿获取预测数据

Tableau 的预测能力可以基于历史模式创建初始的预测。tabcmd 的 Export 功能就可以用来从一个工作簿视图中发布预测数据。把数据导出为 CSV 格式，之后就可以被用来更新源数据库或电子表格。这个预测的初步视图可以在之后进行调整并存储到数据库中。

甚至历史数据也可以发布。即便使用 Tableau 分析数据可能更简单，但有些用户可能没有使用权限。你可能希望把导出的 PDF、PNG、CSV 文件共享给不能使用 Tableau 的用户。或者，你可能把打包的工作簿发布给特定的合作伙伴，允许他们访问你的服务器上的特定内容。

2. 通过 tabcmd 实施数据治理

你可能希望创建一个质量控制目录用来发布原始文件，在经过审查和通过后，再使用 Publish 命令把这个初步的文件移动到一个产品组或项目中。这是一个有意思的策略，取代那些笨手笨脚的质量控制方法。IT 人员不必过于集中关注最终的报表，而是把精力放在确保数据提取文件的质量和为阅读者提供一个经过审查的初始视图，它们可以被修改来适合不同的需要。

3. 通过 tabadmin 使管理任务自动化

tabadmin 工具集是为了给服务器管理员使用，他们负责配置和管理 Tableau Server 的数据和元数据。tabadmin 有自己的一系列命令来完成特定的功能。你可以在下面的地址找到 tabadmin 的完整命令列表：`http://onlinehelp.tableau.com/current/server/en-us/tabadmin_cmd.htm`。

一般来说，只有非常有限数量的技术员工的任务是开发、维护、监控系统性能。这些任务都需要使用 tabadmin 来完成，包括：

- tabadmin 的帮助。
- 执行系统备份与恢复。
- 显示系统状态的信息。
- 清理服务日志文件。
- 重设 Tableau Server 账号的密码。
- 开启或关闭到 Tableau Server 的 Postgres 数据库的访问。
- 创建压缩的日志文件。
- 停止 Tableau Server。

4. 启动 Tableau Server

这个 `tabadmin` 命令工具还对一些额外的任务有用。下面列表中的一些推荐请在 Tableau Software 的支持人员或者经验丰富的 Tableau Server 合作伙伴的指导下尝试。

- 改变默认的查询失效时间。
- 改变空闲用户默认的失效限制。
- 创建一个服务器日志文件。
- 配置 Tableau Server 的进程。
- 打印 Tableau Server 的授权信息。
- 打印活跃用户的信息。
- 设置主入口和辅入口节点主机。
- 通过 `configure` 命令执行系统改变。

这个 tabadmin 的命令行工具是用来维护服务器安全和性能的主要工具。Tableau Software 在自己的网站提供了详尽的文档。参考第 11 章获取更多关于设置和配置的细节。参考 Tableau 的在线帮助 *Tableau Server Administrator Guide*，地址为 `http://onlinehelp.tableau.com/current/server/en-us/help.htm#ports.htm`，以获取默认的 TCP/IP 端口设置的细节。

Tableau 的在线手册是一个宝贵的资源，有关于 Tableau Server 最新的信息。

13.3 利用数据提取 API 使提取自动化

Tableau Server 提供了一个简单易用的提取刷新计划，能满足大部分发布者和服务器管理员的需求。但可能有时你需要一个在 Tableau Desktop 和 Tableau Server 之外的解决方案。有两个常见的场景：

- Tableau 并不能提供连接到你希望使用的数据源的一个本地连接。
- Tableau Server 不能访问你希望刷新的数据。

第一个场景需要使用 Tableau 的数据提取 API（Data Extract API），而第二个场景可以通过发布者使用安装在他们自己机器上的 Tableau Desktop 来解决。

13.3.1 数据提取 API

数据提取 API 为开发者提供了一个工具，可以用来创建从任意源访问和操作数据的程序，并且能把那些数据转化为一个 Tableau 的数据提取文件。在数据源并不能由 Tableau 提供本地访问的支持时，数据提取 API 尤其有用。它可以用来在 Tableau Server 之外把创建提取和刷新提取的工作自动化，数据提取的命令行工具（Data Extract Command-Line Utility）（`http://onlinehelp.tableau.com/current/pro/online/mac/en-us/extracting_TDE.html`）更能够让你不通过撰写程序来处理这些任务。

使用数据提取 API 并不需要购买 Tableau Desktop 或者 Tableau Server，并且它还有 32 位和 64 位版本的 Python、C/C++ 以及 Java 的 Windows 和 Linux 的各种版本。在撰写本书时，Tableau 还没有提供一个 Mac 的解决方案。

要开始使用，请访问 Tableau 的 Get the Data Extract API 页面（`http://www.tableau.com/data-extract-api`）。在接受了授权协议之后，就会提供下载软件包的语言和环境选项供你选择。每个软件包都包含文档和展示 API 用法的示例，这些都是与你选择的语言和环境相匹配的。在本节，你将使用 Python 语言，因为它是免费的、易用的，并且还有很庞大的社区支持。

从 Python 的网站（`https://www.python.org/downloads`）下载和安装 Python 2.7.x 版本，根据你的硬件选择 32 位或 64 位的版本。对于 Windows 用户，Python 提供了一个 MSI 安装包，会自动为你安装。默认情况下，Python 会安装在你的 C 驱动器的根目录并且在文件夹中会嵌入版本号：`C:\Python27`。为了不在每次使用 Python 时都需要进入这个目录中，更有效率的方式是把这个路径加入系统的 PATH 环境变量中，你可以通过 Control Panel（控制面板）→ System（系统）→ Advanced System Settings（高级系统设置）→ Environment Variables（环境变量）来设置。

Python 安装完毕后，就要安装 Tableau 的 Data Extract 模块了。找到下载的文件并且展开它的内容。在展开的文件夹中会有一个名为 `setup.py` 的文件，你要用它来安装这个模块。打开 Windows 的命令行窗口，进入展开的文件夹目录，输入命令：`python setup.py install`。

随着 Python 安装这个模块，一系列提示会显示出来。当它安装完成后，你将会被带回到命令提示窗口。要测试这个模块是否安装成功，先通过输入命令 `python` 来打开 Python 解释器。

展示给你的是一个命令行窗口界面，在这里你可以在提示符 `>>>` 后面输入命令。输入命令 `import dataextract` 来测试模块是否安装成功。如果没有出现错误，这个模块就安装成功了。输入 `exit()` 可以退出这个 Python 解释器。

在展开的文件夹中有一个示例文件夹，在其中，Tableau 提供了一个名为 csv2tde.py 的 Python 脚本示例。在你对相应的 `schema.ini` 文件做简单的修改后，就可以用这个脚本把现有的任意 CSV 文件转化为一个 Tableau 的数据提取文件。运行这个脚本需要一个命令。先在你喜欢的文本编辑器中打开这个 `schema.ini` 文件，它的内容是：

```
[myfilename.csv]
ColNameHeader=True
col1=col1name col2datatype
col2=col2name col2datatype
...
```

在这个 `schema.ini` 文件中，提供了 CSV 文件的名称以及关于它包含的列的信息。对每一个列，它提供了名称以及与其对应的下列数据类型之一：

- Bit。

- Byte。
- Short。
- Long。
- Integer。
- Single。
- Double。
- Date。
- DateTime。
- Text。
- Memo。

完成后，把你的 CSV 文件、schema.ini 以及 csv2tde.py 的 Python 脚本文件放在同一个目录中。之后，在命令提示符后面输入命令来运行这个脚本：python csv2tde.py myfilename.csv。

随着脚本的运行，你将看到一个通知，提示你提取文件正在被创建，以及完成程序的运行将花费的总时间。

虽然在大部分场景中你不会使用这个 Extract API 来从 CSV 文件中生成数据提取文件，但这个脚本还是很好地展示了创建任意 Extract API 程序的普遍步骤：

1）导入 API 模块。

2）创建一个 extract 对象。

3）给出提取表格的定义（列名称和数据类型）。

4）利用给出的定义在提取文件中创建一个表格。

5）通过遍历数据，向提取文件的表格中添加包含数据列的记录行。

6）任务完成后，使用函数 close() 关闭提取文件。

接下来让我们看看在 Python 中使用 Data Extract API 从网页中提取数据并把这些信息附加在一个文件中的一种方法。

13.3.2　在 Python 中使用数据提取 API

在这个示例中，我们使用 Python 和数据提取 API 来创建一个提取文件，并把新的数据添加到一个已有的 Tableau 数据提取文件（.tde）中。这个示例数据是从美国政府网站上拉取的美国 48 个州的二月份平均温度数据，所创建的提取文件包含 3 个列：

- Date。
- Average Temp。
- Anomaly。

示例的脚本文件中，以 # 符号开始的行是注释行，在 Python 中会被忽略。程序中的前 3 行导入了提取文件和其他必要模块。这个程序使用的重要的 Python 关键字如下。

- def：用来创建一个新的用户自定义函数。
- try：指定异常处理。
- finally：在 try 描述的末尾执行以回收资源。
- if：用来判断哪个语句将会被执行。
- return：执行函数后返回一个值。
- print：打印（输出）到控制台。
- with：是一个声明资源的语句，它能确保声明的资源（在这里就是提取文件）被关闭，即便是在异常出现的情况下。

在开始真正的工作之前，会先输出一个小的标题提示。之后有两个调用，每个都调用了 download_noaa_data，但有着稍微不同的请求。这个 download_noaa_data 函数是一个工具函数，执行高级别的动作，包括从给定的 URL 拉取数据，调用其他函数来填充提取文件。重要的一点是，提取文件通过使用 with 语句来确保它被正确地关闭。它通过调用 create_table_if_needed 语句来确保提取文件中的表格是存在的。之后，这个脚本打开表格，并获取表格定义。天气数据被解析到正确的文本格式。4 行标题文本被忽略，之后剩下的每个行都被分割为一个单独的部分。这些部分被转化为 Python 的数据类型，并传递给 create_row 函数。退出 with 语句后就会关闭文件，之后把 urlopen 语句返回的对象关闭，程序结束。

函数 create_table_if_needed 会检查当前是否已经存在所需的提取表格，如果不存在，就创建表格。它根据 TableDefinition 给出的列创建表格并通过调用 addTable 把表格加入提取文件中。这部分脚本使用了 Type 类常量来指定在 addColumn 调用中列数据的类型。

函数 Create_row 生成一个 Row（行）对象，并且根据函数的参数设置每个列的值。之后它调用 insert 方法把新的数据行插入表格中。

下面是 Python 脚本的示例。

```python
# Tableau Data Extract API requires Python 2.6 or higher and is
not compatible with Python 3.
# http://onlinehelp.tableau.com/current/pro/online/en-us/extract-
ing_TDE_API.html for more information.

import datetime
import urllib2
import dataextract as tde

# Given data for a row, create and add to extract.
def create_row(tde_table, tde_table_def, date, avg_temp, anomaly):
    tde_row = tde.Row(tde_table_def)
    tde_row.setDate(0, date.year, date.month, date.day)
    tde_row.setDouble(1, avg_temp)
    tde_row.setDouble(2, anomaly)
    tde_table.insert(tde_row)

def create_table_if_needed(tde_file):
    if not tde_file.hasTable('Extract'):
        tde_table_def = tde.TableDefinition()
        tde_table_def.addColumn('Date', tde.Type.DATE)
        tde_table_def.addColumn('AvgTemp', tde.Type.DOUBLE)
        tde_table_def.addColumn('Anomaly', tde.Type.DOUBLE)

        tde_file.addTable('Extract', tde_table_def)

def download_noaa_data(url):
    data = urllib2.urlopen(url)

    try:
        # Open extract, Extract table and table definition.
        with tde.Extract('our extract.tde') as tde_file:
            create_table_if_needed(tde_file)
            tde_table = tde_file.openTable('Extract')
            tde_table_def = tde_table.getTableDefinition()

            for line in data.readlines()[4:]:  # Skip header, add
each line to extract
                print line
                raw_date, raw_avg, raw_anomaly = line.split(',')
```

```
            date = datetime.datetime.strptime(raw_date, '%Y%m').date()
            avg = float(raw_avg)
            anomaly = float(raw_anomaly)
            create_row(tde_table, tde_table_def, date, avg, anomaly)

    finally:
        data.close()


print 'Downloading United States 48-contiguous average temps from NOAA'
print 'Downloading from start to 2010...'
download_noaa_data('http://www.ncdc.noaa.gov/cag/time-series/us/110/00/tavg/1/02/1895-2010.csv?base_prd=true&firstbaseyear=1901&lastbaseyear=2000')

# Now append a second batch to same extract.
print 'Downloading after 2010...'
download_noaa_data('http://www.ncdc.noaa.gov/cag/time-series/us/110/00/tavg/1/02/2011-2015.csv?base_prd=true&firstbaseyear=1901&lastbaseyear=2000')
```

如果你希望学习更多关于 Extract API 的内容，Tableau 在 API 下载页提供了一系列视频，地址为 `www.tableau.com/products/api-download`。

13.3.3　数据提取的命令行工具

万一 Tableau Server 不能直接访问你希望更新的数据源，就可以使用数据提取的命令行工具来实现自动化刷新。当你把工作簿放在 Tableau Online 或 Tableau 基于云的主机上而不是自己的服务器上时，就会经常遇到这个场景。

在任意安装了 Tableau Desktop 的主机上，这个工具都是存在的，它位于 Tableau 的程序文件路径下。

- 32 位：`C:\Program Files\Tableau\Tableau 9.1\bin`。
- 64 位：`C:\Program Files (x86)\Tableau\Tableau 9.1\bin`。

Tableau 的 在 线 文 档（`http://onlinehelp.tableau.com/current/pro/online/mac/en-us/extracting_TDE.html`）提供了一个关于命令和参数选项的完全列表。可用的命令包括：

- `refreshextract`。
- `addfiletoextract`。

每个命令接收一系列的参数，包括一个有用的 help 参数，它可以为很多命令提供额外的帮助信息。其他参数使你能够定义数据的位置；数据源、用户名、密码（如果需要），提取文件应该发布的位置，等等。

在下面的示例中，你会看到怎样向 Tableau Server 上已有的提取文件中添加数据，假设这些数据已经存在于你的主机上的一个 CSV 文件中。

先打开一个命令提示行界面，进入之前给出的 Tableau 程序文件的路径中。下一步，输入下面的命令：

```
          tableau addfiletoextract -s http://mytableauserver.com  -t
"MYSITENAME" -u MYUSERNAME -p MYPASSWORD --project "MYPROJECTNAME"
--datasource MYDATASOURCE --original-file "C:\PATHTOMYFILE\FILENAME.CSV"
```

你还可以利用位于数据库中数据刷新数据源。Tableau 自动使用你所发布的数据源中指定的数据库和服务器，但若没有使用 Windows 的认证方式，则需要提供 --source-username 和 --source-password 参数来连接数据库。

13.4 REST API

Tableau 的 REST（Representational State Transfer，表述性状态传递）API（Application Program Interface，应用程序接口）使得你可以通过程序管理 Tableau Server。从 Tableau 的 V8.2 版本开始，REST API 就已经成为 Tableau 的一部分。但它默认是关闭的，必须通过命令 tabadmin set api.server.enabled true 开启。在 Tableau Server V9 中，REST API 默认是开启的，通过命令 tabadmin set api.server.enabled false 可以关闭。

REST 其实是由 W3C（World Wide Web Consortium，万维网联盟）组织提出的一种架构，提供了指导原则和最佳方式。这意味着 Tableau 的软件工程师在把服务融入 Tableau Server 中时，遵循了良好定义的和经过审查的一系列规则。

对你来说，这意味着将要使用普通的 HTTP 方法与 Tableau Server 进行通信，比如 POST、GET、PUT 以及 DELETE。这些请求必须具有正确的由 Tableau 定义的 XML 格式（稍后可以看到具体的细节）。

请注意，REST API 还可以用在 Tableau Online 中（Tableau 的基于云的服务），但只限于 REST API 的部分方法。查看 Tableau 的在线帮助获取相关细节：
http://onlinehelp.tableau.com/current/api/rest_api/en-us/

```
help.htm#REST/rest_api_ref.htm#methods_not_available_in_
tableau_online。
```

初始的事务处理

REST API 最有效的使用方法是提供给系统管理员，他们能够访问所有的 REST API 方法。节点管理员也可以使用 REST API，但不能访问所有的 REST 方法。Tableau 的 REST API 文档说明了谁可以访问这些方法。在一个高的层次上，一个初始的事务看起来就像下面这样：

1）一个用户发送一个 XML 格式的 HTTP 请求给 Tableau Server 的 REST 端点（接收 REST 请求委派的 URI）。

2）REST 服务访问返回它自己的 XML 格式的 HTTP 回应，告诉你的请求是否成功。如果你请求具体的信息，它就会把那些信息返回给你。

3）解析返回的信息，以便在你的应用中使用。

我们做一个高层次的整体观察，看看应该怎样使用它来认证服务的访问：

1）认证的端点位于 https://www.yourtableauserver.com/api/2.0/auth/signin。

2）向这个端点发送一个 XML 格式的数据：

```
<tsRequest>
 <credentials name="username" password="password" >
   <site contentUrl="site-name" />
 </credentials>
</TsRequest>
```

3）下面列出的代码变量必须给出具体的值。

- username：被认证的用户。
- password：用户的密码。
- site-name：Tableau 通常会实际调用的节点 ID。它是大小写敏感的。你必须认证到一个 Tableau 的节点，如果它是默认节点，就可以把节点名设置为空。

4）Tableau 的 REST 服务将会通过一个 XML 格式的回应作为回答：

```
<tsResponse
    xmlns="http://tableausoftware.com/api"
  xmlns:xsi="http://www.w3.org/2001/XMLSchema-instance"
xsi:schemaLocation="http://tableausoftware.com/api http://tableausoft-
ware.com/api/ts-api-2.0.xsd">
```

```
<credentials token="0ec4eb5fe07bb01b786b77f41bba87db">
  <site id="1f6b0e92-bf05-4c3f-bb43-02be4ed9e36f" contentUrl="my-site"/>
  <user id="93bd1906-d31b-4a12-86cf-e16fd0fa3efd"/>
</credentials>
</tsResponse>
```

这个响应中包括一些信息，你需要通过它们进一步使用 REST API 进行通信和交互。

■ token：token（令牌）是一个认证的密码，对于其他任何 REST 请求你都需要使用它，它告诉 Tableau Server 你已经通过了认证。

■ site id：这不是通常知道的 Tableau 的节点 ID，它是为你连接到的节点设置的唯一标识符，你需要把它存储起来以供未来的请求使用。

■ site contentURL：Tableau 文档中常称为节点 ID。

■ user id：与节点 ID 很像，这是对当前正在活跃的用户的唯一标识符。如果你希望未来有进一步的访问，就需要把它存储起来。

无论你在使用什么语言（Python、Ruby、JavaScript 或其他的语言），都需要从 XML 的响应中抽取出相应的值以供未来的请求使用。

如果你对编程不熟悉，不知道该从何处入手，那么可以尝试一个称为 Post-man 的免费的 Chrome（谷歌的一款 Web 浏览器）扩展。Postman 是一个让你熟悉 REST API 的简单途径，它基本不需要什么编程经验。你只要简单地安装这个扩展，之后在它提供的界面下定义你的端点、希望怎样发送和接收数据（POST、GET、PUT、DELETE 等）以及发送信息的主体。在这个例子中，发送原始的 XML 数据，如图 13-12 所示。

图 13-12　Postman 界面

一旦你输入了信息，可以单击 Send 按钮，Tableau Server 会返回一个 XML 的响应。如果你输入的信息不正确，那么 REST API 可能会返回一个错误信息。仔细检查错误信息的内容并且修复所有的错误。

一个普遍的错误是为 contentUrl 输入了 **default**，实际上你希望连接到默认节点时，它应该保留为空。如果你需要向一个不同的节点取得认证，就要在 Tableau 的 site ID 部分输入那个节点。如果一切工作都正确，就应该接收到一个如图 13-13 所示的响应。

图 13-13　响应

注意到响应中 contentUrl 是空的。如果你在连接 Tableau 的默认节点（这个示例就是如此），这就是意料之中的。如果连接任意其他节点，这个节点的 contentUrl 就应该有一个值。

现在，你获得了一个令牌、一个节点 ID（site ID）的唯一标识符以及一个用户 ID（user ID）的唯一标识符，你可以使用它们与 Tableau Server 进行更多的交互。REST API 允许你与节点、项目、工作簿、数据源、用户、组、权限、工作、收藏夹、发布等内容进行交互。

完整的功能列表可以通过下面的地址找到：http://onlinehelp.tableau.com/current/api/rest_api/en-us/help.htm#REST/rest_api_ref.htm#API_Listing。

让我们再来看看这个使用 Postman 的示例。关于你该怎样使用接收到的令牌，这里并不明显。你可能会假设在把数据发送回去时，这里有一个额外的 XML 标签，但在本示例中并没有这样的标签。

这个令牌被放在头部发送到 Tableau。在 Postman 中有一个头部的按钮，你可以输入一个新的头部变量。这个令牌的头部变量名是 X-Tableau-Auth，值就是

你在通过认证时返回的可信令牌中熟悉的字符数字值。在本示例中返回的令牌是
1b505c0164aa0c73b959ca2f1af23813。

图 13-14 显示了上下文内容。

要把一个新项目添加到节点中，你可以发送 POST 到一个新端点：`/api/2.0/ sites/site-id/projects`。

图 13-14　响应

你知道这就是端点，因为当要添加一个项目时，它作为要被使用的 URI 被明确地定义在文档中。URI 的 `site-id` 部分必须用节点 ID 的唯一标识符替换，在本示例中是 `2bc9d5f9-fdff-4715-98a6-0c4edb213961`。

请求的主体的结构也是在文档中定义的，因此你从这里可以知道怎样构成这个 XML 文档。

```
<tsRequest>
<project name="project-name"
description="project-description" />
</tsRequest>
```

你将用项目名替换 `project-name`，用你的描述替换 `project-description`。

一旦你完成了替换，单击 send（发送）按钮。这创建了一个新的认证后的请求给 Tableau Server。如果一切工作都正确，那么将会看到结果显示 200 OK。这意味着在你的节点上项目被成功地创建。你可以继续为这个会话使用这个认证令牌来把更多的请求发送给服务器。

接下来的示例展示怎样在服务器上创建一些东西，你还可以用类似的方式获取

一些信息。例如，如果你想要一个特定节点上的用户列表，那么可以遵循同样的原则发送一个带有认证令牌的头部的请求到相关端点 `/api/2.0/sites/site-id/users/` 上。这里没有消息体的 XML 数据，因为你只是简单地请求信息。

Tableau Server 将会用一个 XML 的回应作为响应，列举出特定节点上的用户。至于如何解析这些数据和使用这些数据，那就是应用工程师的工作了。

Tableau 的 REST API 是一个很好的管理服务器或远程获取服务器数据的方式。最近对 REST API 的更新大大提升了它的能量，使得它成为你的 Tableau 武器中强大的一员。

Tableau Software 在持续改善 Tableau Desktop 和 Tableau Server。在后面的附录中，你会发现 Tableau 产品生态系统的细节内容、所支持的数据库连接、Windows 和 Mac 的键盘快捷键以及针对桌面版和服务器版产品推荐的硬件配置。

如果你是 Tableau 的新手，并不太熟悉 SQL 的语法，函数参考是一个你经常要参考的有用资源。它提供了 Tableau 函数的完整列表，附有代码示例和解释。这些按字母排序的参考会让你在使用每个函数时都可以输入正确的语法。

最后，附录 F 提供了本书的伴学网站，在那里你可以找到本书使用的所有示例文件。

第 14 章
案例：确保成功地部署 Tableau

为何你要求助于外部的顾问？成立一个内部的用户组所花费的时间和努力是值得的吗？本章将讲述数据的概览以及应该怎样有效地使用顾问。

14.1　部署 Tableau——学习到的教训

无论你是否在商业、教育、政府领域工作，你的工作环境就像一个结构复杂的机器，它有很多的移动组成部分，有不断进化的目标、有着内部的政策。成功的部署肯定不能脱离现实的条件，它们也不是遵循某一个成功的公式。领导需要安全和创新。InterWorks 在过去 15 年间做的每一个项目都对这些需求做了平衡。

不像大多数技术解决方案，Tableau 的易用性和适应性创建了基层的需求。如果你在 IT 部门工作并且在计划一个大的 Tableau 部署，很可能在你学习 Tableau Software 之前，你的部门之外的不少人员已经开始使用 Tableau Desktop 了。也可能你公司内部的人员要求部署 Tableau 的产品（桌面版或者服务器版），以便更多人可以创建和阅读 Tableau 的仪表板或工作簿。这使得你的工作更容易。你不必向他们推销，因为他们实际上在向你推销。问题是：你该怎样把 Tableau Desktop 和 Tableau Server 部署地快速、安全、有效？

14.2　对顾问的有效使用

在笔者成为顾问之前，花费了很多年购买技术、部署方案、经营企业。在尝试没有顾问的帮助进行部署之后，笔者认识到顾问是让正确的方案能够快速、安全地部署的好工具。老板不喜欢意外，尤其是导致延误和预料外支出的事情。仔细考虑你当前的数据需求、小组掌握的知识、自己的能力，来决定你使用外部资源的程度，使用有经验、有知识的资源来丰富你的内部小组无疑是明智的。

在 Tableau 的部署中有效利用顾问通常并不意味着把所有工作外包出去。除了 Tableau 产品的知识和部署经验外，你还需要什么其他的资源呢？

14.2.1　你的小组当前掌握的知识

InterWorks 为硅谷的一些最有见地的公司以及很多国际大公司提供过顾问服务。其中以技术见长的公司占了很大一部分。为什么呢？基于我们最近的数据，目前在数据产品方面至少有 250 个可用产品。对于一个企业，不可能在每个工具方面都有相应的专家。这些企业使用顾问做协助，因为他们希望能够尽快得到可预期的结果。顾问是对他们已有的强大团队的提升，他们会忙于现有项目的工作，但也希望学习到 Tableau 的产品线如何在现实世界的环境中工作。管理层希望他们最初的部署能够正确完成。

还有很多企业（商业、学校、政府）的 IT 资源和团队本就有限。他们在数据方面也有很多需求，但没有足够的预算来雇佣永久性员工。临时性的顾问可以用来提供建议、培训、项目管理，甚至持续地管理。

你的团队当前的工作负担如何？你需要多么快速地部署？你需要培训多少员工？你的数据应用场景大概是什么样的？

14.2.2　数据应用场景

你有一个已经存在的数据场景。它可能是你仔细计划和努力的结果，但随着时间和团队的扩大，你的需求可能也会变化。你的数据应用场景是下面的一些元素的综合。

- **数据基础**：现有的软件和硬件。
- **数据质量**：你的数据准确性的程度。
- **数据管理**：基于隐私和法律需求的安全性。
- **数据训练**：所需要的团队知识和当前掌握的知识。
- **数据可用性**：你希望让内部和外部用户使用的数据的数量、时机、质量。
- **数据发现**：你的团队利用数据发现新洞察的能力。
- **数据文化**：你的公司希望基于数据做决定还是靠直觉。

你在这个领域里的接受程度将会决定需要的外部资源的数量和类型，以确保有成功的结果。更多 Tableau 开发者不把注意力放在 Tableau 的软件上，而是更多地评估数据基础及团队掌握的技能和知识。

经验告诉我，Tableau 对任何公司的数据基础都是有用的补充。寻找有经过证明的过往记录的合作伙伴还能够给你提供相关的参考。针对具体产业领域的经验没有技术上的实际技巧、业务上的敏锐以及用商业的术语表达技术主题的能力重要。

在你部署 Tableau 之后，从内部组织资源运行一个内部的用户组（一个对 Tableau 狂热的小组）是明智的。推荐你参与所在城市的 Tableau 用户组的活动。扩大你的 Tableau 知识面的最好方式是看看其他领域的人是怎样使用 Tableau 的。

14.3　Cigna 的 Tableau 用户组

唐娜·科斯特洛（Donna Costello）是 Cigna（信诺）的精彩商业智能中心（BI COE）的负责人。她邀请笔者去 Cigna 的一个内部工作组交流会上演讲。笔者对 Cigna 的团队以及她们把自己的 Tableau 用户组织起来的快乐方式印象非常深刻，笔者请求唐娜分享她们怎样管理内部的用户组。

14.4　相互照顾

Cigna 是一个全球性健康服务的企业，提供健康、生活、事故、牙医、残疾等保险。信诺把 Tableau 作为一个工具对大数据进行迅速地分析。从一开始，Cigna 的 Tableau 用户就面对着很多公司同样面对的 3 个挑战。

- 很多用户都是 Tableau 的新手。
- 用户在地理分布上遍布全国各地。
- 用户分布在公司的各个不同业务部门。

鉴于此，Cigna 的商业智能解决方案（BIS）团队的坦雅·麦克纳马（Tanya McNamar）、安得烈·邓肯（Andrew Duncan）和巴里·凯特林（Caitlin "CJ" Barry）创建了每月的 Tableau 用户组（TUG）。他们把信诺的 20 名 Tableau 用户组织在一起，给他们提供学习的机会，并分享可视化分析方案，讨论最佳的设计方法，听取同行的介绍，观看互动演示，并交流培训需求。Cigna 的 TUG 的价值存在于它综合了几个方面的内容，包括对可视化灵感的激发、技巧的培养、带给业务上的团队意识等。在创建早期内容的同时，安得烈创造了 TUG 的朗朗上口的口号"相互照顾"。信诺把这些实践应用到对 Tableau 使用的启动、维护以及改进中，并用此组织他们的用户组。

14.4.1　资源

TUG 为公司所有 Tableau 用户之间建立了一种伙伴关系，但必须设置一个 TUG 的总头目。BIS 最初决定把 TUG 的管理权从他们的 BI COE 中心交接给坦雅·麦克纳马，他一直在集中精力提升用户的技巧和探索用户群的需求。BI COE 仔细组织所有的 TUG 文档，从演讲记录到工作簿，都按照时间和每次主题的标题存储在一个内部数据库中。BI COE 主管还跟踪授权的用户，并定期更新参与者的列表来保证新用户在开始接触 Tableau 时就能获得支持和帮助。

14.4.2　魔鬼特训

为了努力把每个主题变得有组织、有意思，在执行每个 TUG 前至少 30 天，BI COE 会计划两个主题。在计划时，BI COE 与志愿者碰面，讨论他们希望展示的主题。通常他们有一长串待讨论的主题，BI COE 会集中在志愿者挑选出来的两个主题。在这种初始的交流中，TUG 的主管会集中于选择材料，并确保不同的展示材料能够有联系并从一个较高的层次能够有流畅的进展。在这里，提取细节并做出完美的演讲并不是那么重要的。在 TUG 举办的前一个月，BI COE 会为每个 TUG 的听众用电子邮件发送一个带有日程的信息，在 TUG 举办的前一周，BI COE 会与志愿者再次碰面，对演讲内容进行整理。在 TUG 举办的前一天，BI COE 向所有参会者发送材料，让他们有机会提前对任何问题进行思考。

信诺在每个月的相同日期和时间进行他们的 TUG 讨论：每月的第三个周四的下午 1:00-2:00。作为对 TUG 的总结，BI COE 把 TUG 的会议记录和材料上传到内部节点上，并用电子邮件通知用户材料所在的位置。

14.4.3　格式

BI COE 使用标准的软件作为讨论的介质，包括 WebEx、PowerPoint、Tableau 及因特网上的网页。BI COE 通过 WebEx 记录每次的 TUG 交流。这些记录对希望回顾并重新观看他们错过的技术的用户来说是有巨大价值的。每次讨论的最初都通过把一个 PowerPoint 的幻灯片投影到屏幕上以列出主要的议题。议题通常包括下面几个大项：

- 欢迎词、演讲者介绍以及议题介绍（由 TUG 主管提供）。
- 通过两个仪表板展示用例、技术、技巧、最佳方式或者用户故事（通常给每个志愿者或客座演讲者 15~20 分钟）。
- 企业更新，比如性能方面的提升（由服务器管理员或 IT 人员讲解）。
- 提问及回答（观众提问）。
- 用户组公告（TUG 主管）。
- 新的资源（TUG 主管）。

14.4.4 主题

BI COE 从没有缺少展示的主题。我们发现随着时间的推进，可讨论的主题越来越丰富。下面是一些信诺 TUG 操作过的主题的组合。

- 什么是 Tableau 的用户组（TUG）？对 Tableau 的概览以及商业领域的仪表板的示例。
  - 商业领域的 Tableau 仪表板概览。
  - 商业领域的 Tableau 样例研究以及 Tableau 中的动态层次。
  - 商业领域仪表板的样例，对行级别指示器的训练。
  - 仪表板共享技术，对 Tableau 最近更新的概览。
  - 在 Tableau 内对 JIRA 数据的可视化、融合、连接。
  - 商业领域仪表板示例——地图技巧。
  - 仪表板动作的技术。
  - 地图和双坐标轴可视化训练。
  - 发现工具的展示以及控制图表创建。
  - 特邀讲者——Tableau 禅师丹尼尔·默里，主题为 Tableau 的采纳与部署。
  - Tableau 更新的新功能。
- 商业领域的仪表板示例、Tableau Public 的应用案例以及带有故事点的仪表板设计的最优方式。
  - 特邀讲者——Tableau 禅师乔·马科（Joe Mako）。
  - 特邀讲者——Tableau 禅师马克·杰克逊（Mark Jackson）。

14.4.5 有效性和出勤人数

每个季度，BI COE 都在会后给参与者发送一个调查表。调查显示，周一早上是理想的发放调查问卷的时间。为了衡量有效性，你要在早期花费大量的时间考虑你希望提出的问题，并让这些问题在每个不同的季度都保持一致。BI COE 基于下面的调查问题来评估有效性：

1）你在什么部门工作？

2）你怎样评估关于 Tableau 的总体知识或技能？

3）评估下列陈述：

- 我将能够应用学习到的知识。
- 内容组织良好，容易学习。
- 会后发放的材料是相关的并且是有用的。

- 有动力继续参与和互动。

- 留出充足的时间进行提问和讨论。

4）请评价关于每月 Tableau 用户组会议的总体满意度。

5）请评价关于 Tableau 用户组 SharePoint 节点的总体满意度。

6）选择 3 个你感兴趣的主题：

① 连接到数据

② 高级的技能和技巧

③ Table 计算

④ 结构化你的数据

⑤ 使用筛选器和参数

⑥ 基本的地图和地理编码

⑦ 利用多个数据源

⑧ 组、层次和集

⑨ 可视化的基础

⑩ 使用趋势和参考线

⑪ 创建自定义计算字段

⑫ 使用不同的图表类型

7）Tableau 对你们部门的重要性如何？

8）你在哪些具体的项目中使用过 Tableau？

9）是否有进一步的建议能够让我们更好地为你服务？

14.4.6 跟踪参与度

通过建立一个 Tableau 仪表板并把它放在 WebEx 的 TUG 会后报告中，BI COE 一个月一个月地跟踪参与人数的趋势。这个调查问卷和参与人数报表是重要的数据，可以用来评估 TUG 的有效性，并让 Cigna 的 Tableau 用户的技能有持续的增长。

14.4.7 成功

通过这些实践，在短短几个月之内，Cigna 的 TUG 成员从 20 人增长到超过 70 人。他们打造了这样坚实的基础，并计划把 Tableau 挑战引入进来作为 Cigna TUG 活动的一部分。

附录 A　Tableau 的产品生态系统

过去十年，Tableau 的产品生态系统一直在进化，但仍保持简单性。Tableau Desktop 版是为了方便用户发现、设计以及交互式阅读。Tableau Server 版是为扩大部署的规模。然而，Tableau 已经开始模糊 Desktop 和 Server 之间的界限，在 Server 中也加入了设计能力。Tableau Online 版是服务器的一个基于云的部署。Tableau Mobile 版是优化的 App 应用，让你能在 iOS 或安卓设备上阅读 Server 上的报表。Tableau Reader 是一个免费的桌面应用，让信息阅读者可以与 Tableau 的打包工作簿进行交互。Tableau Public（公开）是一个免费的云发布平台，任何人都可以用它来分析数据并发布交互式的仪表板。

A.1　Tableau Desktop

Tableau Desktop 提供了两类版本：Professional（专业版）和 Personal（个人版）。个人版只提供到本地机器上存在的文件的链接，要分享文件，只能把它存储为打包工作簿文件，分享给使用 Tableau Reader 的人。

专业版提供了完全的连接选项和发布到 Tableau Server、Tableau Online 或者 Tableau Public 选项的套件。参考附录 B 查看当前可用的连接选项列表。

A.2　Tableau Server

如果你创建了很大数量的工作簿需要定期更新，或者有大量的用户要阅读你的工作成果，Tableau Server 会节省你的时间。它让你的观众能通过 Web 浏览器查看你的工作簿，并且能够与之交互。另外，Tableau Server 提升了数据的安全性和可扩展性。Tableau Server 版还提供把实时交互的仪表板和可视化视图嵌入已经存在的 Web 入口的方法。Tableau Server 还能自动刷新已经发布到 Tableau Server 上的数据提取文件。

有两种得到 Tableau Server 使用授权的方式：基于命名用户的授权和基于服务器的处理器内核数量的授权。基于命名用户的授权对较小规模的（不超过 150 人）需要访问 Tableau 报表的部署更划算。在更大具有动态访问需求的部署中，基于处理器内核数量的授权更有性价比，这减少了管理的时间，因为授权是根据你的服务器处理器内核数量来定义的。

Tableau Server 提供了强化的安全性，允许用户在服务器管理员定义的范围内自定义对报表的访问。Tableau Server 的界面提供给用户搜索、组织、评论报表的各种工具。服务器允许用户创建订阅，当有报表的更新发布时，通过电子邮件发送通知给用户。它还提供给管理员以监控访问和监控系统性能的能力。关于安装、访问、管理 Tableau Server 的细节内容，已在第 11 章和第 12 章中介绍。Tableau 的本地自动化工具已在第 13 章中介绍。

A.3　Tableau Online

越来越多的人希望消除在公司内部采购、安装、管理硬件的麻烦。因此，基于云的方案被越来越多的人接受，Tableau Online 就是 Tableau Software 中的一个基于云的服务器选择。Tableau Online 可以快速开启并通过密码访问。它提供了一个非常方便的方法向别人发布工作簿并且通过 Web 与他人交互。

A.4　Tableau Public

Tableau Public 提供免费存储的 Web 服务，可以用来在 Web 上发布 Tableau 的报表。通常使用的内容管理系统对于 WordPress、Tumblr 以及 Typepad 都可以支持。Tableau 授权的桌面版也可以把内容发布到 Tableau Public 上。Tableau 还提供了一个免费的 Public 桌面版本来创建和发布报表。随着 Tableau V9.0 版本的发布，Tableau Software 提升了 Tableau Public 的能力。虽然还是只可以向 Tableau Public 服务器发布工作，但存储限制被扩大了，你也被赋予了更多的控制权限，来控制你的工作被如何阅读。

- 在 Tableau Public 上的存储空间现在是每个命名用户 10GB。
- 数据行的限制现在是 1000 万条记录。
- 通过账户设置，你现在可以禁止对源工作簿的下载。

虽然 Tableau Public 并不是要替代 Tableau Desktop 和 Tableau Server，但通过这个免费产品，你也能学习 Tableau Desktop（通过 Tableau Public Desktop），并且把工作共享给使用 Tableau Public 的人。

A.5　Tableau Reader

你可以把 Tableau Reader 想象成 Adobe Reader。它是一个免费的桌面应用程序，让你能够阅读通过 Tableau Desktop 存储为打包工作簿的报表。这可能是一个很好的方法，来与不能访问 Tableau Desktop 的商业伙伴共享你的分析。

A.6　Tableau Mobile

Tableau Mobile 应用在 iOS 系统里是可用的。虽然访问发布到 Tableau Server 上的工作簿不一定需要这个 Tableau Mobile 的 App 应用，但这些 App 还是提供了一个优化阅读工作簿的环境，并且（如果你的服务器管理员已经打开了 Web 编辑功能）可以通过手机设备用这个应用创建新的视图和新的计算。

A.7　Elastic 项目

Elastic 项目（Project Elastic）是一个正在开发的新产品，未来将会成为一个独立的完全提供给手机使用的应用，进行创作、编辑、阅读。

A.8　针对 Tableau 的 Power Tools

InterWorks 从 2008 年起就成为 Tableau 的合作伙伴，帮助大规模的商业企业、政府部门及教育机构部署了 Tableau 软件，创建非标准的自动化系统、实施性能优化方案，并提供非 Tableau 软件标准设计的其他自定义服务。

Power Tools for Tableau 是由 InterWorks 开发的工具，针对常见的客户需求提供了一套标准的附加工具。

Power Tools for Tableau 包含以下应用。

1. 工作簿工具

- 工作簿融合。
- 风格管理。
- 数据源审计。
- 最优方式分析器。
- 性能分析器。

2. 工作簿 SDK

工作簿 SDK 是一套 API 工具，它有良好文档管理规范，可以对 Tableau 工作簿自动化批处理和程序化访问。

3. Enterprise Deployment

Enterprise Deployment 是一个工具集，用于添加、编辑、删除 Tableau 环境，管理转换，提供配置向导。

4. Remote for Tableau

我们还有针对 iOS 和安卓手机的 App 应用，让服务器管理员可以通过平板计算机或者手机远程管理 Tableau Server。更多关于这些应用的信息参见 http://powertoolsfortableau.com/，或发送电子邮件到 powertools@interworks.com 获取。

附录 B　支持的数据源连接

Tableau 为 Windows 和 Mac OS 版本都提供了各种广泛的连接支持。列举在本附录中的连接是 Tableau 的 V9.1 版本更新后的结果。咨询 Tableau Software 的支持页面，获取最新连接的相关驱动程序和激活方法（www.tableau.com/support/drivers）。

B.1　Windows 版本的连接

Tableau 支持以下 Windows 连接：

Amazon Aurora、Amazon EMR（Hive 和 Impala 的 Elastic Map Reduce 驱动）、Amazon Redshift（32 和 64 位）、Aster Data nCluster（Teradata）、Cloudera Hadoop Hive、Cloudera Hadoop Impala、DataStax Enterprise、ExaSol EXASolution、Firebird、Google Analytics、Google BigQuery（32 和 64 位）、Google Cloud SQL、Greenplum（Pivotal）、Hortonworks Hadoop Hive、HP Vertica、IBM BigInsights（32 和 64 位）、IBM DB2（32 和 64 位）、IBM Netezza 4.6 或更高版本、MarkLogic（32 和 64 位）、MapR、Microsoft Access 2007 或更高版本、Microsoft Azure SQL Data Warehouse（32 和 64 位）、Microsoft Azure SQL Database（32 和 64 位）、Microsoft Excel 2007 或更高版本、Microsoft PowerPivot（32 和 64 位）、Tableau Add-in for Microsoft PowerPivot（32 和 64 位）、Microsoft SQL Server 2005 或更高版本、Microsoft SQL Server Analysis Services 2000 和更高版本（32 和 64 位）、Microsoft SQL Server PDW（32 和 64 位）、Microsoft SQL Server PowerPivot for MS Excel 2008/2010（32 和 64 位）、MySQL、Odata、ODBC、Oracle Database（32 和 64 位）、Oracle Essbase（32 和 64 位）、ParAccel、PostgreSQL、Progress OpenEdge、Salesforce.com（包括 Force.com 和 Database.com）、SAP BW、SAP HANA、SAP Sybase ASE 15.5 或更高版本、SAP Sybase IQ 15 或更高版本、Spark SQL、Spark on Azure HDInsight、Splunk、Tableau Data Extract、Teradata、Teradata OLAP、Teradata Unity、文本文件—逗号分隔值（.csv）文件、Vectorwise。

B.2　Mac OS X 版本的连接

Tableau Software 支持以下 OS X 数据源连接：

Amazon Aurora、Amazon EMR（Elastic Map Reduce）、Amazon Redshift、Cloudera Hive、Cloudera Impala、Firebird、Google Analytics、Google BigQuery、Google Cloud SQL、Hortonworks Hadoop Hive、HP Vertica、MapR Hadoop Hive、Microsoft Excel 2007 或更高版本、Microsoft SQL Server 2005 或更高版本、Microsoft Windows Azure Marketplace Data、MySQL、Odata、Oracle、Pivotal Greenplum、PostgreSQL、Salesforce.com（包括 Force.com 和 Database.com）、Spark SQL、Tableau Data Extract、Tableau Server、Teradata、Teradata Unity、文本文件—逗号分隔值（.csv）文件、ODBC 3.0（及符合此标准的其他数据源）。

附录 C　键盘快捷键

这些键盘快捷键是从 Tableau Desktop 的在线手册中提取出来的，见表 C-1、表 C-2、表 C-3。

表 C-1　59 个通用的键盘快捷键

描述	键盘快捷键	
	Windows	Mac OS X
选择所有数据	Ctrl+A	Command+A
使用矩形选择工具	A	A
锁定和解锁矩形选择工具	Shift+A	Shift+A
更小的单元格尺寸	Ctrl+B	Command+B
更大的单元格尺寸	Ctrl+Shift+B	Command+Shift+B
复制选择的数据	Ctrl+C	Command+C
把选择的字段放置在列区域	Alt+Shift+C	Option+Shift+C
连接到数据源	Ctrl+D	Command+D
使用套索选择工具	D	D
锁定或解锁套索选择工具	Shift+D	Shift+D
描述电子表	Ctrl+E	Command+E
在数据面板激活查找命令	Ctrl+F	Command+F
把选择的字段放置在筛选器区域	Alt+Shift+F	Option+Shift+F
进入 / 退出全屏模式		Control+Command+F
切换进入或退出展示模式	F7, Ctrl+H	Option+Return
放置选择的字段到尺寸按钮	Alt+Shift+I	Option+Shift+I
翻转视图底部的列标注方向	Ctrl+L	
把选择的字段放置在细节按钮	Alt+Shift+L	Option+Shift+L
新工作表	Ctrl+M	Command+T
打开或关闭地图的拖曳和缩放	Ctrl+M+A	
新工作簿	Ctrl+N	Command+N
打开文件	Ctrl+O	Command+O
把选择的字段放置在颜色按钮	Alt+Shift+O	Option+Shift+O
打印	Ctrl+P	Command+P
把选择的字段放置在页面区域	Alt+Shift+P	Option+Shift+P
把选择的字段放置在行区域	Alt+Shift+R	Option+Shift+R
存储文件	Ctrl+S	Command+S
使用圆形选择工具	S	S
锁定和解锁圆形选择工具	Shift+S	Shift+S
把选择的字段放置在形状按钮	Alt+Shift+S	Option+Shift+S
把选择的字段放置在文本 / 标签按钮	Alt+Shift+T	Option+Shift+T
粘贴剪贴板	Ctrl+V	Command+V
交换行和列	Ctrl+W	Control+Command+W
剪切文本选择（如在标题说明、标题、公式等中）	Ctrl+X	Command+X
把选择的字段放置在行区域	Alt+Shift+X	Option+Shift+X
重做	Ctrl+Y	Command+Shift+Z
把选择的字段放置在列区域	Alt+Shift+Y	Option+Shift+Y
撤销	Ctrl+Z	Command+Z
清除当前工作簿	Alt+Shift+Backspace	Option+Shift+Delete
使行更窄	Ctrl+ 左箭头	Control+Command+ 左箭头
使行更宽	Ctrl+ 右箭头	Control+Command+ 右箭头

（续）

描述	键盘快捷键	
	Windows	Mac OS X
使列更短	Ctrl+ 下箭头	Control+Command+ 下箭头
使列更长	Ctrl+ 上箭头	Control+Command+ 上箭头
Show Me 智能显示	Ctrl+1, Ctrl+Shift+1	Command+1
添加选择的字段到表格中（只适应于单一字段）	Enter	Return
打开帮助	F1	Shift+Command+ 问号
删除选择的表（在仪表板中）	Ctrl+F4	
关闭当前工作簿	Alt+F4	Command+W
开始和停止页面区域的正向回放	F4	
开始和停止页面区域的反向回放	Shift+F4	
刷新数据源	F5	Command+R
向前跳过一页	Ctrl+Period（句号）	Command+Period（句号）
向后跳过一页	Ctrl+ 逗号	Command+ 逗号
循环向前打开的工作表	Ctrl+Tab, Ctrl+F6	Shift+Command+}（右花括号）
循环向后打开的工作表	Ctrl+Shift+Tab, Ctrl+Shift+F6	Shift+Command+{（左花括号）
运行刷新	F9	Shift+Command+0
切换自动更新的开和关	F10	Shift+Command+0
回退工作簿到最后存储的状态	F12	Option+Command+0
清除选择（只用于 Desktop 和 Reader）	Esc	Option+Command+E
		Esc

表 C-2　11 个导航和选择快捷键

描述	键盘 / 鼠标操作	
	Windows	Mac
选择标记点	单击	单击
选择一个标记点组	拖曳	拖曳
添加单个标记点到选择中	按 Ctrl+ 单击	按 Command+ 单击
添加一组标记点到选择中	按 Ctrl+ 拖曳	按 Command+ 拖曳
移动视图	按 Shift+ 拖曳，单击并按住 + 拖曳	按 Shift+ 拖曳，单击并按住 + 拖曳
把视图根据一点放大（如果不是地图，就需要在缩放模式）	双击，按 Ctrl+Shift+ 单击	双击，按 Shift+Command+ 单击
把视图根据一点缩小（如果不是地图，就需要在缩放模式）	按 Ctrl+Shift+Alt+ 单击	按 Shift+Option+Command+ 单击
缩小	按 Shift+ 双击	按 Shift+ 双击
放大视图的一个区域（如果不是地图，就需要在缩放模式）	按 Ctrl+Shift+ 拖曳	按 Shift+Command+ 拖曳
在地图中放大缩小（只适用于 Desktop 和 Reader）	按 Ctrl+ 滚动	按 Command+ 滚动
拖曳一行并同时在列表中滚动	单击 + 拖曳到窗格底部 + 按住	单击 + 滚动，Command+hold

表 C-3　3 个字段选择快捷键

描述	键盘 / 鼠标操作	
	Windows	Mac
打开 Drop Field（释放字段）菜单	右击 + 拖曳到区域	Option+ 拖曳到区域
在视图中复制一个字段，要放置到其他区域或选项卡	按 Ctrl+ 拖曳	按 Command+ 拖曳
添加一个字段到视图中	双击	双击

附录 D　推荐的硬件配置

Tableau 在网站上提供了安装系统的最低系统指标，本书在后面给出了这些指标。创建报表的分析师应该有更好的装备，更大内存会对速度有巨大的正面提升。

安装 4GB~8GB 的内存能获得最好的性能。Tableau 的渲染引擎将充分发挥现代显卡的优势。固态硬盘驱动器会提升物理硬件磁盘的性能。但如果你的大部分用户都在使用 4 年前的落后设备，你也不需要给创建报表的分析师装备最新的装备。在一个性能优越的计算机上表现良好的视图，在一个过时的机器上可能不会提供让人愉悦的体验。

D.1　Windows 版的 Tableau Desktop：专业版和个人版

- Microsoft Windows Vista SP2 或更新（32 位和 64 位）。
- Microsoft Server 2008 R2 或更新（32 位和 64 位）。
- Intel Pentium 4 和 AMD Opteron 处理器或更新（SSE2 或更新）。
- 2GB 内存。
- 750MB 最小硬盘空间。
- Internet Explorer 8 或更新。

D.2　Mac OS X 版的 Tableau Desktop：专业版和个人版

- iMac/MacBook Computers 2009 或更新。
- OS X 10.9 或更新。

D.3　虚拟环境

- Citrix 环境、Microsoft Hyper-V 及 VMware。
- 当它们被正确配置在底层 Windows 操作系统和最低硬件需求之上，所有 Tableau 的产品都可在虚拟环境中操作。

D.4　Tableau Server

所支持的数据源与 Tableau Desktop 一样。参考附录 B 得到完整列表。

系统需求

- 带有平台更新的 Microsoft Windows Server 2012 R2、2012、2008、2008 R2、2003、SP2，在 x86 或 x64 芯片集上运行的 Windows 8.1、8，或 7。
- 32 位或 64 位版本的 Windows。
- 最低是 Pentium 4 或 AMD Opteron 处理器。
- 推荐 32 位颜色深度。
- 因特网协议版本 6（IPv6）、版本 4（IPv4）。

D.5　Web 浏览器

- 安卓浏览器（安卓 3.2 或更新）。
- 苹果 Safari 3.x 或更新，包括 iPad 上的 Safari（iOS 5.1.1 或更新）。
- Microsoft Internet Explorer 8 或更新。
- Mozilla Firefox 3.x 或更新（不被手机设备支持）。
- Google Chrome，包括安卓设备。
- Tableau Mobile iPad（来自 Apple App Store）和安卓 App（来自 Google Play Store）。

D.6　硬件向导

最低指标只是为了原型开发和测试 Tableau Server 而给出的建议。安装前软件会检查最低系统需求，如果机器不满足这些最低硬件指标，就无法安装。

1. 64 位计算机

- 4 内核。
- 8GB 系统内存。
- 15GB 最小磁盘空间。

2. 32 位计算机

- 2 内核。
- 4GB 系统内存。
- 15GB 最小磁盘空间。

为产品化使用 Tableau Server，最低硬件配置指标如下：

单个计算机

- 64 位处理器。
- 8 物理核心，2.0GHz 或更高的 CPU。
- 32GB 系统内存。
- 50GB 最低磁盘空间。

多节点和企业级部署

联系 Tableau 或有资格的 Tableau 金牌合伙人咨询部署规模和技术指导。查看 Tableau 网站上的可扩展白皮书和与硬件配置相关的快速开始向导（quick-start guides）。

D.7　Tableau Server 的用户认证和安全

Tableau Server 支持 Microsoft 的 Active Directory、SAML 2.0 及内建的 Tableau 的用户系统，来实现用户认证和组成员定义。Tableau Server 还为 Microsoft SQL Server、SSAS 及 Couldera Impala 提供 Kerberos 支持。

D.8　虚拟环境

当它们被正确配置在底层 Windows 操作系统和满足最低硬件需求时，所有 Tableau 的产品都可在虚拟环境中操作。

- Citrix 环境。
- Microsoft Hyper-V。
- Parallels。
- VMware。
- 所有的 Tableau。

D.9　多语言支持

所有 Tableau 的产品（除了命令行工具 tabcmd 和 tabadmin）都是基于 Unicode 的，和用各种语言存储的数据都是兼容的。用户界面和支持文档提供英文、法文、德文、西班牙文、巴西葡萄牙文、日文、韩文及简体 / 繁体中文。

附录 E　理解 Tableau 的函数

如果你习惯在数据库中撰写 SQL 语句，对 Tableau 计算值的函数和语法应该很熟悉。如果你是一个电子表格的专家，那么可能觉得语法比较新鲜，但也不会有太大的学习障碍。

Tableau 的公式编辑窗口对你写的公式提供语法方面的帮助和错误检查功能。即便你没有什么经验，只需要一些练习，就会发现有些功能会频繁用到。表 E-1 把函数划分了 13 个类别。

表 E-1　Tableau 函数分类

函数类别	类别功能
聚合	对你的数据做数学和统计学上的求和
日期	计算和解析日期字段
Google Big Query	只适用于 Google 的 Big Query 数据源的函数
Hadoop Hive	只适用于 Hadoop Hive 数据源的函数
详细级别（LOD）	详细级别表达式（LOD）支持在维度层面而非视图层面的计算求和。它们是在数据源进行计算，而不是表计算、表求和或参考线
逻辑	基于你的数据进行条件判断操作
数量	算术和三角函数的操作
传递 RAW SQL 语句	把 SQL 语句直接发送到数据源之后，再在数据源里执行语句。这些函数并不是所有 Tableau 支持的数据源都能使用的
字符串	操作字符串的函数
字符串模式	适用于某些数据源专用的字符串模式函数（REGEXP），这些数据源包括字符串文件、Google Big Query、PostgreSQL、Tableau 数据提取、Microsoft Excel、Salesforce 以及 Oracle
表计算	在 Tableau 内使用表计算的可视化结构展现的函数
类型转换	把值从一种数据类型转换成另一种类型
用户	关于当前 Tableau 用户的身份、域以及成员的信息

注：改编自 Tableau 手册。

在上一版英文原书中，我们列出了 111 个函数。现在有 167 个函数。其中，有些并不适用于每个数据源，有些只能用于特定的工具，比如用于统计计算的 R Project（R Project for Statistical Computing）、Hadoop Hive 或者 Google Big Query。列表中任何函数如果有使用上的限制，在函数的相关参考中都有介绍。

Tableau Software 在公式编辑窗口、产品手册及网页上为每个函数都提供了简短的帮助。附录 E 通过提供下面的内容对以上资源进行补充：

- 一个按字母排序的包括每个类别中每个函数的列表。
- 按字母排序的、带有编号的、具有简要函数介绍的列表。
- 对每个函数有详细的讨论并给出语法示例。

E.1　附录 E 的组织与关键字

示例是按照函数名的字母排序的。颜色代码用来区分字段、函数及参数项。我们特别仔细地选择了颜色，使它们和 Tableau 公式编辑器中的颜色是一致的。

每个函数都包含 1~3 个示例。也有少数（特别是针对连接的）没有包含公式示例。在这些情况下，推荐参考软件供应商的手册。示例分为基础、中级或高级示例。注意，有些函数类型（比如 RAW SQL）本身就比合计或日期类基本函数复杂，难度只在函数自身的类别内区分。

RAW SQL 是什么，为何你需要它

在 Tableau 中，RAW SQL 函数是一类特殊的作为数据传递的函数。这些函数让用户可以向底层数据库发送语句，而不是让 Tableau 计算。这允许用户能够调用 Tableau 不知道的数据库函数。Tableau 了解很多数据库自身内置的函数，并且把它们中的很多都对应到了 Tableau 的函数中，但基于你使用的数据库类型，这里仍然有一些函数可能是 Tableau 不支持的。除了数据库本身的函数外，RAW SQL 函数还允许你调用任意底层数据库支持的函数（包括用户自定义函数）。这使得 RAW SQL 函数非常强大。

每个 RAW SQL 函数的名称都是基于函数传递到数据库的数据类型（聚合的或数量的）以及返回值的类型。比如，RAWSQLAGG_INT() 传递一个合计函数并返回一个整型值，RAWSQL_REAL() 传递一个数量函数并返回一个实数型值。可用的返回值说明如下。

- BOOL：一个布尔型值。
- DATE：一个日期值。注意数据库中的日期类型通常会忽略时间。
- DATETIME：一个日期—时间值。注意日期—时间值通常包括日期和时间。
- INT：一个整数型值，是不带小数点后部分的数字。
- REAL：一个实数型值，是带有小数点部分的数字。
- STR：一个字符串型值，是文本数据。

选择不正确的数量或聚合函数会导致在 Tableau 中出现错误。记住 RAW SQL 函数不适用于发布在 Tableau Server 上的数据源。

另外，当你使用 RAW SQL 函数时需要记住，底层数据库是不知道你在 Tableau 中采取的维度和度量名称的。要传递一个维度或者度量给 RAW SQL 表达式，你必须使用 Tableau 提供的替换语法。这个语法和其他语言中常见的替代语法类似。例如：

```
RAWSQL_INT("1000 + %1", [Order ID])
```

在这个例子中，RAWSQL_INT 函数用来向数据库传递一个简单的表达式。其中的 %1 将会被表达式中的 Order ID 的值替换掉。注意，这个例子使用了数量函数，返回整型的值。

使用 RAW SQL 函数能让你在很多方面扩展 Tableau 的能力。如果你可以撰写一个函数，执行需要在数据库层级执行的操作，则可以使用这些函数将其开发给 Tableau。时刻记住，在任何时候，你遇到 RAW SQL 的使用示例，这个示例都依赖于数据库提供的函数。这部分后面的示例中，将会使用一个包含在 Tableau 桌面版中的 Superstore Order 数据集的副本，它已经被装载进 SQL Server 2012 中。一些表达式用来展示直通数据源的查询，这些查询在 Tableau 中是不支持这些数据源的。

E.2　通过脚本函数与 R 的整合

Tableau 添加了 4 个新的特殊函数，是专门针对统计软件工具 R 的。这些函数都是表计算。如果你是正在学习 Tableau 的 R 专家，在使用它之前，理解表计算是怎样工作的是很重要的。

E.3　其他特殊的函数

针对特殊数据源 Hadoop Hive、Google Big Query 等的新函数也被添加了进来。在某些情况下，这些函数值能适应于某些数据源，包括文本文件、Microsoft Excel、Tableau 数据提取、PosgreSQL、Salesforce 以及 Oracle 数据源。这些限制会在表 E-2 中指出来。本书出版之后，Tableau 可能对某个函数扩展它所支持的数据源列表。参考 Tableau 的在线手册获取最新的函数列表以及每个函数所支持的数据源。

E.4　按字母排序的函数列表——摘要和详解

表 E-2 显示了一个典型用户可用的 Tableau 的所有函数。基于你的数据源，可能有针对特定数据库的额外函数。咨询数据库手册获取没有列举在这里的额外命令。附录 E 剩下的部分提供了对每个函数的详细介绍。针对每个函数还提供了代码示例，包括基础、中级以及高级代码示例。

表 E-2　按字母排序的函数列表

#	函数名称	类型函数	#	函数名称	类型函数
1	ABS	数量	21	DATENAME	日期
2	ACOS	数量	22	DATEPARSE	日期
3	AND	逻辑	23	DATEPART	日期
4	ASCII	字符串	24	DATETIME	类型转换
5	ASIN	数量	25	DATETRUNC	日期
6	ATAN	数量	26	DAY	日期
7	ATAN2	数量	27	DEGREES	数量
8	ATTR	聚合	28	DIV	数量
9	AVG	聚合	29	DOMAIN	Google Big Query
10	CASE	逻辑	30	ELSE	逻辑
11	CEILING	数量	31	ELSEIF	逻辑
12	CHAR	字符串	32	END	逻辑
13	CONTAINS	字符串	33	ENDSWITH	字符串
14	COS	数量	34	EXCLUDE	逻辑
15	COT	数量	35	EXP	数量
16	COUNT	聚合	36	FIND	字符串
17	COUNTD	聚合	37	FINDNTH	字符串
18	DATE	类型转换	38	FIRST	表计算
19	DATEADD	日期	39	FIXED	详细级别 聚合
20	DATEDIFF	日期	40	FLOAT	类型转换

（续）

#	函数名称	类型函数	#	函数名称	类型函数
41	FLOOR	数量	73	MEDIAN	聚合
42	FULLNAME	用户	74	MID	字符串
43	GET_JSON_OBJECT	Hadoop Hive	75	MIN	聚合、日期、数量、字符串
44	GROUP_CONCAT	Google Big Query			
45	HEXBINX	数量	76	MONTH	日期
46	HEXBINY	数量	77	NOT	逻辑
47	HOST	Google Big Query	78	NOW	日期
48	IF	逻辑	79	OR	逻辑
49	IFNULL	逻辑	80	PARSE_URL	Hadoop Hive
50	IIF	逻辑	81	PARSE_URL_JQUERY	Hadoop Hive
51	INCLUDE	详细级别 聚合	82	PERCENTILE	聚合
52	INDEX	表计算	83	PI	数量
53	INT	类型转换	84	POWER	数量
54	ISDATE	日期、逻辑、字符串	85	PREVIOUS_VALUE	表计算
55	ISFULLNAME	用户	86	RADIANS	数量
56	ISMEMBEROF	用户	87	RANK	表计算
57	ISNULL	逻辑	88	RANK_DENSE	表计算
58	ISUSERNAME	用户	89	RANK_MODIFIED	表计算
59	LAST	表计算	90	RANK_PERCENTILE	表计算
60	LEFT	字符串	91	RANK_UNIQUE	表计算
61	LEN	字符串	92	RAWSQL_BOOL	传递 RAW SQL
62	LN	数量	93	RAWSQL_DATE	传递 RAW SQL
63	LOG	数量	94	RAWSQL_DATETIME	传递 RAW SQL
64	LOG2	Google Big Query	95	RAWSQL_INT	传递 RAW SQL
65	LOOKUP	表计算	96	RAWSQL_REAL	传递 RAW SQL
66	LOWER	字符串	97	RAWSQL_STR	传递 RAW SQL
67	LTRIM	字符串	98	RAWSQLAGG_BOOL	传递 RAW SQL
68	LTRIM_THIS	Google Big Query	99	RAWSQLAGG_DATE	传递 RAW SQL
69	MAKEDATE	类型转换	100	RAWSQLAGG_DATETIME	传递 RAW SQL
70	MAKEDATETIME	类型转换			
71	MAKETIME	类型转换	101	RAWSQLAGG_INT	传递 RAW SQL
72	MAX	聚合、日期、数量、字符串	102	RAWSQLAGG_REAL	传递 RAW SQL
			103	RAWSQLAGG_STR	传递 RAW SQL

（续）

#	函数名称	类型函数	#	函数名称	类型函数
104	REGEXP_EXTRACT	字符串	137	TLD	Google Big Query
105	REGEXP_EXTRACT_NTH	字符串	138	TODAY	日期
106	REGEXP_MATCH	字符串	139	TOTAL	表计算
107	REGEXP_REPLACE	字符串	140	TRIM	字符串
108	REPLACE	字符串	141	UPPER	字符串
109	RIGHT	字符串	142	USEC_TO_TIMESTAMP	Google Big Query
110	ROUND	数量			
111	RTRIM	字符串	143	USERDOMAIN	用户
112	RTRIM_THIS	Google Big Query	144	USERNAME	用户
113	RUNNING_AVG	表计算	145	VAR	聚合
114	RUNNING_COUNT	表计算	146	VARP	聚合
115	RUNNING_MAX	表计算	147	WHEN	逻辑
116	RUNNING_MIN	表计算	148	WINDOW_AVG	表计算
117	RUNNING_SUM	表计算	149	WINDOW_COUNT	表计算
118	SCRIPT_BOOL	表计算	150	WINDOW_MAX	表计算
119	SCRIPT_INT	表计算	151	WINDOW_MEDIAN	表计算
120	SCRIPT_REAL	表计算	152	WINDOW_MIN	表计算
121	SCRIPT_STRING	表计算	153	WINDOW_PERCENTILE	表计算
122	SIGN	数量			
123	SIN	数量	154	WINDOW_STDEV	表计算
124	SIZE	表计算	155	WINDOW_STDEVP	表计算
125	SPACE	字符串	156	WINDOW_SUM	表计算
126	SPLIT	字符串	157	WINDOW_VAR	表计算
127	SQRT	数量	158	WINDOW_VARP	表计算
128	SQUARE	数量	159	XPATH_BOOLEAN	Hadoop Hive
129	STARTSWITH	字符串	160	XPATH_DOUBLE	Hadoop Hive
130	STDEV	聚合	161	XPATH_FLOAT	Hadoop Hive
131	STDEVP	聚合	162	XPATH_INT	Hadoop Hive
132	STR	类型转换	163	XPATH_LONG	Hadoop Hive
133	SUM	聚合	164	XPATH_SHORT	Hadoop Hive
134	TAN	数量	165	XPATH_STRING	Hadoop Hive
135	THEN	逻辑	166	YEAR	日期
136	TIMESTAMP_TO_USEC	Google Big Query	167	ZN	逻辑、数量

1. ABS

ABS 函数返回给定数字的绝对值。绝对值可以看作这个数字与数字 0 的距离。当你希望找到两个值的差距而不需要考虑这个差距是正还是负时，就可以使用这个函数。

```
ABS(number)
```

> number = 任意给定数字

（1）基础示例

```
ABS([Budget Variance])
```

> 这个函数返回数据库 Budget Variance 中所有行的绝对值的总和。

（2）中级示例

```
ABS(SUM([Budget Sales])-SUM([Sales]))/SUM([Budget Sales])
```

> 这个示例计算了对 Budget Sales 的求和及对 Sales 求和之间的差的绝对值，然后把它表示为针对 Budget Sales 的百分比。在比较方差的变化水平时，ABS 函数可以用来找出其中的例外。

2. ACOS

ACOS 函数返回给定数字的反余弦值。它是 COS 的反函数。

```
ACOS(number)
```

> number 为大于 -1、小于 1 的任意给定值。

（1）基础示例

```
ACOS(0.5)
```

> 这个函数返回弧度值 1.0471975511966。

（2）中级示例

```
DEGREES(ACOS(0.5))
```

> 这个函数计算数字 0.5 的反余弦弧度，之后把它转化到角度。它的返回值是 60 度。

（3）高级示例

这是一个在 Tableau 中的三角函数的组合应用。这个语法计算了两个地理位置之间的距离，其中 3959 是地球的平均半径（英里）。

```
3959 * ACOS(SIN(RADIANS([Lat1])) *  SIN(RADIANS([Lat2]))
+ COS(RADIANS([Lat1])) * COS(RADIANS([Lat2])) *
COS(RADIANS([Long2])- RADIANS([Long1])).
```

> 位置 1 通过 Lat1 和 Long1 表示，位置 2 通过 Lat2 和 Long2 表示。

```
3959 * ACOS(SIN(RADIANS(36.105143)) * SIN(RADIANS(36.113231))
+ COS(RADIANS(36.105143)) * COS(RADIANS(36.113231))
* COS(RADIANS(-95.975677) - RADIANS(-97.103813)))
```

> 这个函数的返回值是 62.98，这是 Stillwater（美国斯蒂尔沃特市）和 Tulsa（美国塔尔萨市）的 InterWorks 办公室之间的距离。

3. AND

AND 关键字让你能把多个表达式组合在一个计算字段中计算。如果 AND 两侧的两个表达式都是真值，或者代表 Boolean（布尔型）值 1 而不是 0，那么整个语句的结果就是真。如果 AND 表达式两侧的表达式有一个或两个为假，或者代表 Boolean（布尔型）值 0 而不是 1，那么整个语句的结果就是假。

（1）基础示例

```
IF SUM([Sales]) > 10,000 AND AVG([Discount]) > .1
THEN "Review" ELSE "OK"
END
```

这个公式计算 Sales 是否大于 10 000 并且 Discount 大于 10%，如果两个条件都满足，就返回字符串"Review"；如果某个条件不满足，就返回字符串"OK"。

（2）中级示例

```
IF (DATEPART('month', [Order Date]) = 6
AND DATEPART('year',[Order Date]) = 2014)
AND [Profit] < 0 THEN "Review" ELSE "OK"
END
```

这个公式计算数据源中的月份和年份是否为 2014 年 6 月，这个 AND 语句满足之后，再计算 Profit 是否小于 0，如果条件满足，就返回字符串"Review"；如果 Profit 大于或等于 0，就返回字符串"OK"。

4. ASCII

ASCII 是一个针对英文字符、数字、符号的字符编码规则，这些字符在 ASCII 字符集中被编码成对应的数字。这个 ASCII 函数为一个给定的字符串的第一个字符返回它对应的 ASCII 编码。一个标准的 ASCII 字符串集包含 128 个字符。这 128 个 ASCII 字符可以进一步平均划分为 4 组，每组 32 个字符。ASCII 组包含：

- 0~31：非打印字符串 / 控制字符串。
- 32~63：数字值、标点符号以及特殊字符。
- 64~95：大写字母以及特殊符号。
- 96~127：小写字母以及特殊符号。

```
ASCII(String)
```

返回给定字符串第一个字符的 ASCII 代码。

（1）基础示例

```
ASCII([Customer])
```

这个函数示例返回包含在 Customer 名称字符串中第一个字母对应的 ASCII 代码，返回值是大写字母 A 对应的 65 到大写字母 Z 对应的 90 之间的某个数字。

（2）中级示例

```
IIF (ASCII([Customer Name])<32, 'Non Printable Characters', 'Printable Characters')
```

这个公式示例为输入的 Customer Name 字段提供一个基础的数据是否可用的检查机制，它判断开头是否为 ASCII 可打印字符。如果任意非可打印字符出现在输入参数的开头，这个公式就可以用来显示这些记录。

（3）高级示例

```
ASCII(MID([Customer Name],FIND([Customer Name]," ")))
```

这个函数示例使用 3 个其他的 Tableau 函数。Customer 字段的 Customer Name 通过空格包含 Forename（名）和 Surname（姓）。我们可以利用这个公式的逻辑来判断是否有任何 Customer Name 数据中只包含一个字符串，而没有在姓和名之间利用空格做区分。

5. ASIN

ASIN 函数返回给定数字的反正弦弧度，它是函数 SIN 的反函数。

`ASIN(number)`

number 为比 -1 大、比 1 小的任意值。

（1）基础示例

`ASIN(1)`

这个函数返回数值 1 的反正弦，结果是弧度 1.5707963267949。

（2）中级示例

`DEGREES(ASIN(1))`

这个函数计算 1 的反正弦，并把结果转化到角度，返回的角度值是 90。

6. ATAN

ATAN 函数返回给定数字的反正切值。它是正切函数 TAN 的反函数，返回的是在 $-\pi/2$ 和 $\pi/2$ 之间的弧度结果。

`ATAN(number)`

number 为任意给定的值，返回值是用弧度表示的。

（1）基础示例

`ATAN(1)`

这个函数返回弧度值 0.785398163397448，它等于 $\pi/4$。

（2）中级示例

`DEGREES(ATAN(1))`

这个函数计算给定值 1 的反正切值，并把它转化为角度。它返回的值是角度 45。

7. ATAN2

ATAN2 函数返回给定两个数字（ x 和 y ）的反正切值。返回的数字是在 $-\pi$ 和 π 之间的弧度值。

`ATAN2(y number,x number)`

数字 y 为任意给定数字，数字 x 为任意给定数字。

（1）基础示例

`ATAN2(1,1)`

这个函数计算 x 和 y 值都等于 1 时的反正切值。返回值是弧度 0.785398163397448，它等于 $\pi/4$。如果 x 和 y 的值都是 0，就返回一个 NULL（空值）。

（2）中级示例

`DEGREES(ATAN2(-1,-1))`

这个函数计算点（-1，-1）的反正切值，并把结果转换为角度值，返回的结果是角度 -135 度。

8. ATTR

函数 ATTR 计算包含在指定字段的所有成员，并返回一个单一值（如果所有的值都是一样的），或者这个集合中存在多于一个值时，就返回符号 *。符号 * 用来表示一种特殊的 NULL，它不是典型的 NULL（空值，没有值的意思），而是包含很多值。

当 ATTR 函数应用到一个维度，并且它是通过数据的分层次视图来表示时，就会把这些字段作为一个标签，并且对值进行聚合，然后根据剩下的维度进行评估。图 E-1 显示了结果。

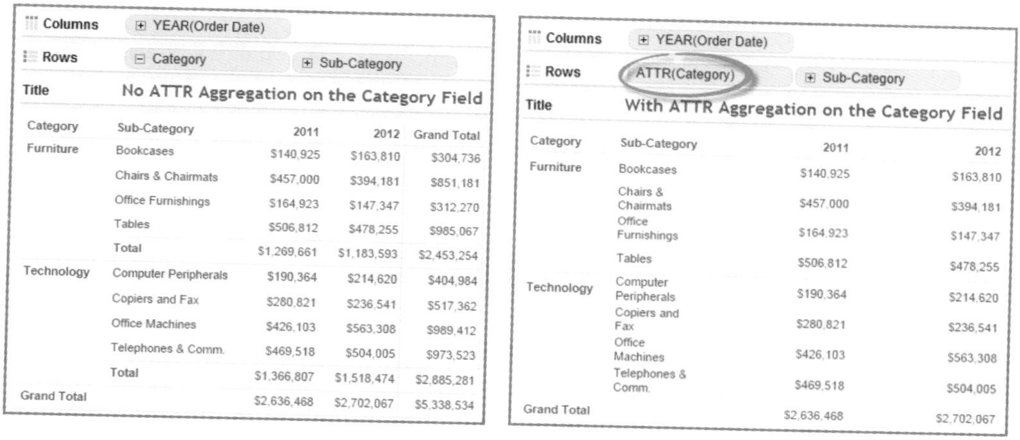

Columns	YEAR(Order Date)		
Rows	Category	Sub-Category	
Title	No ATTR Aggregation on the Category Field		
Category	Sub-Category	2011	2012	Grand Total
Furniture	Bookcases	$140,925	$163,810	$304,736
	Chairs & Chairmats	$457,000	$394,181	$851,181
	Office Furnishings	$164,923	$147,347	$312,270
	Tables	$506,812	$478,255	$985,067
	Total	$1,269,661	$1,183,593	$2,453,254
Technology	Computer Peripherals	$190,364	$214,620	$404,984
	Copiers and Fax	$280,821	$236,541	$517,362
	Office Machines	$426,103	$563,308	$989,412
	Telephones & Comm.	$469,518	$504,005	$973,523
	Total	$1,366,807	$1,518,474	$2,885,281
Grand Total		$2,636,468	$2,702,067	$5,338,534

Columns	YEAR(Order Date)	
Rows	ATTR(Category)	Sub-Category
Title	With ATTR Aggregation on the Category Field	
Category	Sub-Category	2011	2012
Furniture	Bookcases	$140,925	$163,810
	Chairs & Chairmats	$457,000	$394,181
	Office Furnishings	$164,923	$147,347
	Tables	$506,812	$478,255
Technology	Computer Peripherals	$190,364	$214,620
	Copiers and Fax	$280,821	$236,541
	Office Machines	$426,103	$563,308
	Telephones & Comm.	$469,518	$504,005
Grand Total		$2,636,468	$2,702,067

图 E-1　函数 ATTR 的示例

在 Tableau 论坛上，你能找到乔·马科（Joe Mako）[1]给出的关于 ATTR 的很好的例子，乔·马科通过这样的公式表示函数 ATTR 的逻辑：

```
IF MIN([field])=(MAX([field]) THEN MIN([field]) ELSE "*" END
```

我们可以这样重新描述乔·马科的逻辑，如果从数据库返回的数字集合中的最大值和最小值相同，就返回这个最小值；如果不同，就返回字符 *。

基础示例

```
ATTR([field])
```

这个公式的结果应该是一个值或符号 *。符号 * 表示字段结果中有多于一个的值。

```
ATTR([Sub-Category])
```

如果所有行都只有一个值聚合函数 ATTR，就返回这个表达式的值。如果表达式的值多于一个，就返回 *。Null 值会被忽略。把基本的 ATTR 公式应用到维度上，如果 Sub-Category 有多于一个的 Sub-Category 成员，就会返回 *。这个示例会返回 *，因为 Superstore 数据集包含多于一个的 Sub-Category 成员。

9. AVG

函数 AVG 返回表达式的平均值。它通过计算表达式中所有成员的总和，再除以表达式中记录的数量获得平均值结果。比如，你有一个包含 24，30，15，5，16 的集合，这 5 个数字的平均值是（24+30+15+5+16）/5=18。

（1）基础示例

```
AVG([Discount])
```

无论视图中展现了怎样的细节，返回结果就是 Discount 的平均值。

（2）中级示例

```
AVG(DATEDIFF('day',[Order Date],[Ship Date]))
```

计算下单日期和运到日期之间的差，然后提供平均值。

（3）高级示例

```
AVG(IF(DATEDIFF('day',[Order Date],[Ship Date])<=[Time to Ship Goal])
THEN 1 ELSE 0 END)
```

这个计算把一个具体订单的运输时间与参数 [Time to Ship Goal] 给出的预期运输时间进行比较。如果实际运输时间小于或等于这个参数给出的时间，就返回 1；如果大于参数给出的时间，就返回 0。之后，它计算的平均值就是这些返回值中 1 所占据的比例，即运输时间不高于预期时间的订单所占的比例。这是一个有用的技巧：一个 0，1 集合的平均值就是 1 所占的比例，如果你想转化为百分比，就再乘以 100。

10. CASE

函数 CASE 后面要紧跟一个表达式 / 数据字段，它可以定义为表达式 CASE 的源字段。这个字段里的值要与接下来的 WHEN 语句中的一系列值进行比较。如果表达式中有任意值能够匹配 WHEN 表达式，对应的 THEN 值就会返回。如果发现都不匹配，就返回默认的用 ELSE 语句表示的表达式。如果这里没有 ELSE 语句，并且没有找到任何匹配，就会返回 NULL 值。这个 CASE 函数是可以通过 IF 或 IIF 函数实现的，但通常 CASE 更容易使用，也更简洁。

```
CASE expression WHEN value1 THEN return1 WHEN value2 THEN return2 ......
ELSE default return
END
```

（1）基础示例

```
CASE [Month]
WHEN 1 THEN "January"
WHEN 2 THEN "February"
WHEN 3 THEN "March"
WHEN 4 THEN "April"
ELSE "Not required"
END
```

这个示例将会作用在 Month 字段上，它包含整数值，并返回对应月份的字符串。

（2）中级示例

```
CASE (LEFT([Customer Name],1))
WHEN 'A' THEN 'Customer name starts with A'
WHEN 'B' THEN 'Customer name starts with B'
WHEN 'C' THEN 'Customer name starts with C'
ELSE 'Customer names not starting with A, B or C'
END
```

这个中级示例 的公式评估 Customer Name 字段，并把客户按照名称首字母进行分组。

11. CEILING

函数 CEILING 把数字圆整为最接近的更大整数。这个函数会根据公式中给定的聚合级别来应用，意味着必须用函数 SUM 产生需要被圆整的求和数。

（1）基础示例

CEILING(41.09)

> 这个公式将返回整数值 42，它是最接近的更大整数。

（2）中级示例

CEILING(SUM([Sales]))

> 这个公式计算给定销售值的总和，之后把它圆整到更大整数。

12. CHAR

函数 CHAR 把一个 ASCII 编码转换到相应的字符串字符。函数 ASCII 和 CHAR 互为反函数，两者有着紧密的联系。

CHAR(Number)

（1）基础示例

CHAR (65)

> 这个函数示例返回整数值 65 对应的字符值，在 ASCII 码字符表中，它对应的字符是 A。

（2）中级示例

```
CHAR(IIF (ASCII([Customer])> 96
and ASCII([Customer])<= 122,
ASCII([Customer])-32,
ASCII([Customer])))
```

> 这个函数示例确保函数 CHAR 的输出有正确的大小写。如果它是小写字符（96~122），就通过减去 32 把它转化为大写。

（3）高级示例

```
CHAR(ASCII([Customer]))+ "." +
CHAR(ASCII(LTRIM(MID([Customer],FIND([Customer]," ")))))+ "."
```

> 函数示例显示由字段 Customer 获取的客户名和姓的首字母，并用一个句号隔开。如果客户 Customer = Aaron Day，那么示例的输出是 A.D.。其中的字符串函数会在后面详细解释。

13. CONTAINS

函数 CONTAINS 让用户能够在一个给定的可以搜索的字符串中搜索任意序列的字符串（SUB-STRING）。函数 CONTAINS 返回 True 或 False 的布尔值。

CONTAINS(String, Substring)

基础示例

CONTAINS([City],"New")

> 如果在客户城市的字段中包含 New，这个函数就返回一个 True 值。

14. COS

函数 COS 返回一个给定弧度的余弦值。

COS(number)

> Number 为任意给定数字，表示的是弧度值。

（1）基础示例

```
COS(PI()/8)
```

> 这个函数计算弧度 π/8 的余弦值，函数返回的具体值是 0.923879532511287。

（2）中级示例

```
COS(RADIANS(60))
```

> 在这个函数中，显示的数字是角度值。所以，60 首先被转化为弧度，再计算它的余弦值。结果是 0.5。

（3）高级示例

这是一个 Tableau 中三角函数的组合应用。这个语法计算两个地理位置的距离，其中 3 959 英里（1 英里 = 1609.344 米）是地球的平均半径。

```
3959 * ACOS(SIN(RADIANS([Lat1])) * SIN(RADIANS([Lat2]))
+ COS(RADIANS([Lat1])) * COS(RADIANS([Lat2])) *
COS(RADIANS([Long2])- RADIANS([Long1])).
```

> 位置 1：Lat1, Long1；位置 2：Lat2, Long2。

```
3959 * ACOS(SIN(RADIANS(36.105143)) * SIN(RADIANS(36.113231))
+ COS(RADIANS(36.105143)) * COS(RADIANS(36.113231))
* COS(RADIANS(-95.975677) - RADIANS(-97.103813)))
```

> 这个函数的返回值是 62.98。它就是 Stillwater 和 Tulsa 的 InterWorks 办公室之间的距离。

15. COT

返回一个给定弧度值的余切值。注意这个数字表示的是弧度。

```
COT(number)
```

> Number 为任意给定数字，用弧度表示。

（1）基础示例

```
COT(PI( )/4)
```

> 这个函数计算弧度 π/4 的余切值。这个函数的返回值是 1。

（2）中级示例

```
COT(RADIANS(45))
```

> 在本函数中，数字是用角度值给出的，在这里是 45。首先把它转化为弧度，再计算它的余切值。它的返回结果是 1。

16. COUNT

这个函数返回一个组中元素的个数。NULL 值不会被统计在内。

（1）基础示例

```
COUNT([Ship Date])
```

> 这个公式计算具有运输日期的值的记录个数。没有运输日期的记录在这个字段会是 NULL，这样的记录不会被统计在内。

（2）中级示例

```
COUNT(IIF([Discount]=0,1,NULL))
```

这个示例返回折扣为 0 的记录个数。

（3）高级示例

```
COUNT(IIF([Discount]=0,1,NULL))/COUNT([Number of Records])
```

这个公式将会查看折扣字段；如果值是 0，这条记录就不会被统计。这样它就会统计所有返回非空记录的条数，再被总记录数相除，就得到了具有折扣的条目的比例。

17. COUNTD

它表示不同值的总和，返回一个组中不同记录的总数量。空值（NULL）不会被统计在内。每个唯一值只会被统计一次。

（1）基础示例

```
COUNTD([Customer Name])
```

这个公式返回不同客户姓名的总和。任意记录中，如果 Customer　Name 字段是 NULL，就不会被统计。每个姓名只会被统计一次，无论它是否会在不同的记录中出现多次。

（2）中级示例

```
COUNTD([City]+[State])
```

这个公式把 City（城市）和 State（州）字段混合在一起，创建一个新的字段，以便计算唯一的城市—州的数量。注意，其中的符号 + 把 City 和 State 字段连接在一起。

（3）高级示例

```
COUNTD(IF([Country]=[Country Parameter])
THEN [Customer Name] ELSE NULL END)
```

这个公式计算选择的 Country（国家）中不同客户的数量。参数允许读者选择一个国家并计算客户姓名的数量。任意其他国家都被看作 NULL，所以它们都不会被统计。

18. DATE

函数 DATE 把一个给定的输入值转化为一个日期。它与 DATETIME 函数很相似，但不包含时间。当数据源中有字符串的日期，或者在使用其他数据源创建你自己的日期时，这个函数非常有用。

（1）基础示例

```
DATE("March 15, 2013")
```

这个示例把字符串值 March 15, 2013 转换为一个日期型值。

（2）中级示例

```
DATE([DateString])
```

如果 [DateString] 是一个可用的日期类型，这个公式就返回一个日期，否则返回空值（NULL）。

（3）高级示例

```
DATE(STR([Year]) + '/'+ STR([Month]) + '/' + STR([Day]))
```

公式返回一个由数据源中的不同部分构成的日期值。当数据源中包括日期的元素，又不是用日期维度来表示时，这个函数就尤其有用。它让你能够创建日期维度，以便可以在视图中使用 Tableau 自动生成日期层次。

19. DATEADD

函数 DATEADD 为一个给定的日期添加一个指定的时间区段。当你想基于数据集中的日期计算一个新的日期时，就可以使用这个函数，以便在时间序列的分析中创建新的参考线，或者创建维度用来作为筛选。

```
DATEADD(date_part, increment, date, start_of_week)
```

其中的 date_part 指定被添加的时间区段的类型。它通常是用单括号和小写字母来表示的（比如 'day'）。increment 表示添加时间的确切长度。表 E-3 显示可以使用在函数中的 date_part 的值。

表 E-3　日期函数可用的 date_part

date_part	值
'year'	4 位数字的年份
'quarter'	1~4
'month'	1~12 或 January、February 等
'dayofyear'	一年中的日期：Jan 1 是 1，Feb 1 是 32，以此类推
'day'	1~31
'weekday'	1~7 或 Sunday、Monday，以此类推
'week'	1~52
'hour"	0~23
'minute'	0~59
'second'	0~60

注：来源于 Tableau Desktop 手册。

公式中的日期变量是用于增加的基准日期。这个值可以是常量值（比如 #2015-06-23#）、字段、参数或者其他函数返回的值。

（1）基础示例

```
DATEADD('day',3,[Order Date])
```

这个公式返回给定订单的 Date 之后三天的日期。在这个例子中，如果订单中的 Date 等于 December 9, 2015，这个函数返回的值就是 December 12, 2015。

（2）中级示例

```
DATEADD('day', -30, TODAY())
```

这个公式返回的是今天之前 30 天的日期。如果今天是 March 18, 2013，这个函数就返回 February 16, 2013。这在用来筛选特定日期区间时是非常有用的（比如 30 天的区间），或者要在时间线上突出显示一个特定长度的时间段，但具体日期不确定时。

（3）高级示例

```
DATEADD('month', -12, WINDOW_MAX(MAX([Date])))
```

这个高级示例的公式返回给定窗口（参考 WINDOWMAX 计算了解更多细节）中最后一天之前的 12 个月的日期。对于很多商业数据来说，几天前、几周前，甚至几个月前都是很常见的。这个方法能让你确定数据集结尾之前 12 个月的日期，无论数据集结尾距离现在有多长的间隔。

20. DATEDIFF

函数 DATEDIFF 计算两个给定日期的时间差。这可以用来为你的分析创建额外的维度指标。它返回一个 date2-date1 的整型值，这个值的单位表示在参数 date_part 中。

```
DATEDIFF(date_part, date1, date2, start_of_week)
```

参数 date_part 表示所返回时间长度的类型。它总是用单引号包围的小写字母表示（比如 'day'）。参考条目 DATEADD 获取可用的 date_part 的值。Date1 和 Date2 是用来做减法的实际日期。这些值可以是常量、字段、参数及其他函数返回的日期，或者它们的任意组合。

（1）基础示例

```
DATEDIFF('day', #June 3, 2012#, #June 5, 2012#)
```

这个公式使用函数 DATADIFF 计算两个日期值之间相隔的天数。在本示例中的答案是 2 天。记住，你可以使用数据集中的日期字段指定可变的日期值。

（2）中级示例

```
DATEDIFF('day',[Ship Date], TODAY())
```

这个公式返回两个日期之间相隔的天数值。这是一有时效性的报表常用的步骤。本示例获取发货日期距离当前的时效天数。如果今天是 2015 年 11 月 2 日，并且你的 [Ship Date] 字段给出的出货日期是 2015 年 10 月 30 日，这个函数就返回 3（天）。这是很有用的，尤其当与箱体组合使用时。

（3）高级示例

```
CASE [Parameter].[Date Unit]
WHEN 'Day' THEN DATEDIFF('day',[OrderDate],[ShipDate])
WHEN 'Week' THEN DATEDIFF('week',[OrderDate],[ShipDate])
END
```

这个公式返回一个整型值，是两个日期之间相隔的天数或周数。在本例中，使用了一个参数 [Date Unit]。这个参数是一个字符串，并且可以接受用户输入把它转化为天数或周数的时间间隔。这允许用户来决定他们认为最好的表示答案的方式。

21. DATENAME

函数 DATENAME 用文本返回日期的部分。这个函数可以用来创建自定义的 Tableau 格式本身不能够提供的标签。

```
DATENAME(DatePart, Date)
```

运算符 DatePart 定义了你希望日期被怎样表示，比如周、月或年。参考 DATEADD 获取 date_part 的值。Date 是你希望从中提取的实际日期。

（1）基础示例

```
DATENAME('month', #2012-06-03#)
```

这个公式从实际的日期 June 3, 2012 中返回月份 June。

（2）中级示例

```
DATENAME('month',[StartDate]) + ' to ' + DATENAME('month',[EndDate])
```

这个公式返回一个字符串，描述数据源每行记录开始和结束的月份。如果开始日期 [StartDate] 等于 January 1, 2013，并且结束日期 [EndDate] 等于 March 1, 2013，函数就返回 January to March。

（3）高级示例

```
DATENAME('month', TOTAL(MIN([Date]))) + ' ' +
DATENAME('year', TOTAL(MIN([Date]))) + ' to ' +
DATENAME('month', TOTAL(MAX([Date]))) + ' ' +
DATENAME('year', TOTAL(MAX([Date])))
```

这个公式返回一个字符串，描述存在于视图中的起始和结束的日期。这里的关键技术是使用带有 MIN 和 MAX 的 TOTAL 函数（参考相关函数条目获取细节内容）。当你希望分析中描述的时间段有头部、标注或其他标签时，就可以使用这个方法。如果 TOTAL(MIN([Date])) 等于 January 1, 2013，并且 TOTAL(MAX([Date])) 等于 March 1, 2013，这个函数就会返回 January 2013 to March 2013。

22. DATEPARSE

函数 DATEPARSE 把一个字符串字段转换到一个日期 / 日期时间字段。当你的数据源中有表示日期的字符串，或者使用其他数据源创建自己的日期时，这就非常有用。把字符串表达的日期转化到真正的日期 / 日期时间型字段后，就可以在视图中使用 Tableau 自动生成数据层次。函数 DATEPARSE 还可以用在非传统的 Microsoft Excel 和文本文件的连接、MySQL、Oracle、PostgreSQL 以及 Tableau 的时间提取数据源中。你的计算机系统将会控制基于位置的特定日期时间表达格式。

DATEPARSE(format, [String])

■ Format 提供了关于数据源中字符串字段表示格式的映射。比如，如果数据看起来是 "20150807"，就会把函数中的格式部分设置为 "yyyyMMdd"。双引号（""）会把格式中的符号组合包围起来。注意，大写字母 M 是用来代表月份 months 的，而小写的 m 代表的是分钟 minutes。用来表示格式的符号是由 International Components for Unicode（ICU）的格式语言定义的。要了解它的完整语法，请参考 ICU 的网站：http://userguide.icu-project.org/formatparse/datetime。

■ String 指引了数据源中已有的字符串字段，要把它转化为日期 / 日期时间型字段。

（1）基础示例

DATEPARSE("MMyyyy", "082015")

这个示例把字符串转换为日期值 August 1, 2015。新创建的日期字段的显示格式可以通过菜单控制：Default Properties（默认属性）→ Date Format（日期格式）。

（2）中级示例

DATEPARSE("MMddyyyy hh:mma", "08072015 10:07AM")

这个函数返回一个日期时间值 August 7, 2015 10:07 AM。同样，日期时间的显示格式也可以通过改变系统设置来控制。

（3）高级示例

DATEPARSE("MMddyy", RIGHT("Customer 1 - 080715", 6))

这个公式识别要把给定字符串的哪些部分转化为日期字段。结果是一个新的日期字段 August 7, 2015。

23. DATEPART

函数 DATEPART 把日期部分返回为整数值。这可以用在当你需要解析日期的某些部分时的计算中。

DATEPART(DatePart, date)

DatePart 定义了你所需要的日期的哪些部分，比如周、月或年。date 是你希望从中提取的原始日期。

（1）基础示例

DATEPART('month', #June 3, 2012#)

这个公式返回 6，它代表给定数据中的月份的数值是 6。

（2）中级示例

```
DATEPART('dayofyear',[Date])
```

这个示例返回一个给定日期在当年的数字表示（换句话说，它是这一年中的第多少天）。比如，[Date] 是 June 3, 2012，它就会返回 155。

（3）高级示例

```
IF DATEPART('hour',[Datetime]) < 12 THEN 'Morning'
ELSEIF DATEPART('hour',[Datetime]) < 16 THEN 'Afternoon'
ELSEIF DATEPART('hour',[Datetime]) < 21 THEN 'Evening'
ELSE 'Night'
END
```

这个公式使用小时把时间归类到不同组里。在本例中，如果 [Datetime] 处于夜晚和中午之间，它就被归类到 Morning；如果 [Datetime] 处于中午和下午 4 点之间，它就被归类到 Afternoon；如果 [Datetime] 处于下午 4 点和下午 9 点之间，它就被归类到 Evening；其余被归类到 Night。这个函数可以用来对时间进行归类，比如生产线上的班组或者广告中每天的时段。注意，DATEPART 函数返回的是一个 24 小时制的时间点（比如下午 1 点就返回 13）。

24. DATETIME

函数 DATETIME 把一个给定的输入转化为日期和时间。这与 DATE 函数类似，但包括时间部分。当你的数据源中包括日期字符串，你想把日期和时间的字段区分开或者要从其他数据源建立自己的日期时，这个功能尤其有用。

（1）基础示例

```
DATETIME("March 15, 2013 5:30 PM")
```

这个示例把字符串转换到一个日期时间值 March 15, 2013 at 5:30 PM。

（2）中级示例

```
DATETIME(STR([Date]) + ' ' + [Time]),
```

这个示例返回一个日期时间值。字段 [Date] 只是日期，不包括时间。公式首先把 [Date] 转化为一个字符串，再把 [Time] 部分加进来，形成另一个维度。这通过把两个分开的字段连接在一起实现。连接之后，返回的结果就是日期时间值。

（3）高级示例

```
DATETIME(STR([Year]) + '/' + STR([Month]) + '/' + STR([Day]) + ' ' + STR([Time]))
```

这个示例返回一个日期时间值，它是通过数据源中不同的组件构造出来的。当数据源中包含日期元素，但并非真正的日期时间类型时，这个函数尤其有用。这个公式把 3 个不同的字段转化成单一的日期维度，以便利用 Tableau 内建层次的优势。

25. DATETRUNC

这个函数返回一个日期值——圆整到最接近的日期部分。这可以作为一种聚合方法，把时间转化为需要的细节层级的同时仍然保持日期格式。返回的日期是给出时间区段的第一天。

```
DATETRUNC(DatePart, date)
```

参数 DatePart 定义了需要的数据聚合（周、月、年等）。参数 Date 用来提取所需要聚合的日期的实际数据。

（1）基础示例

```
DATETRUNC('Month', #March 14, 2013#)
```

假设你在视图中定义的日期粒度为 Month/Day/Year，这个公式返回的日期值为 March 1, 2013。因为你选择了 Month 作为 DatePart 值，它返回的就是这个月的第一天。

（2）中级示例

```
DATETRUNC('Week', MIN([Date]))
```

这个公式返回的是 MIN（[Date]）这个周的第一天的日期值。在本例中，date 参数代表给定视图中任意标记点的第一个日期的起点。这个函数可以用来在某个维度中查找，这个维度的起始日期很重要，比如在客户销售或内部项目中。

（3）高级示例

```
CASE [Parameter].[Date Unit]
WHEN 'Day' THEN DATETRUNC('day', [Date])
WHEN 'Week' THEN DATETRUNC('week', [Date])
WHEN 'Month' THEN DATETRUNC('month', [Date])
END
```

这个公式通过参数的使用返回关于日期的一个可变的表示。参数 [Date Unit] 是字符串类型的，允许用户输入想要对结果聚合的时间区段。当同样的报表希望在不同细节等级被查看时，这就是理想的方式。比如，用户希望看到按月发展的趋势报告，这个趋势报告还可以细化到更具体的时间区段来查看更细节的内容，比如周或天。

26. DAY

这个函数返回一个整型值，代表给定日期在当月的天数。这是函数 DATEPART（'day', [Date]）的一个简短方式。

```
DAY(Date)
```

参数 Date 是希望从中提取的具体日期。

（1）基础示例

```
DAY(#March 14, 2013#)
```

这个公式返回 14。

（2）中级示例

```
DAY(DATEADD('day',[Date], 5 ))
```

这个公式返回 [Date] 再加 5 天的天数。如果 [Date] 是 March 14, 2013，则返回值是 19。

（3）高级示例

```
CASE [Parameter].[Date Unit]
WHEN 'Day' THEN DAY([Date])
WHEN 'Month' THEN MONTH([Date])
WHEN 'Year' THEN YEAR([Date])
END
```

这个示例返回一个整型值。[Date Unit] 的参数控制将要返回的具体日期层级。如果用户选择 Day，函数就会返回 [Date] 的天数。

27. DEGREES

函数 DEGREES 把一个给定的弧度值转换到角度值。

```
DEGREES(number)
```

> number 为任意给定数字。

基础示例

```
DEGREES(PI()*2)
```

> 这个函数把弧度制 2π 转化为角度值，结果是 360 度。这个从弧度到角度的转化还可以利用 PI() 函数来实现，(PI()*2) * (180/PI()) 也会得到同样的结果。

28. DIV

函数 DIV 接收一个分子和分母作为输入，输出它们相除之后的整数部分。整数外的任意剩余部分都被忽略，不会影响输出结果。

（1）基础示例

```
DIV(16,5)
```

> 这个函数将会返回一个整型的输出 3。16 除以 5 得到的不是整数值，但把小数点后面的部分完全去掉后，剩下的就是一个整数值 3。

（2）高级示例

```
DIV(INT(SUM([Sales])), COUNTD([Customer ID]))
```

> 这个公式把销售额总和转化为整数值，并被不同客户 ID 的总数量相除，得到的结果就是每个客户平均销售额的大概整数值。把销售额总和转化为一个整数值是必要的，因为 DIV 函数只接收整数作为输入参数。

29. DOMAIN

返回一个给定 URL 的域。要让这个函数能够正确工作，这个 URL 必须包括所使用的协议。这个函数只适用于 Google Big Query 的数据源。

```
DOMAIN([URL])
```

基础示例

```
DOMAIN('http://www.twitter.com/DGM885')
```

> 这个公式返回一个给定 URL 的域。在本示例中，一个文字字符串被用来定义 URL。包含 URL 的字段也可以工作。这个简单示例的返回结果是 twitter.com。

30. ELSE

限定符 ELSE 可以与一个 IF/THEN 语句联合起来使用，在给定的 IF 表达式评估为 False 时，给出一个默认的值或者表达式。

（1）基础示例

```
IF [Sales] >= [Quota] THEN "Goal Met"
ELSE "Needs Improvement"
END
```

> 这个 IF/THEN 语句把一个给定的值和一个给定的引用值进行比较。如果 Sales 大于等于 Quota，就返回 "Goal Met"。如果 Sales 不大于也不等于 Quota，ELSE 语句会将对应的销量表示为 "Needs Improvement"。

（2）中级示例

```
IF [Order Priority] = "Critical" or [Order Priority] = "High"
THEN [Shipping Cost] * 2
```

```
ELSE [Shipping Cost] * 1.5
END
```

这个公式根据订单优先级给出的重要性为运输成本赋予一个新值。订单的优先级为 Critical 或 High 的，它们的运输成本就乘以 2，而其他任意优先级的订单给出默认值，就是当前运输成本乘以 1.5。在这个示例中，ELSE 语句就被用来执行一个算术运算。

31. ELSEIF

限定符 ELSEIF 使用户能够在一个计算字段中使用多于一个的 IF 语句。多个 IF 语句不能使用在同一个计算字段中，但任意数量的 ELSEIF 语句都可以堆积在 IF 语句下面，以提供其他算术或逻辑比较。假设某个情况下，第一个 IF 语句表达式的判断结果不是 True，跟随在后面的每个 ELSEIF 语句将会被顺序执行，直到其中某一个评估值为 True 或者遇到 ELSE 语句。可以参考 CASE 语句，了解它们的相似之处。

基础示例

```
IF [Profit Ratio] >= .25 then "Excellent"
ELSEIF [Profit Ratio] >= .1 then "Decent"
ELSEIF [Profit Ratio] >= 0 then "Needs Improvement"
ELSE "Urgent"
END
```

这个表达式使用 IF、ELSEIF 和 ELSE 语句的组合来把广泛的利润范围归类到 4 个更容易管理的组。首先，算法检查给出的利润比例值是否大于或等于 25 个百分点，如果满足这个条件，这个值就被认为是 Excellent；如果不满足这个条件，算法就跳转到第一个 ELSEIF 语句。对给出的每一个值都会重复执行这个逻辑，如果给出的利润比例值小于 0，就会被默认标记为 Urgent。

32. END

END 语句并不是一个独立的函数，而是任意 IF/THEN 评估语句或 CASE 语句必不可少的一部分。它代表的意思很像一个普通语句中的句号，表示这个语句或表达式结束了。对于 END 语句，它对应的语句或表达式都是逻辑比较或算术比较语句。

基础示例

```
IF YEAR([Order Date]) = 2013 THEN [Sales] END
```

这个公式检查给定订单日期的年份是否为 2013 年。如果这个条件判断为 true，销售额会被记录。END 语句表示这个比较结束了。如果没有 END，这个计算字段就会产生一个错误。

33. ENDSWITH

函数 ENDSWITH 执行和函数 STARTSWITH 类似的任务，不同的是这个函数把注意力放在字符串的末尾。

```
ENDSWITH(String, Substring)
```

基础示例

```
ENDSWITH([City],"Orleans")
```

如果被搜索字段的尾部能够匹配给出的字段，这个函数就返回一个 true 值。函数 STARTSWITH 和 ENDSWITH 会忽略字符串字段中开头或末尾的任意空格。

34. EXCLUDE

它是使用在详细级别（LOD）计算中的三个关键字之一。这个 EXCLUDE 关键字会从工作簿的维度中忽略所列举的维度。当你试图对工作簿中一个度量形成更粗粒度内容的可视化视图时，这个关键字是最有用的。你可以设置细节的级别来排除一个或更多的维度。

```
{ EXCLUDE [Dimension 1], [Dimension 2],... : AGG([Measure])})}
```

AGG 代表任意聚合。

基础示例

```
{ EXCLUDE [State]: SUM([Sales])}
```

这个计算将给出除了 State 之外的任意细节层级上的销售总额。如果 State 在视图中被展示，那么它将会被忽略。

35. EXP

函数 EXP 是函数 LN 的反函数。EXP 返回 *e* 的给定数字的幂，其中 *e* 具有值 2.71828182845905。在 Tableau 中，返回值精确到小数点后 14 位。

```
EXP(number)
```

Number 为任意给定数字。

基础示例

```
EXP(2)
```

这个函数的结果是 7.38905609893065，其中 *e* 与自己相乘一次。Tableau 会先计算这个幂的结果，再把它裁剪到小数点后 14 位数。

36. FIND

FIND 函数返回在一个所选字符串 string 中包含子字符串 substring 的索引位置，如果子字符串 substring 没有被发现就返回 0，如果可选参数 start 被使用，函数就会忽略所有出现在索引位置 start 之前的任意子字符串。字符串的第一个字符位置的定位是 1。

```
FIND(String,Substring,[start])
```

（1）基础示例

```
FIND(([City],"City")
```

FIND 函数在一个字符串中查找通过指定的字段或显示字符给定的字符串。在本例中，City 字段将会被搜索是否包含字符串 "City"，对每个包含字符串 "City" 的 City 值，都会计算这个字符串出现的开始位置。Superstore 数据集中很多 City 名都包括 "City" 字符串，比如 New York City（位置 10）、Oklahoma City（位置 10）、Johnson City（位置 10）、Garden City（位置 8）、Texas City（位置 7）等。

（2）中级示例

```
FIND(([Customer] ,"'",4)
```

这个函数会搜索所有的 Customer 字段中的值，看看它们的名称字符串中是否在第 4 个位置或者更后的位置包含单引号 "'"。出现在第 4 个位置之前的任意单引号都会被忽略不会返回。比如，如果一个客户名称是 Ti's Company，就不会在结果中返回这个单引号的位置，一个名为 Billy's Company 的客户，则会返回结果 6。

（3）高级示例

```
IIF(CONTAINS([Customer],"'"),
(RIGHT([Customer],LEN([Customer]),FIND([Customer],"'",4)+2)),NULL)
```

这个函数示例显示了在 Tableau 中怎样把字符串函数组合在一起使用。这个函数首先搜索任意包含单引号的字段。如果返回的值为真，一连串函数 RIGHT、LEFT、FIND 的组合就会找到这个单引号，判断它的位置，把它的位置向后移动两个之后，再把后面所有字符串提取出来。简单地说，你在寻找包含单引号的姓名并且把它提取出来。如果函数 CONTAINS 的返回值为假（False），这个字段就返回一个 NULL 值。

37. FINDNTH

函数 FINDNTH 搜索一个给定的字符串，并且计算一个具体字符或字符串出现在给定字符串中的次数。这个函数的其中一个输入是"出现"，另一个输入被认为是给定字符或字符串的"第 *n* 次"出现在给定字符串中。函数 FINDNTH 输出给定字符串中"第 *n* 次"出现时的索引位置值。

（1）基础示例

```
FINDNTH("Jon Doe", "o", 2)
```

上面这个函数的输出是 6。函数 FINDNTH 在给定字符串"Jon Doe"中搜索字符"o"的第 2 次出现，这次出现的位置索引值是 6。在 Tableau 中，索引值从最开头字符的 1 开始计算，每个字符都有一个索引值。

（2）中级示例

```
FINDNTH("Is it hot or is it cold?", "it", 2)
```

这个函数的输出是 17。在搜索字符组合而非单个字符时，它"第 *n* 次"出现的第一个字符的索引值就是函数的输出值。这就是这个示例的返回值是 17 而非 18 的原因，18 是子字符串结束时的索引值。

38. FIRST()

表计算函数 FIRST() 返回距离视图 / 区域中第一行的记录数。这个函数不需要任何参数。

（1）基础示例

```
FIRST()
```

这个函数返回距离回到第一行的记录数量。

（2）中级示例

```
WINDOW_AVG(SUM([Sales]),FIRST(),LAST())
```

这个函数返回窗口（或框架中）中从第一行到最后一行销售总额的平均值。如果这个值不正确或不一致，就要确保你在使用正确的表计算选项做正确的计算。

（3）高级示例

```
IF FIRST()=0 THEN WINDOW_AVG(SUM([Sales]),0,IIF(FIRST()=0,LAST(),0)) END
```

这个函数假设在视图中有很大数量的标记点，或者用户在处理一个很大的数据集，通过使用 if/then 逻辑语句，就不会再使用引起性能大幅度降低的对表格的扫描。最后，这个计算发挥优势对特定窗口（或框架）计算销售总额。

39. FIXED

FIXED 是使用在详细级别（LOD）计算中的三个关键词之一。关键词将会把计算固定在一个特定的细节层级，而不考虑工作簿中使用的被分解层级的计算。你可以在计算中设置维度的层级为 0、1 或者多维度。

```
{ FIXED [Dimension 1], [Dimension 2],... : AGG([Measure])}
```

AGG 代表任意聚合。

（1）基础示例

```
{ FIXED : MIN([Order Date])}
```

它返回第一个订单处理的日期。

（2）中级示例

```
{ FIXED [Customer Name] : MIN([Order Date])}
```

这会给出每个客户的第一个订单的日期。

40. FLOAT

FLOAT 函数返回一个浮点值，或者用另一种说法，一个带小数点的值。

（1）基础示例

```
FLOAT(5)
```

这个示例返回一个浮点值 5.000。

（2）中级示例

```
INT([Teachers]) + FLOAT([Students])
```

这个公式返回一个小数点值，它表示 Teachers 和 Students 的总数。尽管其中一个维度使用了整型值，Tableau 会返回具有最高精度的数据类型。

（3）高级示例

```
FLOAT(MID(2,[DollarString]))
```

在这个公式中，字段 [DollarString] 包含一个字符串，比如代表美元的数量 $5.00。函数 MID 用来去掉美元符号，之后用 FLOAT 函数把剩余的字符串转化为一个浮点值，以便进行下一步的计算。

41. FLOOR

函数 FLOOR 返回小于或等于给定值的最接近的整数。这个函数用来把一个带有小数点的值向下圆整到最接近的整数值。

（1）基础示例

```
FLOOR(123.55)
```

这个公式返回整数 123。

（2）高级示例

```
FLOOR(FLOAT(REGEXP_EXTRACT('abc 123.55','(\d+\.\d+)')))
```

在本示例中，你希望评估字符串 abc 123.55，提取其中的数字部分并把它向下圆整到最接近的整数。使用 REGEXP_EXTRACT 函数把给出的字符串中的数字部分提取出来，之后用 FLOAT 函数把它转化为浮点值。最后，使用 FLOOR 函数把它向下圆整到最接近的整数值。

42. FULLNAME()

下面的假设使用在本示例中。

用户 1

- 全名：Malcolm Reynolds
- 活动目录名：DOMAIN\m.reynolds

用户 2

- 全名：River Tam
- 活动目录名：DOMAIN\r.tam

用户 3

- 全名：Jayne Cobb
- 活动目录名：DOMAIN\j.cobb

函数 FULLNAME() 返回登录 Tableau Server 的用户的全名。比如，如果 Malcolm 是当前登录 Tableau Server 的用户，FULLNAME() 就返回 Malcolm Reynolds。在设计模式中，创作者可以在服务器端冒充任意已注册的用户。Expression 是一个可用的离散参数（argument）。

（1）基础示例

```
FULLNAME()='River Tam'
```

这将返回一个布尔型结果，取决于 River Tam 是否是登录 Tableau Server 的用户。如果用户的 FULLNAME() 是 River Tam，这个公式将返回真值（True）；如果姓名不匹配，就会返回假值（False）。

（2）中级示例

```
FULLNAME()=[Sales Person]
```

根据登录用户是否匹配维度 [Sales Person] 中给定行的数据，返回一个布尔型结果（True/False）。这可以用来提供全局筛选器以加强行级别的安全性。

（3）高级示例

```
CASE FULLNAME()
WHEN [Sales Person] Then 'True'
WHEN [Junior Manager] Then 'True'
WHEN [Snr Manager] Then 'True'
ELSE 'False'
END
```

这将会把 FULLNAME() 与数据库中的几个字段做比较，只要登录用户匹配 Sales Person、Junior Manager 或 Snr Manager 字段的任何一个，就会返回真值（True）。这可以应用到全局筛选器中来加强行级别的安全性。

43. GET_JSON_OBJECT

这是一个只适用于 Google Big Query 的函数，基于 JSON 路径中的 JSON 字符串返回一个 JSON 对象。参考 Apache 语言手册 UDF 获取更多细节：https://cwiki.apache.org/confluence/display/Hive/LanguageManual+UDF。

```
GET_JSON_OBJECT(JSON string, JSON path)
```

44. GROUP_CONCAT

GROUP_CONCAT 是一个只适用于 Google Big Query 的函数，它把每个记录的值连接起来，形成一个单独的以逗号分隔的字符串。这个函数的动作类似作用在字符串上的 SUM() 函数。

```
GROUP_CONCAT(expression)
```

基础示例

```
GROUP_CONCAT(Region)="Central,East,West"
```

45. HEXBINX

HEXBINX 函数接收两个变量，一个被视为水平坐标轴，另一个被视为垂直坐标轴，或者说是笛卡尔坐标系。给定的针对特定坐标轴变量的值会被映射到六边形数据桶上并给出定位。函数 HEXBINX 的输出将成为新的水平坐标轴。

（1）基础示例

```
HEXBINX([Lon],[Lat])
```

它把经度和纬度坐标集转化到六边形数据桶上。注意，这并不是 Tableau 默认自动生成的经度和纬度值。自动生成的坐标值不能用在 HEXBIN 函数中，所以在本示例中经度和纬度是在 Tableau 之外生成的。

（2）中级示例

```
HEXBINX([Lon]*[Scalar Value],[Lat]*[Scalar Value])/[Scalar Value]
```

这个公式使用一个参数，让用户定义六边形数据桶的尺寸。随着参数值的增大，视图中显示的六边形数据桶的数量也会相应增加。

46. HEXBINY

HEXBINY 函数接收两个变量，一个被视为水平坐标轴，另一个被视为垂直坐标轴，或者说是笛卡尔坐标系。给定的针对特定坐标轴变量的值会被映射到六边形数据桶上并给出定位。函数 HEX-BINY 的输出将成为新的垂直坐标轴。

（1）基础示例

```
HEXBINY([Lon],[Lat])
```

它把经度和纬度坐标集转化到六边形数据桶上。注意，这并不是 Tableau 默认自动生成的经度和纬度值。自动生成的坐标值不能用在 HEXBIN 函数中，所以在本示例中经度和纬度是在 Tableau 之外生成的。

（2）中级示例

```
HEXBINY([Lon]*[Scalar Value],[Lat]*[Scalar Value])/[Scalar Value]
```

这个公式使用一个参数让用户自己定义六边形数据桶的尺寸。随着参数值的增大，视图中显示的六边形数据桶的数量也会相应增加。

47. HOST

这是一个针对 Google Big Query 的函数，返回给定 URL 主机名称的字符串值。

```
HOST(string_URL)
```

基础示例

```
HOST('http://www.google.com:80:/index.html')='www.google.com:80'
```

这个公式返回给定 URL 字符串对应的主机名 www.google.com:80。

48. IF

IF 表达式是一个逻辑函数，让你能够测试 IF、THEN、ELSE 条件并且返回满足特定条件的结果。

```
IF test THEN value END / IF test THEN value ELSE else END
```

（1）基础示例

```
IF [Order Quantity] > 10 THEN "Bulk Buy" ELSE "Non Bulk" END
```

这个示例提供了简单的对订单进行分类的方法，如果订单数量大于 10，就会被命名为 Bulk Buy；如果订单数量不大于 10，就被归类为 Non Bulk。增加 ELSEIF 语句可以加入更多的逻辑判断规则。

```
IF test1 THEN value1 ELSEIF test2 THEN value2 ELSE else END
```

（2）中级示例

```
IF [Ship Mode] = "Regular Air"
```

```
THEN "Customs Required"
ELSEIF [Ship Mode] = "Express Air"
THEN "Express Customs"
ELSE "No Customs" END
```

这个公式评估 [Ship Mode] 字段。如果它包含 "Regular Air"，返回的结果就是 "Customs Required"；如果它包含 "Express Air"，返回的结果就是 "Express Customs"；任意其他的值返回 "No Customs"。

49. IFNULL

IFNULL 语句是一个简单的对一个字段的参考函数。它包含两个表达式，第一个表达式是测试表达式；第二个表达式是覆盖表达式。如果第一个表达式为 NULL，就返回覆盖表达式作为结果；如果第一个表达式不是 NULL，就保持第一个表达式原来的值。

```
IFNULL(expresson1,expression2)
```

这个公式首先评估表达式 expression1。如果 expression1 是 NULL，就返回 expression2 的结果；如果 expression1 不是 NULL，就返回 expression1 的值。

基础示例

```
IFNULL([Customer],"Unidentified")
```

如果 Customer 字段的值是 NULL，就返回字符串 Unidentified；否则直接返回 [Customer] 的值。

50. IIF

这个 IIF 函数采用与 IF 语句类似的逻辑，但是它的参数和返回值并不那么灵活。IIF 语句包含一个 TEST 参数，后面跟着一个 THEN 语句，之后是 ELSE 语句。首先，它计算 TEST 的值，如果它的结果是 True，就返回 THEN 语句的值作为结果；如果它的值是 False，就返回 ELSE 语句的值作为结果。在 IIF 语句的后面还可以添加额外的 Unknown 值，一旦 TEST 的值既不是 True 也不是 False，就返回这个 Unknown 值。

```
IIF(test,then,else)
or
IIF(test, then, else,[unknown])
```

（1）基础示例

```
IIF(1<2,"True","False")
```

这个表达式将返回 True。

（2）中级示例

```
IIF([Time to Ship]>12,"Within SLA", "Outside SLA" )
```

如果 [Time to Ship] 的值大于 12，这个函数就返回 Within SLA，否则返回 Outside SLA。

（3）高级示例

```
IIF([Order Date]< Today()-14 and [Ship Mode] = "N"
,"High Priority",IIF([Order Date]<Today()-4 and
[Ship Mode] = "N","Medium Priority","Low Priority"))
```

这是一个更加复杂的示例，首先检查 Order Date 是否在今天日期的 14 天之前并且 Ship Mode 的值为 N，如果符合条件，就返回 High Priority，正如本示例。对于更近的距离今天 4 天之内的订单并且 Ship Mode 是 N，就被归类为中等优先级订单。剩下的订单被归类为低优先级订单。这种嵌入式的 IIF 语句可以用来嵌入复杂的逻辑比较语句。

51. INCLUDE

这是用在详细级别（LOD）计算中的三个关键词的另一个。这个 INCLUDE 关键词将从计算的维度列表中添加维度来计算比视图中更细粒度的结果。

```
{INCLUDE [Dimension 1], [Dimension 2],... : AGG([Measure]))}
```

基础示例

```
AVG({ INCLUDE [Sub-Category]: AVG([Sales])} )
```

这个计算将在 Sub-Category 的细节级别上计算平均销售额，之后计算它们的平均值。这类似于创建一个包含平均销售额值的表格，并且带有一个总计列来使用这些平均值。

52. INDEX()

INDEX 函数返回当前窗口或分区中当前行的行数。这个函数不需要任何参数。

（1）基础示例

```
INDEX()
```

这个表计算函数可以用来创建排名的列表或者作为行数量的函数。

（2）中级示例

```
Index() <= 5
```

这个表计算允许用户筛选视图/分区中最 *X* 的字段。比如，如果你需要一个分类中 TOP5 的产品，这个函数就提供了这样一个筛选器，确保你在使用表计算时使用了正确的计算选项。

（3）高级示例

```
IF INDEX()=1 THEN WINDOW_AVG(SUM([Sales]),0,LAST(),0)) END
```

这个函数假设视图中有大量的标记点或者源数据集非常巨大。IF/THEN 的逻辑忽略了表扫描，它可能会导致性能显著降低。这个计算利用了特定窗口或面板中销售额总和的平均值。其中，LAST（）返回当前行到最后一行的数量。

53. INT

函数把一个值转换为整型值。如果这个值是一个浮点型值，就会被圆整到最接近的整数（这也可以用来实现 FLOOR 函数）。

（1）基础示例

```
INT(3.7)
```

这个公式返回整数值 3。

（2）中级示例

```
INT([Date])
```

这个公式返回的整数代表一个日期。这在很多计算中都会用到，或者利用日期创建一个 BIN 数据（Tableau 只允许你在度量上创建箱体值）。

（3）高级示例

```
INT(MID(4,[QtyString]))
```

在这个示例中，[QtyString] 是你希望使用在额外计算中的一个包含数量的字符串。函数 MID 用来处理文本（QTY）并且只返回其中的数字。函数 INT 再把字符串转换为整型值。

54. ISDATE

函数 ISDATE 检查给定的字符串是否是一个可用的日期。输出结果是一个布尔型的值。如果日期字符串是可用的，就返回 True；否则返回 False。

```
ISDATE(Text)
```

Text 是你希望测试的值。

（1）基础示例

```
ISDATE("This is not a date")
```

> 这个公式返回 FALSE。

（2）中级示例

```
ISDATE("01 January 2013")=TRUE
ISDATE("1st January 2012")=FALSE
ISDATE("1/9/2012")=TRUE
```

> 对于正确格式为日期的字符串，公式返回 TRUE。这里的 st 不会被正确识别为可用的日期，所以返回 FALSE。

（3）高级示例

```
ISDATE(STR([Year]) + '/' + STR([Month]) + '/' + STR([Day]))
```

> 如果日期的构造是正确的，这个公式就会返回 True。

55. ISFULLNAME()

下面的假设用在示例中。

用户 1
- 全名：Malcolm Reynolds
- 活动目录名：DOMAIN\m.reynolds

用户 2
- 全名：River Tam
- 活动目录名：DOMAIN\r.tam

用户 3
- 全名：Jayne Cobb
- 活动目录名：DOMAIN\j.cobb

ISFULLNAME() 返回一个布尔值（真 / 假），判断字符串或括号中指定的维度是否能匹配当前登录 Tableau Server 的用户的全名。在设计模式中，设计者有能力冒充任意在服务器上注册的用户。

（1）基础示例

```
ISFULLNAME('River Tam')
```

> 基于 River 是否是当前登录 Tableau Server 上的用户返回一个布尔值。不像在 IF 或 CASE 语句中使用的 FULLNAME() 函数，使用 ISFULLNAME() 函数需要手动输入字符串值。你不能指定某个维度中的值。

（2）中级示例

```
IF ISFULLNAME('Malcolm Reynolds') THEN 'Management'
ELSEIF ISFULLNAME('River Tam') THEN 'Sales'
ELSEIF ISFULLNAME('Jayne Cobb') THEN 'Public Relations'
ELSE 'Unknown'
END
```

> 函数 ISFULLNAME() 用来把用户加入不同的逻辑组中。它也可以用来自定义动态的标题或颜色模式。

56. ISMEMBEROF()

这个用户函数基于登录用户在 Tableau Server 上的组成员定义返回一个布尔值（真／假）。

（1）基础示例

```
ISMEMBEROF('Sales')
```

> 如果用户是给定的组 Sales（本地或者活动目录）的一个成员，这个函数就返回一个真值；否则返回假值。这可以用来管理行级别的安全性。

（2）中级示例

```
IF ISMEMBEROF('Management') THEN 'Access Permitted'
ELSEIF ISFULLNAME('Sales') THEN 'Access Permitted'
ELSE 'Access Denied'
END
```

> 这个示例用来为销售仪表板提供权限策略，只对销售和高级管理组的成员提供行级别的访问许可。其他成员只能够访问仪表板，但不会返回任何数据。

57. ISNULL

语句 ISNULL 是一个简单的布尔型函数，如果表达式是 NULL，就返回 TRUE；否则返回 FALSE。

```
ISNULL(expression)
```

基础示例

```
ISNULL([Customer])
```

> 如果 Customer 中存在一个客户名，这个 ISNULL 示例就返回 FALSE；如果字段 Customer 字段是 NULL，就返回 TRUE。

58. ISUSERNAME()

下面的示例基于如下假设：

用户 1

- 全名：Malcolm Reynolds
- 活动目录名：DOMAIN\m.reynolds

用户 2

- 全名：River Tam
- 活动目录名：DOMAIN\r.tam

用户 3

- 全名：Jayne Cobb
- 活动目录名：DOMAIN\j.cobb

如果当前用户的用户名匹配指定的用户名，就返回 TRUE；否则返回 FALSE。

基础示例

```
ISUSERNAME('j.cobb')
```

> 如果 Jayne 是登录服务器的用户，函数就返回布尔值 TRUE；否则返回 FALSE。

59. LAST()

这个表计算函数不需要任何参数。

（1）基础示例

```
LAST()
```

这个函数返回当前行到视图 / 分区中最后一行的行数量。

（2）中级示例

```
WINDOW_COUNT(SUM([Sales]),FIRST(),LAST())
```

这个函数返回窗口或框架中从第一行到最后一行的销售额总和的总数。注意，如果这个值是不正确或不一致的，就要确保你使用了正确的表计算的选项。

（3）高级示例

```
IF INDEX()=1 THEN WINDOW_AVG(SUM([Sales]),0,LAST(),0)) END
```

这个函数假设视图中有大量的标记点，或者用户在使用大量的数据。通过 IF/THEN 逻辑，你可以省略表格扫描，避免引起明显的性能降低。最后，这个计算指定窗口（或框架）销售额总和的总数。额外惊喜：你还可以使用参数来动态设置窗口和框架。

60. LEFT

LEFT 是一个字符串函数，返回给定字符串最左侧的几个字符串。这个函数可以用来直接或组合创建新的维度，以创建高级计算字段。

```
LEFT(String,Number)
```

基础示例

```
LEFT([Customer Zip Code],3)
```

这个函数示例是一个用在当前 U.S 在 Zip 编码系统中识别区域中心的简单方法。LEFT 可以被用在更高级的查询中，只需要字符串的最初区段被分割开或被查询。

61. LEN

返回一个字符串的长度的整型值。注意，LEN 会把字符串字符之间的空格计算到 LEN 的总值中。

```
LEN(String)
```

（1）基础示例

```
LEN("Bob Hope")
```

这个计算返回的值是 8，Bob 贡献了 3 个，空格贡献了 1 个，Hope 贡献了 4 个。

（2）高级示例

之前提供的 FIND 的高级示例使用了 LEN 语句帮助完成全部计算。

```
RIGHT([Customer],LEN([Customer])-FIND([Customer],"'",4)+2)
```

计算字段 [Customer] 的长度，抽取 [Customer] 中给定任意撇号位置的索引值，抽取最右侧若干数量的字符。字符的数量取决于减法的结果。

62. LN

函数 LN 返回一个数值的自然对数。这是以 e 为底数的对数，其中的 e 具有值 2.71828182845905。在 Tableau 中，返回值精确到小数点后 14 位。表达式的自然对数值就是 e 的幂次方等于这个表达式。

LN(number)

number 为任意给定大于 0 的数值。如果这个数值小于或等于 0，函数 LN 就返回 NULL。

基础示例

LN(7.38905609893065)

这个函数的返回值是 2。在本示例中，*e* 的 2 次方就等于给定的表达式。

63. LOG

函数 LOG 返回给定底数的对数值。为这个底数，应用结果值的幂次方就等于这个表达式的值。如果底数值被忽略，就使用默认的底数值 10。

LOG(number,[base])

number 为任意给定的大于 0 的数值。如果数值小于或等于 0，LOG 函数就返回 NULL。[base] 为任意给定数值（不是必需的）。

基础示例

LOG(1000)

这个函数的返回值是 3，因为默认底数 10 的 3 次幂就可以返回给定表达式 1000。换句话说，10*10*10 就等于 1000。

LOG(8,2)

这个函数也返回 3。在这个示例中，底数使用的值是 2，它的 3 次幂就等于表达式 8。换句话说，2*2*2 就等于 8。

64. LOG2

这是针对 Google Big Query 的专用函数，返回底数 2 的给定数据的对数值。

LOG2(number)

基础示例

LOG2(16)

number 为任意给定的大于 0 的数值。本例的结果是 4.00。

65. LOOKUP

这是一个表计算函数，返回通过相对当前行的偏移量指定的目标行的表达式的值。使用 FIRST()+n 和 Last()-n 作为相当于分区第一行或最后一行的偏移值定义。如果偏移参数被忽略，要比较的行就可以在字段菜单中设置。如果目标行不能确定，这个函数就返回 NULL。

LOOKUP(expression,[offset])

expression 为任意可用的聚合计算（比如 SUM([Sales])）。[offset] 为从 First/Last 偏移的目标行。

（1）基础示例

LOOKUP(SUM([Sales]),2)

这个示例返回每行 SUM([Sales]) 之后的未来销售额值。简单地说，它抓取当前行之后两行的销量值。

（2）中级示例

```
LOOKUP(SUM([Sales]), FIRST()+1)
```

> 这个函数返回当前视图 / 分区第 2 行的 SUM([Sales])。注意，其他表计算可以辅助这个函数的实现。

（3）高级示例

```
LOOKUP( MIN([Region]),0)
```

> 这个公式返回包含在数据中的每个 Region 的最小值。

66. LOWER

这个函数允许用户把字符串中所有字符转化为小写。LOWER 函数只改变存在于字符串中的大写字符，忽略已经存在的小写字符。

```
LOWER(String)
```

基础示例

```
LOWER("BatMan")
```

> 这个函数示例将输出当前字符串对应的小写字符串：batman。

67. LTRIM

函数 LTRIM 去除可能存在于数据开头的空格。它可以用来对数据进行清理，使数据有一致的格式和正确的设置。

```
LTRIM (string)
```

基础示例

```
LTRIM("    Bob Hope" )
```

这个函数输出简单的字符串 "Bob Hope"。你需要删除开头的空格，因为把它们应用在任意额外的函数中时，可能导致一系列问题。例如：LEFT("   Bob Hope", 4) 的结果会是 "   "。

68. LTRIM_THIS

这是一个针对 Google Big Query 的函数，从第一个字符串中删除所有最左侧能匹配第二个字符串的字符。它是大小写敏感的。

```
LTRIM_THIS(string1, string2)
```

基础示例

```
LTRIM_THIS('Remove Me',' Me')
```

> 这个函数示例将输出 Remove。第一个字符串中能和第二个字符串匹配的就是空格和单词 Me。

69. MAKEDATE

函数 MAKEDATE 提供了一个简单的方法，从给出的 3 个基本日期部分来创建一个日期：一个年数值、一个月数值以及一个日期数值。试图从分开的日期部分构造日期变量时，可以用来避免复杂的类型转换。

```
MAKEDATE(year, month, day)
```

基础示例

```
MAKEDATE(2015, 6, 18)
```

> 这个函数阅读 3 个不同的日期组成部分（包括年、月、日），并且返回一个 Tableau 的日期值。

70. MAKEDATETIME

返回一个组合了日期和时间的日期时间值。输入的日期可以是一个日期、日期时间或者一个字符串类型。输入的时间必须是日期时间类型。这个函数只能用于 MySQL 连接。

基础示例

```
MAKEDATETIME([Order Date], #02:32:59#)
```

这个函数把一个时间戳"2:32:59 AM"应用到订单日期变量的每个日期值上，这样就把每个条目都变成了日期时间格式。

71. MAKETIME

函数 MAKETIME 让用户能使用一个计算字段定义自己的时间值。它需要 3 个输入值:小时、分钟、秒。输出被格式化为 hh:mm:ss。

基础示例

```
MAKETIME(15,37,59)
```

结果是显示为 3:37:59 PM 的时间值。

72. MAX

函数 MAX 通常应用在数字上，这个函数也可以应用到字符串和日期上。当 MAX 被应用到字符串上时，返回的值就是给定字符串按数据排序后具有最高值的那个字符串。

```
MAX(a,b)
```

（1）基础示例

```
MAX("Maureen","William")
```

按照字母表顺序，认为第一个名字会取得最低值，而最后的名字会取得最高值，这样就会返回"William"。如果应用比较逻辑中的任意字符串取值为 NULL，这个 NULL 就会成为返回的输出值。

（2）中级示例

```
MAX([Sales])
```

这个示例返回数据库中所有行的最大值。

```
MAX([Sales],[Profit])
```

这个示例返回数据库中每个行的销量和利润的最大值。

函数 MAX 也可以用来作为一个字符串函数或者日期函数，其中 expression1 和 expression2 是字符串或日期类型。

（3）高级示例

```
MAX(ABS([Sales]-[Sales est]))
```

这个公式返回预估销售额和实际销售额的差距。在本示例中，任意表示在当前视图中的最大差距（正或负）将会获取到并被显示。

73. MEDIAN

这个函数返回一个单独表达式的中值。MEDIAN 只可以被应用在数字型字段上。NULL 会被忽略。对于由 8.2 之前的版本创建的 Tableau Desktop 的工作簿，如果数据源是 Excel、Access 或一个文本文件，这个函数是不可用的，除非数据源被提取出来。

（1）基础示例

```
MEDIAN([Discount])
```

这个公式将返回视图中每个细节层级给定 Discount 字段的中值。

（2）中级示例

```
MEDIAN(DATEDIFF('day',[Order Date],[Ship Date])
```

这个公式返回订单日期和运送日期之间差距的中值，并且把结果表示为天数。

74. MID

函数 MID 返回字符串的一部分作为输出。函数 MID 允许从一个字符串中提取特定的一段。这个函数需要一个索引位置来标记要提取的部分的开始。这个函数就提取从这里开始之后的所有部分，或者还有一个可选参数用来指定要提取部分字符的数量。

```
MID(string,start,[Length])
```

（1）基础示例

```
MID("Michael Gilpin",9)
```

这个函数示例的输出是 Gilpin。MID 函数只从字符串第 9 个索引位置开始提取。Michael 包含 7 个字符，后面的空格也占用 1 个字符，所以提取从后面的字母 G 开始，结果返回它之后的字符串中所有的数据。

（2）中级示例

```
MID("Michael Gilpin",9,4)
```

这个函数示例和第一个示例类似，但应用了一个额外的参数。这为函数添加了另一个选项。这个示例从第 9 个索引点开始提取，就是字母 G，长度的选项也加入进来，把提取字符的长度限制在 4 个，所以最后的输出结果是 Gilp。

75. MIN

函数 MIN 和函数 MAX 类似，这个函数应用到一个聚合计算的单一字段上，返回其中的最小值。MIN 函数还可以应用到两个参数上，返回最小值。这些参数必须是同样的类型。当有两个参数时，如果其中任何一个参数值是 NULL，函数就返回 NULL。

```
MIN(expression1, expression2)
```

expression1 为一个数值或者聚合计算。expression2 为一个数值或者聚合计算（不是必需的）。

（1）基础示例

```
MIN([Sales])
```

这个函数返回数据库所有行中相应字段的最小值。

```
MIN([Sales],[Profit])
```

这个函数返回数据库所有行的 Sales 和 Profit 字段的最小值。注意，这个函数可以用在字符串或日期类型上，其中 expression1 和 expression2 就是字符串或日期的数据类型。

（2）中级示例

```
MIN([Shipping Cost],[Maximum Shipping Cost])
```

另一个 MIN 的用例，允许你传递两个字段并返回它们的最小值。在这个示例中，一个参数（变量）用来让用户限制进行比较所允许的最大值。

（3）高级示例

```
DATEDIFF('day',MIN([Order Date]),MAX([Ship Date]))
```

这个公式获取最小订单日期和最大运输日期的差距。这可以与一个订单标识维度连接使用，来计算某个订单需要多次运输时，完成整个订单需要的日期。

76. MONTH

这个函数返回一个代表给定任意日期中的月份的整型值。这是 DATEPART ('month', date) 的简便方式。

```
MONTH(Date)
```

其中的 Date 是函数要使用的日期，从中提取相应的月份值。

（1）基础示例

```
MONTH(#March 14, 2013#)
```

这个公式返回 3。

（2）中级示例

```
MONTH(DATEADD('day',[Date],5))
```

这个公式返回 [Date] + 5 那天所属的月份。如果 [Date] 是 March 30, 2013，函数的返回值就是 4（因为 [Date] + 5 之后的日期就是 April 4, 2013）。

（3）高级示例

```
CASE [Parameter].[Date Unit]
WHEN 'Day' THEN DAY([Date])
WHEN 'Month' THEN MONTH([Date])
WHEN 'Year' THEN Year([Date])
END
```

这个公式返回一个整型值。在本例中，一个针对 [Date Unit] 的参数用来控制返回结果的细节层级：天、月或年。

77. NOT

当 NOT 语句被放置在一个算术或逻辑表达式之前时，对给定表达式的值求负值。如果你更方便指出不该出现在输出结果中的值，并且很容易得到你需要的结果，就可以使用这个函数。

（1）基础示例

```
IF NOT QUARTER([Order Date]) = 1 THEN [Profit] END
```

这个公式把出现在年度第一个季度中的订单利润排除在外。出现在等式前面的 NOT 语句作用在后面的逻辑语句上，把第一季度的利润从结果中排除出去。

（2）高级示例

```
IF NOT ([Segment] = "Home Office"
AND ([Order Priority] = "Low" OR [Order Priority] = "Medium"))
THEN [Shipping cost] END
```

括号中的逻辑判断公式会查找分类为 Home Office 的客户并且订单优先级为低或中等的值。如果没有 NOT 语句，这个算法就会返回满足这些条件的数据点。但因为 NOT 语句包含在算法中，它就把 AND 语句改变成了操作符 NAND，所以会排除任何满足 AND 语句两侧逻辑的数据点。

78. NOW

函数 NOW 返回当前的日期和时间。

（1）基础示例

```
NOW( )
```

假设现在的日期和时间是 March 12, 2013 的 3:04 PM，前面的公式就会返回日期值 March 12, 2013 03:04:00 PM。

（2）中级示例

```
DATEADD('hour', -5, NOW())
```

这个公式返回一个日期时间值，它是当前日期时间的 5 小时之前。如果现在的日期时间是 March 18, 2013 的 3PM，这个函数就返回 March 18, 2013 的 10A.M。这可以用来对特定的时间区段进行筛选。

79. OR

当 OR 语句放在两个算术或逻辑表达式之间时，就会把两个表达式的输出组合为一个单独的布尔型输出。如果任一表达式是 TRUE，最终的 OR 输出就是 TRUE。如果所有表达式都是 FALSE，OR 输出才会是 FALSE。当多个条件中的任何一个都应该触发需要的计算或输出时，就可以使用这个函数。

（1）基础示例

```
IF [Ship Mode] = "First Class" OR [Market] = "EMEA" THEN [Profit] END
```

这个函数提取所有的利润值，这些订单通过第一级的服务运输或者属于欧洲 / 中东 / 非洲市场。这通过筛选器实现会非常困难，但在这里能看出可以方便地用 OR 语句实现。

（2）中级示例

```
IF ([Hours Worked]/[Hours Scheduled] < 0.8)
OR ([Hours Worked]/[Hours Scheduled] > 1.2)
THEN "Needs Attention" ELSE "Reasonable" END
```

这个公式考虑工作小时数和计划小时数的比率。这个示例假设距离计划工作小时数有 20% 的偏差属于合理范围。任何更大幅度的偏差都被归类到需要引起注意。OR 语句对任何两种数学表达式表示了偏差过大的情况，并把它们归类为需要注意的情况。

80. PARSE_URL

这是一个针对 Hadoop Hive 的函数，返回给定 URL 字符串中通过 url_part 定义的一部分内容。可用的 url_part 值包括 HOST、PATH、QUERY、REF、PROTOCOL、AUTHORITY、FILE 和 USERINFO。

```
PARSE_URL(string,url_part)
```

基础示例

```
PARSE_URL('http://www.tableau.com','HOST')
```

这个公式返回 Tableau Software 的 URL 字符串中的主机内容 www.tableau.com。

81. PARSE_URL_QUERY

这是一个针对 Hadoop Hive 的函数，返回给定 URL 字符串中查询参数的值。查询参数通过关键字定义。

```
PARSE_URL_QUERY(string,url_part)
```

基础示例

```
PARSE_URL_QUERY('http://www.tableau.com?page=1&cat=4','page')
```

> 这个公式返回给定语句中 page 相关的查询参数。在本示例中，返回值为 1。

82. PERCENTILE

函数 PERCENTILE 需要一个输入变量和一个用户定义的在 0 和 1 之间的值，它代表一个需要的百分比小数形式。这个函数把指定的百分比应用到输入的变量给出的数字范围上，输出对应的结果。给定 0 的百分比就等于最小值，给定 100% 就对应最大值，给定 0.5 就等于中间值。

基础示例

```
PERCENTILE([Sales],0.5)
```

> 这个函数将会输出 Sales 变量的中间值。这个中间值就是给定任意数据集的中间点，就像 0.5 是 0 和 1 之间的中间点一样。值 0.5 代表最大和最小标记点之间的 50% 对应的值，所以这个 PERCENTILE 示例的输出就是 Sales 数据的中值或者中间值。

83. PI

函数 PI 返回数学常数 pi，也常表示为符号 π。它的值大约等于 3.14159265358979。在 Tableau 中，返回值精确到小数点后 14 位。

```
PI()
```

> 这个 PI 函数返回常量值 3.14159265358979。关于这个函数没有什么表达式，只是简单地加上括号"()"。

基础示例

```
2*PI()*5
```

> 这个函数返回 31.4159265358979。这个公式中，函数 PI 用来通过公式 $2\pi \times$ 半径来计算圆的周长。在本示例中，5 就是圆的半径的值。

84. POWER

函数 POWER 为给出的数字 number 求解 power 次幂。

```
POWER(number,power)
```

> number 为任意给定的值。power 为任意给定的值。

（1）基础示例

```
POWER(4,3)
```

> 这个函数求解 4 的 3 次幂，结果是 64。符号 ^ 也常用来表示幂计算。所以，4^3 返回和函数 POWER (4,3) 一样的结果。

（2）中级示例

```
[Profit]*POWER(1+0.12,6)
```

> 函数 POWER 可以用来计算一段时间内的指数级增长情况。这个函数反映了以 12% 的增长速度持续 6 个阶段后的结果（就是 1.12^6）。

85. PREVIOUS_VALUE

返回之前一行的计算值。如果当前的行是区域中的第一行，就返回给定表达式的值。

```
PREVIOUS_VALUE(expression)
```

> expression 为之前行的值，如果当前行是第一行，就返回 expression 的值。

基础示例

```
SUM([Sales])+ PREVIOUS_VALUE(1)
```

> 这个公式返回 Sum([Sales]) 的运行求和的值。

86. RADIANS

函数 RADIANS 把给定的值从角度转换到弧度。

```
RADIANS(number)
```

> number 为任意给定的值。

基础示例

```
RADIANS(360)
```

> 这个函数把角度值 360 度转化为弧度值，结果是 6.28318530717959，也就是 2π 的值。在 Tableau 中，这个返回值会裁剪到小数点后 14 位。这个从角度到弧度的转化也可以利用 PI() 函数来计算：360 * (PI()/180)，这会返回同样的结果。

87. RANK

这个 RANK 表计算函数返回当前窗口（面板）或区域中的值的一个排序列表。这个版本的函数使用一个标准的竞争排名（1,2,2,4）和默认的降序排列。完全一样的项会给出同样的排名次序，后续的名次就会被跳过。

```
RANK(expression, ['asc' | 'desc'])
```

> expression 为任意可用的聚合计算（比如 SUM ([Sales])），['asc'|'desc'] 为给定的排名顺序（并非必需）。

基础示例

```
RANK(SUM([Sales]))
```

> 根据当前视图中的细节级别的总销售额的值返回排序的名词。这个默认的排名是以降序排列的。排名函数中的 Null（空值）会被忽略。

88. RANK_DENSE

表计算函数 RANK_DENSE 返回当前窗口（面板）或分区中的排序列表的值。这个版本的函数使用一个密集排序方式（1,2,2,3）并且默认使用降序排列。完全相等的项目被赋予同样的排序名次，后续的项目被赋予接下来的名次。

```
RANK_DENSE(expression, ['asc' | 'desc'])
```

> expression 为 任意可用的聚合计算（比如 SUM ([Sales])），['asc'|'desc'] 为指定的排序方式（并非必要）。

基础示例

```
RANK_DENSE (SUM([Sales]),'asc'))
```

> 根据销售额总和按从最低到最高的升序排列，返回排序名次。默认的排名以降序方式排列。Null（空值）在排序过程中会被忽略。

89. RANK_MODIFIED

表计算函数 RANK_MODIFIED 返回当前窗口（面板）或区域内的排序列表。这个版本的函数使用另一个竞争排序方式（1,3,3,4），并且默认采用降序排列。在遇到相同的值时会产生排名数字的间断，并且采用较大值。

```
RANK_MODIFIED(expression, ['asc' | 'desc'])
```

expression 为任意可用的聚合计算（比如 SUM （[Sales]）），['asc'|'desc'] 为指定的排序方式（并非必需）。

基础示例

```
RANK_MODIFIED(SUM([Sales]))
```

根据销售额总和返回一个排名数据，缺省采用降序排列。空值会被忽略。完全相同的值会被赋予相同的排名次序。

90. RANK_PERCENTILE

这个 RANK_PERCENTILE 表计算函数返回当前窗口（面板）或区域的一个百分比式排序列表。这个版本的函数返回百分比式排名（25,75,75,100）并且默认采用升序排列。每个项会根据位于区域分布中的位置被赋予相应的百分比值。注意，使用百分比数字格式可以给出精确的结果。

```
RANK_PERCENTILE(expression, ['asc' | 'desc'])
```

expression 为任意可用的聚合技术（比如 SUM （[Sales]）），['asc'|'desc'] 为指定的排序方式（并非必需）。

基础示例

```
RANK_PERCENTILE(SUM([Sales]))
```

根据销售额总和返回排名的百分比位置。默认采用升序方式排名。空值会被忽略。

91. RANK_UNIQUE

表计算函数 RANK_UNIQUE 返回当前窗口（面板）或分区内的值的一个排序列表。这个函数使用序数排列（1,2,3,4），并且默认采用降序排列。完全相同的项目会根据其他排序依据被赋予不同的排名，通常会根据字母先后顺序。

```
RANK_UNIQUE(expression, ['asc' | 'desc'])
```

expression 为任意可用的聚合技术（比如 SUM （[Sales]）），['asc'|'desc'] 为指定的排序方式（并非必需）。

基础示例

```
RANK_UNIQUE(SUM([Sales]))
```

根据销售额总和返回排名的百分比位置。默认采用升序方式排名。空值会被忽略。

92. RAWSQL_BOOL()

RAWSQL_BOOL() 是一个传递函数，让用户能向底层数据源发送一个任意的表达式。这个表达式必须返回一个 Tableau 可以转化为 Boolean 型的数值。这个表达式不会被 Tableau 做任何方式的检查，所以可能会在数据源层面产生错误。当构造这个表达式时，用户必须检查针对数据源的语法规则。下面就是这个函数的通用语法：

```
RAWSQL_BOOL("expr",[arg1],..., [argN])
```

括号里的 expr 就是要传递到数据源的表达式。可以通过逗号隔开的列表来指定 N 个数量的参数。

这些参数会在表达式中通过语法 %1、%2 和 % N 来引用。

（1）基础示例

```
RAWSQL_BOOL("%1=%2",[Order Date],[Ship Date])
```

这个示例检查字段 [Order Date] 和 [Ship Date] 是否相等。如果它们相等，这个函数就返回真；否则返回假。

（2）中级示例

```
RAWSQL_BOOL("%1='Oklahoma' AND %2 > 100.00",[State],[Sales])
```

这个公式检查字段 [State] 是否等于 Oklahoma 并且字段 [Sales] 大于 100.00。如果两个条件都为真，函数就返回真；只要其中一个条件为假，函数就返回假。

（3）高级示例

```
RAWSQL_BOOL("PATINDEX('%Henry%',%1)>0 AND %2>100.00",[Customer Name],[Sales])
```

这个公式在字段 [Customer Name] 上执行 SQL Server 的 PATINDEX() 函数，以查找子字符串 Henry 是否在其中存在。如果这个字符串包含字段 [Customer Name] 中并且字段 [Customer Name] 比 100.00 大，这个函数就返回真；如果任何一个条件为假，函数就返回假。

93. RAWSQL_DATE()

RAWSQL_DATE() 是一个传递函数，让用户可以发送一个表达式到底层的数据源。这个表达式必须返回一个 Tableau 可以转化为 Date 型的数值。如果返回的是日期 - 时间数据，Tableau 就会忽略其中的日期部分。这个表达式不会被 Tableau 做任何方式的检查，所以可能会在数据源层面产生错误。当构造这个表达式时，用户必须检查针对数据源的语法规则。下面就是这个函数的通用语法：

```
RAWSQL_DATE("expr",[arg1], ... , [argN])
```

括号里的 expr 就是要传递到数据源的表达式。可以通过逗号隔开的列表来指定 N 个数量的参数。这些参数会在表达式中通过语法 %1、%2 和 %N 来引用。

（1）基础示例

```
RAWSQL_DATE("%1 + 10", [Order Date])
```

这个示例向 [Order Date] 的值中添加 10 天。

（2）中级示例

```
RAWSQL_DATE("COALESCE(%2, %1)", [Order Date], [Ship Date])
```

这个示例使用 SQL Server 的 COALESCE() 函数来选择 [Order Date] 和 [Ship Date] 中不为空的第一个值。

（3）高级示例

```
RAWSQL_DATE("CASE WHEN %1 = 'Critical' THEN %2+2
WHEN %1 = 'High' THEN %2+3
WHEN %1 = 'Medium' THEN %2+4
ELSE %2+10 END", [Order Priority], [Order Date])
```

这个示例使用 SQL Server 的 CASE 表达式向 [Order Date] 字段中根据 [Order Priority] 的不同值添加不同数量的天数。

94. RAWSQL_DATETIME()

RAWSQL_ DATETIME () 是一个传递函数，让用户可以发送一个表达式到底层的数据源。这个表达式必须返回一个 Tableau 可以转化为日期时间型的数值。这个表达式不会被 Tableau 做任何方式的检查，所以可能在数据源层面产生错误。当构造这个表达式时，用户必须检查针对数据源的语法规则。下面就是这个函数的通用语法：

```
RAWSQL_DATETIME("expr",[arg1], ..., [argN])
```

括号里的 expr 就是要传递到数据源的表达式。可以通过逗号隔开的列表来指定 N 个数量的参数。这些参数会在表达式中通过语法 %1、%2 和 % N 来引用。

（1）基础示例

```
RAWSQL_DATETIME("%1 + '06:30:00'", [Order Date])
```

在本示例中，向 [Order Date] 的值添加时间段 '06:30:00'（6 小时 30 分钟 0 秒）。

（2）中级示例

```
RAWSQL_DATETIME("DATETIMEFROMPARTS(2013,2,24,9,40,35,0)")
```

这个示例使用 SQL Server 的 DATETIMEFROMPARTS() 函数从不同的时间成分构造一个日期 - 时间值。最终在 SQL Server 中的日期时间值形式为：2013-02-24 09:40:35:000。

（3）高级示例

```
RAWSQL_DATETIME("CASE WHEN %2 = 'East'THEN %1 + '01:00:00'
WHEN %2 = 'West' THEN %1-'02:00:00'
ELSE %1 END", [Order Date], [Region])
```

这个示例使用 SQL Server 的 CASE 语句根据 [Region] 字段的值来添加或减去一个时间段。当 [Region] 的值为 East 时会添加 1 小时；当 [Region] 的值为 West 时会减去 2 小时；当 [Region] 的值为任意其他值时会直接返回 [Order Date] 的值而没有任何变化。

95. RAWSQL_INT()

RAWSQL_ INT() 是一个传递函数，让用户可以发送一个表达式到底层的数据源。这个表达式必须返回一个 Tableau 可以转化为整型的值。这个表达式不会被 Tableau 做任何方式的检查，所以可能在数据源层面产生错误。当构造这个表达式时，用户必须检查针对数据源的语法规则。下面就是这个函数的通用语法：

```
RAWSQL_INT("expr",[arg1], ..., [argN])
```

括号里的 expr 就是要传递到数据源的表达式。可以通过逗号隔开的列表来指定 N 个数量的参数。这些参数会在表达式中通过语法 %1、%2 和 % N 来引用。

（1）基础示例

```
RAWSQL_INT("1+2")
```

这个公式返回整数 1 与 2 相加的结果。如果结果不是 3，就是哪里发生了严重的错误。

（2）中级示例

```
RAWSQL_INT("CEILING(%1)",[Unit Price])
```

这个示例使用 SQL Server 的函数 CEILING() 读取数字值并返回比它大的最小整数值。这里把 [Unit Price] 传递给 CEILING() 函数。

（3）高级示例

```
RAWSQL_INT("DATEDIFF(day,COALESCE(%2,%1),GETDATE())",[Order Date],[Ship Date])
```

在本示例中，使用 SQL Server 的函数 DATEDIFF()、COALESCE() 和 GETDATE() 返回 SQL Server 的当前日期时间与给定的参数之间的差别，具体采用参数 [Ship Date] 还是参数 [Order Date] 取决于它们哪个值是 NULL。

96. RAWSQL_REAL()

RAWSQL_REAL() 是一个传递函数，让用户可以发送一个表达式到底层的数据源。这个表达式必须返回一个 Tableau 可以转化为数字型的值。这个表达式不会被 Tableau 做任何方式的检查，所以可能在数据源层面产生错误。当构造这个表达式时，用户必须检查针对数据源的语法规则。下面就是这个函数的通用语法：

```
RAWSQL_REAL("expr",[arg1], ... , [argN])
```

括号里的 expr 就是要传递到数据源的表达式。可以通过逗号隔开的列表来指定 N 个数量的参数。这些参数会在表达式中通过语法 %1、%2 和 % N 来引用。

（1）基础示例

```
RAWSQL_REAL("5.39 + 3.56")
```

这个示例把数字 5.39 和 3.56 加在一起，结果是 8.95。

（2）中级示例

```
RAWSQL_REAL("RAND()")
```

这个示例使用 SQL Server 的函数 RAND() 来生成一个伪随机值。产生的值是位于 0 和 1 之间的数字。

（3）高级示例

```
RAWSQL_REAL("ROUND(CASE WHEN %1 = 'East' THEN %2 * 1.15
WHEN %1 = 'West' THEN %2 * 0.85
ELSE %2 END, 2)",[Region],[Sales])
```

这个公式使用 SQL Server 的 CASE 语句来把 [Sales] 的值有选择性地乘以 1.15 或 0.85，这要根据 [Region] 的值来决定。之后使用 ROUND() 函数把结果值圆整到小数点后 2 位。

97. RAWSQL_STR()

函数 RAWSQL_STR() 是一个传递函数，让用户可以发送一个表达式到底层的数据源。这个表达式必须返回一个 Tableau 可以转化为字符串型的值。这个表达式不会被 Tableau 做任何方式的检查，所以可能在数据源层面产生错误。当构造这个表达式时，用户必须检查针对数据源的语法规则。下面就是这个函数的通用语法：

```
RAWSQL_STR("expr",[arg1], ... , [argN])
```

括号里的 expr 就是要传递到数据源的表达式。可以通过逗号隔开的列表来指定 N 个数量的参数。这些参数会在表达式中通过语法 %1、%2 和 % N 来引用。

（1）基础示例

```
RAWSQL_STR("'Trivial Case'")
```

基础示例用函数 RAWSQL_STR 定义了字符串 Trivial Case。这的确是一个简单的例子。

（2）中级示例

```
RAWSQL_STR("%1 + '-' + CONVERT(varchar, %2)",[State],[Zip Code])
```

这个示例把字段 [State] 中的字符串和显式字符串 '-' 以及字段 [Zip Code] 中的值的字符串表示连接在一起。函数 CONVERT(varchar, %2) 对 SQL Server 是必要的，以避免类型错误。

（3）高级示例

```
RAWSQL_STR("STUFF(%1,CHARINDEX(' ', %1), 0,' ''' + %2 + ''' ')",
[Customer Name],[State])
```

这个示例使用 SQL Server 的 CHARINDEX() 函数来定位 [Customer Name] 字段中第一个空格实例的位置，之后使用 SQL Server 中的 STUFF() 函数把 [State] 字段的值插入其中。观察仔细的读者可能会注意到，语句中没有给出在 [Customer Name] 中没有发现空格时应该如何处理。如果发生这种情况，[State] 的内容就会直接加入 [Customer Name] 的最前面。

98. RAWSQLAGG_BOOL()

RAWSQLAGG_BOOL() 是一个传递函数，让用户可以发送一个表达式到底层的数据源。这个表达式必须返回一个 Tableau 可以转化为布尔型的值。这个表达式不会被 Tableau 做任何方式的检查，所以可能在数据源层面产生错误。当构造这个表达式时，用户必须检查针对数据源的语法规则。下面就是这个函数的通用语法：

```
RAWSQLAGG_BOOL("agg_expr",[arg1], ..., [argN])
```

括号里的 agg_expr 就是要传递到数据源的表达式。可以通过逗号隔开的列表来指定 N 个数量的参数。这些参数会在表达式中通过语法 %1、%2 和 % N 来引用。

（1）基础示例

```
RAWSQLAGG_BOOL("SUM(%1) = SUM(%2)", [Sales],[Profit])
```

这个示例比较了 [Sales] 的值与 [Profit] 的值，如果它们相等，就返回真；否则返回假。

（2）中级示例

```
RAWSQLAGG_BOOL("SUM(CASE WHEN %1='Oklahoma' THEN %2 ELSE 0 END)
> 100.00", [State], [Sales])
```

当 [Region] = 'Oklahoma' 时，这个公式使用 [Sales] 的值，之后检查它是否大于 100.00。如果它大于 100.00，这个公式就返回真；否则返回假。

（3）高级示例

```
RAWSQLAGG_BOOL("SUM(CASE WHEN PATINDEX('%Henry%', %1) > 0 THEN %2 ELSE 0 END)
> 100.00",[Customer Name],[Sales])
```

这个示例在 [Customer Name] 字段上执行 SQL Server 的 PATINDEX() 函数，来查找字符串 Henry 的存在。当这个字符串包含在 [Customer Name] 字段中时，它就对 [Sales] 的值求和。如果这个和大于 100.00，这个函数就返回真；否则返回假。

99. RAWSQLAGG_DATE()

RAWSQLAGG_DATE() 是一个传递函数，让用户可以发送一个表达式到底层的数据源。这个表达式必须返回一个 Tableau 可以转化为日期型的值。这个表达式不会被 Tableau 做任何方式的检查，所以可能在数据源层面产生错误。当构造这个表达式时，用户必须检查针对数据源的语法规则。下面就是这个函数的通用语法：

```
RAWSQLAGG_DATE("agg_expr",[arg1], ... , [argN])
```

括号里的 agg_expr 就是要传递到数据源的表达式。可以通过逗号隔开的列表来指定 N 个数量的参数。这些参数会在表达式中通过语法 %1、%2 和 % N 来引用。

（1）基础示例

```
RAWSQLAGG_DATE("MIN(%1)",[Order Date])
```

这个示例返回 [Order Date] 字段的最小值。

（2）中级示例

```
RAWSQLAGG_DATE("MAX(COALESCE(%2, %1))",[Order Date],[Ship Date])
```

这个公式在字段 [Order Date] 和 [Ship Date] 上应用 SQL Server 的 COALESCE() 函数并返回最大值。函数 COALESCE() 返回它的参数列表中的第一个非空值。

（3）高级示例

```
RAWSQLAGG_DATE("MAX(CASE WHEN %1 = 'Critical' THEN COALESCE(%3, %2) END)",
[Order Priority],[Order Date],[Ship Date])
```

当 [Order Priority] 为 Critical 时，这个公式在字段 [Order Date] 和 [Ship Date] 上应用 SQL Server 的函数 COALESCE()。函数 COALESCE() 返回参数列表中的第一个非空字段。

100. RAWSQLAGG_DATETIME()

RAWSQLAGG_DATETIME() 是一个传递函数，让用户可以发送一个表达式到底层的数据源。这个表达式必须返回一个 Tableau 可以转化为日期时间型的值。这个表达式不会被 Tableau 做任何方式的检查，所以可能在数据源层面产生错误。当构造这个表达式时，用户必须检查针对数据源的语法规则。下面就是这个函数的通用语法：

```
RAWSQLAGG_DATETIME("agg_expr",[arg1], ... , [argN])
```

括号里的 agg_expr 就是要传递到数据源的表达式。可以通过逗号隔开的列表来指定 N 个数量的参数。这些参数会在表达式中通过语法 %1、%2 和 %N 来引用。

（1）基础示例

```
RAWSQLAGG_DATETIME("MAX(%1)",[Ship Date])
```

这个公式返回 [Ship Date] 字段中的最大值或者最近的日期值。

（2）中级示例

```
RAWSQLAGG_DATETIME("MAX(%2-%1)",[Order Date],[Ship Date])
```

这个公式返回 [Ship Date] 和 [Order Date] 之间最大的日期时间差别。在 SQL Server 中，这个差别会被返回为一个以 1900-01-01 为起始的日期时间值。

（3）高级示例

```
RAWSQLAGG_DATETIME("MAX(CASE WHEN %2 = 'East' THEN %1 + '01:00:00'
WHEN %2 = 'West' THEN %1-'02:00:00'
ELSE %1 END)",[Order Date],[Region])
```

这个示例根据 [Region] 字段的值，使用 SQL Server 的 CASE 语句来添加或减去一个时间段。当 [Region] 是 East 时添加 1 小时；当 [Region] 是 West 时减去 2 小时；当 [Region] 是其他值时直接返回 [Order Date] 的值而不做任何改变。由 CASE 语句返回的值中的最大值被返回。如果位于中间的时区，这个公式就可以很好地工作。

101. RAWSQLAGG_INT()

RAWSQLAGG_INT() 是一个传递函数，让用户可以发送一个表达式到底层的数据源。这个表达式必须返回一个 Tableau 可以转化为整型的值。这个表达式不会被 Tableau 做任何方式的检查，所以可能在数据源层面产生错误。当构造这个表达式时，用户必须检查针对数据源的语法规则。下面就是这个函数的通用语法：

```
RAWSQLAGG_INT("agg_expr",[arg1], ... , [argN])
```

括号里的 agg_expr 就是要传递到数据源的表达式。可以通过逗号隔开的列表来指定 N 个数量的参数。这些参数会在表达式中通过语法 %1、%2 和 % N 来引用。

（1）基础示例

```
RAWSQLAGG_INT("FLOOR(SUM(%1))",[Sales])
```

这个示例使用 SQL Server 函数 FLOOR() 来返回小于 [Sales] 的字段求和后的最大整型值。

（2）中级示例

```
RAWSQLAGG_INT("CEILING(STDEV(%1))",[Unit Price])
```

这个示例使用 SQL Server 的函数 CEILING() 来返回大于 [Unit Price] 的字段标准绝对偏差的最小整数值。

（3）高级示例

```
RAWSQLAGG_INT("AVG(DATEDIFF(day, COALESCE(%2, %1), GETDATE()))",
[Order Date],[Ship Date])
```

这个示例返回 SQL Server 上当前日期时间和 COALESCE() 返回的 [Ship Date] 和 [Order Date] 的第一个非空值的平均天数差。

102. RAWSQLAGG_REAL()

RAWSQLAGG_REAL() 是一个传递函数，让用户可以发送一个表达式到底层的数据源。这个表达式必须返回一个 Tableau 可以转化为数值型的值。这个表达式不会被 Tableau 做任何方式的检查，所以可能在数据源层面产生错误。当构造这个表达式时，用户必须检查针对数据源的语法规则。下面就是这个函数的通用语法：

```
RAWSQLAGG_REAL("agg_expr",[arg1], ... , [argN])
```

括号里的 agg_expr 就是要传递到数据源的表达式。可以通过逗号隔开的列表来指定 N 个参数。这些参数会在表达式中通过语法 %1、%2 和 % N 来引用。

（1）基础示例

```
RAWSQLAGG_REAL("SUM(%1)",[Profit])
```

这个示例返回 [Profit] 字段值的和，对小数点位数不做调整。

（2）中级示例

```
RAWSQLAGG_REAL("VAR(%1-%2)",[Product Base Margin],[Discount])
```

这个示例使用 SQL Server 的 VAR() 函数返回 [Product Base Margin] 的值减去 [Discount] 的值的统计方差。

（3）高级示例

```
RAWSQLAGG_REAL("ROUND(SUM(CASE WHEN %3='East' THEN %1*%2*0.85
WHEN %3='West' THEN %1*%2*1.15
ELSE %1*%2 END),4)",[Unit Price],[Order Quantity],[Region])
```

在这个高级示例中，SQL Server 中的 CASE 语句根据 [Region] 的取值不同，对 [Unit Price] 与 [Order Quantity] 相乘后，再乘以因子 1.15 或 0.85，之后求和，再使用 ROUND() 函数对结果圆整到小数点后 4 位。

103. RAWSQLAGG_STR()

RAWSQLAGG_STR() 是一个传递函数，让用户可以发送一个表达式到底层的数据源。这个表达式必须返回一个 Tableau 可以转化为字符串型的值。这个表达式不会被 Tableau 做任何方式的检查，所以可能在数据源层面产生错误。当构造这个表达式时，用户必须检查针对数据源的语法规则。下面就是这个函数的通用语法：

```
RAWSQLAGG_STR("agg_expr",[arg1], ... , [argN])
```

括号里的 agg_expr 就是要传递到数据源的表达式。可以通过逗号隔开的列表来指定 N 个参数。这些参数会在表达式中通过语法 %1、%2 和 % N 来引用。

（1）基础示例

```
RAWSQLAGG_STR("MIN(%1)",[Order Date])
```

这个示例返回字段 [Order Date] 的最小值。要注意它返回的是字符串型值。RAWSQL 函数调用的表达式可以返回一个与这个函数要求不同的值，只要它返回的类型能被外部的函数转化。

（2）中级示例

```
RAWSQLAGG_STR("MAX(LEFT(%1, 3))",[City])
```

本例中，使用 SQL Server 的函数 LEFT() 从 [City] 字段中获取最左侧的 3 个字符串，并返回它们中最大的字符。

（3）高级示例

```
RAWSQLAGG_STR("CASE WHEN (SUM(%1)/SUM(%2)) > 0
THEN 'Compliant' ELSE 'Noncompliant' END",[Profit],[Sales])
```

本示例通过 [Sales] 的和除以 [Profit] 的和来获取利润率，如果这个值大于 0，就返回字符串 Compliant；如果这个值小于 0，就返回字符串 Noncompliant。

104. REGEXP_EXTRACT

REGEXP_EXTRACT 是一个只适用于文本文件、Hadoop Hive、Google BigQuery、PostgreSQL、Tableau 数据提取、Microsoft Excel、Salesforce 以及 Oracle 数据源的函数。

这个函数基于给定的模式返回一个字符串。如果这个模式返回多于一个结果，这个函数就会失败。对于 Tableau 的数据提取，这个模式必须是一个常量。

关于正则表达式的语法，查看你的数据源的文档。对于 Tableau 的提取文件，语法应当遵从 International Components for Unicode（ICU）标准，它是一个 Unicode 支持的软件国际化和软件全球化的 C/C++ 和 Java 库的开源项目。具体细节搜索 ICU 用户手册的 Regular Expressions 页面。

```
REGEXP_EXTRACT(string,pattern)
```

（1）基础示例

```
REGEXP_EXTRACT('abc 123','[a-z]+\s+(\d+)')
```

这个例子返回给定字符串中匹配模式定义的部分：'123'。

（2）中级示例

```
REGEXP_EXTRACT('ABC20DEF','20(.*)')
```

这个中级示例返回 'DEF'。

105. REGEXP_EXTRACT_NTH

REGEXP_EXTRACT 是一个只适用于文本文件、Hadoop Hive、Google BigQuery、PostgreSQL、Tableau 数据提取、Microsoft Excel、Salesforce 以及 Oracle 数据源的函数。

这个函数返回匹配正则表达式模式的字符串的组成部分。子字符串要匹配第 n 个捕获的组，其中 n 是给定的索引值。如果索引是 0，整个字符串就会被返回。对于 Tableau 的数据提取，这个模式必须是一个常量。

关于正则表达式的语法，查看你的数据源的文档。对于 Tableau 的提取文件，语法应当遵从 International Components for Unicode（ICU）标准，它是一个 Unicode 支持的软件国际化和软件全球化的 C/C++ 和 Java 库的开源项目。具体细节搜索 ICU 用户手册的 Regular Expressions 页面。

```
REGEXP_EXTRACT_NTH(string,pattern,index)
```

基础示例

```
REGEXP_EXTRACT_NTH('abc 123','[a-z]+\s+(\d+)',1)
```

这个例子返回给定字符串匹配模式定义和索引值的部分 '123'。

106. REGEXP_MATCH

REGEXP_ MATCH 是一个只适用于文本文件、Hadoop Hive、Google BigQuery、PostgreSQL、Tableau 数据提取、Microsoft Excel、Salesforce 以及 Oracle 数据源的函数。

这个函数返回一个布尔型的值，判断给定的字符串是否存在子字符串能够匹配正则表达式模式。对于 Tableau 的数据提取，这个模式必须是一个常量。

关于正则表达式的语法，查看你的数据源的文档。对于 Tableau 的提取文件，语法应当遵从 International Components for Unicode（ICU）标准，它是一个 Unicode 支持的软件国际化和软件全球化的 C/C++ 和 Java 库的开源项目。具体细节搜索 ICU 用户手册的 Regular Expressions 页面。

```
REGEXP_MATCH(string,pattern)
```

基础示例

```
REGEXP_MATCH('ABC20DEF','[0-9]')
REGEXP_MATCH('ABCDEF','[0-9]')
```

这个例子把字符串与模式定义进行比较，如果存在匹配，就返回真。第一个例子返回 True，第二个例子返回 False。

107. REGEXP_REPLACE

REGEXP_ MATCH 是一个只适用于文本文件、Hadoop Hive、Google BigQuery、PostgreSQL、Tableau 数据提取、Microsoft Excel、Salesforce 以及 Oracle 数据源的函数。

这个函数替换字符串中匹配模式的字符。对于 Tableau 的数据提取，这个模式必须是一个常量。

关于正则表达式的语法，查看你的数据源的文档。对于 Tableau 的提取文件，语法应当遵从 International Components for Unicode（ICU）标准，它是一个 Unicode 支持的软件国际化和软件全球化的 C/C++ 和 Java 库的开源项目。具体细节搜索 ICU 用户手册的 Regular Expressions 页面。

```
REGEXP_REPLACE(string,pattern,replacement)
```

（1）基础示例

```
REGEXP_REPLACE('ABC20DEF','[0-9]', '*')
```

这个例子在字符串中扫描给定的模式，并用替代字符串替换这些字符。这个例子的返回结果是 ABC**DEF。

（2）中级示例

```
REGEXP_REPLACE('abc 123','\s','-')
```

这个例子在字符串中扫描给定的模式，并用替代字符串替换这些字符。这个中级示例的返回结果为 'abc-123'。

108. REPLACE

REPLACE 函数是一个高级函数，允许在一个字符串字段中做指定的数据替换。这个函数的使用并不在数据的层次改变数据，相反，只是创建一个新的包含替换字符串的字段。这个函数搜索一个字符串字段来查找给定的子字符串。一旦被找到，替换字符串就会替代这个子字符串的数据。

```
REPLACE(String,Substring,Replacement)
```

（1）基础示例

```
REPLACE("[Order Priority]","Not Specified","High")
```

这个函数示例搜索 Order Priority 字段来匹配 Not Specified 字符串。之后 REPLACE 函数就会把订单优先级状态 Not Specified 改变为 High。

（2）中级示例

```
IIF([Order Date] < dateadd('month',-2,today()) ,
REPLACE([Order Priority],"Not Specified","High"),[Order Priority])
```

这个函数示例用来判断为每个订单 id 赋予的订单优先级状态的可用性。这个计算只会调查距离现在两个月之前的订单。REPLACE 语句会把所有两个月前并且订单优先级为 Not Specified 的订单赋予新的优先级。函数把 Not Specified 替换为 High。函数 REPLACE 紧密依赖源数据。REPLACE 函数并不是对于任何数据源都可用。如果你计划使用 REPLACE 函数，使用数据提取会更加可靠。

109. RIGHT

RIGHT 是一个字符串函数，返回给定字符串中最右侧的一定数量的字符。这个函数可以用来直接创建新的维度，或者用来组合创建高级计算字段。它与 LEFT 函数有类似的用法。

```
RIGHT(String,Number)
```

基础示例

```
RIGHT([Customer Zip Code],2)
```

这个函数示例是使用美国 Zip 代码的额外方法。RIGHT 函数通过最右侧的两个代码分析城市所在的区域。

110. ROUND

ROUND 函数根据函数里的小数点位数参数把数字圆整到相应的精度。decimals 参数指定最终结果的小数点后的位数，虽然这不是必需的。如果没有提供小数点位数这个参数，这个数字就被圆整到最接近的整数。Tableau 使用下面的圆整规则：

- 如果小数点后面的舍入数字小于 5，就保持小数点前的数字不变。
- 如果小数点后面的舍入数字小于 5，就给小数点前的整数加 1。

```
ROUND(number, [decimals])
```

number 为任意给定的数字。decimals 为任意给定的数字（并非必需）。

（1）基础示例

```
ROUND([Sales])
```

这个函数返回数据库中所有销售额的值并圆整到最近的整数。如果这个函数用来对一年的销售额进行圆整，它就会先对数据库中每行数据进行圆整之后再进行聚合。

（2）中级示例

```
ROUND(SUM([Profit])/SUM([Order Quantity]),2)
```

这个函数将首先计算利润的总和，并且被订单数量的总和相除，之后把结果圆整到小数点后两位。如果没有用到求和，而是采用了非聚合的参数，这个函数会先对数据库的底层行进行时间圆整，再进行聚合。

111. RTRIM

RTRIM 函数去除了可能存在于数据尾部的空格。这个函数与 LTRIM 函数类似，可以用来作为数据整理函数，使数据的格式一致并且有正确的设置。

```
RTRIM(String)
```

基础示例

```
RTRIM("Ruby Young  ")
```

这个函数它的输出就是简单的"Ruby Young"。就像 LTRIM 函数，在使用额外的函数并且把来自不同源的数据进行融合时，尾部的空格可能会引起问题。

112. RTRIM_THIS

这是一个 Google Big Query 专用的函数，从第一个字符串中移除所有匹配第二个字符串的右侧的字符。它是大小写敏感的。

```
RTRIM_THIS(string1, string2)
```

基础示例

```
RTRIM_THIS('Remove me', ' me')
```

这个函数的输出就是简单的"Remove"。这个函数会移除 me 以及它之前的空格。

113. RUNNING_AVG

这是一个表计算函数，返回给定表达式从第一行到视图 / 区域中当前行的移动平均值。

```
RUNNING_AVG(expression,[start],[end])
```

expression 为任意可用的聚合计算（比如 SUM([Sales])）。

（1）基础示例

```
RUNNING_AVG(SUM([Sales]))
```

这个表计算函数返回窗口（或框架）中销售额总和的移动平均值。注意，当 [start] 和 [end] 参数被忽略时，就会覆盖整个框架（窗口 / 面板）区域。如果值不正确或不一致，就要确保你在表计算中使用了正确的 Compute using 选项。

（2）中级示例

```
RUNNING_AVG(SUM([Sales]), FIRST(),LAST())
```

这个公式返回了窗口（或面板）中从第一行到最后一行的销售额总和移动平均值。如果值不正确或不一致，就要确保你在表计算中使用了正确的 Compute using 选项。

（3）高级示例

```
IF INDEX()=1 THEN RUNNING_AVG( SUM([Sales]) ) ELSE NULL END
```

这个函数假设视图中有大量的数据标记点或者用户在处理大量的数据。通过 IF/THEN 逻辑，你可以避免对整个表的扫描，这会引起明显的性能下降。最后，这个计算获取指定窗口（或框架）的销售额总和的移动平均值。

114. RUNNING_COUNT

这个表计算函数返回给定表达式从第一行到当前视图 / 分区当前行的运行计数。

```
RUNNING_COUNT(expression,[start],[end])
```

expression 为任意可用的聚合计算（比如 SUM([Sales])）。

（1）基础示例

```
RUNNING_COUNT(SUM([Sales]))
```

这个公式返回窗口（或框架）内的销售额总和的运行计数。注意，当 [start] 和 [end] 的参数被忽略时，整个框架都会被覆盖。如果值不正确或不一致，就要确保你在表计算中使用了正确的 Compute using 选项。

（2）中级示例

```
RUNNING_COUNT(SUM([Sales]), FIRST(),LAST())
```

这个公式返回窗口（或框架）内从第一行到最后一行的销售额总和的运行计数。如果值不正确或不一致，就要确保你在表计算中使用了正确的 Compute using 选项。

（3）高级示例

```
IF INDEX()=1 THEN RUNNING_COUNT(SUM([Sales]),0, IIF(INDEX()=1,LAST(),0)) END
```

这个函数假设视图中有大量的数据标记点或者用户在处理大量的数据。通过 IF/THEN 逻辑，你可以避免对整个表的扫描，这会引起明显的性能下降。最后，这个计算返回指定窗口（或框架）内的销售额总和的运行计数。额外惊喜：可以尝试通过一个参数让窗口框架是动态的。

115. RUNNING_MAX

这个表计算函数返回给定表达式在当前视图（区域）中从第一行到当前行的运行最大值。

```
RUNNING_MAX(expression,[start],[end])
```

expression 为任意可用的聚合计算（比如 SUM ([Sales]) ）。

（1）基础示例

```
RUNNING_MAX( SUM([Sales]) )
```

这个公式返回当前窗口（或框架）内的销售额总和的运行最大值。当 [start] 和 [end] 的参数被忽略时，整个框架都会被覆盖。如果值不正确或不一致，就要确保你在表计算中使用了正确的 Compute using 选项。

（2）中级示例

```
RUNNING_MAX( SUM([Sales]) ), FIRST(),LAST())
```

这个公式返回窗口（或框架）内从第一行到最后一行的销售额总和的运行计数。如果值不正确或不一致，就要确保你在表计算中使用了正确的 Compute using 选项。

（3）高级示例

```
IF INDEX()=1 THEN RUNNING_MAX( SUM([Sales]) ) ELSE NULL END
```

这个函数假设视图中有大量的数据标记点或者用户在处理大量的数据。通过 IF/THEN 逻辑，你可以避免对整个表的扫描，这会引起明显的性能下降。这个计算返回指定窗口（或框架）内的销售额总和的运行最大值。

116. RUNNING_MIN

这个表计算函数返回给定表达式在当前视图（区域）中从第一行到当前行的运行最小值。

RUNNING_MIN(expression,[start],[end])

expression 为任意可用的聚合计算（比如 SUM([Sales])）。

（1）基础示例

RUNNING_MIN(SUM([Sales]))

这个公式返回当前窗口（或框架）内的销售额总和的运行最小值。当 [start] 和 [end] 的参数被忽略时，整个框架都会被覆盖。如果值不正确或不一致，就要确保你在表计算中使用了正确的 Compute using 选项。

（2）中级示例

RUNNING_MIN(SUM([Sales])), FIRST(),LAST())

这个公式返回窗口（或框架）内从第一行到最后一行的销售额总和的运行最小值。如果值不正确或不一致，就要确保你在表计算中使用了正确的 Compute using 选项。

（3）高级示例

IF INDEX()=1 THEN RUNNING_MIN (SUM([Sales]))ELSE NULL END

这个函数假设视图中有大量的数据标记点或者用户在处理大量的数据。通过 IF/THEN 逻辑，你可以避免对整个表的扫描，这会引起明显的性能下降。最后，这个计算返回指定窗口（或框架）内的销售额总和的运行最小值。

117. RUNNING_SUM

这个表计算函数返回给定表达式在当前视图（区域）中从第一行到当前行的运行总和。

RUNNING_SUM(expression,[start],[end])

expression 为任意可用的聚合计算（比如 SUM([Sales])）。

（1）基础示例

RUNNING_SUM(SUM([Sales]))

这个公式返回当前窗口（或框架）内的销售额总和的当前总和。当 [start] 和 [end] 的参数被忽略时，整个框架都会被覆盖。如果值不正确或不一致，就要确保你在表计算中使用了正确的 Compute using 选项。

（2）中级示例

RUNNING_SUM(SUM([Sales])), FIRST(),LAST())

这个公式返回窗口（或框架）内从第一行到最后一行的销售额总和的当前总和。注意，如果值不正确或不一致，就要确保你在表计算中使用了正确的 Compute using 选项。

（3）高级示例

IF INDEX()=1 THEN RUNNING_SUM (SUM([Sales])) ELSE NULL END

这个函数假设视图中有大量的数据标记点或者用户在处理大量的数据。通过 IF/THEN 逻辑，你可以避免对整个表的扫描，这会引起明显的性能下降。最后，这个计算返回指定窗口（或框架）内的销售额总和的运行总和。

函数 118、119、120 及 121 是 Tableau 中实现 R 集成的核心。每个都激活 R 的控制台并且可以从 Tableau 向 R 发送操作和计算的数据。这些函数都是"表计算"（Table Calculations），所以在使用它们之前理解表计算如何工作是很重要的。

　　每个函数的命名都是根据 Tableau 期望从 R 控制台接收的数据类型而定的。比如，函数 SCRIPT_REAL 期望 R 返回一个实数值。如果并非如此，这个函数就会失败，Tableau 将显示一个错误。因此，考虑到你希望 R 返回什么数据类型是很重要的。

　　在进入语法之前，关键要知道 Tableau 怎样传递数据给 R 及怎样从 R 接收数据。因为这个函数是表计算，Tableau 遵循表计算分区的指定层次发送数据的矢量。就像其他表计算，视图中的维度决定了每行的聚合层次，除非聚合度量选项被关闭。

　　一旦 Tableau 发送数据到 R 并且 R 的脚本被执行，Tableau 以原始发送的数据一样的矢量接收返回的数据。这意味着，如果函数向 R 发送了 10 行数据，R 的脚本只返回了数据 2，Tableau 会 10 次重复接收数据 2。

　　这个脚本函数包括两部分：R 脚本以及指定 Tableau 发送给 R 的参数数据。考虑下面的例子：

```
SCRIPT_REAL(".arg1 + .arg2",SUM([Sales]),SUM([PROFIT]))
```

　　在 R 的代码中，值 ".arg#" 被用来代表 Tableau 要传递到 R 控制台的对应的数据值。在本例中，.arg1 代表 R 代码中的 SUM([Sales]，.arg2 代表 SUM([PROFIT])。对于一个要通过这个函数传递到 R 的数据值，它必须是聚合的，即便你向 R 传递的数据的细节层级并不是聚合的。.arg# 还可以代表参数，因此可以创建动态的 R 脚本。

118. SCRIPT_BOOL

```
SCRIPT_BOOL ("insert R code here", .arg1, .arg2, ..., .argN)
```

119. SCRIPT_INT

```
SCRIPT_INT("insert R code here", .arg1, .arg2, ..., .argN)
```

120. SCRIPT_REAL

```
SCRIPT_REAL ("insert R code here", .arg1, .arg2, ..., .argN)
```

121. SCRIPT_STRING

```
SCRIPT_STRING ("insert R code here", .arg1, .arg2, ..., .argN)
```

高级示例

```
SCRIPT_REAL("df <- data.frame(tire_size = .arg1, mpg = .arg2);
fit <- lm(mpg ~ tire_size, data = df);
scores <- predict(fit, df);
scores", SUM ([Tire Size]), SUM ([MPG])
)
```

　　这个高级函数示例使用字段 Tire Size 和 MPG 计算一个简单的线性回归模型，其中 Tire Size 作为独立变量，MPG 作为非独立变量。这允许用户绘制一个最佳拟合线。注意，使用数据框架和重命名数据可以让与 R 的集成更容易。这种方法就像前面的例子，不需要重复使用 .arg1，而只需要使用 tire_size。

122. SIGN

　　SIGN 函数用来突出显示结果值是正、负还是等于 0。如果数字是负，就返回为 −1；如果值是 0，就返回 0；如果值是正，就返回 1。

```
SIGN(number)
```

　　number 为任意给定数值。

（1）基础示例

```
SIGN(-21)
```

> 这个函数的结果是 -1，因为表达式 -21 是一个负值。

（2）中级示例

```
IF SIGN(SUM([Profit]))=1
THEN "Profit"
ELSEIF SIGN(SUM([Profit]))=-1
THEN "Loss"
ELSE "Break-Even"
END
```

> SIGN 函数可以与逻辑函数组合起来使用。在本例中，与逻辑函数 IF 一起，返回字符串来表示利润率的水平。

123. SIN

SIN 函数返回给定弧度数字的正弦值。

```
SIN(number)
```

> number 为任意给定数值，这个数值表示弧度。

（1）基础示例

```
SIN(PI()/4)
```

> 这个函数计算弧度 π/4 的正弦值。这个函数的返回值是 0.707106781186547。

（2）中级示例

```
SIN(RADIANS(90))
```

> 在这个函数中，给出的数值是角度——90 度。首先这个角度被转化为弧度，之后计算它的正弦值，结果是 1。

124. SIZE()

这个表计算函数返回视图 / 区域中的总行数。

```
SIZE()
```

> 这个函数不需要任何参数。

（1）基础示例

```
SIZE()
```

> 这个函数返回当前视图 / 区域的行数。

（2）中级示例

```
WINDOW_SUM(SUM([Sales]))/SIZE()
```

> 这个公式首先计算当前视图或区域中的销售额的总和，再除以区域中的总行数。

（3）高级示例

```
IF INDEX()=1 THEN WINDOW_SUM(SUM([Sales]))/SIZE() ELSE NULL END
```

> 这个公式假设当前视图中有大量的标记点，或者用户在处理大量的数据集。通过使用 IF/THEN 逻辑，表扫描会被避免，而不会引起显著的性能下降。最后，计算当前视图 / 区域的销售额的总和，再除以总行数。额外惊喜：尝试使用参数让窗口框架变为动态的。

125. SPACE

SPACE 是一个简单的函数，让用户创建一个空格字符串，可以用在其他计算中。

SPACE(number)

（1）基础示例

SPACE(4)

这个函数示例简单地创建包含 4 个空格的字符串。这个空格字符串可以用在其他计算字段中。

（2）中级示例

[Customer]+SPACE(2)+[City]+SPACE(2)+[Zip Code]

这个函数示例的输出类似这样：Andrew Roberts Fresno 93727。没有 SPACE 值，它的输出就会像这样：Andrew RobertsFresno93727。

126. SPLIT

基于用户给定的分隔符或用来表示分割点的字符，SPLIT 函数把一个字符串切割为多个部分。token number 为正值，就会从字符串的前面开始计算；token number 为负值，就从字符串的末尾开始计算。它必须被提供来表示字符串的哪一个作为最终的返回值。

SPLIT(string, delimiter, token number)

（1）基础示例

SPLIT("Hi, how are you?", " ", -2)

这个函数的结果为 are。它搜索字符串并且根据给定的分隔符把字符串标记为各个子字符串，并且赋予它们不同的索引值。在本例中，分隔符就是空格，它是在函数的第二个参数中给定的。给定的索引值是 -2，也就是说从字符串的末尾开始遇到的第二个子字符串。因此，输出就是从给定字符串的末尾向前遇到的第二个子字符串。

（2）中级示例

INT(TRIM(SPLIT([Product ID], "-", -1)))

这个函数提取一个 Product ID 的特定部分，它最初被存储为一个字符串，在被分割函数切割后，再删除前面或后面的空格，最终的字符串再被转换为数字值。在本例中，分隔符是 -，需要的部分是原始 Product ID 字符串从结尾开始的第一个子字符串。

127. SQRT

SQRT 函数是 SQUARE 函数的反函数。它返回一个数字的平方根。使用 POWER 函数并且把幂设置为 0.5，就会和这个函数返回一样的结果。

SQRT(number)

number 为任意给定的大于 0 的数值。如果数值小于或等于 0，SQRT 函数就返回 NULL。

基础示例

SQRT(49)

这个函数的结果是 7。这个结果也可以通过 POWER 函数获得。在本例中，这个函数就可以使用 POWER(49,0.5)，其中 49 被应用的幂次是 0.5。符号 ^ 也可以被用在计算中，计算 49^0.5 可以返回同样的值。

128. SQUARE

函数 SQUARE 返回给定数字的平方。换句话说，它把这个数字和自己相乘。用 POWER 函数并设定幂为 2 可以得到和本函数一样的结果。

SQUARE(number)

> number 为任意给定的数值。

基础示例

SQUARE(7)

> 这个函数让 7 乘以自己，所以 7 × 7 = 49。类似于 POWER 函数，它设定 7 的幂次为 2。符号 ^ 也可以用在计算中，7^2 会返回同样的结果。

129. STARTSWITH

STARTSWITH 函数的方法类似于 CONTAINS 函数，但它在搜索字符串的方式上有限制。函数 CONTAINS 在字符串的所有长度上搜索指定的子字符串，而 STARTSWITH 函数值在字符串的开头搜索指定字符串。

STARTSWITH(String, Substring)

基础示例

STARTSWITH([City],"New")

> 这个函数示例在 City 字段的开头搜索这 3 个字母，如果能够匹配子字符串就返回 True。返回的结果可能有 New York、New Orleans、New Jersey。

130. STDEV

这个函数基于一个数据返回样本分布的标准偏差。它在分母中使用 N-1 来调整相对于小的样本空间的偏差。

（1）基础示例

STDEV([Sales])

> 这个公式将返回销售额的标准偏差。一个可能的应用是把这个结果在一个时间序列图表中作为参考线。

（2）中级示例

AVG([Sales])+STDEV([Sales])

> 这个示例显示如何把标准差计算与平均值计算组合起来，用于设置基于标准差的限制。

（3）高级示例

AVG([Sales])+(([Number of deviations])*STDEV([Sales]))

> 这个公式使用一个参数，从你希望计算的平均值来改变标准差的数值。偏差的数字可以限制为值（1、2 和 3）。95% 的置信限制会使用 + 和 -1.96 的标准偏差。

131. STDEVP

这个函数返回表达式的统计标准差，而不需要对小样本偏差做调整。如果表达式包括整个样本，就使用 STDEVP，即便只有很少数量的值。

（1）基础示例

STDEVP([Sales])

> 这个公式将返回销售额的标准差。

（2）中级示例

```
AVG([Sales]) + STDEVP([Sales])
```

这个示例显示怎样把标准差函数与平均值函数组合起来，设置基于标准差的限制。

（3）高级示例

```
AVG([Sales])+ (([Number of deviations])*STDEV([Sales]))
```

这个公式使用一个参数，从你希望计算的平均值来改变标准差的数值。偏差的数字可以限制为值（1、2 和 3）。95% 的置信限制会使用 + 和 -1.96 的标准偏差。

132. STR

这个函数从给定的表达式返回一个字符串。

（1）基础示例

```
STR(5.0)
```

这个公式把数字转换为字符型值 5.0。

（2）中级示例

```
"Total Products = " + STR([Qty])
```

这个公式返回一个字符串。在本例中，使用一个数字字段 [Qty] 创建了一个自定义标签。如果 [Qty] 有值 10，这个函数就返回 Total Products = 10。

（3）高级示例

```
STR([StartDate]) + ' to ' + STR([EndDate])
```

这个公式返回一个字符串描述时间段（从开始到结束）。当你希望有注释、工具提示栏或其他标记来描述所分析数据的时间段时，这就很有用。如果 [StartDate] 等于 January 1, 2013，[EndDate] 等于 March 1, 2013，这个函数就会返回 January 2013 to March 2013。

133. SUM

函数 SUM 返回表达式中所有值的和。SUM 只能用在数字型字段上。NULL 会被忽略。

（1）基础示例

```
SUM([Sales])
```

不论什么维度显示在当前视图中，这个公式都返回销售额的总和。

（2）中级示例

```
SUM([Sales])*[Commission Rate]
```

这个示例显示怎样使用销售额的和，并把它乘以一个参数（变量）值来得到一个新的数值，这样它是可以用参数来动态控制的。这个示例提供给我们显示在视图中的细节层级的佣金总数。

（3）高级示例

```
SUM([Sales]) / COUNTD([Customer ID])
```

这个公式获取了发生在每个单一顾客上的平均销售额。

134. TAN

这个函数返回给定弧度制的正切值。

```
TAN(number)
```

> `number` 为任意给定数值，用弧度表示。

（1）基础示例

```
TAN(PI()/4)
```

> 这个函数计算弧度 π/4 的正切值，返回值为 1。

（2）中级示例

```
TAN(RADIANS(45))
```

> 在这个函数中，给出的数字是角度形式的，本例中是 45 度。首先，这个角度值要转化为弧度值，再计算它的正切值。最后的结果是 1。

135. THEN

关键词 THEN 用在逻辑表达式中，用来从判断一个表达式真假的评估过渡到引发一个后续动作。它是 IF/ELSEIF/ELSE/THEN 语句和 CASE 语句中的必要元素。

基础示例

```
IF [Profit] >= 0 THEN "Profitable" ELSE "Unprofitable" END
```

> 这个语句将会把标签 "Profitable" 赋予任意利润大于等于 0 的值，把标签 "Unprofitable" 赋予任意利润小于 0 的值。THEN 语句引导了数字表达式评估之后的动作。如果没有这个 THEN 语句，这个 IF 语句就不能工作。

136. TIMESTAMP_TO_USEC

一个 Google Big Query 专用函数，把一个时间数据类型转化为一个 UNIX 的用微秒表示的时间类型。在处理日期时，你经常需要先把它转化为日期时间类型。

```
TIMESTAMP_TO_USEC(expression)
```

基础示例

```
TIMESTAMP_TO_USEC(#2012-10-01 01:02:03#)
```

> 这个示例把显示的时间转化为 UNIX 的微秒时间格式，这个函数的结果是 1349053323000000。

137. TLD

一个 Google Big Query 专用函数，返回一个 URL 字符串的顶层域。这个 URL 必须包含工作协议。

```
TLD(string_url)
```

基础示例

```
TLD("https://www.twitter.com/DGM885")
```

> 这个示例返回顶层域名 .com。

138. TODAY

这个 TODAY 函数返回当前日期。它与 NOW() 类似，但不包含时间部分。

（1）基础示例

```
TODAY()
```

> 这个函数执行过程为：如果现在是 March 12, 2013 at 3:04 p.m.，这个函数就返回日期值 March 12, 2013。

（2）中级示例

```
DATEADD('day', -30, TODAY())
```

这个公式返回今天之前 30 天的日期。如果今天是 March 18, 2013，这个函数就返回 February 16, 2013。这在筛选特定时间段（比如 30 天）或突出显示数据并不确定的时间线上的某个时期时非常有用。

139. TOTAL

```
TOTAL(Expression)
```

Expression 为任意可用的聚合计算（比如 SUM（[Sales]））。

（1）基础示例

```
TOTAL(SUM([Sales]))
```

这个公式返回数据库窗口（或面板）内所有行的数据总和。它和 SUM(Expression) 函数是相同的概念，但只有选择性地应用于当前窗口（或面板）上。

（2）中级示例

```
SUM([Sales])/TOTAL(SUM([Sales]))
```

这个公式返回销售额的总和，并除以数据库中所有行的销售额的总和，以获得百分比。如果值不正确或不一致，就要确保在表计算中使用了正确的 Compute using 选项。

（3）高级示例

```
WINDOW_MAX(SUM([Sales])/TOTAL(SUM([Sales])))=(SUM([Sales])/TOTAL(SUM([Sales])))
```

这个公式突出显示区域内总值的最大百分比，它等于区域内销售额总值占所有销售额的百分比。如果值不正确或不一致，就要确保在表计算中使用了正确的 Compute using 选项。

140. TRIM

函数 TRIM 把 LTRIM 和 RTRIM 的逻辑综合到了这个函数中。

```
TRIM(String)
```

基础示例

```
TRIM("  Gemma Palmer      ")
```

这个函数示例的输出就是简单的 Gemma Palmer。如果你担心在导入的数据前面或者面有多余的空格，使用 TRIM 函数就是最佳方式。

141. UPPER

这个函数让用户把字符串中所有的字符都转为大写。这个 UPPER 函数只转化字符串中所有的小写字符，会忽略已经存在的大写字符。

```
UPPER(String)
```

基础示例

```
UPPER("BatMan")
```

这个示例返回的字符串都是大写字符：BATMAN。

142. USEC_TO_TIMESTAMP

Google Big Query 专用函数，把 UNIX 的微秒时间格式转化为 TIMESTAMP 数据类型。

```
USEC_TO_TIMESTAMP(expression)
```

基础示例

```
TIMESTAMP_TO_USEC(1349053323000000)
```

> 这个示例把 UNIX 的微秒时间类型转化为 DATETIME 类型，结果是 #2012-10-01 01:02:03#。

143. USERDOMAIN

这个函数返回当前登录 Tableau Server 用户的域。如果用户没有登录 Server，这个函数就返回 Windows 的域。当你需要创建基于用户名和域的安全时，这个函数可以与其他用户函数组合使用。

参考接下来的 USERNAME() 函数部分关于用户和域部分数据的假设。

（1）基础示例

```
USERDOMAIN()
```

> 如果一个公司有两个子业务：零售和批发，它们在单独的域中 (RETAIL.local 和 WSALE.local)，这个函数就会返回登录用户所在的域。

（2）中级示例

```
CASE USERDOMAIN()
WHEN 'RETAIL' THEN 'Access Granted'
WHEN 'WSALE  THEN 'Access Denied'
END
```

> 这个公式将会返回行级别的 Access Granted 或 Access Denied，可以用来在两个不同的域上驱动行级别的安全机制。

（3）高级示例

```
IF USERDOMAIN() = 'WSALE' THEN
IF ISMEMBEROF('Report Viewer')Then
'Access Granted'
ELSE
'Access Denied'
END
ELSEIF USERDOMAIN() = 'RETAIL' THEN
IF ISMEMBEROF('Management') THEN
'Access Granted'
ELSE
IF FULLNAME() = [Sales Person] THEN
'Access Granted'
ELSE
'Access Denied'
END
END
ELSE
'Access Denied'
END
```

> 这个公式返回行级别的 Access Granted 或 Access Denied，可以在一个筛选器中应用行级别的安全。这个语句会在赋予对每行数据的访问权限之前比较域、组以及用户。

144. USERNAME()

下面的示例基于如下假设：

用户 1
- 全名：Malcolm Reynolds
- 活动目录名：DOMAIN\m.reynolds

用户 2
- 全名：River Tam
- 活动目录名：DOMAIN\r.tam

用户 3
- 全名：Jayne Cobb
- 活动目录名：DOMAIN\j.cobb

USERNAME() 返回登录服务器的用户名称。如果是用户 Malcolm 登录了服务器，那么 USER-NAME() 将会返回 m.reynolds。

expression 为任意可用的离散参数。

（1）基础示例

```
USERNAME()='m.reynolds'
```

这个示例返回一个布尔型值（真/假），如果 Malcolm Reynolds 是登录系统的用户，就返回 true；否则返回 false。

（2）中级示例

```
USERNAME()=[MANAGER]
```

一个行级别的安全参数把 USERNAME() 函数的结果与数据库中的 [MANAGER] 字段的值进行比较。在用户只被允许查看他们自己的数据时是很有用的。

（3）高级示例

```
IF ISMEMBEROF('Management')then 'Access Permitted'
ELSEIF USERNAME()=[Manager]then 'Access Permitted'
ELSE 'Access Denied' END
```

这个公式返回行级别的 Access Permitted 或 Access Denied。当用作筛选器时，只显示 Access Permitted 的行，如果用户是管理组的成员，他们可以看到所有的数据行，或者当用户名被标记为管理者时，他们也可以看到相应数据行。

145. VAR

这个函数返回表达式的统计方差，而不需要对小样本偏差进行调整。如果表达式包含整个数据样本，就使用 STDEV，即便只有少量的值。

基础示例

```
VAR(expression)
```

这个函数返回表达式的统计方差——关于值的分布的一种度量。

146. VARP

这个聚合函数返回基于样本的有偏差样本，给定表达式的值的统计方差。方差是对分散度的度量，是距离平均数之差的平方值的平均数。思考一下统计方差，这个函数看起来就像旅途上通往标准差的一个中转站，标准差是更普遍衡量分散度的度量，它是方差的平方根。在普通的数据分布中，标准差意味着描述了值的范围，以便控制图表的范围。方差本身看起来很少有实际用途，如果你有，可以分享出来。

```
VAR(expression)
```

这个函数基于整体分布返回表达式的统计方差。

147. WHEN

当保留字 WHEN 与 CASE 语句组合起来使用时，用来标识特定的场景，也可以理解为不同情况下，CASE 结构在遇到每种情况时会与它们交互。WHEN 语句用来分离出不同的场景，并且指定每个场景下具体的动作。

（1）基础示例

```
CASE MONTH([Order Date])
WHEN 1 THEN "Manager A"
WHEN 2 THEN "Manager B"
WHEN 3 THEN "Manager C"
WHEN 4 THEN "Manager A"
WHEN 5 THEN "Manager B"
WHEN 6 THEN "Manager C"
WHEN 7 THEN "Manager A"
WHEN 8 THEN "Manager B"
WHEN 9 THEN "Manager C"
WHEN 10 THEN "Manager A"
WHEN 11 THEN "Manager B"
WHEN 12 THEN "Manager C"
END
```

这个 CASE 语句赋予每个月份值到 3 个不同的管理者：A、B 和 C。在这个示例中，我们假设 3 个不同的管理者负责一年不同月份的性能指标。在这里，CASE 语句就把具体的月份联系到特定的管理者。

（2）中级示例

```
CASE [Performance Metric]
WHEN "Sum of Sales" THEN SUM([Sales])
WHEN "Sum of Profit" THEN SUM([Profit])
WHEN "Quantity Sold" THEN SUM([Quantity])
WHEN "Average Shipping Cost" THEN AVG([Shipping Cost])
WHEN "Average Discount" THEN AVG([Discount])
END
```

这个 CASE 语句与一个参数而非字段交互。取决于用户做出的选择，这个 CASE 语句判断哪个性能指标将要作为函数的输出。如果用在图表视图中，列区域有一个日期，行区域有包括这个 CASE 语句的计算字段，在视图中改变参数的选择就会让图表显示根据时间变化的指定的性能指标。

148. WINDOW_AVG

这个函数返回给定表达式在指定窗口（或面板）上的平均值。注意，性能会随着标记点数量的增多而受到影响。如果数据集比较大，使用高级示例的方法会提供更好的性能和可扩展性。

```
WINDOW_AVG(expression,[start],[end])
```

expression 为任意可用的聚合计算（比如 SUM([Sales])）。[start] 为窗口的开始（并非必需），[end] 为窗口的结束（并非必需）。

（1）基础示例

```
WINDOW_AVG(SUM([Sales]))
```

> 这个公式返回窗口（或面板）内销售额总和的平均值。注意，当 [start] 和 [end] 参数被忽略时，就应用于整个框架。如果值是不正确或不一致的，就要确保在表计算中使用了正确的 Compute using 选项。

（2）中级示例

```
WINDOW_AVG(SUM([Sales]),FIRST,()LAST())
```

> 这个公式返回窗口（或面板）内从第一行到最后一行的销售额总和的平均值。这也是当没有指定 [start] 和 [end] 时的默认用法。注意，如果值是不正确或不一致的，就要确保在表计算中使用了正确的 Compute using 选项。

（3）高级示例

```
IF INDEX()=1 THEN WINDOW_AVG(SUM([Sales]),0,IIF(INDEX()=1,LAST(),0))END
```

> 这个公式假设视图中有大量的标记点或者用户组处理大规模的数据集。通过使用 IF/THEN 逻辑，可以避免对表进行扫描，避免引起显著的性能下降。最后，计算给定窗口（或面板）的销售额总和的平均值。

149. WINDOW_COUNT

这个表计算函数返回给定表达式在用户指定窗口（或面板）中的数量。注意，性能会随着标记点数量的增加而受到影响。如果数据集很大，高级示例的方法会提供更好的性能和可扩展性。

```
WINDOW_COUNT(expression,[start],[end])
```

> expression 为任意可用的聚合计算（比如：SUM ([Sales]) ），[start] 为窗口的起点（并非必需 ）；[end] 为窗口的结束（并非必需 ）。

（1）基础示例

```
WINDOW_COUNT(SUM([Sales]))
```

> 这个公式返回窗口（或面板）中销售额总和的数量。注意，当 [start] 和 [end] 参数被省略时，会用到整个框架上。如果值不正确或不一致，就要确保在表计算中使用了正确的 Compute using 选项。

（2）中级示例

```
WINDOW_COUNT(SUM([Sales]),FIRST(),LAST())
```

> 这个公式返回窗口（或面板）中从第一行到最后一行的销售额总和的数量。注意，如果值不正确或不一致，就要确保在表计算中使用了正确的 Compute using 选项。

（3）高级示例

```
IF INDEX()=1 THEN WINDOW_COUNT(SUM([Sales]),0, IIF(INDEX()=1,LAST(),0)) END
```

> 这个公式假设视图中有大量的标记点或者用户在处理大规模数据集。通过使用 IF/THEN 逻辑，可以避免表扫描，因为这会引起性能的显著降低。最后计算指定窗口（或面板）中的销售额总和的数量。额外惊喜：尝试使用参数动态设置窗口框架。

150. WINDOW_MAX

这个表计算函数返回给定表达式在用户指定窗口（或面板）中的最大值。注意，性能会随着标记点数量的增加而受到影响。如果数据集很大，高级示例的方法会提供更好的性能和可扩展性。

```
WINDOW_MAX(expression,[start],[end])
```

> expression 为任意可用的聚合计算（比如 SUM ([Sales]) ），[start] 为窗口的起点（并非必需 ），[end] 为窗口的结束（并非必需 ）。

（1）基础示例

```
WINDOW_MAX(SUM([Sales]))
```

> 这个公式返回窗口（或面板）中销售额总和的最大值。注意，当 [start] 和 [end] 参数被省略时，会用到整个框架上。如果值不正确或不一致，就要确保在表计算中使用了正确的 Compute using 选项。

（2）中级示例

```
WINDOW_MAX(SUM([Sales]),FIRST(),LAST())
```

> 这个公式返回窗口（或面板）中从第一行到最后一行的销售额总和的最大值。FIRST() 和 LAST() 是默认的状态，所以这个例子和前面的基础示例的结果是一样的。如果值不正确或不一致，就要确保在表计算中使用了正确的 Compute using 选项。

（3）高级示例

```
IF MAX([Ship Date]) = WINDOW_MAX( MAX([Ship Date]))
THEN SUM([Sales]) ELSE NULL END
```

> 这个公式假设视图中有大量的标记点或者用户在处理大规模数据集。通过使用 IF/THEN 逻辑，可以避免表扫描，因为这会引起性能的显著降低。最后计算指定窗口（或面板）中的销售额总和的最大值。额外惊喜：尝试使用参数动态设置窗口框架。

151. WINDOW_MEDIAN

这个表计算函数返回给定表达式在用户指定窗口（或面板）中的中值。注意，性能会随着标记点数量的增加而受到影响。如果数据集很大，高级示例的方法会提供更好的性能和可扩展性。

```
WINDOW_MEDIAN(expression,[start],[end])
```

> expression 为任意可用的聚合计算（比如 SUM ([Sales])），[start] 为窗口的起点（并非必需），[end] 为窗口的结束（并非必需）。

（1）基础示例

```
WINDOW_MEDIAN(SUM([Sales]))
```

> 这个公式返回窗口（或面板）中销售额总和的中值。注意，当 [start] 和 [end] 参数被省略时，会用到整个框架上。如果值不正确或不一致，就要确保在表计算中使用了正确的 Compute using 选项。

（2）中级示例

```
WINDOW_MEDIAN(SUM([Sales]),FIRST(), LAST())
```

> 这个公式返回窗口（或面板）中从第一行到最后一行的销售额总和的中值。如果值不正确或不一致，就要确保在表计算中使用了正确的 Compute using 选项。

（3）高级示例

```
IF INDEX()=1 THEN WINDOW_MEDIAN(SUM([Sales]),0, IIF(INDEX()=1,LAST(),0)) END
```

> 这个公式假设视图中有大量的标记点或者用户在处理大规模数据集。通过使用 IF/THEN 逻辑，可以避免表扫描，因为这会引起性能的显著降低。最后计算指定窗口（或面板）中的销售额求和的中值。额外惊喜：尝试使用参数动态设置窗口框架。

152. WINDOW_MIN

这个表计算函数返回给定表达式在用户指定窗口（或面板）中的最小值。性能会随着标记点数量的增加而受到影响。如果数据集很大，高级示例的方法会提供更好的性能和可扩展性。

```
WINDOW_MIN(expression,[start],[end])
```

expression 为任意可用的聚合计算（比如 SUM（[Sales]）），[start] 为窗口的起点（并非必需），[end] 为窗口的结束（并非必需）。

（1）基础示例

```
WINDOW_MIN(SUM([Sales]))
```

这个公式返回窗口（或面板）中销售额总和的最小值。注意，当 [start] 和 [end] 参数被省略时，会用到整个框架上。如果值不正确或不一致，就要确保在表计算中使用了正确的 Compute using 选项。

（2）中级示例

```
WINDOW_MIN(SUM([Sales]), FIRST(),LAST())
```

这个公式返回窗口（或面板）中从第一行到最后一行的销售额总和的最小值。如果值不正确或不一致，就要确保在表计算中使用了正确的 Compute using 选项。

（3）高级示例

```
IF INDEX()=1 THEN WINDOW_MIN( SUM([Sales])) ELSE NULL END
```

这个公式假设视图中有大量的标记点或者用户在处理大规模数据集。通过使用 IF/THEN 逻辑，可以避免表扫描，因为这会引起性能的显著降低。最后计算指定窗口（或面板）中的销售额求和的最小值。额外惊喜：尝试使用参数动态设置窗口框架。

153. WINDOW_PERCENTILE

这个表计算函数返回给定表达式在用户指定窗口（或面板）中的指定百分比。这个窗口是通过到当前行的偏移来指定的。使用 FIRST()+n 和 LAST()-n 来指定区域中相对第一行和最后一行的偏移。如果开始和结束被忽略，就要是整个区域。

```
WINDOW_PERCENTILE(expression,number,[start],[end])
```

expression 为任意可用的聚合计算（比如 SUM（[Sales]）），number 为指定的百分比，[start] 为窗口的起点（并非必需），[end] 为窗口的结束（并非必需）。

基础示例

```
WINDOW_PERCENTILE(SUM([Profit]),0.95,-2,0))
```

这个公式返回前两行到当前行的利润总和的 95%。如果你希望返回整个区域的值，偏移值就不是必需的。

154. WINDOW_STDEV

这个表计算函数返回基于随机样本数据的表达式的无偏移的标准差。性能会随着标记点数量的增加而受到影响。如果数据集很大，高级示例的方法会提供更好的性能和可扩展性。

```
WINDOW_STDEV(expression,[start],[end])
```

expression 为任意可用的聚合计算（比如 SUM（[Sales]）），[start] 为窗口的起点（并非必需），[end] 为窗口的结束（并非必需）。

（1）基础示例

```
WINDOW_STDEV(SUM([Sales]))
```

这个公式返回窗口（或面板）中销售额总和样本的标准差。注意，当 [start] 和 [end] 参数被省略时，会用到整个框架上。如果值不正确或不一致，就要确保在表计算中使用了正确的 Compute using 选项。

（2）中级示例

```
WINDOW_STDEV(SUM([Sales]),FIRST(),LAST())
```

　　这个公式返回窗口（或面板）中从第一行到最后一行的销售额总和样本的标准差。如果值不正确或不一致，就要确保在表计算中使用了正确的 Compute using 选项。

（3）高级示例

```
IF INDEX()=1 THEN WINDOW_STDEV(SUM([Sales]),0, IIF(INDEX()=1,LAST(),0)) END
```

　　这个公式假设视图中有大量的标记点或者用户在处理大规模数据集。通过使用 IF/THEN 逻辑，可以避免表扫描，因为这会引起性能的显著降低。最后计算指定窗口（或面板）中的销售额总和样本的标准差。额外惊喜：尝试使用参数动态设置窗口框架。

155. WINDOW_STDEVP

　　这个函数返回用户指定窗口（或面板）上表达式的标准差。性能会随着标记点数量的增加而受到影响。如果数据集很大，高级示例的方法会提供更好的性能和可扩展性[⊖]。

```
WINDOW_STDEVP(expression,[start],[end])
```

　　expression 为任意可用的聚合计算（比如 SUM（[Sales]）），[start] 为窗口的起点（并非必需）；[end] 为窗口的结束（并非必需）。

（1）基础示例

```
WINDOW_STDEVP(SUM([Sales]))
```

　　这个公式返回窗口（或面板）中销售额总和样本的带偏移的标准差。注意，当 [start] 和 [end] 参数被省略时，会用到整个框架上。如果值不正确或不一致，就要确保在表计算中使用了正确的 Compute using 选项。

（2）中级示例

```
WINDOW_STDEVP(SUM([Sales]), FIRST(),LAST())
```

　　这个公式返回窗口（或面板）中从第一行到最后一行的销售额总和样本的带偏移的标准差。如果值不正确或不一致，就要确保在表计算中使用了正确的 Compute using 选项。

156. WINDOW_SUM

　　这个表计算函数返回用户指定窗口（或面板）上表达式的总和。注意，性能会随着标记点数量的增加而受到影响。如果数据集很大，高级示例的方法会提供更好的性能和可扩展性。

```
WINDOW_SUM(expression,[start],[end])
```

　　expression 为任意可用的聚合计算（比如 SUM（[Sales]）），[start] 为窗口的起点（并非必需），[end] 为窗口的结束（并非必需）。

（1）基础示例

```
WINDOW_SUM(SUM([Sales]))
```

　　这个公式返回窗口（或面板）中销售额的总和。注意，当 [start] 和 [end] 参数被省略时，会用到整个框架上。如果值不正确或不一致，就要确保在表计算中使用了正确的 Compute using 选项。

　　⊖　此处为按英文原书翻译，原书中缺少高级示例。——编者注

（2）中级示例

```
WINDOW_SUM(SUM([Sales]) ),FIRST(),LAST)()
```

这个公式返回窗口（或面板）中从第一行到最后一行的销售额的总和。如果值不正确或不一致，就要确保在表计算中使用了正确的 Compute using 选项。

（3）高级示例

```
IF INDEX()=1 THEN WINDOW_SUM( SUM([Sales]) ) ELSE NULL END
```

这个公式假设视图中有大量的标记点或者用户在处理大规模数据集。通过使用 IF/THEN 逻辑，可以避免表扫描，因为这会引起性能的显著降低。最后计算指定窗口（或面板）中的销售额的总和。

157. WINDOW_VAR

这个表计算函数返回用户指定窗口（或面板）上给定表达式的样本的无偏移预估方差。注意，性能会随着标记点数量的增加而受到影响。如果数据集很大，高级示例的方法会提供更好的性能和可扩展性。

```
WINDOW_VAR(expression,[start],[end])
```

expression 为任意可用的聚合计算（比如 SUM ([Sales])），[start] 为窗口的起点（并非必需），[end] 为窗口的结束（并非必需）。

（1）基础示例

```
WINDOW_VAR(SUM([Sales]))
```

这个公式返回窗口（或面板）中销售额总和的样本方差。注意，当 [start] 和 [end] 参数被省略时，会用到整个框架上。如果值不正确或不一致，就要确保在表计算中使用了正确的 Compute using 选项。

（2）中级示例

```
WINDOW_VAR(SUM([Sales]), FIRST(),LAST())
```

这个公式返回窗口（或面板）中从第一行到最后一行的销售额总和的样本方差。如果值不正确或不一致，就要确保在表计算中使用了正确的 Compute using 选项。

（3）高级示例

```
IF INDEX()=1 THEN WINDOW_VAR(SUM([Sales]),0, IIF(INDEX()=1,LAST(),0)) END
```

这个公式假设视图中有大量的标记点或者用户在处理大规模数据集。通过使用 IF/THEN 逻辑，可以避免表扫描，因为这会引起性能的显著降低。最后计算指定窗口（或面板）中的销售额总和的样本的方差。额外惊喜：尝试使用参数动态设置窗口框架。

158. WINDOW_VARP

这个表计算函数返回给定表达式的样本的方差。性能会随着标记点数量的增加而受到影响。如果数据集很大，高级示例的方法会提供更好的性能和可扩展性。

```
WINDOW_VARP(expression,[start],[end])
```

expression 为任意可用的聚合计算（比如 SUM ([Sales])），[start] 为窗口的起点（并非必需），[end] 为窗口的结束（并非必需）。

（1）基础示例

```
WINDOW_VARP(SUM([Sales]))
```

> 这个公式返回窗口（或面板）中销售额总和的方差。注意，当 [start] 和 [end] 参数被省略时，会用到整个框架上。如果值不正确或不一致，就要确保在表计算中使用了正确的 Compute using 选项。

（2）中级示例

```
WINDOW_VARP(SUM([Sales]),FIRST(),LAST())
```

> 这个公式返回窗口（或面板）中从第一行到最后一行的销售额总和的方差。如果值不正确或不一致，就要确保在表计算中使用了正确的 Compute using 选项。

（3）高级示例

```
IF INDEX()=1 THEN WINDOW_VARP(SUM([Sales]),0,
IIF(INDEX()=1,LAST(),0)) END
```

> 这个公式假设视图中有大量的标记点或者用户在处理大规模数据集。通过使用 IF/THEN 逻辑，可以避免表扫描，因为这会引起性能的显著降低。最后会计算指定窗口（或面板）中的销售额总和的方差。额外惊喜：尝试使用参数动态设置窗口框架。

函数 159~165 都是 Tableau 的 Hadoop Hive 核心函数。参考 Hadoop 供应商的用户手册和 Tableau 的网页代码示例获取更多帮助。

159. XPATH_BOOLEAN

```
XPATH_BOOLEAN (XML string, XPATH expression string)
```

160. XPATH_DOUBLE

```
XPATH_DOUBLE (XML string, XPATH expression string)
```

161. XPATH_FLOAT

```
XPATH_FLOAT (XML string, XPATH expression string)
```

162. XPATH_INT

```
XPATH_INT (XML string, XPATH expression string)
```

163. XPATH_LONG

```
XPATH_LONG (XML string, XPATH expression string)
```

164. XPATH_SHORT

```
XPATH_SHORT (XML string, XPATH expression string)
```

165. XPATH_STRING

```
XPATH_STRING (XML string, XPATH expression string)
```

166. Year

这个日期函数返回一个整型值，代表给定任意日期的年份。这是函数 DATEPART ('year', [Date]) 的简化版本。

```
YEAR(Date)
```

Date 是日期格式，函数从其中提取年份信息。

（1）基础示例

```
YEAR(#March 14, 2013#)
```

> 这个公式返回 2013。

（2）中级示例

```
YEAR(DATEADD('day', [Date], 5 ))
```

这个函数返回 [Date] 值加 5 天后落在的年份上。如果 [Date] 是 March 14, 2013，这个函数就返回 2013。

（3）高级示例

```
CASE [Parameter].[Date Unit]
WHEN 'Day' THEN DAY([Date])
WHEN 'Month' THEN MONTH([Date])
WHEN 'Year' THEN Year([Date])
END
```

这个公式返回一个整数。参数 [Date Unit] 用来让用户控制需要提取的日期类型。如果用户选择 Year，这个函数就返回 [Date] 的年份值。

167. ZN

```
ZN(expression)
```

expression 为任意给定的数字。函数 ZN(0 NULL) 通过返回 0 来表示视图中是否存在 NULL。如果值里没有 NULL，这个函数就返回这个表达式；否则返回 0。使用 ZN 函数用来避免 NULL 引起的错误。

（1）基础示例

```
ZN([Profit])
```

这个函数会查看当前视图中 Profit 的所有值，如果不是 NULL，就返回 Profit；如果是 NULL，就返回 0。

（2）中级示例

```
ZN(SUM([Profit]))-LOOKUP(ZN(SUM([Profit])),-1)
```

这个函数返回从当前行到相对偏移行的 Profit 的不同。在本例中，目标行就是，当前行。ZN 函数使用了两次，第一次用来检查值是否为 NULL 并且把 NULL 转化为 0；第二次 ZN 函数包含在 LOOKUP 表达式中，用来避免出现 NULL。

E.5　注释

1. Joe Mako, Tableau User Forum, "4. Re Attribute?" 最近更新于 2011 年 11 月 16 日，2013 年 7 月 20 日访问，网址为 http://community.tableausoftware.com/thread/114562?start=0&tstart=0。

附录 F　伴学网站

本书提供的相关资源会进一步扩展你在 Tableau 方面的知识。浏览网站：www.TableauYourData.com 并且充分利用以下这些免费的资源：

- 展示本书中图片和示例的示例工作簿。
- 视频培训文件。
- 新的 Tableau 版本提供的新功能。
- 有用的 Web 资源。
- 推荐阅读。

1. 示例工作簿

在网站上你能找到按照章节组织，并且有额外指示和注释的示例工作簿，它们提供了书中资料的副本，让你能实际操作这些例子。

2. 视频培训文件

你可以观看本书中的示例和技术的实时视频展示。这些视频限制在 5 分钟内，并且集中于一个或两个主题。

3. 新的 Tableau 版本提供的新功能

Tableau 维持着频繁的更新计划，基本上每年会有一个主要的版本更新，包括几个比较重要的维护更新。阅读这些新的功能，了解如何使用它们来丰富现有的仪表板，了解怎样让新的图表类型和数据源连接发挥更大的作用。

4. 有用的 Web 资源

我们的 InterWorks 团队监控了网络上与数据可视化和图形化相关的最好的网站、博客、社交媒体。你可以在 Tableau 的社区中找到喜欢分享他们知识的人。

5. 推荐阅读

关于数据可视化、图表化、数据库设计以及新的开源工具的书，能够增加 Tableau 工具集，你可以在推荐阅读部分找到这些资源。在这里也可以找到 InterWorks 团队和其他有经验的 Tableau 操作者的博客链接。

另外，关于 Tableau 会议、路演、演讲及其他 Tableau 生态系统实时事件的更新都可以在推荐阅读中找到。在社区中活跃起来，把你自己的知识也分享到当地的工作组中吧。

附录 G　词汇表

这里提供的词汇表组合了 Tableau 的术语、行业内俗语、作者俗语及值得注意的术语和元素。其中的一些术语有着更加普遍的领域内定义。这里我们结合使用 Tableau 的上下文给出解释。

1. 1000-G 笔记本　这只是一个虚构的预言，关于未来 1 000 美元的笔记本可以包含 1 000GB 的内存，这些内存可以供 64 位的 Tableau 桌面版完全发挥作用。虽然这在理论上是可能的，但需要在硬件和软件上有着巨大的技术进步。

2. 32 位架构　一种计算架构，在不借助物理硬盘空间的前提下最多能够访问 4GB 的物理内存。

3. 64 位架构　一种计算架构，在不借助物理硬盘空间的前提下最多能够访问 4EB 的物理内存（1EB=1 000PB，1PB=1 000TB，1TB=1 000GB）。这在桌面计算机上只是理论上可能，硬件的限制没有让这样的处理器出现在如今的服务器环境中。

4. 动作（Action）　Tableau 的功能通过选择包含 Tableau 仪表板或工作表中的信息，激活筛选器、突出显示或者激活一个 URL 调用，以便一个仪表板或工作表的视图随着在面板内对数据元素的选择而做出改变。

5. 聚合功能（Aggregate Function）　能把值按照特定方式形成一个组的函数，但这些值在数据源中仍然存在于不同的行中。Tableau 的聚合函数包括 AVG (average)、COUNT、COUNTD、MAX、MEDIAN、MIN、STDDEV、STDEVP、SUM、VAR 和 VARP。参考这些函数了解具体的定义和示例。

6. 聚合（Aggregation）　表示在视图中的细节层级。高度聚合的数据表达更少的细节。高度展开的数据提供更细粒度的数据视图。

7. 动画可视化（Animated Visualization）　可视化视图中包含仪表板或工作表，使用 Tableau 的页面通过自动化递增筛选器的值让视图呈现动画效果。

8. 艺术天赋（Artistic-bent）　一个具有艺术天赋的人能评估包含在仪表板和可视化中的数据表现所呈现的艺术效果和美学效果。

9. 坐标轴标签（Axis Label）　坐标轴头部的可编辑部分，提供视图中所表示的数据本身的描述性信息。

10. Behfar Jahanshahi　InterWorks 的创建者和 CEO，出生在美国俄克拉荷马州的埃德蒙。他在就读俄克拉荷马州立大学时创建了 InterWorks 公司（他的姓的发音是 jah-han-sha-he）。

11. Beta 版测试者　参与对 Tableau 软件的 Beta 版进行评估，并且对新功能、函数、质量等问题提供有价值的、用文档进行反馈的人。

12. 大数据（Big Data）　这是技术领域的一个流行语，指任何非常大的准备要分析的数据源。

13. 蓝色图标（Blue Icon）　指图标的颜色，用来表示离散的值。

14. 蓝色字段块（Blue Pill）　用来表示离散维度、度量、参数的颜色。随着更细粒度的数据呈现在可视化视图中，离散内容会形成面板（或窗口）。

15. 布尔型（Boolean）　指布尔逻辑，是代数的一种，通过使用逻辑操作符（比如 AND、BUT、OR 和 NOT）来获取真或假的语句。结果为 true/false 或 yes/no 的公式有时就被称为布尔型值。

16. 箱体图（Box Plot）　一种可视化类型，常在 Tableau 中用来表示离散维度中一定范围内的分散数据。虽然这种类型的图表并不是 Tableau 的 Show Me（智能显示）中的一项，但这些图表可以通过定位分散的数据、添加参考分布和参考线来生成——围绕中值创建一个类似方形的形状，并且突出显示视图中每部分的最大值和最小值。

17. 气泡图（Bubble Chart）　Tableau 中的一种用来表示一对多比较的方式，但通常不是数据可视化专家喜欢的方式，因为其他一对多比较的表达更加精确。

18. 标靶图（Bullet Graph）　一种由史蒂芬·菲尤（Stephen Few）发明的图表，把条形图、参考线、参考分布组合起来，在有限的空间内表示实际数据与参考数据。Tableau 的 Show Me（智能显示）按钮支持这种图表类型，条形图反映实际值，参考线和参考分布可以表示对比数据，比如预算数据、历史数据、目标数据。

19. 兴奋（Buzzed）　一个新的 Tableau 用户对 Tableau 的功能非常兴奋。

20. 计算值（Calculated Value）　新的度量或维度，通过在 Tableau 的公式编辑对话框中定义公式创建。

21. 单元格（Cell）　表达在视图中的最低等级的粒度。

22. 人口普查数据（Census Data）　来自美国人口调查局的信息，可以在 Tableau 的地图中用多边形表示州、郡、ZIP 编码、调查区块组。

23. 等值线图（填充地图）　地图样式，其中地图元素（郡、州等）的形状和颜色用来表示值的范围。这种图表类型是被 Show Me（智能显示）按钮支持的，可以在填充地图中实现。

24. 云服务（Cloud Services）　通过互联网提供给终端用户的计算服务，因为这可以更加经济地提供足够的性能和安全性。Tableau Public 是一个免费的云计算服务实例。Tableau Public Premium 是一个收费的云计算服务。

25. 列区域（Column Shelf）　放置维度或度量字段块的位置，以便它们代表的数据在视图中可以水平表示。

26. 列总计（Column Total）　菜单选项，表示包含在一个 Tableau 视图中的列的总数量。

27. 列分析式数据库（Columnar-Analytic Database） 一个数据库在设计时就用来高效支持对大规模数据集的快速查询和数据表示。Tableau 有对大部分流行的基于列分析式的可用数据库的连接器。

28. 连续数据类型（Continuous Data Type） 连续数据类型（在 Tableau 中表示为绿色字段块），在连续的非中断的面板中表示数据。即便视图中数据的粒度层级越来越细，它们依然保持连续性，而离散数据类型在数据的不同聚合下不连续地表示数据。比如，日期就被表示为离散数据类型，在数据窗口中表示为不连续线段（年、季度、月、周等）。参考离散数据类型。

29. 处理器内核授权（Core License） Tableau Server 的一种授权模式，对 Tableau Server 的授权不限制用户数量，但限硬件数量。授权数量是基于内核微处理器的数量来决定的。

30. 行数统计（Count） 数据库功能，用来统计表示在视图中的数据源的每个行。这就类似于在数据源中为每行赋予一个值 1，最后统计这些值的总和。

31. 不同行数统计（Count Distinct） 一个数据库功能，统计每个不同实例值的数量，这样的统计对同样的值的重复条目只会计算一次。

32. 交叉表（CrossTab） 一种可视化类型，用表格加文字的方式表达，类似于在电子表格中表示数字。交叉表对于查找特定值是一个有效的方法。

33. 自定义地理编码（Custom Geocoding） Tableau 为标准的地理实体（州、郡、邮编等）提供了地理位置坐标。如果你需要表示地图上的一个特定地址，就必须为这个地址提供自定义的地理坐标。自定义地理编码就是获取这个自定义的地理坐标的过程。

34. 仪表板（Dashboard） 仪表板是在 Tableau 中的特定视图中对多个工作簿的组合。不像工作簿的数据面板会提供数据源（维度和度量）、参数、集、组，仪表板的设计页面提供工作空间，在视图中放置各自的工作簿，并且使最终的信息面板是可交互的。

35. 数据分析师（Data Analyst） 一个数据分析师负责收集数据，并把这些数据转化为其他人可以使用的信息。通常，分析师需要建立洞见并且提供对数据的分析，以便其他人可以使用所提供的信息。

36. 数据架构师（Data Architect） 数据架构师是一个技术专家，对数据模式、提取转换、加载逻辑以及其他数据库设计方面的技术有着深刻的理解。

37. 数据融合（Data Blending） 是指通过使用普遍的维度，在 Tableau 中把来自异构数据源的数据联合在一起。数据融合将首选数据源和辅助数据源的一个或多个字段，通过类似左侧外部连接的方式组合在一起。

38. 数据立方体（Data Cube） 数据库结构，其中的数据是预先聚合的，以便通过对问题集进行预计算获得改善的性能。结果是，数据立方体减少了用户需要查询的数据的数量和粒度。

39. 数据提取（Data Extract）　在 Tableau 中提取数据，指的是从一个数据源把部分或所有数据拉取到 Tableau 自身的数据引擎中。提取文件提供一个压缩的（很多情况下都有更好的性能）方式，而非直接连接到数据源。

40. 数据质量（Data Quality）　指被分析的数据源的准确性和完整性。

41. 数据服务（Data Service）　数据服务通过收费提供工业标准数据格式的数据。有些数据服务免费提供公用数据。通常情况下，收费的数据服务比免费服务有着更好的准确性和更完整的数据集，也有着更好的使用格式。

42. 数据面板（Data Shelf）　数据面板是 Tableau 的工作表窗口左侧的部分，显示分析师可以用来创建视图的数据连接的窗口。你可以在 Tableau 中连接到任意想连接的数量的数据源。

43. 数据可视化（Data Visualization）　在 Tableau 中，数据可视化指组合了添加到行和列面板上的度量和维度的工作表视图。显示在仪表板面板中的工作表的组合，也常被称为数据可视化的组合。

44. 日期部分（Date Part）　日期部分通常用来表示离散数据类型，比如在 Tableau 中自定义日期类型时。

45. 日期值（Date Value）　日期值常用来表示连续数据类型，比如在 Tableau 中自定义日期类型时。

46. 维度（Dimension）　维度指数据类型，通常是数据源中的文本、日期、键值数字等。柱状图中的数字范围也是维度。

47. 直接连接（Direct Connection）　在 Tableau 中的直接连接指直接连接数据源工作，而不是使用 Tableau 的数据提取引擎来存储数据。

48. 反聚合（Disaggregation）　对数据源中的数据细节一步步地探索。

49. 离散数据类型（Discrete Data Type）　随着更细粒度的数据在视图中表示，离散数据类型（在 Tableau 中表示为蓝色字段块）在分断式的、窗口式的面板中表示数据。比如，日期在数据窗口中就是离散数据，表示为断开的线条，而时间要用更细粒度的方式表示（年、季度、月、周等）。参考连续数据类型。

50. 复制字段（Duplicate Field）　Tableau 中复制字段表示在 Tableau 中复制数据源的一个维度或度量，右击关键字段并且选择 Duplicate 菜单项。

51. 爱德华·塔夫特（Edward Tufte）　爱德华·塔夫特（Edward Tufte）是在数据可视化领域有不少著作的受人尊敬的作者。

52. 提取、转化和加载（Extract, Transform, Load，ETL)　一个 ETL 过程，就是通过计算逻辑和人工的感觉整理有怀疑的数据源。

53. 事实（Fact） 在数据库中，事实指的是数字度量，对其采用数学方法可能会获取额外的洞见。

54. 幻灯片视图（Filmstrip View） 在 Tableau 中查看工作表选项卡的一种方式，用一个小图片而非文字表示信息。通过选择工作表视图右下角的图标（上下箭头）并且单击可以激活幻灯片视图，或者工作表视图的右上角区域包含 4 个灰色的方块，选择它可以查看幻灯片视图的浏览模式。右击任意的幻灯片视图都会引起所有的视图进行刷新。如果你在使用 Tableau 进行演讲，这是非常有用的，因为每个工作表都会立刻重新加载。如果你不通过幻灯片视图刷新所有视图，Tableau 就需要花费时间对每个视图进行单独的渲染。

55. 筛选器动作（Filter Action） 是一种动作控制，就像快速筛选器那样激活一个筛选器。筛选器动作基于一个面板中的选择，对表示在仪表板其他面板中的数据做出限制。

56. 固定式坐标轴（Fixed Axis） 一个固定式坐标轴也是一种坐标轴，做出了特定限制来表示预先定义的范围内的值。在对交互式数据源的可视化中固定坐标轴的取值范围通常不是一个好主意，因为数据的取值可能会超出固定坐标轴的取值范围。

57. 预测（Forecast） 基于历史数据提供对未来值的预测。在 Tableau 中，这可以通过在视图中右击并选择 Forecast 选项来实现。Tableau 提供了一个 Best Fit 的预测，用户可以在可选的预测选项菜单中修改预测方法，包括 Automatic、Automatic With Seasonality、Trend And Season、Trend Only、Season Only 或者 No Trend Or Season。

58. 地理编码（Geocoding） 获取地图上所表示的地理实体的经度和纬度的动作。Tableau 会自动对地理实体进行编码，比如国家、州、郡以及邮编。

59. 粒度（Granularity） 提供数据集或显示在可视化视图中的细节层级。例如，城市是比州更加细粒度的地理数据表示。

60. 绿色图标（Green Icon） 表示连续的维度或度量。

61. 绿色字段块（Green Pill） 表示连续的维度或度量。

62. 组（Group） 在 Tableau 中的实时实体，通过回形针表示。组是一系列值的集合或组合。对维度集合成员进行组合，是处理一个集合中很多小的异常成员的一种有效的方式。

63. Hadoop 一个流行的开源的非 SQL 标准的数据库，用来收集和存储非常大的动态的数据集，而不需要预先定义数据模式。

64. 压力图（Heat Map） 一种数据可视化方法，其中通过尺寸和颜色可以同时表示两种度量的值。压力图是对大数量的集合成员进行比较的好方式，可以快速辨别出其中的异常数据。

65. 层次（Hierarchy） 通过扩展和收缩显示在视图中的层次，能让你在 Tableau 中表示相关维度中的不同的值。Tableau 提供了为年、季度、月份等自动创建数据层次的功能。你可以手动组合字段，在视图中创建自定义的维度组合。

66. 高可用性（High Availability）　Tableau Server 的配置方式，通过使用冗余的物理硬件和消除单点失效的可能性来减少宕机的可能性。

67. 突出显示动作（Highlight Action）　一种动作类型，对指定的选择利用不同的颜色或形状做出突出显示。突出显示动作可以通过颜色或形状的图例来激活，也可以通过动作菜单手动定义激活方式。

68. 突出显示表格（Highlight Table）　一个交叉表视图，对单元格进行色彩化来突出显示值的差别。在 Tableau 中，突出显示表格只需要对一个度量进行选定。

69. 直方图（Histogram）　一种可视化类型，通过统计特定范围的值出现在数据源中的次数，体现在直方图中来表示取值分布。

70. JavaScript　一种解释性的高级语言，与 HTML 和 CSS 一起使用。它是用在互联网中的一种关键技术。Tableau 有 JavaScript 的 API 接口，使得嵌入 Web 页面中的 Tableau 视图与这个 Web 页面中的其他元素能够进行交互。参考第 13 章获取更多细节。

71. Jedi　专指非常有技巧和知识的 Tableau 用户。

72. 连接（Join）　一个数据库术语，是指通过一个普遍的关键记录把表连接到一起。Tableau 支持内部连接、左侧连接、右侧连接等连接类型，通过简单的单击就可以选择。并式的连接操作也可以得到，但要在 Tableau 的连接对话框中编辑 Tableau 产生的连接脚本。

73. JSON　一种与语言无关的数据格式，起初产生自 JavaScript。这里有一个针对 Hadoop Hive 的函数，称为 GET_JSON_OBJECT，它能返回基于 JSON 路径的 JSON 字符串内的 JSON 对象。参考附录 E 获取更多细节。

74. Kerberos　一个三方网络认证协议，使用一个第三方服务密钥分发中心（Key Distribution Center，KDC）来验证请求对 Tableau Server 进行访问的主机标识的真实性。它是由美国麻省理工学院（MIT）开发的，微软的 Windows 2000 和后续的版本都使用 Kerberos 作为默认的认证方式。Tableau Server 支持基于 Kerberos 的单点登录 (Single Sign-on, SSO)。

75. 详细级别（Level of Detail）　指表达在视图中的数据粒度的层级。更多维度放置在视图或标记卡片中时，会探索数据集的更细粒度的细节。

76. 维护版本（Maintenance Release）　不那么重要的版本，提供给 Tableau 的客户，它修改了一些错误或者提供一些软件的更新，但不能构成主要的更新版本。

77. 标记卡片（Marks Card）　包含标记类型、颜色、尺寸、文本标签、细节 (细节层级)、工具提示栏的各种标记按钮。

78. 度量（Measure）　包含在数据源中的数字值，你可能希望在上面应用一些数学计算、地理坐标以及 Tableau 自动提供的记录数计算。度量也可以通过自定义的计算来创建。

79. 命名用户授权（Named-User License） 一种授权类型，授权是通过具体的用户名来定义的。

80. ODBC 连接（ODBC Connection） 一个通用的 Windows 连接，对于不能被连接的数据库类型，ODBC 基本都能提供支持。

81. OLAP 立方体（OLAP Cube） 参考数据立方体。

82. 一对多比较（One-To-Many Comparison） 是指用来在视图中比较不同取值范围的任意图表类型，条形图、标靶图、压力图、突出显示图表、直方图、地图、气泡图都能用来对值进行比较。

83. 页面区域（Pages Shelf） Tableau 中的页面区域是一个筛选器类型，可以用来生成动画视图。动画视图只在 Tableau Desktop 版和 Tableau Reader 版中可用，在 Tableau Server 和 Tableau Public 中不能使用。

84. 区域（Pane） 区域用来表示可视化中的离散实体之间的间隔。它们通过浅灰色边界线表示。

85. 参数（Parameter） 参数是公式的变量，在桌面上作为类似快速筛选器那样的控件出现。通过参数可以提供自服务的商业信息，让消费者可以在视图中改变对值或维度的选择，视图会相应改变所显示的信息。

86. 性能调试（Performance Tuning） 指改善可视化视图或仪表板的加载和渲染性能的动作。Tableau 为桌面版提供了性能调试工具（通过 Help 菜单选项中的 Start Performance Recording 菜单项）。性能记录器分析 Tableau 的日志文件，并创建一个 Tableau 的仪表板，表示查询在执行和渲染过程中的速度。

87. 持续性查询缓存（Persistent Query Cache） 通过 Tableau 的数据服务器把数据存储在临时表中，让 Tableau Server 提供更快的反应速度。

88. 饼图（Pie Chart）一个流行的方式，对一对多的比较进行可视化，但一般不受 Vizerati（参考后面的词汇表说明）的欢迎。

89. 字段块（Pill） 字段块指可视化实体，它被用来在行区域、列区域或 Tableau 工作表的其他区域中放置维度字段或度量字段。

90. 多边形（Polygon） 多边形通常用来在地图中表示地理成员的一种形状。比如，Tableau 用多边形形状表示国家、州等。

91. 端口号（Port Number） 是一个逻辑构造上的通信端口，用来辨别一个具体的服务。指定的服务被计算机赋予特定的端口号来进行区分。参考 *Tableau Server Administrator Guide* 获取更多细节内容。

92. 有力的问候（Power Hello）　当你私下遇到 Tableau Software 团队的克里斯蒂·安沙博（Christian Chabot）和凯利·赖特（Kelly Wright）时，迎接你的就是有力的问候。纯粹的能量与热情。

93. Power Tools for Tableau　一系列软件工具，为 Tableau Desktop 和 Tableau Server 提供了额外的功能。具体细节参见 http://powertoolsfortableau.com。

94. Python　一个流行的、开源的、通用目的的编程语言，经常被认为是对于初学编程者来说很好的入门语言，因为它有着容易理解的语法。

95. 快速筛选器（Quick Filter）　筛选器元素，显示在工作表或仪表板的桌面上。

96. 参考线（Reference Line）　参考线是从坐标轴激活的，用来表示单元格、面板或工作表里的一个统计或值。

97. Remote　由 Tableau 的合作伙伴 InterWorks 公司开发的移动应用。这个 App 应用提供从 iOS 或安卓设备到 Tableau Server 的远程访问。

98. 替换拖曳（Replace Drag）　是指通过拖曳和释放一个字段块到另一个字段块之上，实现对这个字段块替换的功能。

99. REST API　表述性状态传递（Refers to Representational State Transfer, REST）是互联网的软件架构模式。Tableau Server 包括 REST API，使你能利用 HTTP 程序化管理 Tableau Server 的资源。参考第 13 章获得细节内容。

100. 右击拖曳（Right-click-drag）　右击拖曳指当放置一个字段到工作表中时，能够表示更细粒度的控制。

101. 行区域（Row Shelf）　行区域在可视化中用来表示基于行的值。

102. 行总计（Row Total）　行总计用来表示可视化中所有行的总数量。

103. SAML　安全断言标记语言（Security Assertion Markup Language，SAML）是一个 XML 语言标准，提供安全的 Web 域来交换用户认证和授权数据。参考第 11 章获取具体内容。

104. 散点图（Scatter Plot）　一种可视化视图，用来比较两个度量。数据集的更多层面可以通过在散点图中利用形状、颜色、尺寸来表示。参考线可以加入其中表示相关关系。散点图是一个用来进行异构分析的很好的工具。

105. 模式（Schema）　是指数据库的结构设计。

106. 安全套接字层（Secure Socket Layers，SSL）　一个标准的安全协议，支持 Web 服务器和客户端之间的加密连接。Tableau Server 只对用户的认证使用 SSL 协议。查看第 11 章获取更具体内容。

107. 集（Set） 在 Tableau 中，一个集可以用来表示数据源的特定组合的维度和事实。集可以是静态的（基于手动选择的标记），或者是基于值范围定义的动态的。

108. 智能显示按钮（Show Me Button） 基于设计者所选择的度量和维度，Tableau 的 Show Me（智能显示）按钮让初学的用户能快速创建数据可视化，而不用理解把字段块放置到什么区域（行或者列）。这个功能使得初学者可以很容易地建立数据可视化视图。

109. 星波图（Sparkline） 微小的信息图形，由爱德华·塔夫特（Edward Tufte）在他的 *Beautiful Evidence* 一书中首次提出。

110. 星型模式（Star Schema） 传统的数据仓库设计格式，其中一个事实表（包括数字和关键字记录）被所连接的维度表格围绕（包括关键字记录和文本）。

111. 史蒂芬·菲尤（Stephen Few） 数据可视化领域里的开创性思想的领导者。他在数据可视化领域著有三本影响力很大的专著。

112. 语法（Syntax） 语法指公式被表示的方式，包括计算机需要识别的符号，用于正确理解指令。

113. 表计算（Table Calculation） 表计算是 Tableau 中的一种计算值的类型，使用视图本身的结果获取解决方案。

114. 表计算函数（Table Calculation Function） 表计算函数是函数类型，使用可视化表示的结构获取解决方案，用于定义结果集。

115. Tableau 书签文件（Tableau Bookmark，.tbm） Tableau 书签是一种文件类型，用来从一个工作簿向另一个工作簿中复制单个工作表。

116. Tableau 数据提取文件（Tableau Data Extract，.tde） Tableau 数据提取文件是包含从数据源获取的数据的文件，存储在 Tableau 自身的数据引擎中。

117. Tableau 桌面个人版（Tableau Desktop Personal） 是指桌面授权的个人版本。个人版本可以连接到 Tableau 的数据提取文件、Microsoft Access 文件、Microsoft Excel 文件或文本文件。

118. Tableau 桌面专业版（Tableau Desktop Professional） 是指桌面授权的专业版本，它能连接到大多数主流的商业数据库或通过 ODBC 连接到不支持直接连接的数据库。

119. Tableau Online Tableau Server 的一个基于云服务的版本，由 Tableau Software 管理。不像 Tableau Server，Tableau Online 没有最少授权用户数量的限制。

120. Tableau 打包工作簿文件（Tableau Packaged Workbook，.twbx） Tableau 打包工作簿文件是指存储的工作簿文件，它把源数据和 Tableau 的可视化绑定在一起形成一个单一的压缩文件。打包工作簿可以通过 Tableau Reader 打开。

121. Tableau Public 一个免费的 Tableau Desktop 版本，限制是不能连接超过 10 000 000

条记录的数据集。数据源也限制为文本文件、Excel 电子表格或者 Access 数据库文件。

122. Tableau Public Premium 一个过时的付费版本的 Tableau Public，不限制的数据大小，并提供更多数据连续选项、更多数据安全控制方式的访问。

123. Tableau Server 可以阅读 Tableau 数据实体的环境，希望把其中的信息安全地共享给预先定义的用户组。

124. Tableau 工作簿文件（Tableau Workbook，.twb） 存储了数据可视化、仪表板、数据连接的文件，但不包含数据本身。作为结果，这些文件通常比较小，因为仍然是数据源保存数据而不是 Tableau。

125. TDWI(The Data Warehouse Institute) 一个数据库工业信息服务。

126. 文本表（Text Table） Tableau 中的一个筛选器类型，它会生成一个临时表，用来把表中的数据限制为只包括临时表文件中的内容。上下文筛选器可能会改善性能，也可能影响性能。当筛选器包括一小部分的数据子集或者筛选器频繁变化时，就能发挥正面的作用。如果筛选器复制整个数据源的内容，就会影响整体的性能。上下文筛选器能通过 Add to Context 菜单项激活，并且是通过灰色字段块颜色来标识的。

127. 时间序列（Time Series） 时间序列图表是一种信息可视化类型，用来显示与时间相关的数据。

128. 工具提示栏（Tooltips） 工具提示栏是弹出的窗口，显示与 Tableau 的数据可视化视图中所选择的标记点相关的额外细节信息。

129. 事务模式（Transaction Schema） 指数据库的设计，用于确保数据库中单个事务的准确性，而数据仓库的模式是用来堆积各种信息以供分析的。

130. 趋势线（Trend Line） 趋势线在 Tableau 中通过右击数据表来激活，显示数据的线性的、对数的、指数的或者多项式回归的趋势线。

131. 趋势模型（Trend Model） 趋势模型用来描述在 Tableau 中创建趋势线所应用的数学方法。

132. 可信通行证（Trusted Authentication） Tableau Server 使用的一种服务，当视图嵌入在 Web 页面中时，用它来确保每个访问页面的人都是一个授权的 Tableau Server 用户。这是一种在 Tableau Server 和一个或多个 Web 服务器之间建立可信关系的方式。参考 *Tableau Server Administrator Guide* 以获得更多细节。

133. 并（Union） 一种连接语句的类型，用来把两个具有相同结果的不同表格连接起来，本质上是把它们加在一起，并连接在 Tableau 中，只能通过编辑连接脚本实现。

134. URL 动作（URL Action） 一种动作类型，通过调用 Web 页面的 URL 地址使来自数据可视化的数据与嵌入在仪表板中的网址进行交互，或者从仪表板进行调研并在 Web 浏览器中可视化展现。

135. 用户论坛（User Forum） Tableau 的用户论坛是可以提出关于 Tableau 的问题并且回答相关问题的地方。

136. 视图（View） 在 Tableau 中，视图是指一个单独的数据可视化，或者仪表板中的一个面板

137. Viz 这是数据可视化的一种简称。

138. Vizerati 全世界从事数据可视化的成员都可以被称为 Vizerati。

139. 基于 Web 的创作（Web Authoring） Tableau Server 的功能，由服务器管理员通过权限的开关进行控制。当打开编辑功能时，Tableau Server 的用户可以编辑现有视图或者创建新视图。

140. 工作簿（Workbook） Tableau 工作簿的简称。

141. 工作表（Worksheet） Tableau Desktop 中一个独立的设计页面。

142. Yoda 一个名为吉德拉·阿列克尼耶特（Giedra Aleknonyte）的 Vizerati 给本书作者的昵称。

本书部分精彩图片展示

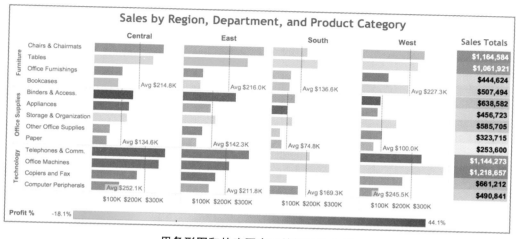

用条形图和热度图表示的销量与分析

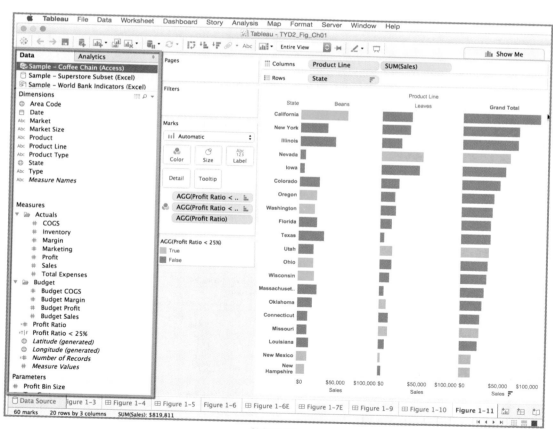

数据窗口

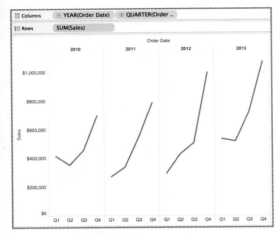

按年、季度显示的时间序列

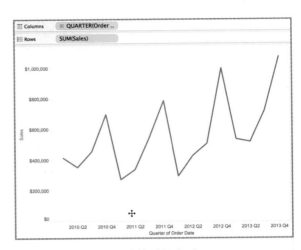

连续的时间序列

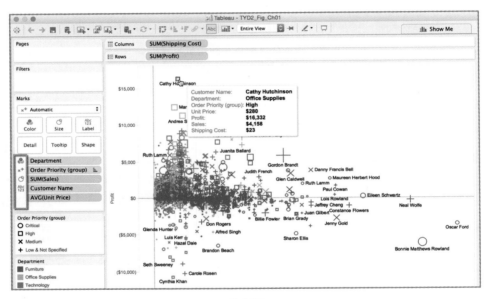

散点图

融合数据后的标靶图

Text Table (crosstab)

		Central	East	South	West	All
Furniture	Bookcases	$117,583	$84,302	$83,302	$222,307	$507,494
	Chairs & Chairmats	$327,910	$380,188	$161,499	$294,988	$1,164,584
	Office Furnishings	$135,556	$94,984	$87,379	$126,705	$444,624
	Tables	$278,168	$304,589	$214,082	$265,081	$1,061,921
	Total	$859,218	$864,063	$546,261	$909,082	$3,178,624
Office Supplies	Appliances	$169,845	$134,586	$74,778	$77,514	$456,723
	Binders & Access.	$188,991	$251,267	$107,957	$90,367	$638,582
	Other Office	$152,166	$167,711	$93,001	$164,437	$577,315
	Storage & Organization	$161,767	$157,874	$98,214	$167,849	$585,705
	Total	$672,769	$711,439	$373,951	$500,168	$2,258,326
Technology	Computer Peripherals	$131,916	$133,952	$133,719	$91,254	$490,841
	Copiers and Fax	$214,366	$164,600	$78,565	$203,681	$661,212
	Office Machines	$315,993	$227,078	$279,525	$396,060	$1,218,657
	Telephones & Comm.	$346,080	$321,673	$185,326	$291,194	$1,144,273
	Total	$1,008,355	$847,303	$677,135	$982,189	$3,514,982
	Grand Total	$2,540,342	$2,422,805	$1,597,346	$2,391,439	$8,951,931

Highlight Table

		Central	East	South	West
Furniture	Chairs & Chairmats	$328K	$380K	$161K	$295K
	Tables	$278K	$305K	$214K	$265K
	Bookcases	$118K	$84K	$83K	$222K
	Office Furnishings	$136K	$95K	$87K	$127K
Office Supplies	Binders & Access.	$189K	$251K	$108K	$90K
	Storage & Organization	$162K	$158K	$98K	$168K
	Other Office	$152K	$168K	$93K	$164K
	Appliances	$170K	$135K	$75K	$78K
Technology	Office Machines	$316K	$227K	$280K	$396K
	Telephones & Comm.	$346K	$322K	$185K	$291K
	Copiers and Fax	$214K	$165K	$79K	$204K
	Computer Peripherals	$132K	$134K	$134K	$91K

Sales $75K ▭▭▭▭ $396K

Text Table (crosstab) with mark color used to highlight

		Central	East	South	West	All
Furniture	Bookcases	$117,583	$84,302	$83,302	$222,307	$507,494
	Chairs & Chairmats	$327,910	$380,188	$161,499	$294,988	$1,164,584
	Office Furnishings	$135,556	$94,984	$87,379	$126,705	$444,624
	Tables	$278,168	$304,589	$214,082	$265,081	$1,061,921
	Total	$859,218	$864,063	$546,261	$909,082	$3,178,624
Office Supplies	Appliances	$169,845	$134,586	$74,778	$77,514	$456,723
	Binders & Access.	$188,991	$251,267	$107,957	$90,367	$638,582
	Other Office	$152,166	$167,711	$93,001	$164,437	$577,315
	Storage & Organization	$161,767	$157,874	$98,214	$167,849	$585,705
	Total	$672,769	$711,439	$373,951	$500,168	$2,258,326
Technology	Computer Peripherals	$131,916	$133,952	$133,719	$91,254	$490,841
	Copiers and Fax	$214,366	$164,600	$78,565	$203,681	$661,212
	Office Machines	$315,993	$227,078	$279,525	$396,060	$1,218,657
	Telephones & Comm.	$346,080	$321,673	$185,326	$291,194	$1,144,273
	Total	$1,008,355	$847,303	$677,135	$982,189	$3,514,982
	Grand Total	$2,540,342	$2,422,805	$1,597,346	$2,391,439	$8,951,931

Profit < 5% ■ True ■ False

Heatmap

Columns: Central East South West

Furniture: Chairs & Chairma.., Tables, Bookcases, Office Furnishings
Office Supplies: Binders & Access., Storage & Organi.., Other Office, Appliances
Technology: Office Machines, Telephones & Co.., Copiers and Fax, Computer Periph..

Sales $74,778 / $200,000 / $300,000 / $396,060
Profit % -18.1% 44.1%

文本表、突出显示表和压力图

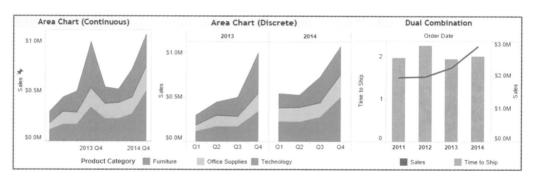

面积图和双组合图

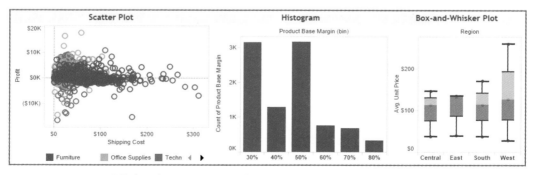

Scatter plot（散点图）、Histogram（直方图）以及 Box-and-Whisker Plot（盒须图）

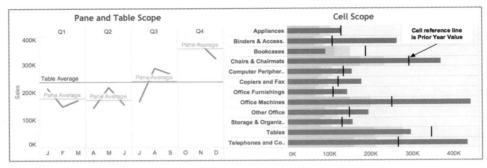

应用到表、区域和单元格的参考线

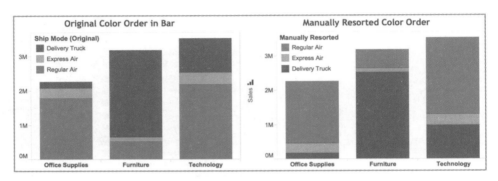

重新排列图表中的色块

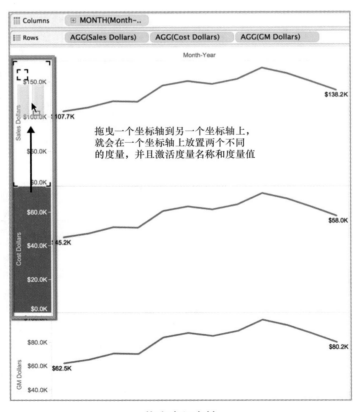

拖曳来组合轴

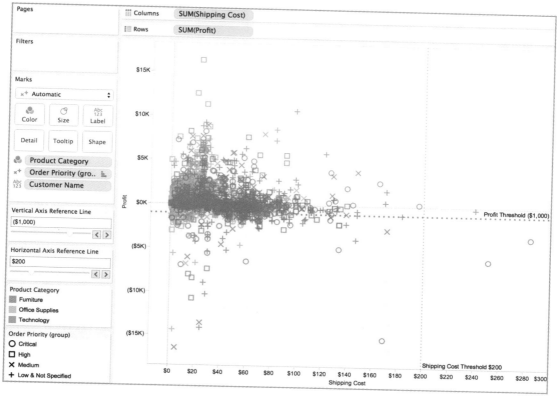

参考线参数

	2014					2015					
	Q1	Q2	Q3	Q4	Total	Q1	Q2	Q3	Q4	Total	All Years
Furniture	116,656	132,448	222,514	464,984	936,603	162,320	132,751	288,402	316,202	899,675	1,836,277
Office Supplies	68,915	131,066	120,853	198,627	519,461	152,269	166,770	164,102	263,030	746,171	1,265,632
Technology	107,875	164,765	164,812	336,594	774,046	221,560	219,071	270,163	495,720	1,206,514	1,980,561
Grand Total	**293,446**	**428,279**	**508,179**	**1,000,206**	**2,230,110**	**536,149**	**518,592**	**722,667**	**1,074,952**	**2,852,360**	**5,082,470**

右击进行格式设置

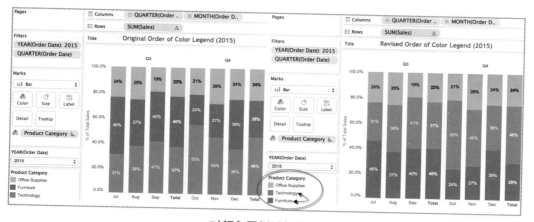

对颜色图例重新排序

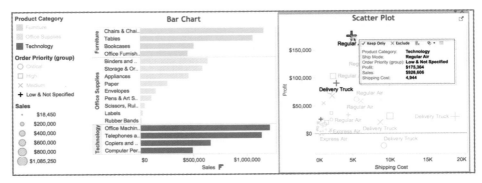

由颜色和形状图例组合的突出显示动作

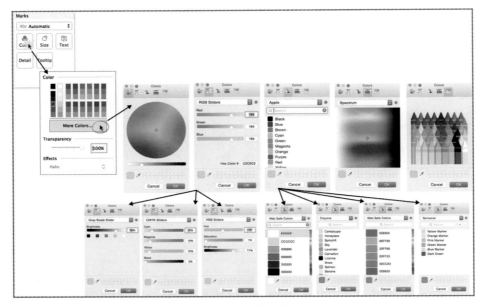

自定义不同的颜色

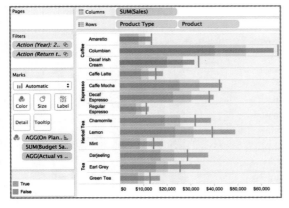

标靶图

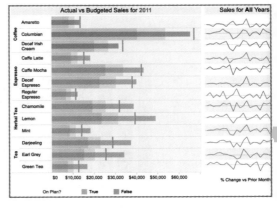

标靶图和星波图